W0258191

MATHEMATIK FÜR NATURWISSENSCHAFTLER UND CHEMIKER

EINE EINFÜHRUNG IN DIE ANWENDUNGEN
DER HÖHEREN MATHEMATIK

VON

DR. HUGO SIRK

PROFESSOR AN DER UNIVERSITÄT WIEN

Siebente verbesserte Auflage
Mit 132 Abbildungen und 1 Ausschlagtafel

1956

VERLAG VON THEODOR STEINKOPFF
DRESDEN UND LEIPZIG

ISBN 978-3-642-49401-7   ISBN 978-3-642-49679-0 (eBook)
DOI 10.1007/978-3-642-49679-0

Veröffentlicht unter der Lizenznummer 283 · Gen.-Nr. 360/25/56
Satz,

Vorwort zur 1. Auflage

Dieses Buch ist die Frucht einer langjährigen Lehrerfahrung an der Wiener Universität. Meine Vorlesungen haben den Zweck, angehende Naturwissenschaftler in die Anwendung der Analysis auf ihre Fächer einzuführen. Dabei wird ein Weg eingeschlagen, der das Ziel sicher und ohne überflüssige Mühe erreichen läßt. Von der ersten Vorlesung an werden die neuen Begriffe an Beispielen aus dem Fache der Hörer entwickelt und anschließend geübt.

So wurde der leitende Grundgedanke dieses Buches die Erarbeitung der mathematischen Begriffe an Beispielen aus den Naturwissenschaften und möglichst viel Übung an Fachbeispielen. Die Beispiele sind wo möglich der Chemie entnommen, da der Chemiker erfahrungsgemäß nur selten Zeit findet, eine mathematische Vorlesung durchzuarbeiten. Diese grundsätzliche Bevorzugung der Chemie wird sowohl durch den Rahmen dieses Buches wie auch durch den Umstand begrenzt, daß viele einfache Beispiele der chemischen Kinetik rechnerisch verhältnismäßig umständlich durchzuführen sind und oft nicht mit den einfachsten Hilfsmitteln der Analysis erledigt werden können. Auch erschließt sich das volle Verständnis von schwierigeren Fragen der chemischen Kinetik erst den Vorgeschrittenen, die Vorlesungen aber, die diesem Buche zugrunde liegen, sollen von den Studenten in ihren ersten Semestern besucht werden.

Die Beispiele umfassen auch das Gebiet der Physik, weil neben dem Physiker auch der Chemiker zu seiner dringend nötigen physikalischen Ausbildung die Anwendungen der Analysis auf die für ihn unbedingt notwendigen Kapitel der Physik braucht. Man denke nur an die mathematischen Grundlagen des Entropiebegriffes, DEBYES Dipoltheorie der Dielektrika, POISEUILLES Ausflußgesetz, Adiabate, Lichtabsorption, Arbeit bei der isothermen Gaskompression, Zustandsgleichung usw.!

Aus der gestellten Aufgabe ergibt sich auch die Notwendigkeit, die Problematik möglichst zurückzudrängen. Wo dies wider Erwarten nicht geschieht, wie z. B. bei der Erweiterung der ursprünglich nur für ganzzahlige Exponenten abgeleiteten Formel für den Differentialquotienten einer Potenz auf negative, gebrochene und irrationale Exponenten, bietet das Eingehen auf diese prinzipiellen Fragen gleichzeitig eine wertvolle Rechenübung, die das Verständnis für das praktisch Notwendige vertieft. Ebenso wird die Problematik dort nicht umgangen, wo sie das Verständnis der Grundbegriffe erleichtert. So ist es nach meinen Erfahrungen ein Fehler, die Analysis lehren zu wollen und dabei den Begriff des Grenzwertes nur nebenher zu erwähnen oder ganz zu unterdrücken, um so die höhere Mathematik anscheinend verständlicher darzustellen. Die mangelnde begriffliche Klarheit erscheint dem Leser, der die Mängel einer derartigen Darstellung nicht erkennen kann, als unüberwindliche Schwierigkeit und führt ihn gleichzeitig zur irrigen Ansicht, die Analysis wäre nur eine Näherungsmethode.

Andererseits halte ich es für ebenso verfehlt, den Begriff des Grenzwertes an die Spitze eines für den Naturwissenschaftler bestimmten Buches zu stellen und diesen Begriff durch Erläuterungen an einer unendlichen Zahlenfolge einzuführen. Das schreckt den Leser ab. Nur wenige von denen, für die das Buch bestimmt ist, werden sich durch diese erste Schwierigkeit durcharbeiten, die meisten werden glauben, das Buch enthalte nur eine Reihe von Schwierigkeiten, statt nach ihrem Wunsche sofort nutzbringende Anwendungen zu bringen.

Ich führe den Grenzwert dort ein, wo der Leser seine Notwendigkeit einsieht, bei der exakten Begriffsbestimmung der Geschwindigkeit einer ungleichmäßigen Bewegung. Um den Grenzwert leicht verständlich zu machen, werden zuerst Beispiele gegeben, dann erst seine Definition und Anwendung. Nach dieser Vorbereitung wird der Geschwindigkeitsbegriff festgelegt und sogleich auf den Begriff des Differentialquotienten erweitert.

Auf dem Wege zum Differentialquotienten werden wieder praktisch sehr wichtige Dinge wie die Darstellung von Funktionen in Schaubildern und die charakteristischen Eigenschaften der linearen Funktionen benötigt und daher kurz erörtert.

Der Begriff der Stetigkeit wird bei Einführung des Differentialquotienten nicht erwähnt, um rascher zu praktischen Anwendungen zu kommen und so die Geduld des Lesers nicht vorzeitig zu erschöpfen. Die Stetigkeit wird nach Erledigung der Integralrechnung in einem eigenen Kapitel behandelt. Dabei kann man auch auf schwierigere Fälle von Unstetigkeit eingehen, sie wenn möglich mit Beispielen aus den Naturwissenschaften belegen, ja sogar den Fall einer stetigen, nicht differenzierbaren Funktion bringen und auf seine naturwissenschaftliche Bedeutung hinweisen.

Um die praktische Verwertbarkeit des Begriffes des Differentialquotienten zu zeigen, wird er sofort nach seiner Herleitung zur Gewinnung der Differentialquotienten einiger zu diesem Zwecke gewählter einfacher Funktionen verwendet und diese innerhalb einer provisorischen Theorie der Extremwerte zur Lösung rechnerisch einfacher Aufgaben benutzt. So wird das Ionenminimum des Wassers berechnet. Eine andere Minimumaufgabe zwingt zur Herleitung der Kettenregel. Dann erst erfolgt die systematische Herleitung der übrigen Differentialquotienten, die in Formeln zusammengestellt das Rückgrat dieses Teiles des Buches bilden Dabei werden möglichst zahlreiche naturwissenschaftliche Beispiele gebracht und auch die dem Differenzieren entgegengesetzte Operation, das Integrieren, an Beispielen dem Leser vor Augen geführt, ohne vorerst Namen und Symbol des Integrals zu verwenden.

Auch das Differential darf in einem für praktische Anwendungen geschriebenen Lehrbuch nicht verschwiegen, sondern muß möglichst oft zur Lösung von Aufgaben herangezogen werden, weil es beim Studium naturwissenschaftlicher Abhandlungen und Lehrbücher dem Leser auf Schritt und Tritt begegnet. Da man ihren Verfassern seine Anwendung nicht verbieten kann, müßte ein Leser, der seine Bedeutung trotz mathematischer Vorbildung nicht kennt, sich den Begriff des Differentials selbständig zurechtlegen. Es ist aber gerade der Zweck dieses Buches, dem Anfänger das Mathematische in naturwissenschaftlichen Abhandlungen und Lehrbüchern und die dort gebräuchliche Sprech- und Denkweise bei Differentialzerlegungen zugänglich zu machen. Ich führe daher das Differential bald nach der Entwicklung des Begriffes des Differentialquotienten ein, zeige später seine große Verwendbarkeit bei der graphischen Differentiation von Sinus und Kosinus und verwende es dann systematisch zu Schlüssen vom Differential auf die Funktion.

In der Integralrechnung werden diese Schlüsse als Summation der Differentiale, als bestimmte Integrale aufgefaßt, nachdem das Integrieren vorerst als die dem

Differenzieren entgegengesetzte Rechnungsoperation, als unbestimmte Integration, definiert und auch schon zur Lösung von naturwissenschaftlichen Beispielen verwendet wurde.

Ich scheue mich auch nicht, wenn ich es für lehrreich halte, dieselbe naturwissenschaftliche Aufgabe mehrmals zu behandeln. So wird z. B. die Berechnung der Arbeit bei der isothermen Gaskompression zuerst als Schluß vom Differentialquotienten dieser Arbeit auf die Funktion, dann als Schluß vom Arbeitsdifferential auf die Arbeit selbst, dann als unbestimmtes, später als bestimmtes Integral behandelt und schließlich im Schaubild als Fläche dargestellt. Der Leser sieht so, daß die verschiedenen Berechnungen trotz Gleichheit des naturwissenschaftlichen Inhaltes der Aufgabe ein vollkommen anderes Aussehen haben, sich aber in der angegebenen Reihenfolge der zu behandelnden Aufgabe immer besser anpassen.

Auch im Abschnitt über das Integral liegt das Rückgrat wieder in der Formelsammlung, die möglichst genau jener der Differentialrechnung entspricht.

Alle Formeln über den Differentialquotienten, das Differential und das Integral wurden in der Formelsammlung vereint. Damit sie der Leser immer vor Augen hat, wurde sie auf einer Ausschlagtafel an das Ende des Buches gestellt. Die Abkürzung F.S. bezieht sich auf diese Formelsammlung.

Die schon im Anfang angewendete Methode, Schwierigeres erst vorzubringen, wenn sich die Notwendigkeit für eine praktische Anwendung herausstellt, wird nach Möglichkeit auch in den späteren Teilen des Buches beibehalten. So wird z. B. die Ermittlung unbestimmter Werte von der Form 0/0 anschließend an ein in der Integralrechnung behandeltes Problem der chemischen Kinetik, dem logischen Aufbau widersprechend, als Einschiebung behandelt.

Im zweiten Teil, der von den Funktionen mehrerer Veränderlichen handelt, wird das Hauptgewicht darauf gelegt, dem Leser den Unterschied zwischen exakten und unexakten Differentialen zweier Veränderlichen zu zeigen und das Vorgebrachte auf die Herleitung des Entropiebegriffes anzuwenden, sowie einige physikalisch-chemische Anwendungen dieses Begriffs zu bringen. Nur durch frühzeitige Erarbeitung dieses Begriffes in besonderen Vorlesungen läßt sich die für den Naturwissenschaftler nötige Vertrautheit mit ihm erreichen.

Dem beschränkten Umfang des Buches entsprechend mußten die Abschnitte über Reihen- und Differentialgleichungen sehr kurz gehalten und anf einige Andeutungen ihrer praktischen Verwendbarkeit beschränkt werden.

Zu Beginn des Buches werden alle Rechnungen sehr ausführlich gegeben. Das geschieht in der Absicht, auch dem weniger gut Vorgebildeten das Mitkommen zu ermöglichen. Im weiteren Verlauf werden die Rechnungen immer weniger ausführlich gebracht in der Erwartung, daß die Rechengewandtheit des Lesers inzwischen zugenommen hat.

Der Anhang, auf den im Text häufig verwiesen wird, bringt unter Verzicht auf Vollständigkeit und logischen Aufbau größtenteils von der Schule her Bekanntes, aber möglicherweise seither Vergessenes. Er soll die Darstellung vor einer Unterbrechung durch Elementares bewahren. Zu erwähnen ist auch, daß im Abschnitt über die Winkelfunktionen die Winkelmessung vom Anfang an im Bogenmaß durchgeführt wird.

In Fällen, wo dem Leser beim Studium Schwierigkeiten begegnen, empfehle ich den Anhang einzusehen, auch ohne daß besonders auf ihn verwiesen wird. Er entspricht den mit meinen Vorlesungen verbundenen Übungen, bei denen Elementares wiederholt und nachgeholt wurde.

Die angegebene Gliederung des Stoffes nach mathematischen Gesichtspunkten bringt es mit sich, daß öfter ein und dasselbe naturwissenschaftliche Beispiel an mehreren Stellen behandelt wird. So wurden z. B. statistische Betrachtungen unter Verwendung des im Anhang S. 238 erwähnten Gesetzes der großen Zahlen durchgeführt zur Herleitung von DEBYES Formel für das mittlere Dipolmoment in der Richtung des elektrischen Feldes und zur Herleitung von MAXWELLs Geschwindigkeitsverteilungsgesetz.

Zur Herleitung des mittleren Dipolmomentes wurden zunächst im Abschnitt über unbestimmte Integrale $\int e^{\frac{\mu F}{KT}\cos\vartheta}\sin\vartheta\,d\vartheta$ als Beispiel für (II) F.S. und $\int e^{\frac{\mu F}{KT}\cos\vartheta}\cos\vartheta\sin\vartheta\,d\vartheta$ als Beispiel für (III) F.S. behandelt (S. 96 und 103). Im Abschnitt über bestimmte Integrale wurde das mittlere Moment nach kurzer Erörterung der physikalischen Grundlagen als Beispiel für den Mittelwert einer Funktion berechnet und durch eine LANGEVINfunktion ausgedrückt (S. 134). Schließlich führten die Reihen durch Annäherung von der LANGEVINfunktion zur klassischen Formel für das mittlere Dipolmoment (S. 156).

MAXWELLs Geschwindigkeitsverteilungsgesetz wird als Beispiel für das zusammengesetzte LAPLACEintegral gebracht. Dieses wird nach POISSON auf dem Wege über ein Doppelintegral hergeleitet. Zu diesem Zwecke wurde das Doppelintegral schon im ersten Teil im Anschluß an das zweifache Integral behandelt.

Bezüglich der Problematik verweise ich den Leser auf die mathematische Lehrbuchliteratur, bezüglich jener Fragen, die sich schon beim Studium dieses Buches aufdrängen, verweise ich häufig auf R. ROTHE, Höhere Mathematik (Teubners Mathematische Leitfäden, Bd. 21 [10. Aufl.], Bd. 22 [9. Aufl.], Bd. 23 [6. Aufl.]), angeführt als ROTHE I, II, III. Bezüglich notwendiger Daten aus der physikalischen Chemie verweise ich oft auf H. ULICH-JOST, Kurzes Lehrbuch der physikalischen Chemie 8. Aufl. (Darmstadt 1955).

Bei Niederschrift des Manuskripts, beim Lesen der Korrekturen und bei Herstellung des Verzeichnisses hat mich meine Frau Dr. IRENE SIRK tatkräftig unterstützt. Der Verlag Theodor Steinkopff hat meine Wünsche immer in entgegenkommender Weise erfüllt. Den Genannten spreche ich an dieser Stelle meinen herzlichen Dank aus. Für die Zuleitung von Druckfehlerangaben, Anregungen und Vorschlägen bin ich jederzeit dankbar.

Wien, im August 1940.   **H. Sirk**

Vorwort zur siebenten Auflage

Neben kleinen Ergänzungen und Verbesserungen wird in dieser Auflage Einiges über Fouriers Reihen gebracht. Es geschieht dies auf Anregung von Naturwissenschaftlern, die dringend eine frühe Bekanntschaft ihrer Schüler mit diesem Gebiet wünschen, dessen praktische Verwendung stark im Zunehmen begriffen ist.

Den zahlreichen verschiedenartigen Wünschen nach größeren Erweiterungen kann aber nicht entsprochen werden, weil sonst das Buch seinen Charakter verlieren und in seiner Brauchbarkeit für Studenten in den ersten Semestern sehr beeinträchtigt würde.

Das gilt besonders von einem Ausbau des Anhangs, der die Lücken in der mathematischen Vorbildung des Lesers vollkommen beseitigen soll. Für diesen außerordentlich wichtigen propädeutischen Zweck ist z. B. gerade die einige Jahre nach meinem Buch erschienene Elementar-Mathematik von Willers ausgezeichnet geeignet.

Ebensowenig kann ich dem berechtigten, vielfach geäußerten Wunsch, die Vektorrechnung zu behandeln, entsprechen. Denn eine für den Naturwissenschaftler geeignete Einführung müßte ihre mannigfaltigen und zahlreichen Anwendungen auf den verschiedensten Gebieten bringen. Sie erfordert eine gesonderte, von Anfang beginnende Behandlung und könnte daher nicht anhangsmäßig in diesem Buche behandelt werden. Davon habe ich mich durch meine diesbezüglichen Vorlesungen an der Wiener Universität überzeugt. Übrigens sind einige Grundbegriffe der Vektorrechnung im erwähnten Lehrbuch von Willers erklärt.

Auch bei Ausarbeitung dieser Auflage hat mir wieder mein verehrter Kollege Professor Schmetterer wertvolle Ratschläge erteilt.

Wien, im Jänner 1956.   H. Sirk

Inhaltsverzeichnis

Integralrechnung

Erster Teil

Funktionen einer Veränderlichen

Differentialrechnung

Funktionsbegriff, Grenzwert, Differentialquotient

Begriff der Funktion. — Beobachten wir einen Chemiker, einen Physiker, einen Ingenieur bei der Arbeit! Wir sehen ihn neben verschiedenen Hantierungen an seinen Apparaten auch rechnen. Ohne Rechnung bleibt seine Arbeit eine rein beschreibende, die gesuchten Resultate findet er erst durch Berechnungen. In diesen Berechnungen spielen Größen und Rechnungsoperationen eine Rolle, die den Stoff zu diesem Buche liefern.

Der Chemiker z. B. bestimmt die Dichte von wässerigen Lösungen bei verschiedenen Konzentrationen und findet so etwa bei einer KJ-Lösung eine Dichte 1,076 bei der Konzentration von 10%, dann eine Dichte 1,273 bei der Konzentration von 30% und schließlich eine Dichte 1,731 bei der Konzentration von 60%. Vergleicht er diese Resultate, so findet er, daß sich die Dichte ändert, so oft er die Konzentration ändert.

Größen, die verschiedene Werte annehmen, nennt man veränderliche (variable) Größen.

Auch der Physiker findet, wenn er die Länge eines Metallstabes bei verschiedenen Temperaturen mißt, daß Länge und Temperatur veränderliche Größen sind, die in gesetzmäßiger Weise zusammenhängen. Bestimmte Temperaturen entsprechen bestimmten Längen und umgekehrt.

Der Ingenieur, der die Verkürzung eines elastischen Körpers bei verschiedenen Drucken bestimmt, registriert den Zusammenhang der beiden Veränderlichen, Verkürzung und Druck.

Fast alle Naturwissenschaftler haben mit voneinander abhängigen Veränderlichen zu tun und müssen das Rechnen mit ihnen beherrschen.

Neben den Veränderlichen spielen bei naturwissenschaftlichen Untersuchungen auch Größen, die sich nicht ändern, eine wichtige Rolle.

So muß der Chemiker bei der Bestimmung der Dichte nicht nur die beiden Größen, Dichte und Konzentration, beachten, sondern auch einer dritten, der Temperatur, große Aufmerksamkeit schenken. Sie darf sich bei seinen Beobachtungen nicht ändern, sie muß konstant (fest) bleiben (in unserm Beispiel 18° C). Er hat also neben seinen beiden Veränderlichen noch eine dritte Größe, eine Konstante (Festwert).

Der Physiker muß bei seinen Messungen der Stablänge neben veränderlicher Temperatur und Stablänge den Druck, der auf dem Stabe lastet, der Ingenieur bei den Verkürzung-Druck-Messungen die Temperatur unverändert lassen.

Veränderliche und Konstante sind für den rechnenden Naturwissenschaftler grundlegende Begriffe.

Jeder Leser überblicke seine bisherigen Studien und suche nach solchen Größen!

An einem einfachen Beispiel aus der Bewegungslehre wollen wir veränderliche Größen betrachten und neue wichtige Begriffe erläutern.

Ein Punkt (P) bewege sich auf einer Geraden nach rechts. Sein Abstand (s) vom ruhenden Punkt (0) in dieser Geraden, dem Nullpunkt, hängt von der Zeit (t) ab, er ändert sich mit der Zeit. s und t sind Veränderliche, die miteinander in Zusammenhang stehen. Einer Änderung der einen Größe entspricht eine Änderung der andern. Je mehr Zeit vergeht, desto weiter wird sich P von 0 entfernen.

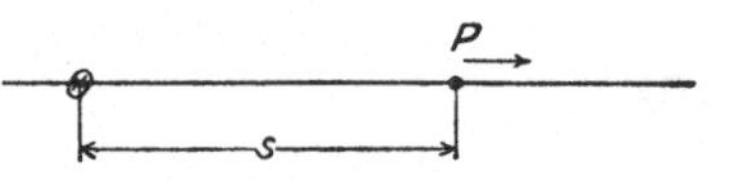

Abb. 1. Geradlinige Bahn eines bewegten Punktes.

Von zwei derartigen Größen nennt man die eine die unabhängig Veränderliche (unabhängig Variable) oder das Argument, die andere die abhängig Veränderliche oder Funktion der betreffenden unabhängig Veränderlichen.

In unserm Beispiel wird der Abstand (s) als Funktion der Zeit (t) angesehen.

Schwieriger, aber für die chemische Kinetik, die Lehre vom zeitlichen Ablauf der chemischen Reaktionen, grundlegend ist das folgende Beispiel. Denken wir uns ein homogenes (gleichmäßiges) Gemenge von Stoffen, die in einer chemischen Reaktion begriffen sind. Die Konzentration jedes einzelnen dieser Stoffe ändert sich mit der Zeit, die schwindende nimmt ab, die entstehende nimmt zu. Eine jede solche Konzentration ist eine Funktion der Zeit.

In den gegebenen Beispielen war die Funktion von einer unabhängig Veränderlichen abhängig. Sie kann aber auch von zwei oder mehreren Veränderlichen abhängen.

So ist das Volumen eines homogenen Körpers eine Funktion von zwei unabhängig Veränderlichen, der Temperatur und dem Druck, unter dem der Körper steht; die Schwingungszahl einer Saite, die von ihrer Länge, Spannung und Masse abhängt, eine Funktion dreier unabhängig Veränderlichen[1]).

Im ersten Teile dieses Buches werden wir uns nur mit den Funktionen einer unabhängig Veränderlichen beschäftigen.

Darstellung der Funktionen durch eine Tabelle. — Will man die Resultate der Messungen zweier Veränderlichen übersichtlich darstellen, dann bedient man sich oft einer Tabelle.

Die Tabelle ist eines der wichtigsten Mittel für die Darstellung von Funktionen. Man schreibt die gefundenen Werte in zwei Spalten (Kolonnen) nebeneinander, an deren Kopf man x und y schreibt. Für die Veränderlichen wählt man gerne als Bezeichnung die Buchstaben x und y oder sonst einen der letzten, für die Konstanten einen der ersten Buchstaben des Alphabets. In die Spalte x kommen die Werte von x, z. B. $x_1, x_2, x_3 \ldots$, in die Spalte y die von y, z. B. $y_1, y_2, y_3 \ldots$ Die bei x und y rechts unten angefügte Ziffer heißt Index (Anzeiger). Die einander zugeordneten Werte der beiden Veränderlichen stehen also in einer Zeile und haben denselben Index. Will man einen beliebigen Wert einer Größe bezeichnen, so verallgemeinert man den Index und setzt statt einer Zahl einen Buchstaben, z. B. x_n.

---

[1]) Wegen einer vom Zahlbegriff ausgehenden Erklärung der Veränderlichen und der Funktion siehe ROTHE I, 13.

Tabelle 1.

x	y	$c = \dfrac{y}{x}$
x_1	y_1	$\dfrac{y_1}{x_1}$
x_2	y_2	$\dfrac{y_2}{x_2}$
x_3	y_3	$\dfrac{y_3}{x_3}$
x_4	y_4	$\dfrac{y_4}{x_4}$
.	.	.
.	.	.
.	.	.
x_n	y_n	$\dfrac{y_n}{x_n}$

Wegen der erst später verwendeten dritten Spalte siehe S. 6.

Bezeichnungen, Formeln. — Daß die zwei Veränderlichen zueinander in Beziehung stehen, kann man auch in Zeichen (symbolisch) ausdrücken:

$$y = f(x).$$

(Gelesen: y ist eine Funktion f von x). f bedeutet keine Größe, sondern ein ver-allgemeinertes Operationszeichen (ein Operationszeichen, das für alle möglichen Operationen gilt), x wird eingeklammert, um jeder Verwechslung mit der Multiplikation vorzubeugen.

Für die Formel $y = f(x)$ waren schon in der Algebra (Buchstabenrechnung) Beispiele gegeben, ohne daß der Lernende Name, Symbol und Begriff der Funktion kennengelernt hätte, z. B. $y = x^2$. Mancher wird sich noch an die Schwierigkeiten erinnern, die ihm diese Formel bei der ersten Bekanntschaft machte, weil sie an seine Abstraktionsfähigkeit relativ große Anforderungen stellte. Denn $y = x^2$ bedeutet nicht nur, daß man x mit sich selbst multiplizieren, quadrieren, muß, daß also jede besondere Zahl, die für x steht, z. B. 1, 2, 3 quadriert werden muß, so daß $1 = 1^2$, $4 = 2^2$, $9 = 3^2$ ist, sondern noch außerdem, daß in x und y alle möglichen Wertpaare enthalten sein können, daß also von der besonderen auf die allgemeine Zahl übergegangen wird.

Ist diese Verallgemeinerung für das Verständnis schon schwierig, so muß man, um zur Formel $y = f(x)$ zu gelangen, in der Verallgemeinerung noch eine Stufe höher steigen. Denn in der Formel $y = f(x)$ werden nicht nur die Zahlen, sondern auch das Operationszeichen (bei $y = x^2$ die hochgestellte Zahl 2) verallgemeinert. Das Operationszeichen wird zum Funktionszeichen f, das sowohl Quadrat wie Kubus wie Logarithmus usw. bedeuten kann. Denn auch für $y = x^3$, $y = \log x$ usw. gilt Ähnliches wie für $y = x^2$.

$$\text{Es verhält sich} \left\{ \begin{array}{l} 1 = 1^2 \\ 4 = 2^2 \\ \cdots \cdots \\ \cdots \cdots \\ 25 = 5^2 \\ \cdots \cdots \\ \cdots \cdots \\ 100 = 10^2 \\ \cdots \cdots \end{array} \right. \text{zu} \ \boxed{y = x^2} \ \text{wie} \left\{ \begin{array}{l} y = x^2 \\ y = x^3 \\ \cdots \cdots \\ \cdots \cdots \\ y = \log x \\ \cdots \cdots \\ \cdots \cdots \\ y = \operatorname{ctg} x \\ \cdots \cdots \end{array} \right. \text{zu} \ \boxed{y = f(x)}$$

1*

Kommt in einer Rechnung eine Funktion von x vor, so bezeichnet man sie mit $y = f(x)$; kommen in einer Rechnung verschiedene Funktionen von x vor, dann unterscheidet man sie durch verschiedene Funktionszeichen, z. B. $y = F(x)$, $y = \varphi(x)$ (gelesen: Klein Phi von x), $y = \Phi(x)$ (gelesen: Groß Phi von x). Im Beispiel auf S. 2 ist $s = f(t)$.

Will man den Wert der Funktion für einen bestimmten Wert des x bezeichnen, dann setzt man diesen statt x in die Klammer ein. Bedeutet z. B. f das Quadrat, dann ist

$$f(x) = x^2$$

$$f(0) = 0$$
$$f(1) = 1$$
$$f(-1) = 1$$
$$f(2) = 4$$
$$f(3) = 9$$
$$f(a) = a^2$$
$$f(x + h) = (x + h)^2$$
$$f(x - h) = (x - h)^2$$
$$\cdots\cdots\cdots\cdots$$

Die **Formel** für die Funktion ist neben der Tabelle ein **zweites** wichtiges Mittel zur Darstellung des Zusammenhanges zweier Veränderlichen.

Weiteres über Funktionen. — Um uns über die Funktion besser zu orientieren, können wir die Wertpaare auch nach irgendeinem Grundsatz ordnen, z. B. nach steigenden Werten von x. Dann lassen sich der Verlauf der Funktion und ihre Besonderheiten unmittelbar aus der Tabelle ablesen.

Wir finden beispielsweise, daß y mit wachsendem x zunimmt, und nennen $f(x)$ eine **zunehmende**, oder daß y mit wachsendem x abnimmt, und nennen $f(x)$ eine **abnehmende** Funktion von x.

Nicht immer nimmt y mit x fortwährend zu bzw. ab. Es kann auch bei wachsendem x bis zu einem bestimmten Wert desselben, z. B. bis x_3, zunehmen, dann aber abnehmen. Die Funktion hat dann bei x_3 einen größten Wert, ein **Maximum**. Oder die Funktion nimmt bis zu einem Wert des x, etwa x_4, ab, bei weiterer Zunahme des x aber zu, dann hat sie bei x_4 einen kleinsten Wert, ein **Minimum**.

Oft findet man, daß kleinen Änderungen des x große des y oder großen Änderungen des x kleine des y entsprechen. Solche Funktionen nennt man **starke** bzw. **schwache**. (Manchmal auch empfindliche bzw. unempfindliche.)

Diese Bezeichnungen liest man häufig in naturwissenschaftlichen Abhandlungen, während man sie in mathematischen Lehrbüchern vergeblich suchen wird. Es sind recht willkürliche Festsetzungen. Denn was sind ,,kleine‘‘, was ,,große‘‘ Änderungen? Klein und groß hängt von den Einheiten ab, in denen wir Größen messen. (Messen wir z. B. eine Länge in mm statt in m, so ist die Maßzahl 1000mal größer, messen wir andererseits eine Flüssigkeit in Hektolitern statt in Dezilitern, so ist die Maßzahl 1000mal kleiner). Trotzdem muß man zugeben, daß Sätze wie ,,Die Siedetemperatur ist eine starke, die Gefriertemperatur eine schwache Funktion des Druckes‘‘ außerordentlich anschaulich sind. Es erhöht nämlich eine Steigerung des Druckes von einer auf zwei Atmosphären bei Wasser die Siedetemperatur um 21^0 C, erniedrigt aber die Gefriertemperatur um nur $0{,}008^0$ C.

Proportionalität. — Nehmen wir an, wir finden auf Tabelle 1 folgendes: Ist x_2 z. B. 5 oder 7 mal größer als x_1, dann ist y_2 auch 5 oder 7 mal größer als y_1. Für die Wertpaare 1 und 2 gilt die Beziehung

$$y_2 : y_1 = x_2 : x_1 .$$

Beim Vergleich des 1. und 3. Wertpaares ergibt sich: Ist x_3 9 oder 11 mal größer als x_1, dann ist auch y_3 9 bzw. 11 mal größer als y_1. Es gilt:

$$y_3 : y_1 = x_3 : x_1 .$$

Eine solche Beziehung zwischen zwei Wertpaaren nennt man Proportionalität. Herrscht Proportionalität auch zwischen dem 4. und 1. Wertpaar, dann gilt

$$y_4 : y_1 = x_4 : x_1 .$$

Gilt dasselbe für alle folgenden und auch für das n te Wertpaar, dann ist

$$y_n : y_1 = x_n : x_1 .$$

Lösen wir die 4 Proportionen nach dem äußeren y auf!

$$y_2 = \frac{y_1}{x_1}\, x_2$$

$$y_3 = \frac{y_1}{x_1}\, x_3$$

$$y_4 = \frac{y_1}{x_1}\, x_4$$

$$\cdots\cdots$$

$$y_n = \frac{y_1}{x_1}\, x_n .$$

In jeder der Gleichungen tritt der Faktor $\frac{y_1}{x_1}$ auf. Da er seinen Wert mit x nicht ändert, nennen wir ihn der Kürze halber c.

$$c \equiv \frac{y_1}{x_1} . \qquad\qquad \text{(Wegen} \equiv \text{siehe S. 221.)}$$

Setzen wir c statt $\frac{y_1}{x_1}$, dann bekommen wir

$$y_2 = c\, x_2$$
$$y_3 = c\, x_3$$
$$y_4 = c\, x_4$$
$$\cdots\cdots$$
$$y_n = c\, x_n .$$

Für x und y finden wir in den einzelnen Gleichungen immer denselben Index. Das sagt uns, daß es sich um einander zugeordnete Werte der beiden Veränderlichen handelt. Da diese Zuordnung selbstverständlich ist, lassen wir den Index weg und erhalten

$$\boxed{y = c\, x} .$$

Diese Gleichung allein sagt dasselbe wie das ganze Gestrüpp von Proportionen. Man sieht auf den ersten Blick, daß y 2 oder 3 mal größer werden muß, wenn x 2 oder 3 mal größer wird. Sie ist der bequemste Ausdruck für die Proportionalität zwischen x und y.

Die Größe c ändert ihren Wert mit x nicht, sie ist ein Beispiel für eine Konstante. Sie wird Proportionalitätsfaktor genannt. Diesen kann man definieren entweder als den Wert, den y für $x = 1$ annimmt, oder als den Betrag, um den y wächst, wenn x um die Einheit zunimmt, oder schließlich als den Quotienten zweier einander zugeordneter Werte der Veränderlichen $\left(\frac{y}{x}\right)$.

Auf der Berechnung des c als Quotienten beruht die Methode, mit der man die vermutete Proportionalität von Meßergebnissen bequemer prüfen kann als durch Aufstellen der Proportionen. Man sucht für jedes Wertpaar den Quotienten, also $\dfrac{y_1}{x_1}, \dfrac{y_2}{x_2}, \dfrac{y_3}{x_3}, \dfrac{y_4}{x_4} \cdots \dfrac{y_n}{x_n}$ und trägt ihn in der betreffenden Spalte der Tabelle ein (Tabelle 1, Spalte 3). Im Falle der Proportionalität muß die Konstante überall denselben Wert haben. In der Praxis findet man nie eine vollständige Übereinstimmung, weil die einzelnen Werte von x und y durch Messung gewonnen werden und daher mit Fehlern behaftet sind, die sich auch auf die Quotienten übertragen. Deshalb kann auch bei Nichtübereinstimmung der Quotienten Proportionalität herrschen. Um dies zu entscheiden, muß man die Größe der Meßfehler kennen und berücksichtigen. Erst dann kann man beurteilen, ob die Schwankungen des Quotienten durch Versuchsfehler zu erklären sind oder ein anderes Gesetz zwischen x und y vorliegt.

Beispiele für Proportionalität zwischen zwei Veränderlichen finden sich außerordentlich häufig.

1.
$$s = c\,t$$

stellt die Entfernung eines bewegten Punktes von 0 dar, der für $t = 0$ den Abstand $s = 0$ hat (Abb. 1). Der Weg (s) wächst in gleichen Zeiten um gleiche Beträge. Eine solche Bewegung nennen wir eine gleichmäßige. Der Zuwachs des Weges in der Zeiteinheit ist die Geschwindigkeit (c), die hier als Proportionalitätsfaktor erscheint.

2. Die Masse M eines homogenen Körpers ist proportional seinem Volumen v.

$$M = s\,v.$$

Der Proportionalitätsfaktor s ist die Masse der Volumeneinheit, das spezifische Gewicht (Wichte) des Körpers.

3. Die elektrische Ladung Q, die auf einem Kondensator sitzt, ist proportional der Spannung E an seinen Platten.

$$Q = C E.$$

Der Proportionalitätsfaktor C ist die Ladung, die zur Erlangung der Einheit dieser Spannung nötig ist. Sie wird Kapazität genannt.

4. Nach *Ohm* ist die Stärke des Gleichstroms J, der durch ein Leiterstück vom Widerstand R unter dem Einfluß der an seinen Enden liegenden Spannung E fließt, gegeben durch

$$J = \frac{E}{R} = \frac{1}{R}\,E.$$

Wenn wir R konstant annehmen, ist es auch sein Kehrwert (Reziproker Wert) $\dfrac{1}{R}$. Er ist der Proportionalitätsfaktor und wird Leitfähigkeit genannt.

Diagramme. — Ein drittes, außerordentlich wichtiges Mittel, die gegenseitige Abhängigkeit zweier Veränderlichen zu veranschaulichen, ist das Diagramm (graphische Darstellung, Schaubild).

Was ist ein Diagramm?

Ordnet man die verschiedenen Werte zweier Veränderlichen nicht in einer Tabelle, sondern verwendet sie zur Zeichnung einer Kurve, dann erhält man ein Diagramm.

Um es zu zeichnen, gebraucht man meist das Kartesische Koordinatensystem. Man zeichnet zwei aufeinander senkrecht stehende Gerade, die einander schneiden. Sie werden Koordinatenachsen (koordiniert = einander zugeordnet) genannt. Den Schnittpunkt bezeichnet man mit O (nach dem Anfangsbuchstaben des lateinischen Wortes für Ursprung: Origo), die horizontale

Achse mit x (x-Achse oder Abszissenachse) und die vertikale mit y (y-Achse oder Ordinatenachse). Die Maßstäbe auf diesen Koordinatenachsen beginnen im allgemeinen bei O und werden für die Abszissenachse nach rechts, für die Ordinatenachse nach oben als positiv, in den anderen Richtungen als negativ bezeichnet. Durch die rechtwinkligen Achsen wird die Zeichenebene in 4 Quadranten geteilt, die mit I, II, III, IV bezeichnet werden.

Auf der x-Achse trägt man die unabhängig Veränderliche, auf der y-Achse die Funktion auf, z. B. für den Punkt P die Abszisse x_1 und die Ordinate y_1. Man schreibt dafür $P\,(x_1, y_1)$. Ein Wertpaar legt einen Punkt in der Zeichenebene fest, alle Wertpaare, die einer Funktion angehören, definieren eine Kurve, das Diagramm.

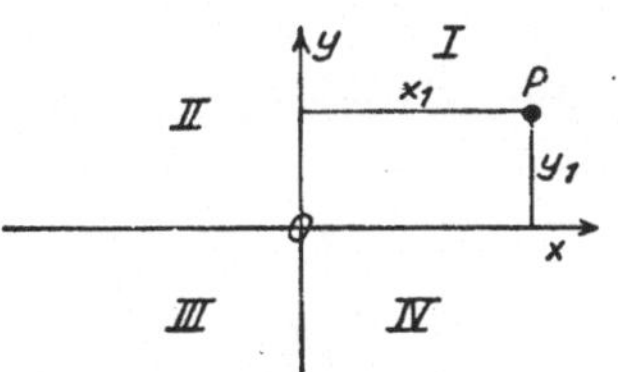

Abb. 2. Ebenes kartesisches Koordinatensystem.

In Abb. 3 sehen wir Beispiele von Kurven. Bei a, b, c Kurven für zunehmende, bei d, e, f für abnehmende Funktionen. g ist die Darstellung einer Funktion, die für x_a ein Maximum, h, die für x_b ein Minimum hat.

Betrachtet man die Diagramme g und h, so kann man mit einem Blick die Begriffe Maximum und Minimum erfassen; Begriffe, die vielleicht bei der ersten Erwähnung (S. 4) schwer verständlich waren.

Auf dieser Anschaulichkeit beruht die Wichtigkeit der Diagramme. Wir werden sie im folgenden noch oft verwenden.

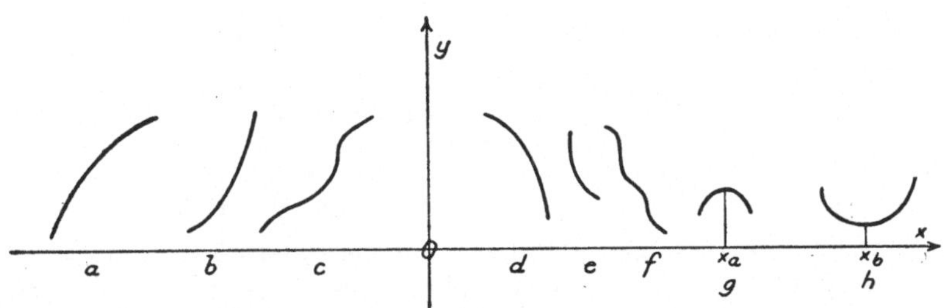

Abb. 3. Steigende, fallende Kurven, Maximum, Minimum.

Proportionalität im Diagramm — Um die Proportionalität zwischen x und y im Diagramm darzustellen, zeichnen wir mehrere Punkte, deren Orte in der Koordinatenebene (Abb. 4) durch die Gleichung

$$y = c\,x$$

definiert sind. Um die Konstruktion durchführen zu können, geben wir dem c einen Zahlenwert, z. B. 2, und konstruieren $y = 2\,x$. Für $x = 0$ ist auch $y = 0$. Die Kurve muß also durch den Ursprung des Koordinatensystems gehen. Für die Punkte mit $x = 1, 2, 3 \ldots$ wird $y = 2, 4, 6 \ldots$ Die Konstruktion ergibt die ausgezogene Gerade. Die Punkte für alle Werte des x, auch für die nicht ganzzahligen und negativen, liegen auf dieser Geraden.

Vielleicht verrät uns die Konstante c noch mehr! Was geschieht, wenn wir ihr einen größeren Wert, z. B. 3, geben? Wir bekommen die steiler ansteigende, gestrichelte Gerade! Und für $c = 1$? Die weniger steile, punktierte.

Einem größeren c entspricht ein größerer, einem kleineren c ein kleinerer Winkel zwischen x-Achse und Geraden.

Das ist die qualitative (Beschaffenheits-) Bedeutung der Konstanten c. Sie hat auch eine quantitative (Größen-) Bedeutung. Um sie zu ermitteln, bringen wir in der Gleichung $y = c\,x$ das c allein auf die linke Seite:

$$c = \frac{y}{x}.$$

Für den Punkt A (OB, AB) der ausgezogenen Geraden wird

$$c = \frac{AB}{OB}.$$

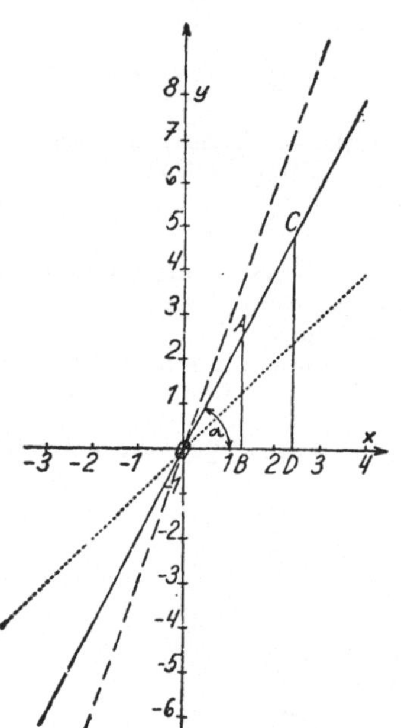

Abb. 4. Gerade verschiedener Steigung.

Da das Dreieck OAB rechtwinklig ist, ist der Quotient $\dfrac{AB}{OB}$ Tangens des Winkels bei O (S. 275), also des Winkels α zwischen der Geraden und der x-Achse.

$$c = \operatorname{tg} \alpha.$$

c wird die **Richtungskonstante** oder **Steigung** der Geraden genannt.

Ist die Steigung an allen Stellen der Geraden die gleiche? Wir berechnen sie noch aus einem andern beliebigen Punkt der ausgezogenen Geraden.

Z. B. aus C (OD, CD).

$$c = \frac{CD}{OD} = \operatorname{tg} \alpha.$$

Wir erhalten denselben Wert wie früher, denn aus der Ähnlichkeit der Dreiecke OAB und OCD folgt

$$\frac{AB}{OB} = \frac{CD}{OD}.$$

Ähnlich sind sie, weil die Punkte O, A, C auf einer Geraden liegen und $AB \parallel CD$ ist.

Die Steigung ist an allen Stellen der Geraden die gleiche.

Diese Proportion verwenden wir noch zu einem anderen Nachweis. Vertauscht man in ihr die Innenglieder, so folgt

$$\frac{AB}{CD} = \frac{OB}{OD}.$$

oder

$$y_1 : y_2 = x_1 : x_2.$$

Auch das Schaubild zeigt die Proportionalität von Ordinaten und Abszissen.

Kann auch die Geschwindigkeit im Diagramm dargestellt werden?

Wir konstruieren das Diagramm einer gleichmäßigen Bewegung ($s = c\,t$) in einem Zeit-Weg-Diagramm. Als Abszissen tragen wir die Zeiten (t), als Ordinaten die Abstände (s) des bewegten Punktes vom 0-Punkt auf. Wir erhalten eine Gerade, die durch den Ursprung geht (Abb. 5). (Man hüte sich, diese Gerade mit der Bahn des Punktes in Abb. 1 zu verwechseln!)

Da für $t = 0$ auch $s = 0$ ist, so ist der während der Zeit t zurückgelegte Weg immer der jeweilige Abstand des bewegten Punktes von 0. Die zurückgelegten Wege, die Ordinaten, wachsen proportional den Zeiten, den Abszissen. Die Geschwindigkeit ist durch den Quotienten des Weges durch die Zeit $\frac{s}{t}$ gegeben, sie bildet sich als tg α ab. Je größer die Geschwindigkeit, um so **steiler die** Gerade. Die **Konstanz** der Geschwindigkeit ist an der überall **gleichen** Steigung der Geraden zu erkennen.

Die lineare Funktion und die Differenzenquotienten. — Die Gleichung $y = c\,x$ gibt das Bild einer Geraden, die durch den Ursprung geht, einer speziellen (besonderen) Geraden.

Wie lautet die Formel für eine beliebige, für jede Gerade? Denken wir uns die Gerade mit der Gleichung $y = c\,x$ (Abb. 4) in das Koordinatensystem der Abb. 6 so übertragen, daß sie nicht mehr durch den Ursprung geht, sondern um den Betrag b vertikal nach aufwärts gehoben ist. Jeder ihrer Punkte ist um den Betrag b gehoben, sie ist parallel zu sich selbst verschoben. Wir erhalten die durch die Punkte A, B, C gehende Gerade. Ihre Gleichung ist leicht anzugeben. Jedes y der Gleichung $y = c\,x$ (ausgezogene Gerade in Abb. 4) muß um b vergrößert werden. Ihre Gleichung ist

$$y = c\,x + b.$$

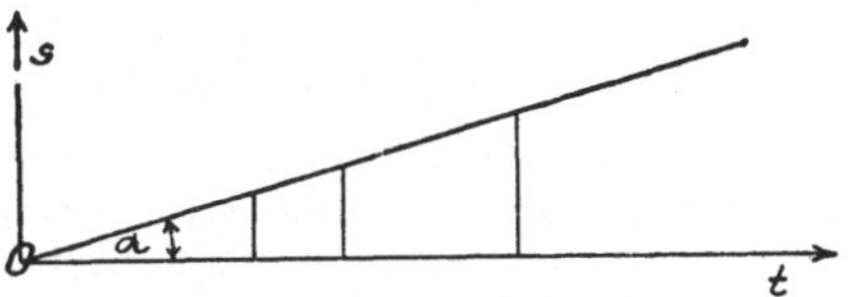

Abb. 5. Zeit-Weg-Diagramm von $s = c\,t$.

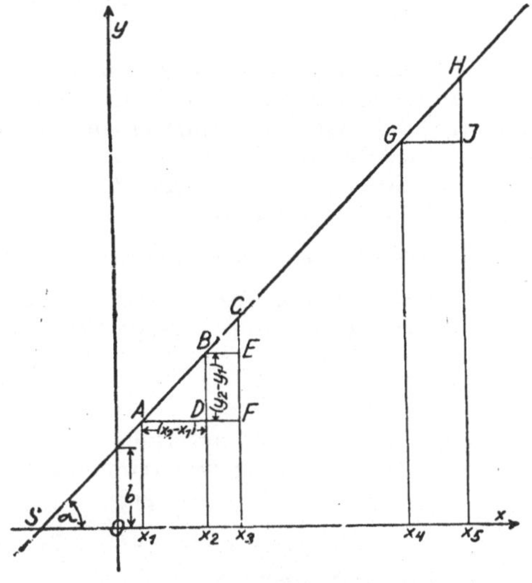

Abb. 6. Lineare Abhängigkeit des y von x.

Ihre Steigung bleibt $c = $ tg α, sie wird durch die parallele Verschiebung nicht geändert. Da auch der Punkt, der in Abb. 4 im Ursprung liegt, in Abb. 6 um b verschoben wird, ist der Abschnitt auf der Ordinatenachse auch b. Da b von x unabhängig ist, ist es eine Konstante. Mit der Gleichung

$$y = c\,x + b$$

kann man jede Gerade darstellen, weil man für b und c alle möglichen Werte nehmen kann. (Nur die Parallelen zur y-Achse sind ausgenommen!)

Eine Funktion von der Form $y = c\,x + b$, bei der b und c Konstante sind, nennt man wegen ihres Schaubildes im rechtwinkeligen Koordinatensystem (einer geraden Linie!) eine **lineare Funktion.**

Wie berechnet man die **Steigung einer beliebigen Geraden**? Man kann sie aus den Koordinaten zweier Punkte, durch die sie geht, berechnen.

Für die Punkte $A\,(x_1,\,y_1)$ und $B\,(x_2,\,y_2)$ gelten die Gleichungen

$$y_1 = c\,x_1 + b,$$
$$y_2 = c\,x_2 + b.$$

Durch Subtraktion der oberen von der unteren Gleichung wird die Konstante b eliminiert (entfernt), und man erhält

$$y_2 - y_1 = c\,(x_2 - x_1)$$

und

(1)
$$c = \frac{y_2 - y_1}{x_2 - x_1}.$$

Die Differenz der Ordinaten, durch die Differenz der entsprechenden Abszissen geteilt, ergibt c als Quotienten der Differenzen, als Differenzenquotienten. Die Steigung ist der Differenzenquotient der Ordinaten zweier Punkte durch ihre Abszissen.

Betrachten wir in Abb. 6 die geometrische Bedeutung des Differenzenquotienten! Wir lernen dadurch zwar nichts Neues, aber für die Schulung im Betrachten von Funktionen ist es wertvoll.

Aus dem Dreieck ABD ersehen wir die geometrische Bedeutung des Differenzenquotienten. AD ist parallel zur x-Achse, BD ein Teil der Ordinate in x_2. Der Winkel bei D ist daher ein Rechter. Es ist

$$BD = y_2 - y_1,$$
$$AD = x_2 - x_1,$$
$$\frac{BD}{AD} = \frac{y_2 - y_1}{x_2 - x_1} = \operatorname{tg} \alpha.$$

Der Differenzenquotient bedeutet Tangens des Winkels BAD. Da AD parallel zur x-Achse ist, ist dieser Quotient $\operatorname{tg} \alpha$, weil α der Winkel zwischen der Geraden und der x-Achse ist. Andererseits ist dieser Quotient nach (1) gleich c. Es ist also auch bei dieser nicht durch den Ursprung gehenden Geraden $c = \operatorname{tg} \alpha$, da der Winkel der Geraden mit der x-Achse durch die Hebung der Geraden um b nicht geändert worden ist.

Ist der Differenzenquotient von der Größe der x-Spanne (Intervall) abhängig?

Berechnen wir c aus den Punkten $A\,(x_1,\,y_1)$ und $C\,(x_3,\,y_3)$, also für ein größeres Intervall des x, so folgt analog der vorigen Rechnung

$$c = \frac{y_3 - y_1}{x_3 - x_1}.$$

Ermitteln wir die geometrische Bedeutung dieses Differenzenquotienten aus Abb. 6, so folgt analog wie früher aus dem Dreieck ACF

$$\frac{CF}{AF} = \frac{y_3 - y_1}{x_3 - x_1} = \operatorname{tg} \alpha.$$

Es ist also auch hier

$$c = \operatorname{tg} \alpha.$$

Dieser Wert muß wegen Ähnlichkeit der Dreiecke CFA und BDA dem vorher für $\operatorname{tg} \alpha$ berechneten gleich sein.

$$\frac{CF}{AF} = \frac{BD}{AD}.$$

Der Wert des Differenzenquotienten bei der linearen Funktion ist unabhängig von der Größe des x-Intervalls.

Ist der Differenzenquotient vom Anfangspunkt des x-Intervalls abhängig?

Wir berechnen c aus dem Punktpaar $G\,(x_4,\,y_4)$ und $H\,(x_5,\,y_5)$, also nicht vom Punkt A aus. Es folgt

$$c = \frac{y_5 - y_4}{x_5 - x_4}.$$

Aus dem Dreieck GHJ (Abb. 6) ersehen wir

$$\frac{HJ}{GJ} = \frac{y_5 - y_4}{x_5 - x_4} = \operatorname{tg} \alpha.$$

Wieder ist $c = \mathrm{tg}\,\alpha$, wieder ist dieser Wert wegen der Ähnlichkeit der Dreiecke GHJ und ABD und dem daraus folgenden

$$\frac{HJ}{GJ} = \frac{BD}{AD}$$

dem aus dem Dreieck ABD berechneten gleich.

Der Wert des Differenzenquotienten bei der linearen Funktion ist vom Anfangspunkte des x-Intervalls unabhängig.

Die bis nun verwendeten Bezeichnungen für den Differenzenquotienten haben zwar den Vorzug, die Zuordnung der Intervalle an den Indizes (Mehrzahl von Index) sogleich erkenntlich zu machen, sind aber für den Gebrauch zu umständlich. Darum bezeichnet man die Differenzen zweier Koordinaten mit Δ (gelesen Delta) und zeigt durch ein beigesetztes x bzw. y usw. an, auf welche Art von Koordinaten sich diese Differenzen beziehen, z. B. Δx, Δy, Δt. Daß der Index x, y, t usw. für den Druck aus Bequemlichkeit nicht unter die Zeile, sondern nebenan gesetzt wird, stört nicht, weil niemand das Operationszeichen Δ als Größe auffassen wird. Die mit Δ bezeichneten Differenzen in einer Gleichung sind einander immer zugeordnet. Im folgenden wird meistens $\dfrac{\Delta y}{\Delta x}$ als Bezeichnung für den Differenzenquotienten gebraucht werden.

Die an den Dreiecken ABD, ACF und GHJ erschaute Gesetzmäßigkeit erhält jetzt die Form

$$\frac{\Delta y}{\Delta x} = \mathrm{tg}\,\alpha = c$$

und

$$\Delta y = c\,\Delta x.$$

Der Zuwachs der Ordinaten der Geraden ist dem Zuwachs der Abszissen proportional. Das ist die für naturwissenschaftliche Anwendungen wichtigste Eigenschaft der linearen Funktion.

Beispiele für lineare Funktionen. — 1. Die verschiedenen Gase (Wasserstoff, Sauerstoff, Stickstoff usw.) befolgen nur mit Annäherung das Gesetz von Gay-Lussac für die Änderung des Volumens mit der Temperatur und das Gesetz von Boyle-Mariotte für die Änderung des Volumens mit dem Druck. Ein Gas, das diese beiden Gesetze genau befolgt, nennt man ein ideales Gas.

Ändert man bei konstantem Druck die Temperatur eines idealen Gases, so wächst das Volumen bei Temperaturerhöhung um 1° C um $\dfrac{1}{273}$ des Volumens bei 0° C (v_0), also um die konstante Größe $\dfrac{v_0}{273}$. Das Volum bei ϑ° C (gelesen: Theta Grad Celsius) ist

$$v = v_0 + \frac{v_0}{273}\,\vartheta.$$

In Abb. 6 bedeute jetzt x die Temperatur ϑ in Celsiusgraden und y das Volumen v. Der Ursprung 0 bedeutet 0° C, v_0 entspricht dem b, $\dfrac{v_0}{273}$ dem c der Formel für die lineare Funktion. Dementsprechend ist

$$\frac{\Delta v}{\Delta \vartheta} = \frac{v_0}{273}.$$

Die Volumenzunahme je Celsiusgrad ist beim idealen Gas von der Temperatur unabhängig.

Nebenher sei erwähnt, daß der Schnittpunkt S der Geraden mit der Temperaturachse den absoluten Nullpunkt festlegt. Es ist das jene Temperatur, bei der das Volumen eines idealen Gases auf Null gesunken ist. Der absolute Nullpunkt liegt bei -273° C.

Verlegt man den Ursprung des Koordinatensystems in diesen Punkt, läßt aber die Richtung der Achsen unverändert, dann geht die das Volumen darstellende Gerade durch S als Ursprung. Das Volumen ist der ab S gemessenen Temperatur proportional. Die ab -273^0 C gemessene Temperatur nennt man **absolute Temperatur** und bezeichnet sie mit T.

Es ist

$$T = \vartheta + 273$$

und daher

$$v = v_0\left(1 + \frac{\vartheta}{273}\right) = \frac{v_0}{273}\,(273 + \vartheta) = \frac{v_0}{273}\,T\;.$$

Man sieht die Proportionalität von v und T $\left(\text{Proportionalitätsfaktor } \dfrac{v_0}{273}\right)$ und den Vorteil der Einführung der absoluten Temperatur T.

2. Bei der Bewegung des Punktes P (Abb. 1) sei der Abstand s eine lineare Funktion der Zeit t:

$$s = c\,t + b\,.$$

Um diese Bewegung zu betrachten, verwenden wir das Zeit-Weg-Diagramm. Die Abszissenachse bedeutet die Zeit t, die Ordinatenachse den Abstand s. Für $t = 0$ ist $s = b$. b ist die Anfangslage, das ist die Lage des bewegten Punktes zu Beginn der Zeitzählung.

Wenn wir das bei der linearen Funktion $y = c\,x + b$ Ermittelte sinngemäß anwenden, so ergibt sich für c die Gleichung

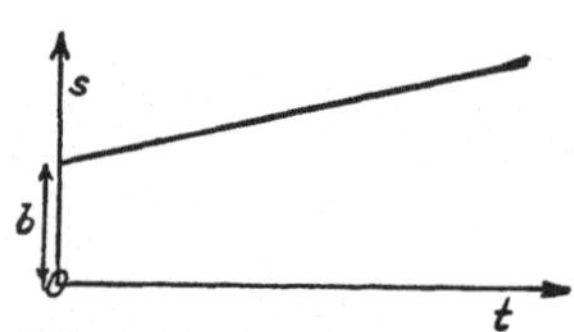

Abb. 7. Lineare Abhängigkeit des Weges s von der Zeit t.

$$c = \frac{\varDelta\,s}{\varDelta\,t}\,.$$

Das ist der Differenzenquotient des Weges nach der Zeit. Er ist unabhängig von Beginn und Größe der Zeitspanne, er ist der Wegzuwachs während der Zeiteinheit, die **Geschwindigkeit** des bewegten Punktes. Die Geschwindigkeit ändert sich nicht mit der Zeit, sie ist durch die Konstante c gegeben. Im Zeit-Weg-Diagramm gibt $c = \operatorname{tg}\alpha$ die Steigung der Geraden und damit die Geschwindigkeit des bewegten Punktes. Ihre Konstanz wird durch die Gerade mit ihrer überall gleichen Neigung charakterisiert.

Bei **linearer Abhängigkeit** des s von t führt die Ermittlung der Geschwindigkeit zu keinen prinzipiellen Schwierigkeiten.

Versuch der Berechnung der Geschwindigkeit einer ungleichmäßigen Bewegung. — $s = k\,t^2$. Die Geschwindigkeit einer Bewegung, bei der s von t nicht linear abhängt, soll berechnet werden.

Bei diesen Berechnungen werden Schwierigkeiten auftreten, die zunächst nicht behoben werden können, aber zu Überlegungen zwingen, die zu einem für die mathematische Behandlung der Naturwissenschaften grundlegenden Begriff führen.

In Abb. 8 wird die Bahn des bewegten Körpers durch die vertikale Gerade dargestellt. Der Weg (s) wird vom Nullpunkt (0) nach abwärts gemessen. Die Bewegungsgleichung ist

$$s = k\,t^2\,,$$

d. h. s ist proportional dem **Quadrate** der Zeit, nicht der Zeit selbst, also ist die Abhängigkeit nicht linear. Für $t = 0$ ist $s = 0$. Der Körper startet in 0.

Geben wir der Konstanten k den Wert 5 m/sec, dann stellt die Bewegungsgleichung erfahrungsgemäß annähernd den freien Fall dar (genau für $k = 4,90$ m/sec). Die Orte, an denen sich der frei fallende Körper nach der

1., 2., 3., . . . Sekunde befindet, sind von 0 aus nach abwärts eingetragen. Der Körper legt in der 1. Sekunde 5, in der 2. Sekunde 15, in der 3. Sekunde 25 m zurück.

Die Geschwindigkeit wurde als der Weg in der Sekunde definiert. Beim freien Fall stößt diese Definition auf Schwierigkeiten. Soll man annehmen, daß der frei fallende Körper während der ganzen 1. Sekunde mit 5 m/sec, während der ganzen 2. mit 15 m/sec und während der ganzen 3. mit 25 m/sec Geschwindigkeit fällt? Ist es nicht vielmehr selbstverständlich anzunehmen, daß der Körper mit einer allmählich zunehmenden Geschwindigkeit fällt? Tut er dies aber, dann können wir seine Geschwindigkeit nicht wie bei der gleichmäßigen Bewegung aus einem beliebigen Zeitintervall, sondern müssen sie für einen beliebigen Zeitpunkt berechnen, denn seine Geschwindigkeit ändert sich ja ununterbrochen.

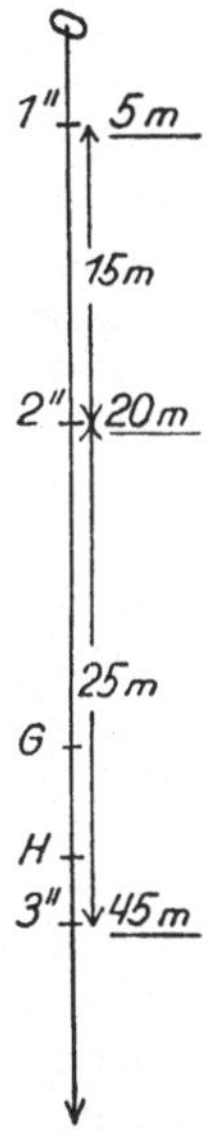

Die Geschwindigkeit für einen beliebigen Zeitpunkt (t_1) versuchen wir zuerst nach denselben Methoden zu berechnen, die wir bei der gleichmäßigen Bewegung, der linearen Abhängigkeit des Weges von der Zeit, verwendet haben. Wir nehmen den Zeitpunkt t_1 als Anfangspunkt eines Zeitintervalls und bilden uns den Differenzenquotienten des Weges nach der Zeit. Der Kürze halber schreiben wir τ (gelesen: Tau) statt Δt und σ (gelesen: Sigma) statt Δs.

Es ist

$$\tau = t_2 - t_1$$
$$\sigma = s_2 - s_1$$
$$s_1 = k\, t_1^2$$
$$s_2 = k\, t_2^2$$
$$\overline{\sigma = s_2 - s_1 = k\,(t_2^2 - t_1^2)}$$

$$\frac{\sigma}{\tau} = \frac{s_2 - s_1}{t_2 - t_1} = \frac{k\,(t_2^2 - t_1^2)}{t_2 - t_1} = k\,(t_2 + t_1) \ldots \ldots \ldots \text{ S. 223}$$

Mit

$$t_2 = t_1 + \tau$$

bekommen wir

$$\frac{\sigma}{\tau} = k\,(2\,t_1 + \tau).$$

Abb. 8.
Bahn eines
frei fallenden
Körpers.

Bei dem auf diese Weise berechneten Quotienten, der Geschwindigkeit, fällt auf, daß er nicht nur vom Anfangspunkt des Zeitintervalls (t_1), sondern auch vom Zeitintervall (τ) selbst abhängt. Die Geschwindigkeit wächst aber während diesem Zeitintervall! Was für eine Geschwindigkeit haben wir nun eigentlich durch Division der Wegstrecke durch das Zeitintervall berechnet? Wir wissen es nicht. Wir können nur sagen, sie muß jedenfalls so beschaffen sein, daß sie mit der Zeit τ multipliziert die Wegstrecke σ ergibt. Hätte sich also ein Punkt während der Zeitdauer τ dauernd mit dieser Geschwindigkeit bewegt, so hätte er die Wegstrecke σ zurückgelegt. Der frei fallende Körper kann diese Geschwindigkeit nicht haben, denn er legt zwar während des Zeitintervalls τ die Wegstrecke σ zurück, aber nicht mit konstanter, sondern mit zunehmender Geschwindigkeit. Und zwar mit einer Geschwindigkeit, die am Anfang des Zeitintervalls kleiner, an ihrem Ende aber größer als $\frac{\sigma}{\tau}$ sein muß. $\frac{\sigma}{\tau}$ ist also eine in der Mitte liegende Geschwindigkeit. Man nennt sie darum die **mittlere Geschwindigkeit** (v_m).

$$\boxed{v_m = \frac{\sigma}{\tau}}$$

v_m ist also nicht die gesuchte Geschwindigkeit im Zeitpunkt t_1, sondern eine angenäherte. Das genügt uns nicht. Versuchen wir es anders.

Greifen wir die Wegstrecke GH in der Bahn des Körpers (Abb. 8) heraus! Ein Hilfspunkt soll neben dem Körper diese Wegstrecke mit konstanter Geschwindigkeit während der Zeit τ durcheilen. Beide starten gleichzeitig in G. Was geschieht? Der Hilfspunkt wird dem Körper zunächst vorauseilen und einen Vorsprung gewinnen. Der Körper aber wird allmählich die Geschwindigkeit des Hilfspunktes erlangen und schließlich sogar übertreffen, so daß er ihn einholen kann. Er erreicht ihn gerade bei H. Er trifft mit dem Hilfspunkt gleichzeitig in H ein, obwohl seine Geschwindigkeit von der des Hilfspunktes verschieden ist. Der Hilfspunkt erreicht H mit der mittleren Geschwindigkeit v_m, der Körper mit der des freien Falles. Da die Geschwindigkeit des frei fallenden Körpers nur in dem Zeitpunkte der des Hilfspunktes gleich ist, in dem er am weitesten hinter dem Hilfspunkt zurückbleibt, sonst aber verschieden ist, zeigt sich wieder, daß v_m nicht die gesuchte Geschwindigkeit sein kann. Die mit der Zeit zunehmende Geschwindigkeit des frei fallenden Körpers können wir nur finden, wenn wir sie für einen bestimmten Zeitpunkt suchen, wenn wir seine momentane Geschwindigkeit berechnen. Eine Geschwindigkeit allerdings, die wir vorläufig nicht einmal definieren können.

Zur Gewinnung dieser Definition stellen wir folgende Betrachtungen an.

Die momentane Geschwindigkeit. — Können wir die Geschwindigkeit des Hilfspunktes der des frei fallenden Körpers so angleichen, daß sie mit ihr gleich wird? Versuchen wir es durch fortgesetzte Verkleinerung von Zeitintervall und Wegstrecke! Wird die Zeitspanne und mit ihr die Wegstrecke immer kleiner, dann wird auch die Abweichung der einen von der andern Geschwindigkeit immer kleiner, und wir nähern uns dem Ziele. Aber trotzdem bleibt der Wert der Geschwindigkeit solange ein angenäherter, solange das Zeitintervall und damit die Wegstrecke eine Ausdehnung hat. Das Zeitintervall muß seine störende Ausdehnung verlieren! Wir setzen $\tau = 0$ und bekommen v_1, die Geschwindigkeit im Zeitpunkte t_1.

Aus

$$\frac{\sigma}{\tau} = k\,(2\,t_1 + \tau) \qquad\qquad \text{(S. 13)}$$

wird

$$v_1 = 2\,k\,t_1\,.$$

Da es sich nicht um den Zeitpunkt t_1 handelt, sondern um jeden beliebigen, streichen wir den Index:

$$v = 2\,k\,t\,.$$

Was uns diese Gleichung zeigt, scheint plausibel. Die Geschwindigkeit des frei fallenden Körpers nimmt mit der Zeit zu und ist ihr proportional.

Haben wir nun das gewünschte Resultat?

Die Rechnung ist zwar richtig, aber der Weg, auf dem wir zum Resultat gelangt sind, ist noch dunkel.

Das Zeitintervall, die in das Resultat einging, war 0. In einem Zeitintervall 0 kann nur eine Wegstrecke 0 zurückgelegt werden! Wir müßten uns also vorstellen, daß der Körper während der Zeit 0 die Wegstrecke 0 mit einer Geschwindigkeit $2\,k\,t$ zurücklegt! Das können wir aber nicht! Und doch müssen wir diese Vorstellung möglich machen. Denn die Definition der gleichmäßigen Bewegung, in gleichen Zeiten gleiche Strecken zurückzulegen, paßt auf den frei fallenden Körper nur, wenn wir für ihn eine so kleine Strecke seiner Bahn ins

Auge fassen, daß ihre Ausdehnung vollständig verschwindet. Die Strecke 0 muß von ihm im Zeitintervall 0 durchlaufen werden! Mit dieser Schwierigkeit wollen wir uns nun beschäftigen und werden dabei zu neuen wichtigen Erkenntnissen kommen.

Ein mathematisches Bedenken. — Wenn wir in $v_m = \dfrac{\sigma}{\tau}$ sowohl τ wie σ gleich 0 setzen, erscheint v_m in der Form $\dfrac{0}{0}$.

Fragt man einen Nichtmathematiker, was für einen Wert der Bruch $\dfrac{0}{0}$ haben könnte, so antwortet er: „0, weil der Zähler 0 ist" oder „Unendlich, weil der Nenner 0 ist" oder „1, weil Zähler und Nenner gleich sind". Er gibt also gleich drei Werte an! So merkwürdig es erscheint, hat er nicht Unrecht, denn $\dfrac{0}{0}$ ist ein unbestimmtes, also sinnloses, Symbol, es kann sowohl die von ihm angegebenen als auch jeden beliebigen andern Wert annehmen, z. B. 3, 5 oder 100, denn jede beliebige Zahl gibt mit 0 multipliziert 0.

Diese Behauptung soll an den folgenden Beispielen erwiesen werden.

Welchen Wert nimmt der Bruch

$$\frac{x^2 - 2x + 1}{x^2 + x - 2}$$

Für $x=1$ an? Die Substitution (Ersetzung) $x=1$ bezeichnen wir mit $\big|_{x=1}$. Es ist

$$\frac{x^2 - 2x + 1}{x^2 + x - 2}\bigg|_{x=1} = \frac{0}{0}.$$

Zerlegen wir Zähler und Nenner des Bruches in das Produkt zweier Binome (zweigliedrige Ausdrücke) und kürzen durch den gleichen Faktor!

$$\frac{x^2 - 2x + 1}{x^2 + x - 2} = \frac{(x-1)(x-1)}{(x+2)(x-1)} = \frac{x-1}{x+2}.$$

Setzen wir nun $x=1$, dann bekommen wir

$$\frac{x-1}{x+2}\bigg|_{x=1} = \frac{0}{3} = 0.$$

Also ist

$$\frac{x^2 - 2x + 1}{x^2 + x - 2}\bigg|_{x=1} = \frac{0}{0} = 0.$$

Der Kehrwert dieses Bruches nimmt für $x=1$ den Wert ∞ an, wie eine analoge Rechnung zeigt.

Oder

$$\frac{x^2 + x - 2}{x^2 + x - 2}\bigg|_{x=1} = \frac{0}{0}. \quad \text{Da} \quad \frac{x^2 + x - 2}{x^2 + x - 2} = \frac{(x+2)(x-1)}{(x+2)(x-1)} = \frac{x+2}{x+2}, \quad \text{ist} \quad \frac{x^2 + x - 2}{x^2 + x - 2}\bigg|_{x=1} = 1.$$

Schließlich

$$\frac{x^2 + 4x - 5}{x^2 - 1}\bigg|_{x=1} = \frac{0}{0}. \quad \text{Da} \quad \frac{x^2 + 4x - 5}{x^2 - 1} = \frac{(x+5)(x-1)}{(x+1)(x-1)} = \frac{x+5}{x+1}, \quad \text{ist} \quad \frac{x^2 + 4x - 5}{x^2 - 1}\bigg|_{x=1} = 3.$$

Wir sehen, Ausdrücke von der Form $\dfrac{0}{0}$ können bestimmte Werte annehmen, wenn man weiß, wie die Nullen entstanden sind. In unseren Beispielen wurde in Zähler und Nenner für den betreffenden Wert des x ein gemeinsamer Faktor zu Null. Nach seiner Entfernung durch Kürzen konnte für den gewünschten Wert des x der Wert des Bruches ermittelt werden. Damit ist das unbestimmte

Symbol $\frac{0}{0}$ unter gewissen Voraussetzungen berechenbar. Wir kommen später (S. 19, 22 u. 105) noch darauf zurück.

Nochmalige Berechnung der Momentangeschwindigkeit. — Nach dieser Berechnung des unbestimmten Symboles $\frac{0}{0}$ kehren wir wieder zur Geschwindigkeitsberechnung des frei fallenden Körpers zurück, die wir gleichzeitig durch die Verwendung eines Zeit-Weg-Diagramm veranschaulichen wollen.

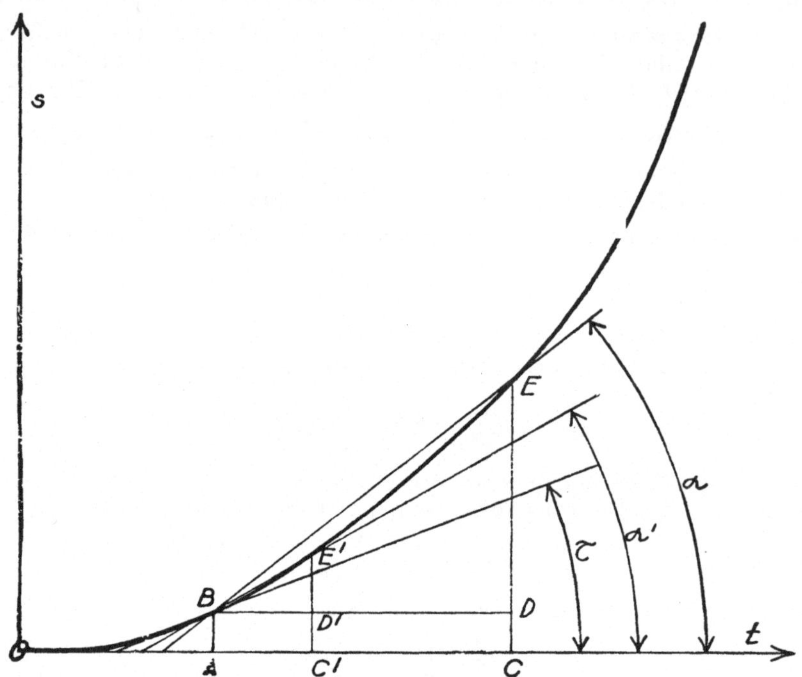

Abb. 9. Zeit-Weg-Diagramm eines frei fallenden Körpers, $s = k\,t^2$.

Abb. 9 stellt das Zeit-Weg-Diagramm eines frei fallenden Körpers, die eine Hälfte einer Parabel (S. 272) dar. (Seine Bahn zeigt Abb. 8.) Diesem Diagramm entspricht die Bewegungsgleichung $s = k\,t^2$. Die geometrische Achse der Parabel fällt mit der Ordinatenachse, der s-Achse, zusammen. Die Kurve geht durch den Ursprung, weil für $t = 0$ auch $s = 0$ ist. Die andere Hälfte der Parabel, die negativen Werten der Zeit entspricht, wurde als physikalisch sinnlos nicht gezeichnet.

Betrachten wir ein spezielles Wertpaar (t, s: im Diagramm OA, AB), das der Gleichung

$$(1) \qquad\qquad s = k\,t^2$$

entspricht! Wir erteilen dem t einen Zuwachs $\Delta t = AC$, und den durch ihn bewirkten Zuwachs des s nennen wir Δs. Nach (1) ist

$$(2) \qquad s + \Delta s = k\,(t + \Delta t)^2 = k\,t^2 + 2\,k\,t\,\Delta t + k\,(\Delta t)^2.$$

Das hier Berechnete konstruiert man, indem man bei der Abszisse $(t + \Delta t) = OC$ die Ordinate der Kurve $(s + \Delta s) = CE$ zeichnet.

Δs wird durch Subtraktion der Gl. (1) von (2) berechnet.

$$(3) \qquad \Delta s = 2\,k\,t\,\Delta t + k\,(\Delta t)^2 \,.$$

Im Diagramm zieht man vom Endpunkt der Ordinate $A\,B$ eine zur t-Achse Parallele $B\,D$ und bringt sie mit der Ordinate $C\,E$ zum Schnitt. Dadurch zerlegt man diese in s und $\Delta s = D\,E$. Die Strecke $B\,D$ hat die Länge Δt.

Um v_m, die mittlere Geschwindigkeit während Δt, zu bekommen, dividiert man die Gl. (3) durch Δt und erhält

$$(4) \qquad v_m = \frac{\Delta s}{\Delta t} = 2\,k\,t + k\,\Delta t \,,$$

einen Wert, der vom Zeitintervall Δt abhängt.

Im Diagramm wird der Quotient $\dfrac{\Delta s}{\Delta t}$ durch die Steigung der Sekante gegeben, die durch die Endpunkte der Ordinaten B und E geht. In dem rechtwinkligen Dreieck $B\,E\,D$ ist $\dfrac{D\,E}{B\,D} = \dfrac{\Delta s}{\Delta t}$ gleich dem Tangens des Winkels bei B und daher auch gleich dem tg α des Winkels zwischen der Sekante und der t-Achse. Diese Sekante ist das Zeit-Weg-Diagramm eines Punktes, der sich gleichmäßig längs einer vertikal nach abwärts gerichteten Bahn bewegt. Seine Geschwindigkeit wird durch tg α gegeben. Dieser Punkt hat in den Zeitpunkten A und C denselben Abstand vom Nullpunkt der Bahn wie der frei fallende Körper. Er legt also die Wegstrecke Δs in demselben Zeitintervall Δt in gleichmäßiger Bewegung zurück wie der frei fallende Körper in ungleichmäßiger. Wir haben hier dieselbe Beziehung zwischen Bewegung des frei fallenden Körpers und des Hilfspunktes wie auf S. 14. Was dort bei Vergleich der Bewegungen des frei fallenden Körpers und des Hilfspunktes ziemlich mühsam erläutert wurde, sehen wir in Abb. 9.

Zu Beginn des Zeitintervalls überholt der Hilfspunkt den freifallenden Körper, die Ordinaten der Sekante sind größer als die der Kurve, die Sekante liegt über der Kurve. Betrachten wir von A ausgehend die Differenz der Ordinaten von Sekante und Kurve, so sehen wir sie im ersten Teil des Zeitintervalls zunehmen, d. h. der Vorsprung des Hilfspunktes über den frei fallenden Körper vergrößert sich und erreicht schließlich einen größten Wert. Die Differenz der Ordinaten, der Vorsprung des Hilfspunktes, nimmt dann ab, bis der frei fallende Körper den Hilfspunkt am Ende des Zeitintervalls gerade einholt.

Wir sehen im Diagramm das gemeinsame Starten von Hilfspunkt und frei fallendem Körper zu Beginn des Zeitintervalls und ihr gemeinsames Eintreffen am Ziele, im Abstand $C\,E$ vom Anfangspunkt der Bahn. Wir sehen aber auch den Unterschied der beiden Bewegungen am Nichtzusammenfallen von Kurve und Sekante. Dieser Unterschied zwischen der Bewegung des Hilfspunktes und der des frei fallenden Körpers ist das, was wir beseitigen müssen.

Die Bewegung des Hilfspunktes gibt nur die mittlere Geschwindigkeit des frei fallenden Körpers in der Zeitspanne Δt, wir suchen aber die momentane in einem bestimmten Zeitpunkt. Das Diagramm zeigt, wie wir uns bei Verkleinerung des Zeitintervalls dem Ziele nähern. Erstreckt sich das Zeitintervall von A bis C', dann wird Δs zu $D'\,E'$ verkleinert. Die mittlere Geschwindigkeit im verkleinerten Zeitintervall ist kleiner als im ursprünglichen. Dies läßt sich an der Sekante $B\,E'$ ablesen, deren Steigung tg α' kleiner ist als die der Sekante $B\,E = $ tg α. Die zuletzt gegebene Formel

$$v_m = 2\,k\,t + k\,\Delta t$$

zeigt auch, daß v_m bei Verkleinerung des Δt abnimmt. Wir sehen auch, und das ist wesentlich, daß die Unterschiede zwischen Sekante und Kurve kleiner geworden sind. In der Zeichnung sind sie schon kaum wahrzunehmen. Trotzdem sind wir noch nicht zufrieden. Erst wenn der Unterschied ganz verschwindet, ist die Geschwindigkeit für Körper und Hilfspunkt gleich. Verkleinern wir das Zeitintervall noch weiter!

Den Übergang von Intervall AC auf AC' haben wir uns so vorgestellt, daß sich C längs der t-Achse nach C', der Punkt E längs der Kurve nach E' bewegt und die Sekante, sich um den festen Punkt B drehend, immer durch den bewegten Punkt bis in seine neue Lage E' geht. Dadurch verkleinert sich der Unterschied zwischen der Geschwindigkeit des Hilfspunktes und der des Körpers so, daß er auf dem Diagramm kaum mehr zu sehen ist. Setzen wir die Verkleinerung von Δt in derselben Weise fort, so kommt der Punkt E auf der Kurve von E' in die neue Lage E'', die nicht mehr gezeichnet werden kann, weil der Unterschied nicht mehr sichtbar ist. Der Punkt E nähert sich dabei weiter dem Punkt B, während die Sekante ihre Steigung ändert und sich um B dreht.

Was geschieht, wenn wir das Zeitintervall zum Verschwinden bringen? Der Punkt E gleitet so lange längs der Kurve, bis er mit B zusammenfällt; die Sekante geht in die Tangente an die Kurve in B über. Die Steigung dieser Tangente, tg τ, gibt uns die momentane Geschwindigkeit im Zeitpunkt A!

Durch Rechnung erhalten wir sie, wenn wir in Gl. (4) $\Delta t = 0$ setzen.

$$v = 2\,k\,t.$$

Die Steigung der Tangente, welche die Steigung der Kurve im Berührungspunkte angibt, ist im Zeit-Weg-Diagramm die momentane Geschwindigkeit im entsprechenden Zeitpunkt.

Kritik des vorigen Resultates. — Betrachten wir nochmals Kurve und Sekante (Abb. 9) in der ursprünglichen Zeitspanne AC! Wie man an der Steigung der Kurve erkennt, nimmt die Geschwindigkeit des frei fallenden Körpers während dieses Intervalls von ihrem kleinsten Wert bei B immer mehr zu und wird, wo der Vorsprung des Hilfspunktes gegenüber dem Körper am größten ist, gleich der Geschwindigkeit des Hilfspunktes. Für den Zeitpunkt, bei dem die momentane gleich der mittleren Geschwindigkeit ist, ist die Tangente an die Kurve parallel der Sekante BE. Wie man am Diagramm sieht, ist für diesen Zeitpunkt der Unterschied zwischen den Ordinaten der Geraden und der Kurve am größten. Später nimmt die Steigung der Kurve, die Geschwindigkeit des frei fallenden Körpers, weiter zu, der Unterschied der beiden Ordinaten wird kleiner und verschwindet am Ende des Zeitintervalls AC.

Mit dieser Methode der Geschwindigkeitsberechnung haben wir gleichzeitig eine andere Aufgabe gelöst: die Berechnung der Steigung einer Tangente an eine Kurve, deren Gleichung gegeben ist. Außerdem ist diese Methode der Berechnung der momentanen Geschwindigkeit durchsichtiger als die ohne Verwendung des Zeit-Weg-Diagramms. Wir sehen jetzt sozusagen, wie das $\dfrac{0}{0}$ entsteht!

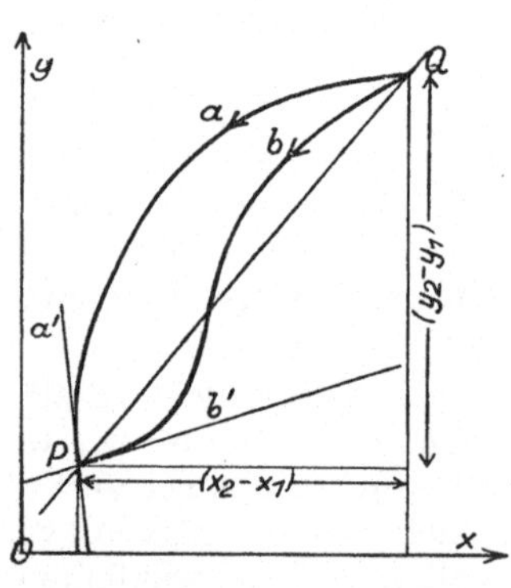

Abb. 10. Steigung der Geraden durch einen Punkt P.

Und doch bleibt noch eine Unklarheit zurück. Wir können zwar eine Tangente an die Kurve ziehen, indem wir die Sekante durch Drehung um einen Schnittpunkt in die Tangente übergehen lassen, aber die Steigung der Tangente ist dann wieder durch $\dfrac{0}{0}$ gegeben! Sie hat ja mit der Kurve anscheinend nur den Berührungspunkt gemein, und in diesem Punkt steigt die Tangente um 0 auf einem Abszissenintervall gleich 0. Betrachten wir dies an einer neuen Zeichnung genauer!

In der Koordinatenebene (Abb. 10) sind die beiden Punkte $P\,(x_1,\,y_1)$ und $Q\,(x_2,\,y_2)$ gegeben. Durch zwei Punkte ist eine Gerade eindeutig bestimmt, ihre Gleichung kann man aufstellen. Ihre Steigung ist

$$c = \frac{y_2 - y_1}{x_2 - x_1}\,.$$

Bringen wir Q durch Verschiebung nach P, ohne zu wissen, auf welchem Wege diese Verschiebung erfolgt ist! Wir haben nun statt zwei nur einen Punkt. Durch einen Punkt kann eine Gerade nicht festgelegt werden, die Berechnung ihrer Steigung führt, da $x_2 - x_1 = 0$ und $y_2 - y_1 = 0$ ist, auf $\dfrac{0}{0}$.

Anders ist es, wenn wir uns den Weg des Punktes Q nach P durch eine Kurve festlegen. Nähert sich z. B. Q längs der Kurve a dem P und fällt schließlich mit ihm zusammen, so geht die Sekante dieser Kurve in die Tangente a' im Punkte P über. Dadurch wird eine bestimmte Gerade mit einer bestimmten Steigung festgelegt, und $\dfrac{0}{0}$ hat dadurch, daß wir wissen, auf welchem Wege es entstanden ist, einen bestimmten Wert bekommen. Nähert sich Q längs einer andern Kurve, z. B. b dem P, so erhalten wir wieder eine Tangente b' mit einer bestimmten, aber andern Steigung. So sind unendlich viele bestimmte Wege des Punktes Q nach P und somit unendlich viele bestimmte Werte denkbar, die der Ausdruck $\dfrac{0}{0}$ annehmen kann.

Begriff des Grenzwertes. — Um die Größe, die wir momentane Geschwindigkeit genannt haben, genauer zu definieren und die letzten Bedenken gegen ihre Berechnung zu zerstreuen, müssen wir einen für die mathematische Behandlung der Naturwissenschaften außerordentlich wichtigen Begriff behandeln, den Grenzwert (lateinisch limes, abgekürzt lim).

Beispiele für den Grenzwert. — 1. In den Kreis vom Umfang u_k schreiben wir regelmäßige Vielecke ein. Ihre Seitenzahl wird als Index zum Umfang u gegeben (u_6, u_n).

Zuerst zeichnen wir in der bekannten Weise (Seite = Radius) ein regelmäßiges Sechseck ein. Es ist klar, daß

$$u_6 < u_k$$

ist. Nun halbieren wir den Bogen über jeder Sechseckseite und konstruieren je zwei Zwölfeckseiten. Die beiden Zwölfeckseiten sind größer als eine Sechseckseite, darum ist

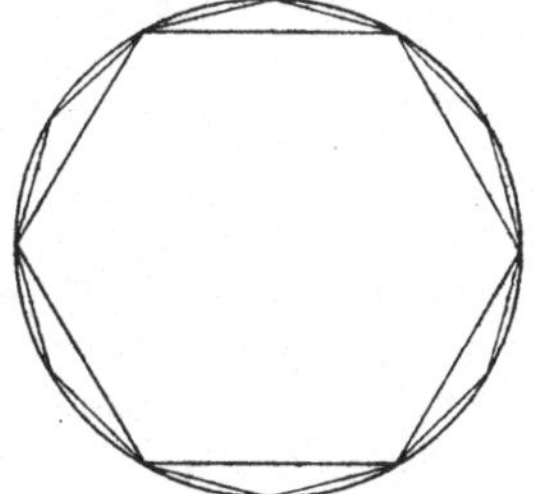

Abb. 11. Dem Kreise eingeschriebene regelmäßige Vielecke.

$$u_6 < u_{12}\,.$$

Halbieren wir den Bogen jeder Zwölfeckseite und konstruieren je zwei Vierundzwanzigeckseiten (in der Figur nicht mehr gezeichnet), so sind diese beiden zusammen wieder größer als eine Zwölfeckseite, darum ist

$$u_{12} < u_{24}\,.$$

Konstruieren wir in der gleichen Weise ein Achtundvierzigeck, so ist

$$u_{24} < u_{48}\,.$$

Setzen wir diese Verdoppelung der Seitenzahl immer weiter fort und konstruieren ein Sechsundneunzigeck, ein Hundertzweiundneunzigeck usw.! Werden wir schließlich zu einem Vieleck gelangen, dessen Umfang größer ist als der des Kreises? Nein! Obwohl sich der Umfang des Vieleckes durch Vergrößerung der Seitenzahl fortgesetzt vergrößern und so der Unterschied zwischen Vieleck- und Kreisumfang fortgesetzt verkleinern läßt, wird der Umfang des Vieleckes nie größer werden als der des Kreises. Man drückt dies so aus: Der Umfang des eingeschriebenen Vieleckes hat den Kreisumfang zur Grenze.

2. Ein arithmetisches Beispiel gibt uns die Summe der Reihe

$$\frac{3}{10} + \frac{3}{10^2} + \frac{3}{10^3} + \cdots + \frac{3}{10^n}.$$

Ihr Bildungsgesetz ist leicht zu erkennen. Jedes folgende Glied ist zwar zehnmal kleiner als das vorhergehende, aber die Summe wird durch Hinzufügen eines neuen Gliedes doch immer vergrößert. Auf welchen Wert kann sie gebracht werden? Trotz der Vergrößerung durch jedes weitere Glied kann sie durch Hinzufügen von noch so vielen Gliedern nie auf z. B. $\frac{1}{2} = 0{,}5$ gebracht werden. Das kann man leicht einsehen. Es ist

$$\frac{3}{10} = 0{,}3,$$

$$\frac{3}{10^2} = 0{,}03,$$

$$\frac{3}{10^3} = 0{,}003 \text{ usw. ins Unendliche.}$$

Wir erhalten als Summe dieser Reihe $0{,}\dot{3}$, wobei der Punkt über 3 angibt, daß die Ziffer 3 ins Unendliche anzuschreiben wäre. Dieser periodische Dezimalbruch hat den Wert $\frac{1}{3}$, wie man sich durch Dividieren überzeugen kann. Die Summe wird also auch bei der größten Anzahl der Glieder $\frac{1}{3}$ nie übersteigen. Sie wird kleiner als $\frac{1}{3}$ sein, wenn wir auch den Unterschied zwischen Summe und $\frac{1}{3}$ kleiner machen können als jede noch so kleine Zahl. Mit andern Worten: die Reihe hat $\frac{1}{3}$ zur Grenze.

Definition des Grenzwertes. — Wenn bei Annäherung von x an einen Wert p eine von x abhängige Größe y ebenfalls immer näher an einen Wert q heranrückt, so daß der Betrag von $(y - q)$ kleiner gemacht werden kann als eine noch so kleine Zahl, wenn wir x genügend nahe bei p wählen, so sagt man, y nähere sich dem Grenzwert q.

Man schreibt dafür

$$x \to p, \qquad \lim y = q$$

oder

$$\lim_{x \to p} y = q.$$

In den vorigen Beispielen schreiben wir daher

$$\lim_{n \to \infty} u_n = u_k,$$

$$\lim_{n \to \infty} \sum_{n=1}^{n} \frac{3}{10^n} = \frac{1}{3} \qquad \text{(wegen } \sum \text{ siehe S. 222)}.$$

$\lim\limits_{x\to 0}\dfrac{\sin x}{x} = 1.$ — Wir wollen auch bei einer goniometrischen Funktion einen Grenzwert berechnen. (Wegen Definition der Winkelfunktionen und der Messung der Winkel im Bogenmaß siehe S. 275.)

Wir berechnen

$$\lim\limits_{x\to 0}\frac{x}{\sin x}.$$

Der in Abb. 12 gezeichnete Kreisbogen ist ein Teil des Einheitskreises. Aus der Zeichnung sehen wir

$$\triangle OAB < \text{Sektor } ODB < \triangle ODC.$$

Setzt man für die Flächeninhalte die Werte ein, die man aus der Figur entnehmen kann, so folgt

$$\frac{\sin x \cos x}{2} < \frac{x}{2} < \frac{\operatorname{tg} x}{2}. \qquad \text{(S. 273, 276)}$$

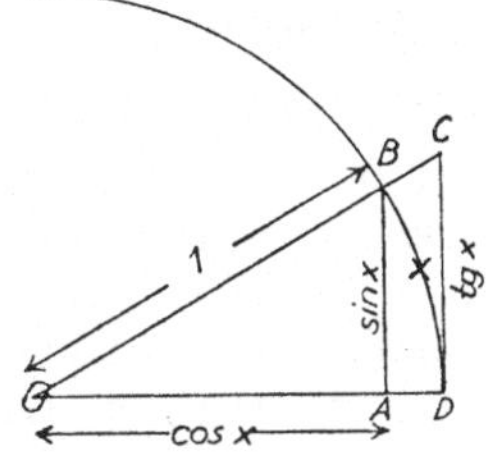

Abb. 12.

$$\lim \frac{\sin x}{x} = 1$$

Um das gesuchte $\dfrac{x}{\sin x}$ zu erhalten, multipliziert man diese Ungleichung mit $\dfrac{2}{\sin x}$. Es folgt

$$\cos x < \frac{x}{\sin x} < \frac{1}{\cos x}. \qquad \text{(S. 221)}$$

Verkleinern wir x immer mehr, so wird $\cos x$ immer größer. Nähert sich x der Null, so nähert sich $\cos x$ der 1. Dagegen wird $\dfrac{1}{\cos x}$ immer kleiner, nähert sich aber für Null werdendes x ebenfalls der 1. In Zeichen:

$$\text{für } x \to 0 \text{ wird } \cos x \to 1 \text{ und ebenso } \frac{1}{\cos x} \to 1.$$

Zwischen diesen beiden Größen liegt $\dfrac{x}{\sin x}$. Es ist klar, daß

$$\lim\limits_{x\to 0}\frac{x}{\sin x} = 1.$$

Nehmen wir von der letzten Ungleichung die reziproken Werte, so verkehrt sich das Ungleichheitszeichen (S. 221), und wir bekommen

$$\frac{1}{\cos x} > \frac{\sin x}{x} > \cos x.$$

Daraus folgt ebenso wie früher:

$$\lim\limits_{x\to 0}\frac{\sin x}{x} = 1.$$

Dieses Resultat ermöglicht uns, den Grenzwert des Quotienten vom Bogen CE zu seiner Sehne CE (Abb. 13) für verschwindenden Betrag des Bogens zu berechnen. Der Quotient ist

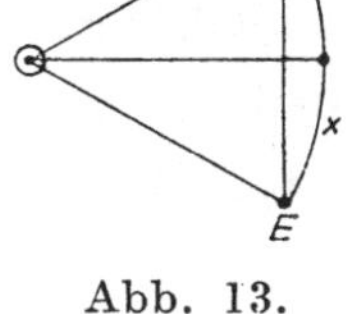

Abb. 13.

$$\lim \frac{\text{Bogen}}{\text{Sehne}} = 1.$$

$$\frac{\text{Sehne } CE}{\text{Bogen } CE} = \frac{2\sin x}{2x} = \frac{\sin x}{x}.$$

Wird $x \to 0$, dann wird auch $2x \to 0$ und der Quotient gleich 1, m. a. W.: Für unendlich kleine Winkel fallen Bogen und Sehne zusammen.

Dieses Resultat wird später verwendet werden (S. 65).

Bei den Brüchen, die für $x = 1$ den unbestimmten Wert $\frac{0}{0}$ annehmen (S. 15), wurde, wie wir jetzt nachtragen können, eigentlich der Grenzwert für $x \to 1$ berechnet[1]).

Der Differentialquotient. — Nun wird uns klar, was wir S. 18 mit der mittleren Geschwindigkeit, dem Differenzenquotienten des Weges nach der Zeit $(v_m = \frac{\Delta s}{\Delta t}$ $= 2\,k\,t + k\,\Delta t)$ gemacht haben, um die momentane Geschwindigkeit $(v = 2\,k\,t)$ zu erhalten. Wir sind zur Grenze für verschwindendes Δt übergegangen (in Zeichen $\Delta t \to 0$)! Der Grenzwert dieses Ausdruckes ist $2\,k\,t$, da $k\,\Delta t$ immer kleiner und kleiner wird und in der Grenze verschwindet, $2\,k\,t$ aber seinen Wert beibehält. $2\,k\,t$ ist daher der Grenzwert des Differenzenquotienten für Null werdendes Δt, also

$$\lim_{\Delta t \to 0} \frac{\Delta s}{\Delta t} = v\,.$$

Jetzt erst haben wir eine klare Vorstellung von dem, was wir S. 14 als momentane Geschwindigkeit des frei fallenden Körpers bezeichnet haben! Sie ist der „Grenzwert des Differenzenquotienten des Weges nach der Zeit für Null werdenden Zeitzuwachs". Da diese Bezeichnung für einen so wichtigen und häufigen Begriff zu umständlich wäre, hat man eine eigene Bezeichnung dafür eingeführt und sagt kürzer **Differentialquotient des Weges nach der Zeit**. Die **momentane Geschwindigkeit ist der Differentialquotient des Weges nach der Zeit**. Auch das Symbol $\lim\limits_{\Delta t \to 0} \frac{\Delta s}{\Delta t}$ wäre zu umständlich für den täglichen Gebrauch, darum schreibt man $\frac{ds}{dt}$ (gelesen: de es nach de te).

$$\lim_{\Delta t \to 0} \frac{\Delta s}{\Delta t} = \frac{ds}{dt}\,.$$

Weil die gleichförmig beschleunigte Bewegung so wichtig ist und durch $s = k\,t^2$ so einfach dargestellt wird, wurde an ihr der Begriff des Differentialquotienten $\frac{ds}{dt}$ hergeleitet. Die dabei angestellten Betrachtungen gelten für jede Funktion der Zeit $s = f(t)$. Die Kurven im Zeit-Weg-Diagramm haben dann zwar eine andere Gestalt, die Steigung der Tangente aber ergibt die Geschwindigkeit im betreffenden Zeitpunkt. Nur der Grenzübergang $\Delta t \to 0$ wird rechnerisch weniger einfach sein.

Das, was hier im Spezialfalle einer anschaulich vorstellbaren Zeitfunktion so breit durchgeführt wurde, kann unter Verzicht auf Anschaulichkeit für den Fall durchgeführt werden, daß y als Funktion von x durch $y = f(x)$ gegeben ist. Man erhält so $\frac{dy}{dx}$ (gelesen: de ypsilon nach de iks) als den Differentialquotienten des y nach x

$$\frac{dy}{dx} = \lim_{\Delta x \to 0} \frac{\Delta y}{\Delta x}\,.$$

Der Unterschied zwischen Differenzenquotient und Differentialquotient besteht darin, daß der Differenzenquotient die **mittlere** Änderung von y im Intervall Δx, der Differentialquotient aber die **momentane** Änderung

---

[1]) Wegen Berechnung weiterer Grenzwerte sowie verschiedener Sätze über den Grenzwert siehe ROTHE I, 29—34.

am Anfangspunkt des Intervalls gibt, wenn dabei nach Übereinkommen der Anfangspunkt des Intervalls festgehalten wird. (Weiteres darüber S. 168.)

Der Differentialquotient ändert sich mit dem x, ist selbst eine Funktion von x (ausgenommen bei linearen Funktionen!). Man nennt ihn deshalb auch die **abgeleitete Funktion** oder kurz die **Ableitung**. Diese Bezeichnung wird von den Mathematikern bevorzugt, weil der Differentialquotient kein Quotient, sondern der Grenzwert eines Quotienten ist.

In der von LAGRANGE herrührenden Bezeichnung des Differentialquotienten mit $f'(x)$ wird hervorgehoben, daß er eine Funktion von x ist. $f'(x)$ ist der Differentialquotient von $f(x)$. Da $y = f(x)$, kann man für $f'(x)$ auch y' schreiben.

$$y' = f'(x) = \frac{dy}{dx}$$

Da die Bezeichnung Δx für den Zuwachs von x bei Berechnung von Differentialquotienten oft verwendet wird, hat man für sie die Kürzung h eingeführt.

$$\Delta x \equiv h \qquad \text{(Wegen} \equiv \text{siehe S. 221.)}$$

Oft wird der Zuwachs auf der linken Seite einer Gleichung mit Δx und rechts mit h bezeichnet.

Wir erhalten also

$$
\boxed{
\begin{aligned}
&\text{Wenn } y = f(x) \text{ ist, so ist:}\\[4pt]
y' = f'(x) &= \frac{df(x)}{dx} = \frac{dy}{dx} = \lim_{\Delta x \to 0} \frac{\Delta y}{\Delta x}\\[4pt]
&= \lim_{\Delta x \to 0} \frac{f(x + \Delta x) - f(x)}{\Delta x} = \lim_{h \to 0} \frac{f(x + h) - f(x)}{h}
\end{aligned}
} \qquad \text{(1) F.S.}
$$

x bedeutet den speziellen Wert des x, der dem Anfangspunkt des Intervalls Δx entspricht. Analog bedeutet $f(x + \Delta x)$ den Wert der Funktion, der dem Ende des Intervalls entspricht.

Zur besseren Übersicht wollen wir uns eine Formelsammlung (F.S.), siehe die Ausschlagtafel, anlegen. Formel (1) enthält alles bisher Erarbeitete über den Differentialquotienten.

Die Berechnung des Differentialquotienten nennt man **Differenzieren** oder **Ableiten**.

Differentialquotienten nach der Zeit bezeichnet man in der Physik oft durch einen über die betreffende Funktion gesetzten Punkt, z. B.

$$s = f(t)$$

$$v = \frac{df(t)}{dt} = \frac{ds}{dt} = \dot{s}$$

Diese Bezeichnung scheint sich jetzt auch in der physikalischen Chemie einzubürgern.

Geometrische Bedeutung des Differentialquotienten. Steigung der Tangente an einer Kurve. — Auf S. 18 haben wir die Steigung der Tangente an der Parabel $(s = k\,t^2)$ in der $t\,s$-Ebene durch den Differentialquotienten $\frac{ds}{dt} = 2\,k\,t$ gegeben. Aber nicht nur für die Parabel, sondern für jede Kurve, für die $y = f(x)$ gilt, wird die Steigung durch den Differentialquotienten gegeben.

Ein Beispiel gibt Abb. 14. Es soll die Steigung der durch A gehenden Tangente berechnet werden. Die Steigung der Sekante, die durch A und B geht, ist die mittlere Steigung der Ordinate in des bei x_1 beginnenden Intervalls $\varDelta x$. Es ist $\frac{\varDelta y}{\varDelta x} = \operatorname{tg} \alpha$. Die Steigung der Tangente in A, in dem durch x_1 bestimmten Kurvenpunkte, ist $\frac{dy}{dx} = \operatorname{tg} \tau = f'(x_1)$.

Die Geschwindigkeit. Bemerkungen über das unendlich Kleine. — An der Momentangeschwindigkeit wurde der Begriff des Differentialquotienten gewonnen. Dieser Begriff ist ein hervorragendes Mittel, um in das naturwissenschaftliche Denken einzudringen. Darum wollen wir ihn benutzen, um den Begriff der Geschwindigkeit herzuleiten. Wir tun so, als hätten wir den Begriff des Differentialquotienten nicht bei Betrachtung der Geschwindigkeit gewonnen, und gehen den umgekehrten Weg.

Ein Punkt bewege sich längs einer Geraden nach rechts mit zunehmender Geschwindigkeit. Diese sei v in A und $(v + \varDelta v)$ in B. Um die Wegstrecke $\varDelta s$ zwischen A und B zurückzulegen, braucht der Punkt die Zeit $\varDelta t$. In dieser Zeit sei die Geschwindigkeitszunahme $\varDelta v$, Abb. 15. So ist

$$v\,\varDelta t < \varDelta s < (v + \varDelta v)\,\varDelta t$$

und daher

$$v < \frac{\varDelta s}{\varDelta t} < (v + \varDelta v). \quad \text{(S. 221)}$$

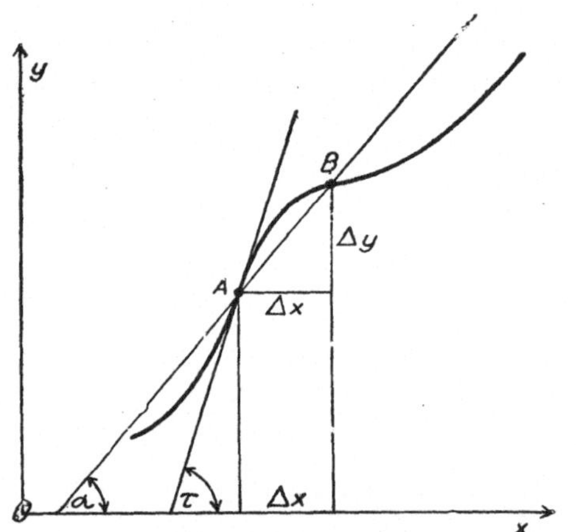

Abb. 14. Steigung der Kurve in A ist $\operatorname{tg} \tau = \dfrac{dy}{dx}$.

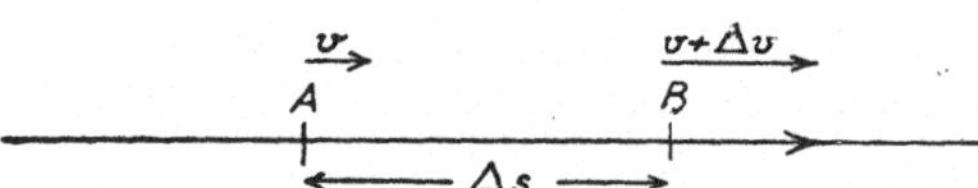

Abb. 15. Die mittlere Geschwindigkeit des bewegten Körpers zwischen AB ist $\dfrac{\varDelta s}{\varDelta t}$.

Wählen wir $\varDelta t$ immer kleiner und kleiner, so rückt B immer mehr und mehr an A heran. $\varDelta s$ verkleinert sich und ebenso $\varDelta v$, der Geschwindigkeitsunterschied zu Anfang und Ende des Zeitintervalls. Schließlich wird

$$\varDelta t \to 0, \quad \varDelta s \to 0, \quad \varDelta v \to 0.$$

$\varDelta v$ verschwindet neben v. Der erste und letzte Teil der Ungleichung werden einander gleich, der zwischen ihnen liegende Differenzenquotient geht in den Differentialquotienten über. Sein Wert wird gleich v, d. i. die Momentangeschwindigkeit in A.

$$\lim_{\varDelta t \to 0} \frac{\varDelta s}{\varDelta t} = \frac{ds}{dt} = v.$$

Nimmt v längs AB ab, so kommt man mittels analoger Überlegungen zum gleichen Resultat.

Wir haben die Geschwindigkeit aus dem Begriff des Differentialquotienten hergeleitet. In der täglichen Praxis des Naturwissenschaftlers wäre die jedesmalige ausdrückliche Erwähnung der Grenzübergänge zu umständlich, darum verwendet er den Begriff des „unendlich Kleinen".

Was versteht man unter einer **unendlich kleinen Größe**? Eine veränderliche Größe, die sich der Null immer mehr und mehr nähert, die 0 zur Grenze hat. Sie darf nicht mit einer sehr kleinen Größe verwechselt werden. Bei einer sehr kleinen Größe muß immer ein Vergleichsmaß gegeben werden. So ist die Dicke eines Haares gegenüber der Dicke des Daumens sehr klein, gegenüber den molekularen Dimensionen sehr groß.

Des unendlich Kleinen bedient sich also der Naturwissenschaftler und sagt statt „ein Wegzuwachs oder ein Zeitzuwachs, der sich der Grenze 0 nähert" weniger exakt „ein unendlich kleiner Wegzuwachs, ein unendlich kleiner Zeitzuwachs" und definiert die Geschwindigkeit durch den Satz: Ein unendlich kleiner Wegzuwachs ds ist gleich der momentanen Geschwindigkeit v mal dem unendlich kleinen Zeitzuwachs dt, während dessen er erfolgte.

$$ds = v\,dt$$

daher

$$v = \frac{ds}{dt}\,.$$

Man könnte einwenden, daß $ds = v\,dt$ nur in der Grenze für verschwindenden Zeitzuwachs und daher auch für verschwindenden Wegzuwachs gilt, also einer Gleichsetzung von zwei Nullen entspricht. Man könne sich die beiden Zuwüchse aber nur vorstellen, wenn sie eine bestimmte Größe hätten. Um diesem Einwand zu begegnen, muß stillschweigend vorausgesetzt werden, daß man beim Gebrauch des Ausdruckes „unendlich klein" die Division zur Berechnung von v zwar an sehr kleinen, aber doch noch endlichen Größen durchführt und dann erst zur Grenze übergeht.

Wenn die Sprech- und Denkweise naturwissenschaftlicher Abhandlungen von einem strengeren mathematischen Standpunkt aus auch nicht zu billigen ist, soll sie der Leser doch kennenlernen, weil dieses Lehrbuch ausschließlich den Anwendungen der Differential- und Integralrechnung dient. Denn für jene Denkweise ist gerade die häufige Verwendung des Begriffes des „unendlich Kleinen" charakteristisch, wobei in vielen Fällen der Kürze halber sogar das Wort „unendlich" weggelassen wird. Für derartige „unendlich kleine Größen" wie ds und dt hat man eine eigene Bezeichnung, man nennt sie Differentiale, gelegentlich auch Elemente. Wir werden von ihnen wegen ihrer Wichtigkeit für die naturwissenschaftliche Betrachtung bei Lösung praktischer Aufgaben häufig Gebrauch machen.

Weitere Beispiele für den Differentialquotienten. — 1. Der lineare thermische Ausdehnungskoeffizient. Ein Metallstab von der Länge L hat bei 0° C die Länge 1. Da die Länge von der Temperatur abhängig ist, gilt

$$L = f(\vartheta)\,,$$

wo ϑ die Temperatur in Celsiusgraden ($^\circ$ C) bedeutet. Außerdem ist

$$f(0) = 1\,.$$

Würde sich L linear mit der Temperatur ändern, dann wäre der Differenzenquotient

$$\frac{L_2 - L_1}{\vartheta_2 - \vartheta_1} = \frac{\Delta L}{\Delta \vartheta}$$

von der Temperatur unabhängig. Er heißt Ausdehnungskoeffizient und bedeutet die Zunahme der Längeneinheit je $^\circ$ C.

Nach genauen Messungen ist $f(\vartheta)$ aber nicht linear. Darum gibt der Differenzenquotient nur den mittleren Ausdehnungskoeffizienten über das betreffende

Temperaturintervall. Um den wahren (momentanen) Ausdehnungskoeffizienten (α) zu gewinnen, muß $\Delta\vartheta \to 0$ werden, und man bekommt

$$\alpha = \frac{d\,L}{d\,\vartheta}\,.$$

2. Die Molwärme. Ein Mol eines festen oder flüssigen Stoffes hat den Wärmeinhalt W, der bei hohen Temperaturen T diesem angenähert proportional ist, bei tieferen Temperaturen aber in ganz anderer Weise von T abhängt. Zur Berechnung der Molwärme C, des Wärmeinhalts je Grad, nimmt man daher bei diesen tiefen T nicht den Differenzenquotienten, sondern den Differentialquotienten. Es ist

$$C = \frac{d\,W}{d\,T}\,.$$

3. Die Beschleunigung. Angenommen, ein Körper bewege sich geradlinig mit der Geschwindigkeit v, die selbst von der Zeit t abhängt. Während Δt nimmt sie um Δv zu. $\frac{\Delta v}{\Delta t}$ ist die mittlere Geschwindigkeitszunahme je Zeiteinheit, die mittlere Beschleunigung. Die momentane, wahre Beschleunigung $b = \frac{d\,v}{d\,t}$ gibt die Geschwindigkeitszunahme in einem bestimmten Augenblick.

4. Die Dampfspannung p einer Flüssigkeit ist in ihrer Abhängigkeit von der absoluten Temperatur T (S. 12) gegeben durch

$$p = C\,e^{-\frac{L}{R}\frac{1}{T}}\,.$$

R, die molare Gaskonstante (S. 56), ist eine universelle (allgemein gültige, bei den verschiedensten Naturvorgängen eine Rolle spielende) Konstante; L, die molare Verdampfungswärme, ist eine Materialkonstante, eine Größe, die sich ebenso wie C von Stoff zu Stoff ändert; e ist die Zahlengröße $2,718 \ldots$, deren Bedeutung auf S. 53 gegeben ist.

Da p von T nicht linear abhängt, muß seine Änderung mit T durch Berechnen von $\frac{d\,p}{d\,T}$ ermittelt werden (S. 58).

5. Reaktionsgeschwindigkeit. Wir betrachten eine chemische Reaktion, bei der sich 1 Molekel eines Stoffes A mit 1 Molekel eines Stoffes B in nicht umkehrbarer Weise zu 1 Molekel eines Stoffes C verbindet. Das Gleichgewicht liegt also ganz auf der Seite von C. Die Reaktionsgleichung ist

$$A + B \to C\,.$$

A und B sollen in einem Lösungsmittel gelöst sein, das auch das Reaktionsprodukt C aufnehmen kann.

Ein Beispiel dafür ist die von MENSCHUTKIN[1]) untersuchte Reaktion

$$N(C_2H_5)_3 + C_2H_5J \to N(C_2H_5)_4J\,.$$

Hier wie überall in der chemischen Kinetik werden Konzentrationen in Molen je Liter gemessen.

Es seien die Konzentrationen von	A	B	C
zur Zeit 0	a	b	0
zur Zeit t	$(a-x)$	$(b-x)$	x

---

[1]) MENSCHUTKIN, Z. physik. Chem. **6**, 41 (1890).

Die Zeit wird von dem Augenblick gezählt, in dem A und B gemischt werden. Nach Ablauf einer bestimmten Zeit t sind je Liter x Mole von C entstanden. Da bei Entstehung von einer Molekel C 1 Molekel A und 1 Molekel B verschwinden, hat die Konzentration von A bzw. B auf $(a - x)$ bzw. $(b - x)$ abgenommen.

Man wird hier die Konzentration x als Zeitfunktion auffassen. $x = f(t)$. Die Verwendung von x als Funktion findet sich zwar in der Mathematik nicht, in der chemischen Kinetik aber und in der Lehre vom radioaktiven Zerfall ist sie gebräuchlich.

Wie Versuch, Theorie und Diagramm ergeben, ändert sich x mit t und nähert sich einem Wert, der durch die Reaktionskomponente gegeben ist, die anfangs in kleinerer Konzentration vorhanden war.

Was bedeutet $\dot{x} = \dfrac{dx}{dt}$?

Nimmt x im Zeitintervall Δt um Δx zu, dann bezeichnet man den Differenzenquotienten $\dfrac{\Delta x}{\Delta t}$ als mittlere Reaktionsgeschwindigkeit während Δt.

Sein Grenzwert für $\Delta t \to 0$ ist dann $\dfrac{dx}{dt}$, die momentane Reaktionsgeschwindigkeit. Diese beiden Größen werden durch die Steigung der Sekante bzw. Tangente veranschaulicht.

Nach dem Massenwirkungsgesetz[1]) von GULDBERG und WAAGE, dem Grundgesetz der chemischen Kinetik, steht die Reaktionsgeschwindigkeit in einfachem Zusammenhang mit den Konzentrationen der reagierenden Stoffe. In unserem Falle, einer bimolekularen, nicht umkehrbaren Reaktion, ist sie dem Produkte der Konzentrationen der beiden reagierenden Stoffe proportional. Es ist

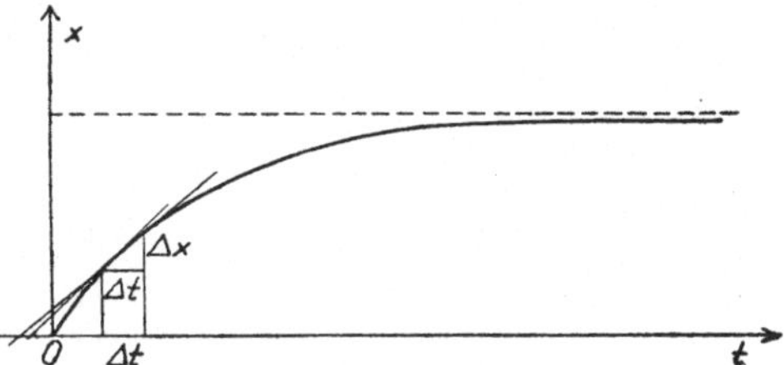
Abb. 16. Konzentration-Zeit-Diagramm. Die Reaktionsgeschwindigkeit $\dfrac{dx}{dt}$ ist durch die Steigung der Tangente gegeben.

$$\dot{x} = \frac{dx}{dt} = k (a - x)(b - x) .$$

Die Konstante k wird Reaktionskonstante genannt. Sie ist von den Konzentrationen der reagierenden Stoffe unabhängig und gibt ein Maß dafür, wie heftig die Stoffe miteinander reagieren. Von der Zeit unabhängig, ist sie eine zunehmende starke Funktion der Temperatur (s. S. 142).

In unserer Gleichung ist der Differentialquotient einer Zeitfunktion mit dieser Funktion x in Beziehung gesetzt. Eine derartige Gleichung nennt man eine Differentialgleichung (s. S. 74).

Differentialgleichungen sind für die chemische Kinetik charakteristisch. Ihre Behandlung erfordert die Kenntnis der Regeln jener Rechnungsoperation, die dem Differenzieren entgegengesetzt ist, des Integrierens. Zu ihrer Behandlung werden wir erst viel später fähig sein.

Einfachste Anwendungen

Die Differentialquotienten von x^2, ax^2, $cf(x)$, $(cx + b)$, einer Summe, einer Konstanten, von x^3, $\sqrt{x}$, $\dfrac{1}{x}$. — Die Definition des Differentialquotienten (1) F.S.

---

[1]) ULICH-JOST, S. 212.

verwenden wir, um einige Formeln herzuleiten, die wegen ihrer Einfachheit und Wichtigkeit dem Gedächtnis gesondert eingeprägt werden sollen.

1.
$$y = x^2 ,$$
$$y + \Delta y = (x + h)^2 = x^2 + 2\,x\,h + h^2 .$$

Subtraktion der oberen Gleichung ergibt:

$$\Delta y = 2\,x\,h + h^2 .$$

Durch Δx bzw. h dividiert:

$$\frac{\Delta y}{\Delta x} = 2\,x + h ,$$

$$\Delta x \to 0 ,$$

$$\lim \frac{\Delta y}{\Delta x} = \frac{dy}{dx} = 2\,x .$$

Es ist also

$$\frac{d\,x^2}{dx} = 2\,x .$$

2.
$$y = a\,x^2, \qquad (a \text{ konstant, d. h. von } x \text{ unabhängig})$$
$$y + \Delta y = a\,(x + h)^2 = a\,x^2 + a\,2\,x\,h + a\,h^2 ,$$
$$\Delta y = a\,2\,x\,h + a\,h^2 ,$$
$$\frac{\Delta y}{\Delta x} = a\,2\,x + a\,h ,$$
$$\Delta x \to 0 ,$$
$$\frac{dy}{dx} = a\,2\,x ,$$
$$\frac{d\,(a\,x^2)}{dx} = a\,2\,x = a\,\frac{d\,x^2}{dx} .$$

Die Funktion ist hier a mal größer als im vorigen Beispiel, der Differentialquotient ist es auch. Der konstante Faktor a bleibt beim Differenzieren erhalten.

3. Um zu untersuchen, ob das allgemein gilt, berechnen wir $\frac{d}{dx}\,[c\,f(x)]$, wo c eine Konstante ist.

$$y = c\,f(x) ,$$
$$y + \Delta y = c\,f(x + h) ,$$
$$\Delta y = c\,f(x + h) - c\,f(x) = c\,[f(x + h) - f(x)] ,$$
$$\frac{\Delta y}{\Delta x} = c\,\frac{f(x + h) - f(x)}{h} ,$$
$$\Delta x \to 0 ,$$
$$\frac{dy}{dx} = \frac{d\,c\,f(x)}{dx} = c\,\frac{d\,f(x)}{dx} .$$

Der konstante Faktor bleibt beim Differenzieren erhalten und kann vor das Differentiationszeichen gesetzt werden.

Werden also die Ordinaten einer Kurve c mal vergrößert, so wird auch die Steigung der Kurve in jedem Punkt (gemessen an der Tangente) c mal vergrößert.

Bei den Kurven $f(x)$ und $2f(x)$ Abb. 17 sind die Ordinaten der Kurve $2f(x)$ doppelt so groß wie die der Kurve $f(x)$. In den Punkten A bzw. B bei x_0 sind Tangenten gezogen. Die Steigung tg α ist so konstruiert, daß das Intervall 1 vom Berührungspunkt (A bzw. B) aus horizontal aufgetragen ist. An den Endpunkten dieses Intervalls sind Vertikale bis zur Tangente gezogen. Die Länge der Vertikalen ist tg α (S. 264), bei $2f(x)$ ist sie doppelt so groß. Dasselbe Resultat kann man an allen Punkten der Kurve feststellen.

Setzen wir in

$$\frac{d\,c\,f(x)}{d\,x} = \frac{c\,d\,f(x)}{d\,x}$$

$c = -1$ ein, so folgt

$$\boxed{\frac{d\,[-f(x)]}{d\,x} = -\frac{d\,f(x)}{d\,x}}\,,$$

eine wichtige Rechenregel.

4. $\qquad y = c\,x + b \qquad (c \text{ und } b \text{ konstant}),$
$$y + \Delta y = c\,(x + h) + b\,,$$
$$\Delta y = c\,h\,,$$
$$\frac{\Delta y}{\Delta x} = c\,.$$

c bleibt bei $\Delta x \to 0$ unverändert, daher ist

$$\frac{d}{d\,x}\,(c\,x + b) = c\,.$$

Da die lineare Funktion gleichmäßig ansteigt, würde man nicht zu differenzieren brauchen, um dieses Resultat zu erhalten.

5. Eine Summe von 2 Funktionen soll differenziert werden.

$$y = a\,x^2 + (c\,x + b) \qquad (a,\ b,\ c \text{ konstant}),$$
$$y + \Delta y = a\,(x + h)^2 + c\,(x + h) + b\,.$$
$$\Delta y = a\,2\,x\,h + a\,h^2 + c\,h\,,$$
$$\frac{\Delta y}{\Delta x} = a\,2\,x + a\,h + c\,,$$
$$\Delta x \to 0\,,$$
$$\frac{d\,y}{d\,x} = a\,2\,x + c = \frac{d\,a\,x^2}{d\,x} + \frac{d}{d\,x}\,(c\,x + b)\,,$$
$$\frac{d\,[a\,x^2 + (c\,x + b)]}{d\,x} = \frac{d\,a\,x^2}{d\,x} + \frac{d}{d\,x}\,(c\,x + b)\,.$$

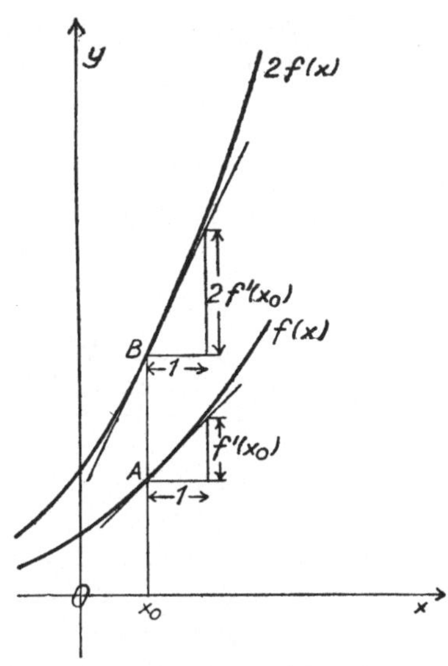

Abb. 17. Bei der Kurve $2f(x)$ ist die Steigung überall doppelt so groß wie bei $f(x)$.

Vergleichen wir die Differentialquotienten der einzelnen Summanden ($a\,x^2$ und $c\,x + b$), die früher berechnet wurden, mit diesem Resultat, so finden wir, daß der Differentialquotient einer Summe gleich ist der Summe der einzelnen Differentialquotienten.

Gilt dies allgemein? Wir differenzieren die Summe von n Funktionen.

$$y = \pm f_1(x) \pm f_2(x) \pm f_3(x) \pm \cdots \pm f_n(x)\,.$$

$f_1, f_2 \ldots f_n$ bedeuten voneinander verschiedene Funktionen von x. Wir wählen für die einzelnen Funktionen die Bezeichnung f mit fortlaufenden Indizes, weil wir die Anzahl der Summanden beim Gebrauch verschiedener Buchstaben für die Funktionen nicht bis n verallgemeinern könnten. Unter das $+$ Zeichen wurde das — Zeichen gesetzt, um das Resultat auch für Summen mit negativen Gliedern (algebraische Summe) zu erhalten (S. 222).

$$y + \Delta y = \pm f_1(x+h) \pm f_2(x+h) \pm f_3(x+h) \pm \cdots \pm f_n(x+h),$$

$$\Delta y = \pm [f_1(x+h) - f_1(x)] \pm [f_2(x+h) - f_2(x)]$$
$$\pm [f_3(x+h) - f_3(x)] \pm \cdots \pm [f_n(x+h) - f_n(x)],$$

$$\frac{\Delta y}{\Delta x} = \pm \frac{f_1(x+h) - f_1(x)}{h} \pm \frac{f_2(x+h) - f_2(x)}{h}$$
$$\pm \frac{f_3(x+h) - f_3(x)}{h} \pm \cdots \pm \frac{f_n(x+h) - f_n(x)}{h},$$

$$\Delta x \to 0$$

$$\boxed{\frac{dy}{dx} = \pm \frac{df_1(x)}{dx} \pm \frac{df_2(x)}{dx} \pm \frac{df_3(x)}{dx} \pm \cdots \pm \frac{df_n(x)}{dx}}.$$

Allgemein gültig ist: Der Differentialquotient einer Summe ist gleich der Summe der einzelnen Differentialquotienten.

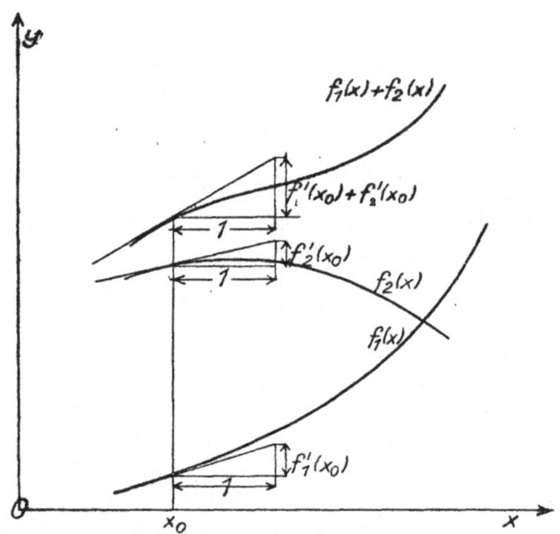

Abb. 18. Die Steigung der Kurve $f_1(x) + f_2(x)$ ist überall gleich der Summe der Steigungen von $f_1(x)$ und $f_2(x)$.

Dieser Satz wird wegen seiner Einfachheit ebensowenig wie der über das Herausheben einer Konstanten in die Formelsammlung aufgenommen.

Abb. 18 veranschaulicht den Satz für die Summe zweier Funktionen. Die Kurven $f_1(x)$, $f_2(x)$ und $[f_1(x) + f_2(x)]$ sind in der xy-Ebene eingetragen. Bei x_0 sind Tangenten an die Kurven gezogen und ihre Steigung als Ordinatenzunahme auf dem Intervall 1 konstruiert. Bei der Kurve $[f_1(x) + f_2(x)]$ ist diese Zunahme gleich der Summe der Zunahmen bei $f_1(x)$ und $f_2(x)$. Dasselbe ließe sich für jeden andern Wert von x konstruieren.

Auch die lineare Funktion

$$y = cx + b$$

können wir als Summe von $f_1(x) = cx$ und $f_2(x) = b$ auffassen. Da

$$f_1(x+h) - f_1(x) = ch,$$

so ergibt $f_1(x)$ den Differentialquotienten

$$\frac{df_1(x)}{dx} = c,$$

dasselbe Resultat wie die lineare Funktion, so daß man erwarten kann, daß

$$\frac{df_2(x)}{dx} = \frac{db}{dx} = 0$$

ist. Tatsächlich ist

$$f_2(x+h) - f_2(x) = 0,$$

weil b seinen Wert für alle Werte des x behält. Daher ist

$$\frac{f_2(x+h)-f_2(x)}{h}=0\,,$$

woran sich bei $h \to 0$ nichts ändert.

$$\boxed{\frac{db}{dx}=0}$$

Der Differentialquotient einer Konstanten ist 0.

Im rechtwinkligen Koordinatensystem wird

$$y = b \qquad\qquad (b \text{ konstant}).$$

durch eine im Abstand b zur x-Achse Parallele dargestellt. Sie hat für jeden Wert des x die Steigung 0.

Weil der ·Differentialquotient einer Konstanten 0 ist, ist

$$\boxed{\frac{d}{dx}\,[f(x)+c]=\frac{df(x)}{dx}} \qquad\qquad (c \text{ konstant}).$$

Eine additive (hinzugezählte) Konstante verschwindet beim Differenzieren.

Im Diagramm läßt sich dies folgendermaßen darstellen. Neben der Kurve $y = f(x)$ ist die Kurve $y = f(x) + C$ gezeichnet. Die Tangenten, deren Berührungspunkte dasselbe $x = x_0$ haben, sind parallel, haben also gleiche Steigung.

Was für einen Wert des C gezeichnet wurde, gilt für jeden Wert des C, d. h. was für $f(x) + C$ gilt, gilt auch für $f(x) + C_1$, $f(x) + C_2$ . . . Es gilt für die ganze Schar von Kurven, die durch Hinzufügen verschiedener Konstanten aus $y = f(x)$ entsteht.

Die Eigenschaft der additiven Konstanten, beim Differenzieren zu verschwinden, ist für das Integrieren, die dem Differenzieren entgegengesetzte Rechnungsoperation, wichtig. Beim Integrieren schließt man von einem gegebenen Differential-

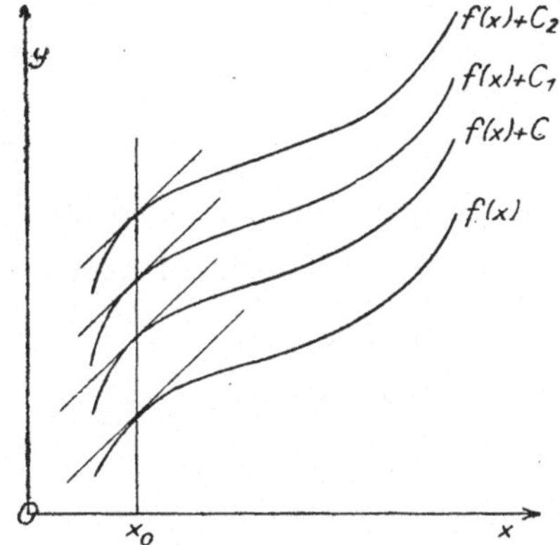

Abb. 19. Eine additive Konstante ändert die Steigung einer Kurve nicht.

quotienten auf die ursprüngliche Funktion. Haben wir z'. B. x^2 nach x zu differenzieren, so erhalten wir'

$$\frac{dx^2}{dx}=2\,x\,.$$

Würden wir aber auf die Frage, welche Funktion differenziert $2\,x$ zum Resultat gibt, antworten „x^2", so wäre diese Antwort unvollständig. Denn nicht nur x^2, sondern auch jedes x^2, zu dem irgendeine Konstante addiert wird, gibt differenziert $2\,x$, weil die Konstante verschwindet. Darum ist die richtige Antwort: $x^2 + C$, wobei C eine willkürliche Konstante ist.

$$\text{Denn } \frac{d}{dx}\,(x^2 + C) = 2\,x\,.$$

6.
$$y = x^3 ,$$
$$y + \Delta y = (x + h)^3 = x^3 + 3\,x^2 h + 3\,x h^2 + h^3 , \quad \text{(S. 223)}$$
$$\Delta y = 3\,x^2 h + 3\,x h^2 + h^3 ,$$
$$\frac{\Delta y}{\Delta x} = 3\,x^2 + 3\,x h + h^2 ,$$
$$\Delta x \to 0 ,$$
$$\frac{dy}{dx} = 3\,x^2 .$$

Es ist also
$$\frac{d x^3}{d x} = 3\,x^2 .$$

Welche Funktion von x gibt differenziert x^2?
$$\frac{x^3}{3} + C .$$

Vergleichen wir das Resultat $\dfrac{d x^3}{d x} = 3\,x^2$ mit $\dfrac{d x^2}{d x} = 2\,x$, so finden wir eine gewisse Analogie. Der Potenzexponent tritt in beiden Fällen als Faktor hinunter; und der Exponent der Potenz ist um 1 kleiner.

7.
$$y = \sqrt{x} ,$$
$$y + \Delta y = \sqrt{x + h} ,$$
$$\frac{\Delta y}{\Delta x} = \frac{\sqrt{x + h} - \sqrt{x}}{h} .$$

Versucht man $h \to 0$, so folgt $\dfrac{0}{0}$. Da dies unbrauchbar ist, muß man den Bruch durch einen Kunstgriff umgestalten. Man multipliziert Zähler und Nenner mit $(\sqrt{x + h} + \sqrt{x})$.

$$\frac{\Delta y}{\Delta x} = \frac{(\sqrt{x + h} - \sqrt{x})(\sqrt{x + h} + \sqrt{x})}{h\,(\sqrt{x + h} + \sqrt{x})} = \frac{(x + h) - x}{h\,(\sqrt{x + h} + \sqrt{x})} = \frac{1}{\sqrt{x + h} + \sqrt{x}} .$$
$$\Delta x \to 0 ,$$
$$\frac{dy}{dx} = \frac{1}{2\sqrt{x}} ,$$
$$\frac{d\sqrt{x}}{dx} = \frac{1}{2\sqrt{x}} .$$

Gilt die oben angegebene Regel über das Differenzieren von Potenzfunktionen auch für $\sqrt{x}$? $\sqrt{x} = x^{\frac{1}{2}}$ (S. 225). Wenden wir sie an, dann erhalten wir als Differentialquotienten

$$\frac{d\sqrt{x}}{d x} = \frac{d x^{\frac{1}{2}}}{d x} = \frac{1}{2}\,x^{\frac{1}{2} - 1} = \frac{1}{2}\,x^{-\frac{1}{2}} = \frac{1}{2\sqrt{x}} .$$

Die Regel stimmt also auch für den Exponenten $\dfrac{1}{2}$.

Aufgabe: Welche Funktion von x gibt differenziert $\dfrac{1}{\sqrt{x}}$? Antwort: $2\sqrt{x} + C$.

8. Gilt die Regel auch für

$$x^{-1} = \frac{1}{x} \,?$$ (S. 224)

$$y = \frac{1}{x},$$

$$y + \Delta y = \frac{1}{x+h},$$

$$\Delta y = \frac{1}{x+h} - \frac{1}{x} = \frac{x-(x+h)}{(x+h)\,x} = -\frac{h}{(x+h)\,x},$$

$$\frac{\Delta y}{\Delta x} = -\frac{1}{(x+h)\,x},$$

$$\Delta x \to 0,$$

$$\frac{dy}{dx} = -\frac{1}{x^2},$$

$$\frac{d}{dx}\left(\frac{1}{x}\right) = \frac{dx^{-1}}{dx} = -x^{-2} = -\frac{1}{x^2}.$$

Die Regel für das Differenzieren von Potenzfunktionen gilt auch für den Exponenten -1.

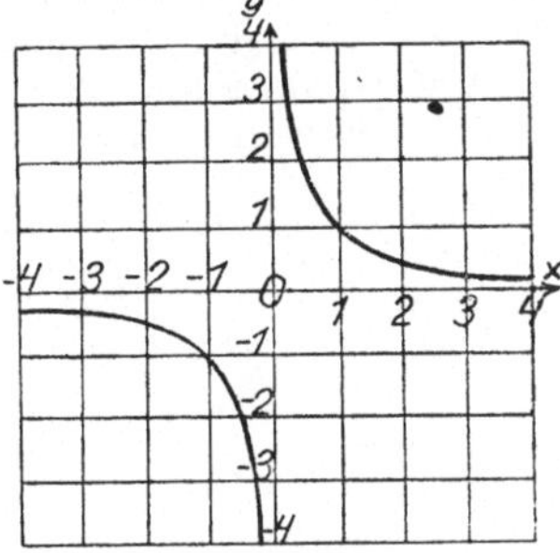

Abb. 20. $y = \dfrac{1}{x}$, eine gleichseitige Hyperbel mit den Asymptoten in den Koordinatenachsen.

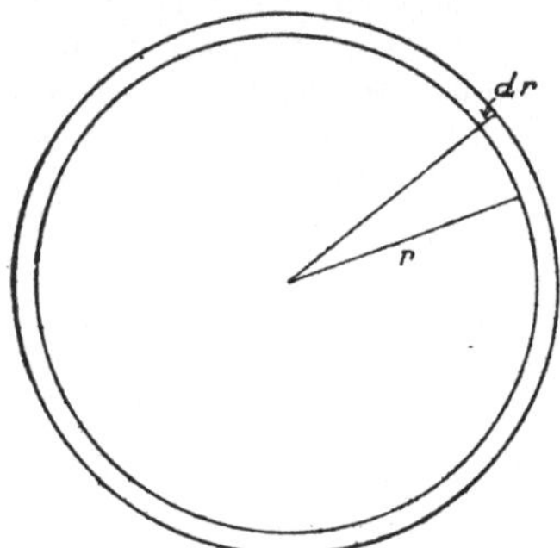

Abb. 21. Differentialer Kreisring von der Dicke dr und dem Flächeninhalt $2\,r\,\pi\,dr$.

Die Kurve $y = \dfrac{1}{x}$ ist eine gleichseitige Hyperbel (S. 276), deren Asymptoten mit den Koordinatenachsen zusammenfallen. Mit zunehmendem x werden die Ordinaten immer kleiner und kleiner, ohne für ein noch so großes x Null zu werden. Man sagt, die Ordinaten nähern sich asymptotisch der Null. Asymptotische Näherungen spielen in den Naturwissenschaften eine große Rolle (S. 58, 59).

Übungsbeispiele. — 1. Der Flächeninhalt des Kreises $f = \pi\,r^2$ (S. 273) gibt nach r differenziert

$$\frac{df}{dr} = 2\,\pi\,r.$$

Das ist der Umfang des Kreises. Ein Resultat, das sich veranschaulichen läßt. Wenn r um dr wächst, wächst f um df. Wir können versuchsweise dieses df durch Multiplikation mit dr berechnen,

$$df = 2\,\pi\,r\,dr.$$

df ist ein Kreisring von der Dicke dr und dem inneren Radius r. Sein Flächeninhalt ist gleich dem eines Trapezes mit der Mittellinie $2\pi r$, dem Umfang des inneren Kreises und der Höhe dr (s. Abb. 21).

Um zu untersuchen, ob und inwieweit der als df berechnete Kreisring dem tatsächlichen gleich ist, wickeln wir ihn so ab, daß der kleine Kreisumfang zur Geraden von der Länge $2\pi r$ wird. Der große Kreisumfang ist dann die andere Parallelseite des Trapezes und hat die Länge $2\pi(r+dr)$. Die Mittellinie ist daher $2\pi\left(r+\dfrac{dr}{2}\right)$. Sie nähert sich für kleiner werdendes dr immer mehr $2\pi r$, dem Umfang des inneren Kreises. Für $dr \to 0$ ist die Annäherung vollständig und der Flächeninhalt des unendlich dünnen Kreisringes gleich dem als df berechneten.

Bei diesem und dem folgenden Beispiel erinnere man sich an das S. 25 über das Differential Gesagte.

2. Das Volumen einer Kugel ist

$$V = \frac{4\pi}{3}\,r^3\,.$$

$$\frac{dV}{dr} = 4\pi r^2\,.$$

$4\pi r^2$ ist die Oberfläche der Kugel.

$$dV = 4\pi r^2\,dr$$

ist das Volumen einer Kugelschale vom inneren Radius r und der Dicke dr. Abb. 21 stellt jetzt den Schnitt durch den Mittelpunkt der Kugelschale vor, deren Volumen das Volumen eines Quaders von der Grundfläche $4\pi r^2$ und der Höhe dr ist. Das gilt für $dr \to 0$, in der Grenze für verschwindendes dr.

3. $\qquad\qquad \dfrac{ds^2 x}{dx} = s^2 \qquad\qquad$ (s konstant, daher auch s^2)

$$\frac{d\,4x^2}{dx} = 8x\,,$$

$$\frac{d(-5x^3)}{dx} = -15x^2\,,$$

$$\frac{d}{dx}\,4\sqrt{x} = \frac{2}{\sqrt{x}} = \frac{2\sqrt{x}}{x}$$

$$\frac{d}{dx}\left(\frac{\sqrt{x}}{c}\right) = \frac{1}{c\,2\sqrt{x}} = \frac{\sqrt{x}}{2cx}$$

$$\frac{d}{dx}\left(\frac{x^2}{2} + 10x - \frac{27}{3}\right) = x + 10\,,$$

$$\frac{d}{dx}(5 - 7x) = -7\,,$$

$$\frac{d}{dx}\,\frac{25}{x} = -\frac{25}{x^2}\,,$$

$$\frac{d}{dx}\left(7 - \frac{3}{x}\right) = \frac{3}{x^2}\,,$$

$$\frac{d}{dx}\left(\frac{c}{x}\right) = -\frac{c}{x^2}\,.$$

Umgekehrte Proportionalität. — Über die zuletzt differenzierte Funktion $y = \dfrac{c}{x}$ ist etwas von allgemeiner Bedeutung zu sagen.

Wird x zwei- oder dreimal grö ß er, so wird y zwei- oder dreimal klein er, wenn c seinen Wert beibehält. Zwischen x und y herrscht umgekehrte Proportionalität.

Man kann dies auch in Form einer Proportion aufschreiben, indem man zwei Werte des y durcheinander dividiert.

$$y_1 = \frac{c}{x_1}$$

$$y_2 = \frac{c}{x_2}$$

$$y_1 : y_2 = \frac{c}{x_1} : \frac{c}{x_2} = x_2 : x_1 \,.$$

Die umgekehrten Indizes zeigen die umgekehrte Proportionalität an. Einfacher erhält man sie aus

$$y = \frac{c}{x}$$

als $\boxed{x\,y = c}$ (gleichseitige Hyperbel S. 288).

Soll das Produkt $x\,y$ unverändert bleiben, dann muß y zwei-, dreimal ... kleiner werden, wenn x zwei-, dreimal ... größer wird und umgekehrt.

Ein wichtiges Beispiel für die umgekehrte Proportionalität ist das Gesetz von BOYLE-MARIOTTE: „Bei einem idealen Gase sind bei konstanter Temperatur Druck und Volumen umgekehrt proportional."

$$p\,v = c\,.$$

„Umgekehrte (indirekte) Proportionalität" sagt man zum Unterschied von der „geraden (direkten) Proportionalität" $y = c\,x$ (S. 5).

Ein Beispiel für die gerade Proportionalität ist

$$m = c\,v\,,$$

d. h. die Masse (m) eines homogenen Körpers ist seinem Volum (v) gerade (direkt) proportional.

Ein Beispiel für gerade und umgekehrte Proportionalität in einer Formel ist das OHMsche Gesetz.

$$J = \frac{E}{R}\,.$$

Nach OHM ist die Stromstärke (J) der Spannung (E) gerade und dem Widerstand (R) umgekehrt proportional.

Extremwerte. — Mit welcher Eigenschaft der Funktion hängt ein negativer Differentialquotient zusammen?

$$\frac{d}{dx}\left(\frac{1}{x}\right) = -\,\frac{1}{x^2}\,.$$

Dieser Differentialquotient ist durchaus negativ, weil x^2 sowohl für $+$- wie auch für $-$-Werte des x positiv ist. Betrachten wir dazu das Diagramm Abb. 20! Die Kurve sinkt durchweg, die Funktion nimmt bei zunehmendem x ab.

Für $x = -1$ ist der Funktionswert -1, für $x = -\frac{1}{2}$ ist er -2. Der Funktionswert sinkt auf diesem Intervall von -1 auf -2. Da wir Größen nicht ihrem Betrage nach, sondern im algebraischen Sinn mit Rücksicht auf ihr Vorzeichen beurteilen, ist -2 kleiner als -1.

Wie hängt überhaupt das Wachstum einer Funktion mit dem Vorzeichen ihres Differentialquotienten zusammen?

Angenommen $f'(x) \gtrless 0$, ist also von 0 verschieden. Nach Definition (S. 23) ist

$$\lim_{h \to 0} \frac{f(x+h) - f(x)}{h} = f'(x)$$

und daher

$$\frac{f(x+h)-f(x)}{h}=f'(x)+\varrho$$

wo ϱ eine Größe bedeutet, die für $h \to 0$ verschwindet. Jedenfalls kann für genügend kleines h

$$|f'(x)| > |\varrho|$$

werden[1]). Da h nur positiv sein kann, wird dann die über Zu- oder Abnahme entscheidende Differenz

$$f(x+h)-f(x)=h[f'(x)+\varrho]$$

dasselbe Vorzeichen wie $f'(x)$ haben.

$f'(x) \gtrless 0$ entspricht einem $\genfrac{}{}{0pt}{}{\text{Zunehmen}}{\text{Abnehmen}}$ von $f(x)$ mit zunehmendem x.

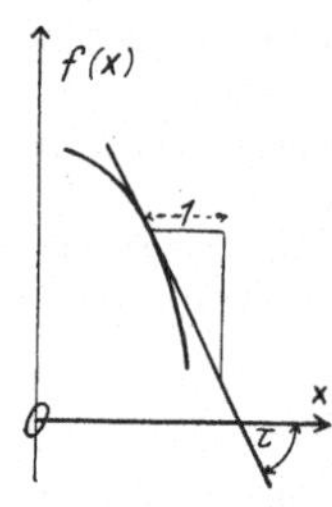

Abb. 21a zeigt, wie einer abnehmenden Funktion ein negativer Winkel τ zwischen Tangente und x-Achse entspricht. Infolgedessen ist (S. 279) tg $\tau < 0$. Die S. 24 gegebene Konstruktion für den Differentialquotienten führt zu negativen Werten, da die Vertikale abwärts gezogen werden muß, um die Tangente zu schneiden.

Wann ist $f'(x) = 0$?

Abb. 22 zeigt eine Funktion, die an der Stelle $x = a$ ein Maximum hat.

Abb. 21a.
$f'(x) < 0$.

$$f(a-h) < f(a) > f(a+h)$$

Links von a steigt die Funktion, $f'(a-h) > 0$; rechts von a fällt sie, $f'(a+h) < 0$. Der Differentialquotient geht an der Stelle $x = a$ von positiven zu negativen Werten über. Es ist $f'(a) = 0$. Dies zeigt die horizontale Tangente an.

Das Diagramm zeigt bei a' ein flaches, bei a'' ein steiles Maximum[2]).

Abb. 22 zeigt auch eine Funktion, die bei b ein Minimum hat.

$$f(b-h) > f(b) < f(b+h),$$
$$f'(b-h) < 0,$$
$$f'(b+h) > 0.$$

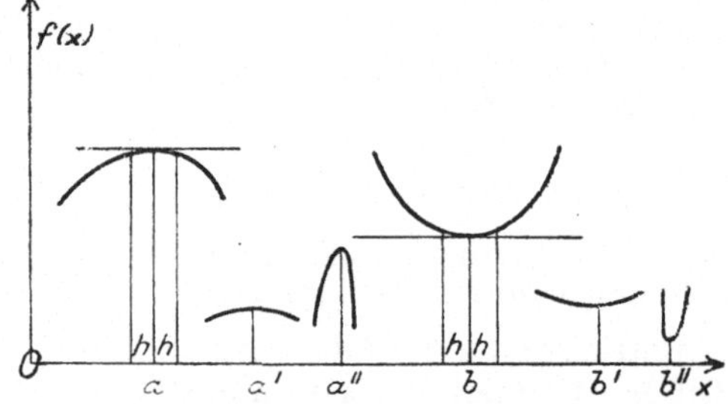

Abb. 22. Maximum und Minimum einer Funktion.

An der Stelle $x = b$ geht der Differentialquotient von negativen zu positiven Werten über, an der Stelle b selbst ist er 0.

$$f'(b) = 0.$$

Das Diagramm zeigt bei b' ein flaches, bei b'' ein steiles Minimum. Maximum und Minimum nennt man Extremwerte.

An den Stellen, wo die Funktion einen Extremwert hat, ist ihr Differentialquotient Null. $f'(x) = 0$.

Es gibt auch Stellen, an denen $f'(x) = 0$ ist, ohne daß ein Extremwert vorliegt. Solche Fälle werden S. 81 behandelt.

---

[1]) Wegen der Zeichen $|\ |$, > 0, < 0 siehe S. 221.

[2]) Bezüglich der Ausdrücke flaches und steiles Maximum gilt das S. 4 für starke und schwache Funktionen Gesagte.

Das Kriterium (das entscheidende Merkmal), ob ein Maximum oder Minimum vorliegt, wird später gegeben werden (S. 79).

Beispiele für Extremwerte. — Trotzdem wir gegenwärtig noch sehr wenig über Extremwerte wissen, ist es uns doch schon möglich, manches einfache Beispiel zu rechnen, bei dem sicherlich ein Maximum oder ein Minimum vorliegt.

1. Aus einem gegebenen quadratischen Blechstück von der Seitenlänge s soll eine oben offene Schachtel mit quadratischer Grundfläche hergestellt werden. An den vier Ecken sollen Quadrate von der Seitenlänge x weggeschnitten, die übrigbleibenden Rechtecke a, b, c, d an den gestrichelten Seiten umgebogen und so der Mantel der Schachtel gebildet werden.

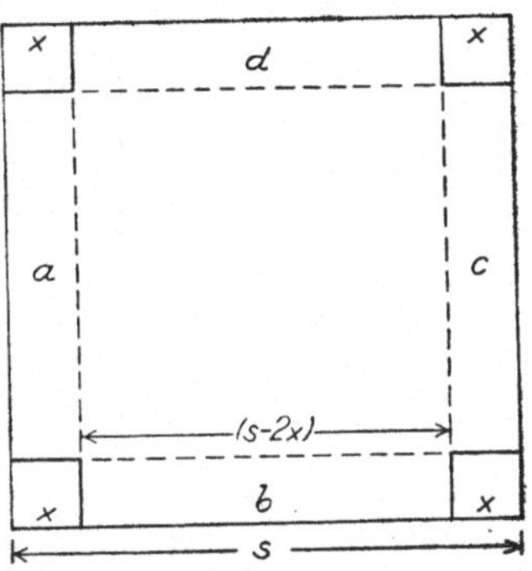

Abb. 23.
Netz für eine Schachtel ohne Deckel von der Höhe x.

Wann wird der Inhalt der Schachtel den größtmöglichen Wert haben? Die Schachtel stellt einen Quader vor. Sein Volumen ist von x abhängig. Bei sehr kleinem x wird sein Volumen wegen der geringen Höhe des Quaders, bei sehr großem x, das schon nahe $\frac{s}{2}$ ist, wegen der kleinen Grundfläche sehr klein sein. Dazwischen muß mindestens ein Wert des x liegen, für den das Volumen (V) ein Maximum ist. Diesen Wert des x könnte man zwar durch systematisches Probieren finden, würde aber dabei sehr viel Zeit verlieren. Rascher erhält man ihn, wenn man $V = f(x)$ anschreibt, V nach x differenziert und das Resultat gleich 0 setzt.

Der Flächeninhalt der quadratischen Grundfläche des Quaders ist $(s - 2x)^2$.

$$V = x(s - 2x)^2 = 4\,x^3 - 4\,s\,x^2 + s^2\,x.$$

Wir wenden die Sätze vom Differenzieren einer Summe und eines Produktes mit konstanten Faktoren an. s und s^2 sind Konstante. V, nach x differenziert, gibt

$$\frac{dV}{dx} = 12\,x^2 - 8\,s\,x + s^2 = 0.$$

Um diese Gleichung bequemer ausrechnen zu können, bringen wir sie auf die Normalform der quadratischen Gleichung (S. 228).

$$x^2 - \frac{2}{3}\,s\,x + \frac{s^2}{12} = 0.$$

Nach x gelöst

$$x = \frac{s}{3} \pm \sqrt{\frac{s^2}{9} - \frac{s^2}{12}} = \frac{s}{3} \pm \sqrt{\frac{s^2}{36}} = \frac{s}{3} \pm \frac{s}{6} = \frac{s}{2},\ \frac{s}{6}.$$

Da ein $x = \frac{s}{2}$ einem Volumen von 0 entspricht, ist das Maximum bei $x = \frac{s}{6}$. Die Schachtel hat also den größten Inhalt, wenn die Blechplatte auf allen Seiten um $\frac{s}{6}$ aufgeklappt ist. Setzen wir $x = \frac{s}{6}$ in die Formel für V ein, dann erhalten wir V_m, das größte Volumen, das Maximum selbst.

$$V_m = \frac{2}{27}\,s^3.$$

2. Ein allseitig geschlossenes, zylindrisches Gefäß von gegebenem Volumen soll mit größtmöglicher Materialersparnis hergestellt werden, d. h. die Oberfläche des Zylinders soll bei gegebenem Volumen ein Minimum sein.

Der Achsenschnitt des Zylinders hat die Basis $2\,r$ und die Höhe h. Das gegebene Volumen kann durch eine große Grundfläche, also durch ein großes r und dementsprechend kleines h, oder durch eine große Mantelfläche, also durch ein sehr kleines r und dementsprechend großes h, erzielt werden. Beide Lösungen sind unbrauchbar, weil sie keine Materialersparnis ermöglichen. Das Minimum, mindestens eines, muß zwischen diesen beiden Werten liegen. Die kleinste Oberfläche bei gegebenem Volumen finden wir durch Differenzieren. Die Formel für die Oberfläche ist

$$F = 2\,\pi\,(r^2 + r\,h)\,. \tag{S. 274}$$

Die zwei Veränderlichen r und h sind an die Bedingung gebunden, daß das Volumen eine Konstante ist. Das Volumen ist

$$V = \pi\,r^2 h\,. \tag{S. 274}$$

Drücken wir h durch r aus

$$h = \frac{V}{\pi\,r^2}$$

und setzen es in F ein:

$$F = 2\,\pi\left(r^2 + \frac{V}{\pi\,r}\right) = 2\,\pi\,r^2 + \frac{2V}{r}\,.$$

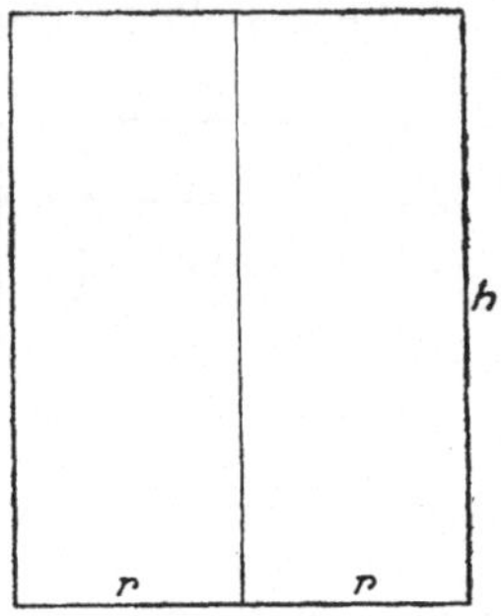

F enthält nur mehr die Veränderliche r. Differenziert man es nach r und setzt das Resultat gleich 0, so erhält man

$$\frac{dF}{dr} = 4\,\pi\,r - \frac{2V}{r} = 0\,.$$

Abb. 24.
Achsenschnitt eines Zylinders von der Höhe h und dem Radius r.

Daraus folgt

$$2\,\pi\,r^\circ = V\,.$$

Da

$$V = \pi\,r^2 h\,,$$

so ist

$$2\,\pi\,r^\circ = \pi\,r^2 h$$

und

$$h = 2\,r\,.$$

Damit die Oberfläche ein Minimum, das Material also am besten ausgenützt wird, muß $h = 2\,r$ sein.

3. Wir rechnen die Aufgabe noch einmal, nun aber für ein oben offenes Gefäß. Die Oberfläche hat um die Deckfläche, die Kreisfläche $\pi\,r^2$, weniger.

$$F = \pi r^2 + 2\,\pi\,r\,h\,.$$

Da das Volum ($V = \pi\,r^2 h$) konstant bleibt, ist

$$F = \pi\,r^2 + \frac{2V}{2}$$

und

$$\frac{dF}{dr} = 2\,\pi\,r - \frac{2V}{r^2} = 0\,.$$

Daraus folgt

$$\pi\,r^3 = V$$

und

$$r = h\,.$$

Wegen des fehlenden Deckels muß man das Gefäß niedriger machen.

4. $f(x) = 3\,x - x^2$ ist auf Extremwerte zu untersuchen
          $f(0) = 0$
          $f(1) = 2$
          $f(2) = 2$
          $f(3) = 0$

Zwischen $x = 1$ und $x = 2$ ist also ein Maximum zu erwarten.
Tatsächlich ist für

$$f(x) = 3 - 2x = 0$$

$$x = \frac{3}{2}.$$

Ein Maximum liegt gerade in der Mitte zwischen $x = 1$ und $x = 2$. $f(x)$ ist vor dem Maximum positiv. nachher negativ.

$$f\left(\frac{3}{2}\right) = \frac{9}{4} = \text{Max}.$$

5. **Das Ionenminimum des Wassers.** Wie die physikalische Chemie lehrt, ist auch vollkommen reines Wasser in die Ionen $\overset{-}{OH}$ und $\overset{+}{H}$ dissoziiert[1]). Ihre Konzentration in Mol/Liter wird im folgenden mit $[\overset{+}{H}]$ bzw. $[\overset{-}{OH}]$ bezeichnet. Bringt man $\overset{+}{H}$ bzw. $\overset{-}{OH}$ in reines Wasser, so wird die ursprüngliche Dissoziation zurückgedrängt. Die Ionenkonzentrationen werden durch die Gleichgewichtsbedingung

$$[\overset{+}{H}][\overset{-}{OH}] = K = 10^{-14}$$

festgelegt. Das Ionenprodukt K hat bei 25^0 C den angeschriebenen Wert. Dementsprechend ist eine Normalsäure auch eine Lauge von der Alkaleszenz 10^{-14}. Da in reinem Wasser $[\overset{+}{H}] = [\overset{-}{OH}]$ ist, so ist es gleichzeitig Säure und Base, jede von der Konzentration 10^{-7}. Die Summe der beiden Ionenkonzentrationen ist $2 \cdot 10^{-7}$.

Ist es möglich, die ursprüngliche Dissoziation des reinen Wassers zurückzudrängen, wenn man ganz geringe Mengen von $\overset{+}{H}$ hinzugibt, ohne durch die hinzugebrachten $\overset{-}{H}$-Ionen die Gesamtkonzentration $(\overset{-}{H} + \overset{-}{OH})$ zu vergrößern? D. h. bei welchem $[\overset{+}{H}]$ ist $([\overset{+}{H}] + [\overset{-}{OH}])$ ein Minimum?

Eine der beiden Veränderlichen in der Summe $([\overset{+}{H}] + [\overset{-}{OH}])$ drücken wir durch die andere aus. Nach der Gleichgewichtsbedingung ist

$$[\overset{-}{OH}] = \frac{K}{[\overset{+}{H}]}.$$

Die auf ein Minimum zu untersuchende Funktion von $[\overset{+}{H}]$ wird daher: $\left([\overset{+}{H}] + \dfrac{K}{[\overset{-}{H}]}\right)$.

Wir bleiben bei der etwas ungewöhnlichen Bezeichnung für die Veränderliche $[\overset{-}{H}]$, um den Leser an das Rechnen mit diesem Symbol zu gewöhnen. Differenzieren wir nach $[\overset{+}{H}]$ und setzen den Differentialquotienten gleich 0:

$$\frac{d}{d[\overset{+}{H}]}\left([\overset{-}{H}] + \frac{K}{[\overset{+}{H}]}\right) = 1 \quad \frac{K}{[\overset{+}{H}]^2} = 0.$$

Daraus

$$[\overset{+}{H}] = \sqrt{K}$$

und

$$[\overset{-}{OH}] = \frac{K}{[\overset{+}{H}]} = \frac{K}{\sqrt{K}} = \sqrt{K}.$$

---

[1]) ULICH-JOST, S. 164.

Das Ionenminimum liegt bei $[\bar{\mathrm{H}}] = [\bar{\mathrm{OH}}]$, also bei reinem Wasser. Fügen wir eine kleine Menge von $[\overset{+}{\mathrm{H}}]$ hinzu, so verkleinern wir zwar $[\bar{\mathrm{OH}}]$, machen aber dadurch die Vermehrung der $[\overset{+}{\mathrm{H}}]$ nicht wett. Analoge Betrachtungen und Rechnungen gelten auch für das Hinzufügen von $[\bar{\mathrm{OH}}]$.

6. Welches Rechteck hat bei gegebenem Flächeninhalt den kleinsten Umfang ?

Der mathematische Inhalt dieses Beispieles ist mit dem vorigen identisch, der begriffliche nicht. Weil aber die beiden Veränderlichen im Gegensatz zum Beispiel der Ionenkonzentrationen anschaulich vorgestellt werden können, bietet es keine Schwierigkeiten.

Die Grundlinie des Rechtecks sei x, die Höhe y. Der Flächeninhalt $f = x\,y$ ist eine Konstante. y durch x ausgedrückt gibt $y = \dfrac{f}{x}$. Der halbe Umfang ist $\left(x + \dfrac{f}{x}\right)$. Für $x = \sqrt{f}$ wird er ein Minimum. Daher ist $y = x$, d. h. das Quadrat ist das Rechteck mit kleinstem Umfang.

7. **Wurf nach aufwärts.** Ein Körper wird mit der Geschwindigkeit c vertikal nach aufwärts geworfen. Wie lange steigt er ?

Die **Steigdauer**, die Zeit, in der der Abstand des steigenden Körpers vom ursprünglichen Niveau seinen größten Wert hat, ist zu berechnen. Wir haben hier zwei Bewegungen, die sich überlagern, die gleichmäßige nach aufwärts durch den Wurf und die gleichförmig beschleunigte nach abwärts infolge der Erdbeschleunigung *(g)*. Die Bewegungen überlagern sich, ohne sich zu stören. Der Abstand wird eine Differenz sein. Steigdauer T. Abstand s.

$$s = c\,t - \frac{g}{2}\,t^2 .$$

Das Maximum wird in dem Zeitpunkt erreicht, in dem der Differentialquotient der Gleichung 0 ist.

$$\frac{ds}{dt} = c - g\,t = 0 .$$

Daraus die Steigdauer

$$T = \frac{c}{g} .$$

Für T, das Ende der Steigdauer, ist die Geschwindigkeit 0! Begreiflich, denn in diesem Zeitpunkt verkehrt der Körper seine Geschwindigkeit, er geht vom Steigen ins Fallen über.

Differenzieren nach einer Zwischenfunktion (Kettenregel). — Die Zeichenebene stellt eine ebene Landschaft vor. Ein Tourist rastet bei T. Sein Ziel ist das Wirtshaus W, er will aber vorher noch im geradlinigen Mühlgang MM baden. Es ist heiß, und er will möglichst wenig gehen. Er überlegt, wie er auf dem kürzesten Weg zum Mühlgang und dann zum Wirtshaus kommt. Der Ge-

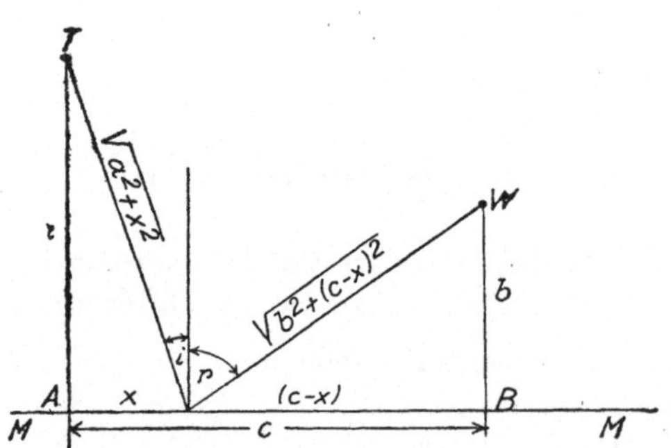

Abb. 25. Die Verbindung von T nach W ist am kürzesten, wenn $i = r$ ist.

samtweg soll ein Minimum sein. Den Mühlgang könnte er am kürzesten auf der Normalen $TA = a$ erreichen und dann geradlinig nach W gehen. Er könnte auch zum Fußpunkt (B) der Normalen von W auf den Mühlgang und dann längs dieser Normalen $BW = b$ nach W gehen. Aber keiner dieser beiden Wege ist der kürzeste.

Den kürzesten Gesamtweg erhält man, wenn man den Mühlgang in einem Abstand x von A trifft. Nennen wir die Entfernung der beiden Fußpunkte voneinander c, dann ist der Gesamtweg mit den Konstanten a, b, c als $f(x)$ auszudrücken. Aus der Abbildung ist ersichtlich, daß

$$f(x) = \sqrt{a^2 + x^2} + \sqrt{b^2 + (c - x)^2}\,.$$

Um $f'(x)$ zu bilden, müssen die beiden Summanden einzeln differenziert werden. Zuerst berechnen wir $\dfrac{d\sqrt{a^2 + x^2}}{dx}$ und setzen $a^2 + x^2 = u$.

Nun können wir wohl $\dfrac{d\sqrt{u}}{du} = \dfrac{1}{2\sqrt{u}}$ und $\dfrac{du}{dx} = 2\,x$ berechnen, wissen aber nicht, ob und wie man aus diesen beiden Angaben

$$\frac{d\sqrt{u}}{dx} = \frac{d\sqrt{a^2 + x^2}}{dx}$$

berechnen kann.

Diese Aufgabe ist der Spezialfall einer viel allgemeineren, die für das Differenzieren grundlegend ist. Durch ihre Lösung wird der Kreis der Funktionen, die differenziert werden können, ungeheuer erweitert.

Zuerst verallgemeinern wir $\sqrt{u}$ zur Funktion $f(u)$ und $(a^2 + x^2)$ zu $\varphi(x)$. Dann lautet die Frage: Wenn $y = f(u)$ und $u = \varphi(x)$ gegeben sind und man $\dfrac{df(u)}{du} = \dfrac{dy}{du}$ und $\dfrac{du}{dx} = \dfrac{d\varphi(x)}{dx}$ kennt, wie berechnet man

$$\frac{dy}{dx} = \frac{df(u)}{dx}\,?$$

Bilden wir den Differenzenquotienten

$$\frac{\varDelta y}{\varDelta x} = \frac{\varDelta y}{\varDelta u}\frac{\varDelta u}{\varDelta x}$$

und gehen zur Grenze über, so erhalten wir

$$\frac{dy}{dx} = \frac{dy}{du}\frac{du}{dx}\,. \qquad\qquad (2)\ \text{F.S.}$$

Diese Formel[1]) ist für die Technik des Differenzierens unstreitig die wichtigste und wird als Formel (2) in die Formelsammlung aufgenommen. Die Differentiation nach ihr bezeichnet man als das Differenzieren nach einer Zwischen- oder Mittelfunktion, gelegentlich auch als indirektes Differenzieren. Formel (2) wird die **Kettenregel** genannt und $\dfrac{du}{dx}$ als **innere Ableitung** bezeichnet.

Rechnen wir an unserem Wirtshausbeispiel weiter! Wir wenden (2) F.S. an.

$$\frac{d\sqrt{a^2 + x^2}}{dx} = \frac{1}{2\sqrt{a^2 + x^2}}\,2\,x = \frac{x}{\sqrt{a^2 + x^2}}$$

Differenzieren wir den zweiten Summanden des Beispiels $y = \sqrt{b^2 + (c - x)^2}$ und fassen $b^2 + (c - x)^2$ als die Zwischenfunktion auf, so erhalten wir

$$\frac{dy}{dx} = \frac{1}{2\sqrt{b^2 + (c - x)^2}}\,\frac{d[b^2 + (c - x)^2]}{dx}\,.$$

Setzen wir nun $c - x = u$ und wenden auf den Differentialquotienten $\dfrac{d[b^2 + (c - x)^2]}{dx}$ wieder die Formel (2) an, so folgt

$$\frac{d}{dx}[b^2 + (c - x)^2] = 2\,(c - x)\,(-1) = -2\,(c - x)\,.$$

---

[1]) Wegen eines exakten Beweises siehe H. v. MANGOLDT (Knopp), Einführung i. d. höhere Mathematik 2. Bd. (Leipzig 1932), S. 38ff.

Es ist daher

$$\frac{d\sqrt{[b^2+(c-x)^2]}}{dx} = \frac{1}{2\sqrt{b^2+(c-x)^2}}\,[-2\,(c-x)] = -\frac{c-x}{\sqrt{b^2+(c-x)^2}}\,.$$

Bevor wir in unserer Rechnung weitergehen, machen wir eine für die Rechentechnik wichtige Bemerkung. Wir mußten soeben die Formel (2) zweimal hintereinander anwenden. Es gibt aber sehr viele Differentiationen, bei denen sie öfter als zweimal hintereinander angewendet werden muß. Wir wollen sie bei einem allgemeinen Beispiel dreimal hintereinander anwenden. Es sei

$$y = f(u), \quad u = \varphi(v), \quad v = \chi(w), \quad w = \psi(x)\,.$$

Durch dreimaliges Differenzieren nach Formel (2) erhält man

$$\frac{dy}{dx} = \frac{dy}{du}\,\frac{du}{dv}\,\frac{dv}{dw}\,\frac{dw}{dx}\,.$$

Für die Praxis ist es besser, die Formel (2) mehrmals hintereinander anzuwenden und sie so zu beherrschen, daß das Anschreiben der Zwischenfunktionen $u, v, w\ldots$ unterbleiben kann.

Nun beenden wir das Wirtshausbeispiel. Unter Verwendung der beiden nach Formel (2) berechneten Differentialquotienten setzen wir $f'(x) = 0$.

$$f'(x) = \frac{x}{\sqrt{a^2+x^2}} - \frac{c-x}{\sqrt{b^2+(c-x)^2}} = 0\,.$$

Wir könnten das x, das dem kürzesten Weg entspricht, durch a, b, c ausdrücken, aber folgende Überlegung führt zu einem anschaulicheren Resultat. Für das Minimum ist

$$\frac{x}{\sqrt{a^2+x^2}} = \frac{c-x}{\sqrt{b^2+(c-x)^2}}\,.$$

Die linke Seite der Gleichung ist der Sinus des Winkels bei T, die rechte der des Winkels bei W. Da beide Sinus gleich sind, müssen auch die beiden Winkel gleich sein.

Soll der Gesamtweg ein Minimum sein, müssen beide Winkel gleich sein.

Dieses Resultat benutzen wir zur Lösung einer physikalischen Aufgabe. Abb. 25 stellt nun einen Schnitt durch ein homogenes, lichtdurchlässiges Medium vor. MM sei der Schnitt durch einen auf die Zeichenebene normalen Spiegel, T eine punktförmige Lichtquelle, die nach allen Richtungen Strahlen aussendet.

Welcher von den unendlich vielen Strahlen, die auf den Spiegel treffen, wird nach dem Punkt W reflektiert? Wie die Optik lehrt jener, für den nach dem Reflexionsgesetz der Einfallswinkel gleich dem Reflexionswinkel ist. Der Winkel i ist gleich dem bei T, der Winkel r gleich dem bei W (S. 271). Der von uns ermittelte kürzeste Weg von T zum Spiegel MM und von diesem nach W ist auch der Weg, den ein von T ausgehender am Spiegel nach W reflektierter Lichtstrahl tatsächlich zurücklegt. Jeder andere Weg wäre für den Lichtstrahl länger, das Licht würde mehr Zeit dazu brauchen. Der Lichtstrahl braucht also auf dem tatsächlich eingeschlagenen kürzesten Weg auch die kürzeste Zeit.

Die Lichtbrechung. — Kürzester Lichtweg und kürzeste Lichtzeit fallen nur in einem homogenen Medium zusammen. Bewegt sich der Lichtstrahl in verschiedenen Medien, so ergeben kürzester Lichtweg und kürzeste Lichtzeit verschiedene Resultate.

CE stellt eine auf der Zeichenebene normale Trennungsebene zweier Medien I und II dar. A ist eine punktförmige Lichtquelle. Die Lichtgeschwindigkeit in I ist c_1, in II c_2. Es sei $c_1 > c_2$. Ein Lichtstrahl wird beim Übertritt von I in II zum Lot gebrochen.

Welcher Strahl von A geht durch Punkt B? Der den kürzesten Weg zurücklegt, kann es nicht sein, weil der Strahl von A nicht geradlinig nach B kommt, sondern an der Trennungsfläche gebrochen wird. Wenn es nicht der Strahl mit dem kürzesten Weg ist, vielleicht ist es der, der die kürzeste Zeit braucht? Die Zeit T, die der Strahl braucht, um von A nach B zu gelangen, stellen wir als Funktion von $CD = x$ dar, in welche a und b, die Längen der Lote von A bzw. B auf CE, und e, der Abstand ihrer Fußpunkte, als Konstante eingehen.

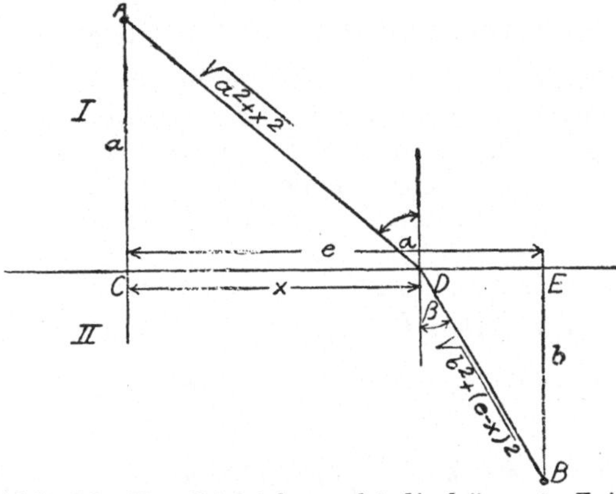

Abb. 26. Das Licht braucht die kürzeste Zeit von A nach B, wenn
$$\frac{\sin \alpha}{\sin \beta} = \frac{\text{Lichtgeschwindigkeit in I}}{\text{Lichtgeschwindigkeit in II}}\,.$$

T besteht aus der Zeit, die der Lichtstrahl braucht, um im Medium I mit der Geschwindigkeit c_1 den Weg AD, und im Medium II mit der Geschwindigkeit c_2 den Weg DB zurückzulegen.

$$T = \frac{AD}{c_1} + \frac{DB}{c_2}\,.$$

Drücken wir die beiden Wege durch a, b, e und x aus, so ist

$$T = \frac{\sqrt{a^2 + x^2}}{c_1} + \frac{\sqrt{b^2 + (e - x)^2}}{c_2}\,.$$

Damit T ein Minimum wird, muß

$$\frac{dT}{dx} = \frac{x}{c_1 \sqrt{a^2 + x^2}} - \frac{(e - x)}{c_2 \sqrt{b^2 + (e - x)^2}} = 0$$

werden. Nun führen wir Funktionen des Einfallswinkels α und des Brechungswinkels β ein

$$\sin \alpha = \frac{x}{\sqrt{a^2 + x^2}}\,, \qquad \sin \beta = \frac{(e - x)}{\sqrt{b^2 + (e - x)^2}}$$

und erhalten

$$\frac{\sin \alpha}{c_1} = \frac{\sin \beta}{c_2}$$

oder

$$\frac{\sin \alpha}{\sin \beta} = \frac{c_1}{c_2} = n\,.$$

In der kürzesten Zeit gelangt der Strahl von A nach B, für den der Quotient aus dem Sinus des Einfalls- und des Brechungswinkels einen Wert hat, der durch die Materialkonstanten c_1 und c_2 bestimmt und vom Einfallswinkel unabhängig ist. Dieser Wert n wird der **Brechungsindex** (Brechzahl) genannt.

Aus der Forderung, daß das Licht in der kürzesten Zeit von A nach B gelangen soll, haben wir also das Brechungsgesetz abgeleitet.

Differentiation algebraischer Funktionen

Definition des Begriffes der algebraischen Funktion S. 52.

Die Potenzfunktion. — Herleitung von $\dfrac{dx^n}{dx} = n\,x^{n-1}$. Um höhere Potenzen differenzieren zu können, leiten wir eine Formel her, mit der jede Potenz mit positiven und ganzzahligen Exponenten differenziert werden kann. Die Herleitung ist ähnlich wie bei der 2. und 3. Potenz, nur wird $(x + h)$ statt zur 2. und 3. zur n-ten Potenz erhoben. Um $(x + h)$ zur n-ten Potenz erheben zu können, benutzt man den binomischen Lehrsatz (S. 224).

$$y = x^n,$$

$$y + \Delta y = (x + h)^n = x^n + \frac{n}{1}x^{n-1}h + \frac{n(n-1)}{1.2.}x^{n-2}h^2$$

$$+ \frac{n(n-1)(n-2)}{1.2.3.}x^{n-3}h^3 + \frac{n(n-1)(n-2)(n-3)}{1.2.3.4.}x^{n-4}h^4 + \cdots + \frac{n}{1}xh^{n-1} + h^n,$$

$$\Delta y = n\,x^{n-1}h + \frac{n(n-1)}{1.2.}x^{n-2}h^2 + \frac{n(n-1)(n-2)}{1.2.3.}x^{n-3}h^3$$

$$+ \frac{n(n-1)(n-2)(n-3)}{1.2.3.4.}x^{n-4}h^4 + \cdots + \frac{n}{1}xh^{n-1} + h^n,$$

$$\frac{\Delta y}{\Delta x} = n\,x^{n-1} + \frac{n(n-1)}{1.2.}x^{n-2}h + \frac{n(n-1)(n-2)}{1.2.3.}x^{n-3}h^2$$

$$+ \frac{n(n-1)(n-2)(n-3)}{1.2.3.4.}x^{n-4}h^3 + \cdots + \frac{n}{1}x h^{n-2} + h^{n-1},$$

$$\Delta x \to 0,$$

$$\frac{dy}{dx} = n\,x^{n-1},$$

$$\frac{dx^n}{dx} = n\,x^{n-1}. \tag{5) F.S.}$$

Diese Formel nehmen wir als Formel (5) in die Formelsammlung auf. Die schon bekannten Formeln $\dfrac{dx^2}{dx} = 2\,x$ und $\dfrac{dx^3}{dx} = 3\,x^2$ sind nun Spezialfälle von (5) F.S.

(5) F.S. wurde durch Anwendung des binomischen Lehrsatzes, also nur für positive ganze Zahlen gewonnen. Können wir (5) F.S. auch für gebrochenes und negatives n anwenden? Versuchen wir zunächst, ob wir Potenzen mit positiven gebrochenen Exponenten differenzieren können!

Wir differenzieren

$$y = x^{\frac{p}{q}}$$

nach x. p und q seien positiv, ganzzahlig und teilerfremd. Potenzieren wir beide Seiten der Gleichung mit q (S. 225)!

$$y^q = x^p.$$

Diese Gleichung differenzieren wir nach x. Links steht y, eine Funktion von x, die mit einer positiven ganzen Zahl q potenziert ist. Wir können sie nach x differenzieren, wenn wir links hintereinander (5) F.S. und (2) F.S. anwenden.

$$q\,y^{q-1}\,y' = p\,x^{p-1}.$$

Daraus folgt für das gesuchte y':

$$y' = \frac{p\,x^{p-1}}{q\,y^{q-1}}$$

Da wir rechts nur Ausdrücke mit x haben wollen, drücken wir y durch x aus und erhalten (S. 225):

$$y' = \frac{p\,x^{p-1}}{q\left(x^{\frac{p}{q}}\right)^{q-1}} = \frac{p\,x^{p-1}}{q\,x^{p-\frac{p}{q}}} = \frac{p}{q}\,x^{p-1-p+\frac{p}{q}} = \frac{p}{q}\,x^{\frac{p}{q}-1}.$$

Diese Gleichung zeigt uns, daß $\frac{p}{q}$ die Rolle des n in (5) F.S. spielt, daß (5) F.S. also auch auf positive gebrochene Exponenten angewendet werden kann. Für die Quadratwurzel, $n = \frac{1}{2}$, haben wir (5) F.S. schon bewahrheitet gefunden (S. 32).

Wir können nun jede Wurzel aus x mit positiven ganzen Wurzelexponenten differenzieren, z. B.:

$$\frac{d\,\sqrt[3]{x}}{d\,x} = \frac{d\,x^{\frac{1}{3}}}{d\,x} = \frac{1}{3}\,x^{\frac{1}{3}-1} = \frac{1}{3}\,x^{-\frac{2}{3}} = \frac{1}{3\,\sqrt[3]{x^2}} = \frac{\sqrt[3]{x}}{3\,x}.$$

Um die Gültigkeit von (5) F.S. auch für negative Exponenten (S. 224) zu prüfen, differenzieren wir

$$y = x^{-n} = \frac{1}{x^n}.$$

Durch Anwendung von (2) F.S. auf die Differentiation von $\frac{1}{x}$ S. 32 folgt

$$\frac{d}{dx}\left(\frac{1}{f(x)}\right) = -\,\frac{1}{f(x)^2}f'(x).$$

Daraus erhalten wir

$$y' = -\,\frac{1}{x^{2n}}\,n\,x^{n-1} = -\,n\,x^{n-1-2n} = -\,n\,x^{-n-1}.$$

(5) F.S. gilt also auch für negative Exponenten. Für $n = -1$ haben wir sie schon bewahrheitet gesehen, S. 33. Daß sie auch für irrationale (S. 226) Exponenten gilt, wird später S. 55 gezeigt.

Beispiele für (5) F.S. — Will man Wurzeln und Brüche differenzieren, so verwandelt man sie zur bequemeren Anwendung in Ausdrücke mit gebrochenen und negativen Exponenten.

1.
$$\frac{d}{dx}\left(\frac{1}{\sqrt{x}}\right) = \frac{d\,x^{-\frac{1}{2}}}{d\,x} = -\,\frac{1}{2}\,x^{-\frac{3}{2}} = -\,\frac{1}{2\sqrt{x^3}} = -\,\frac{\sqrt{x}}{2\,x^2}$$

$$\frac{d}{dx}\left(\frac{1}{\sqrt[3]{x}}\right) = \frac{d\,x^{-\frac{1}{3}}}{d\,x} = -\,\frac{1}{3}\,x^{-\frac{4}{3}} = -\,\frac{1}{3\,\sqrt[3]{x^4}} = -\,\frac{1}{3x\,\sqrt[3]{x}} = -\,\frac{\sqrt[3]{x^2}}{3\,x^2}$$

$$\frac{d}{dx}\left(\frac{c}{\sqrt{(a^2+x^2)^3}}\right) = c\,\frac{d}{dx}(a^2+x^2)^{-\frac{3}{2}} = -\,\frac{3\,c}{2}(a^2+x^2)^{-\frac{5}{2}}\,2\,x = -\,\frac{3\,c\,x}{\sqrt{(a^2+x^2)^5}}$$

$$y = \left(\frac{1}{c}-\frac{1}{x}\right)\frac{1}{x^2} = \frac{1}{c\,x^2} - \frac{1}{x^3} = \frac{x^{-2}}{c} - x^{-3}$$

$$y' = -\,\frac{2}{c}\,x^{-3} + 3\,x^{-4} = -\,\frac{2}{c\,x^3} + \frac{3}{x^4}.$$

2. Welche Funktion gibt nach x differenziert x^m? Da sich beim Differenzieren der Exponent um 1 erniedrigt, versuchen wir es mit x^{m+1}. Nach x differenziert gibt es $(m+1)\,x^m$. Das Resultat ist also $(m+1)$ mal größer als das verlangte. Daher dividieren wir die zu differenzierende Funktion schon vorher durch $(m+1)$ oder multiplizieren mit $\dfrac{1}{m+1}$. Diese beiden Größen sind konstant. Wir erhalten

$$\frac{d}{dx}\left(\frac{x^{m+1}}{m+1}\right) = \frac{m+1}{m+1}\,x^m = x^m\,.$$

Die Lösung der Aufgabe ist $\dfrac{x^{m+1}}{m+1} + C$. Bezüglich der Konstanten C s. S. 31.

Für $m = -1$ ist diese Lösung nicht anwendbar, denn statt einer Funktion würden wir das sinnlose $\dfrac{1}{0}$ erhalten. Durch Betrachtung von Tabelle 2 wird der innere Zusammenhang klar. Unter den Differentialquotienten der Potenzen von x fehlt $x^{-1} = \dfrac{1}{x}$. Erst später werden wir eine Funktion von x kennenlernen, deren Differentialquotient $f'(x) = \dfrac{1}{x}$ ist.

Tabelle 2.

$f(x)$	$f'(x)$
x^3	$3\,x^2$
x^2	$2\,x$
$x^1 = x$	1
$x^0 = 1$	0
$x^{-1} = \dfrac{1}{x}$	$-\dfrac{1}{x^2} = -\,x^{-2}$

3. Wie hängt der Weg von der Zeit bei der gleichförmig beschleunigten Bewegung ab? Da die Beschleunigung, die Geschwindigkeitszunahme pro Zeiteinheit, konstant ist, ist die Geschwindigkeit eine lineare Funktion der Zeit. Nennt man den Weg s, die Zeit t, die Beschleunigung g, dann gilt ,wenn für $t = 0$ auch $v = 0$,

$$v = \frac{ds}{dt} = g\,t\,.$$

Wir suchen nun ein $s = f(t)$, das $g\,t$ zum Differentialquotienten hat, also der Gleichung entspricht. Durch Probieren finden wir, daß es

$$s = \frac{g\,t^2}{2} + C$$

ist. C ist durch die Anfangsbedingungen zu ermitteln. Befindet sich z. B. der Körper zu Beginn der Zeitzählung im Nullpunkt des Maßstabes, dann ist für $t = 0$ auch $s = 0$, dann wird

$$0 = \frac{g}{2}\,0 + C = 0 + C = C,$$

d. h.

$$C = 0\,.$$

Der Weg ist

$$s = \frac{g}{2}\,t^2\,.$$

Der Weg wächst proportional dem Quadrat der Zeiten. Der Weg in der 1. Sekunde ist $\frac{g}{2}$, d. i. die halbe Beschleunigung.

4. Die Arbeit ist das Produkt aus der Kraft (K) mal dem von ihrem Angriffspunkt zurückgelegten Weg (s). Das gilt nur, wenn die Kraftrichtung mit dem Weg zusammenfällt und die Kraft sich längs des Weges nicht ändert. Wenn sich aber die Kraft längs des Weges ändert, wenn also

$$K = f(s),$$

kann man die Definition nur auf Differentiale anwenden. Es ist dann

$$dA = K\, ds,$$

$$\frac{dA}{ds} = K.$$

Beim Dehnen einer Feder ist nach HOOKE[1]) die Kraft proportional der Verlängerung. Es ist

$$K = \varepsilon\, s,$$

wo ε die Kraft bei Dehnung der Feder um die Längeneinheit ist. Sie wird die Steife der Feder genannt.

$$\frac{dA}{ds} = \varepsilon\, s.$$

Wie groß ist die Arbeit beim Dehnen der Feder vom unverlängerten Zustand bis s? Durch Probieren finden wir

$$A = \frac{\varepsilon\, s^2}{2} + C.$$

C findet man aus $A = 0$ für $s = 0$.

$$0 = 0 + C.$$

C verschwindet also, und die Arbeit beim Dehnen von 0 auf s ist

$$A = \frac{\varepsilon}{2}\, s^2.$$

5. Ein Beispiel aus der modernen Röntgentechnik[2]). Das kontinuierliche Röntgenspektrum der Bremsstrahlung verteilt sich, mit seiner kürzesten Wellenlänge, der Grenzwellenlänge λ_0 beginnend, auf die verschiedenen Wellenlängen λ nach einer von KULENKAMPFF gegebenen Näherungsformel folgendermaßen:

$$J = C\left(\frac{1}{\lambda_0} - \frac{1}{\lambda}\right)\frac{1}{\lambda^2} = C\left(\frac{1}{\lambda_0}\,\lambda^{-2} - \lambda^{-3}\right).$$

J ist eine Verteilungsfunktion, eine Größe, die, mit einer unendlich kleinen Wellenlängenspanne $d\lambda$ multipliziert, die Intensität, die auf dieses Intervall entfällt, angibt. Die Intensitätsverteilung der Strahlung betrachten wir bei gleichbleibender Röhrenspannung und Stromstärke. Infolgedessen sind λ_0, die Grenzwellenlänge, die von der Röhrenspannung, und C, das von der Stromstärke abhängt, konstant. Die Kurve orientiert über die Abhängigkeit des J von λ. Bei einem bestimmten Wert des λ, bei λ_m, sehen wir ein Maximum. Wir wollen wissen, um wievielmal dieses λ_m größer ist als λ_0.

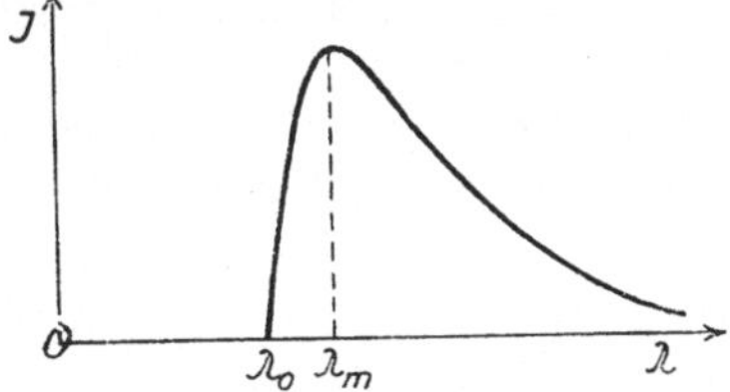

Abb. 27. Intensitätsverteilung der *Röntgen*strahlen auf verschiedene Wellenlängen.

$$\frac{dJ}{d\lambda} = C\left[\frac{1}{\lambda_0}(-2\,\lambda^{-3}) + 3\,\lambda^{-4}\right] = -C\,\lambda^{-3}\left(\frac{2}{\lambda_0} - 3\,\lambda^{-1}\right) = 0.$$

---

[1]) Siehe z. B. O. BLÜH, Einführung i. d. Physik (Berlin 1937), S. 91.
[2]) F. REGLER, Grundzüge der Röntgenphysik (Berlin und Wien 1937), S. 52.

Da C und λ^{-3} nicht 0 sein können, setzen wir den Klammerausdruck gleich 0.

$$\left(\frac{2}{\lambda_0} - 3\,\lambda^{-1}\right) = 0,$$

$$\frac{2}{\lambda_0} = \frac{3}{\lambda}.$$

Daraus folgt

$$\lambda_m = \frac{3}{2}\,\lambda_0 = 1{,}5\,\lambda_0.$$

Messungen von DAUVILLIER haben aber ergeben, daß das Maximum nicht bei $1{,}5\,\lambda_0$ liegt, wie aus KULENKAMPFFs Formel berechnet wurde, sondern bei $1{,}3\,\lambda_0$. Diese Unstimmigkeit tritt auf, weil mit einer Näherungsformel gerechnet wurde.

Der Differentialquotient eines Produktes von Funktionen. — Der Differentialquotient einer Summe von Funktionen ist die Summe der Differentialquotienten der einzelnen Funktionen. Gilt Ähnliches auch für den Differentialquotienten eines Produktes von Funktionen? Rechnen wir nach!

$$y = f_1(x) \cdot f_2(x),$$

$$\frac{\Delta y}{\Delta x} = \frac{f_1(x+h)\,f_2(x+h) - f_1(x)\,f_2(x)}{h}.$$

Für $\Delta x \to 0$ wird der Ausdruck $\frac{0}{0}$. Daher müssen wir, um zur Grenze übergehen zu können, einen Kunstgriff gebrauchen. Wir subtrahieren und addieren im Zähler $f_1(x)\,f_2(x+h)$ und bekommen

$$\frac{\Delta y}{\Delta x} = \frac{f_1(x+h)\,f_2(x+h) - f_1(x)\,f_2(x+h) + f_1(x)\,f_2(x+h) - f_1(x)\,f_2(x)}{h}$$

$$= f_2(x+h)\,\frac{f_1(x+h) - f_1(x)}{h} + f_1(x)\,\frac{f_2(x+h) - f_2(x)}{h}.$$

Für $\Delta x \to 0$ erhalten wir

$$\frac{dy}{dx} = f'_1(x)\,f_2(x) + f_1(x)\,f'_2(x). \qquad\qquad (3)\ \text{F.S.}$$

Diese Formel wird **Produktenregel** genannt und als (3) F.S. in die Formelsammlung aufgenommen worden.

Die Vermutung, der Differentialquotient eines Produktes werde analog dem einer Summe gebildet, erwies sich als uhrichtig.

Wenden wir (3) F.S. auf $c\,f(x)$ an!

$$c = f_1(x),$$

$$f(x) = f_2(x),$$

$$\frac{d\,c\,f(x)}{dx} = \frac{dc}{dx}\,f(x) + \frac{c\,df(x)}{dx} = c\,\frac{df(x)}{dx},$$

ein schon bekanntes Resultat.

Beispiele. — 1. Im Beispiel S. 37 wurde

$$V = x\,(s - 2\,x)^2$$

nach x differenziert, nachdem das Binom quadriert und mit x multipliziert worden war. Verwenden wir (3) F.S. und setzen

$$f_1(x) = x$$

und

$$f_2(x) = (s - 2\,x)^2,$$

so erhalten wir

$$\frac{dV}{dx} = (s - 2x)^2 + 2x(s - 2x)(-2)$$

$$= s^2 - 4xs + 4x^2 - 4xs + 8x^2 = 12x^2 - 8xs + s^2,$$

dasselbe Resultat in einfacherer Rechnung.

2. Noch auffallender ist die Vereinfachung der Rechnung durch Anwendung von (3) F.S. bei folgenden Beispielen:

$$\frac{d}{dx}[(1+x)\sqrt{1+x^2}] = \sqrt{1+x^2} + \frac{(1+x)x}{\sqrt{1+x^2}},$$

$$\frac{d}{dx}[(2+3x)(4-7x)] = 3(4-7x) - 7(2+3x)$$

$$= 12 - 21x - 14 - 21x = -(2 + 42x) = -2(1 + 21x),$$

$$\frac{d}{dx}[x^2\sqrt{1+x^2}] = 2x\sqrt{1+x^2} + \frac{x^3}{\sqrt{1+x^2}}.$$

3. **Maximale Beleuchtungsstärke.** Welche Höhe muß die punktförmige Licht-quelle L über der horizontalen Tischplatte haben, um bei E die Tischfläche möglichst stark zu beleuchten? Zum besseren Verständnis der Aufgabe bringen wir zuerst einige Vorbemerkungen.

a) Die Beleuchtungsstärke, die eine punktförmige Lichtquelle auf einer Fläche hervorbringt, hängt von der Entfernung der Fläche von der Lichtquelle und vom Einfallswinkel ab. Sie ist nach LAMBERT[1]) umgekehrt proportional dem Quadrate der Entfernung und gerade proportional dem Kosinus des Einfallswinkels.

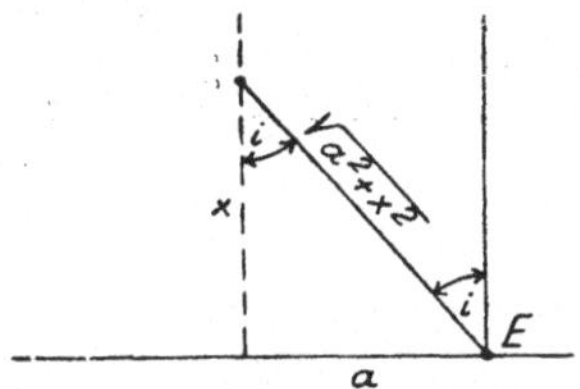

Abb. 28. Das Maximum der Beleuchtungsstärke bei E erreichen wir, wenn

$$x = \frac{\sqrt{2}}{2}a = 0,707\,a.$$

b) Was ist ein ebenes Flächenelement? Die von einer Lichtquelle beschienene Ebene ist nicht in allen ihren Teilen von der Lichtquelle gleich weit entfernt. Verschiedene Flächenstücke haben von der Lichtquelle verschiedene Entfernungen und werden von den Lichtstrahlen unter verschiedenen Einfallswinkeln getroffen. Wir zerlegen deshalb die Fläche in einzelne Stücke und betrachten eines davon. Um das Gesetz der Beleuchtungsstärke auf ein Stück einer ebenen beleuchteten Fläche anwenden zu können, muß man es so wählen, daß es nach allen Richtungen so kleine Ausdehnungen hat, daß diese gegenüber seiner Entfernung von der Lichtquelle verschwinden. Sie müssen „unendlich klein" sein. Ein derartiges Stück der Ebene nennt man ein ebenes Flächenelement.

Berechnung des Maximums der Beleuchtungsstärke. Die punkt-förmige Lichtquelle L sei vertikal verschiebbar. Im Abstand a vom Fußpunkt der Vertikalen befindet sich in der Tischplatte ein ebenes Flächenelement E, das unter dem Einfallswinkel i getroffen wird. E soll möglichst stark beleuchtet werden. Welche Höhe x muß L über der Tischplatte haben?

Ist x sehr klein, dann ist zwar der Abstand LE klein, aber der Lichtstrahl fällt nur streifend ein, cos i ist nahe 0, die Beleuchtungsstärke ist daher sehr klein. Ist x sehr groß, nähert sich zwar cos i seinem maximalen Wert 1, aber die Entfernung LE wird sehr groß und die Beleuchtungsstärke daher sehr klein. Dazwischen muß mindestens ein Maximum der Beleuchtungsstärke für ein bestimmtes x vorhanden sein. Welchen Wert muß dieses x haben?

---

[1]) Siehe z. B. O. BLÜH, Einführung i. d. Physik (Berlin 1937), S. 277.

Die Lichtstärke von L in Kerzen gemessen sei J. Bei normalem Auftreffen der Strahlen wäre die Beleuchtungsstärke nach LAMBERT $\dfrac{J}{a^2 + x^2}$. Da der Einfallswinkel i ist, muß dieser Ausdruck mit

$$\cos i = \frac{x}{\sqrt{a^2 + x^2}} \qquad\qquad (\text{S. } 276)$$

multipliziert werden. Wir erhalten für die Beleuchtungsstärke

$$f(x) = \frac{J}{a^2 + x^2} \frac{x}{\sqrt{a^2 + x^2}} = J\,x\,(a^2 + x^2)^{-\frac{3}{2}}.$$

Nun suchen wir nach den Methoden von S. 36 jenen Wert des x, für den $f(x)$ ein Maximum wird. Durch Differenzieren nach (3) F.S. und Nullsetzen von $f'(x)$ erhalten wir:

$$f'(x) = J\left[(a^2 + x^2)^{-\frac{3}{2}} - \frac{3}{2}\,x\,(a^2 + x^2)^{-\frac{5}{2}}\,2\,x\right]$$

$$= J\,(a^2 + x^2)^{-\frac{3}{2}}[1 - 3\,x^2\,(a^2 + x^2)^{-1}] = 0.$$

J kann nicht 0 werden, $(a^2 + x^2)^{-\frac{3}{2}}$ nur bei unendlich großen Werten von x, die für ein Maximum nicht in Betracht kommen, also muß der Ausdruck in der eckigen Klammer gleich 0 gesetzt werden.

$$1 = 3\,x^2\,(a^2 + x^2)^{-1},$$
$$a^2 + x^2 = 3\,x^2.$$

Daraus ergibt sich

$$x = \sqrt{\frac{a^2}{2}} = \frac{a}{\sqrt{2}} = a\,\frac{\sqrt{2}}{2} = 0{,}707\,a.$$

Die maximale Beleuchtungsstärke tritt ein, wenn $x = 0{,}7\,a$ der Entfernung des ebenen Flächenelementes vom Fußpunkt der Normalen ist, die von der Lichtquelle auf die beleuchtete Fläche gezogen wird.

J geht nicht in das Resultat ein, es gilt für jede beliebige Lichtstärke von L.

Erweiterung der Produktenregel (3) F.S. auf mehrere Faktoren. — (3) F.S. wird zunächst auf ein Produkt von 3 Faktoren erweitert. Das x hinter dem Funktionszeichen wird der Kürze halber ausgelassen. Das Zeichen $'$ bedeutet hier Differentiation nach x.

Es sei

$$y = f_1 f_2 f_3.$$

Mit der Kürzung

$$\varphi = f_2 f_3$$

wird

$$y = f_1 \varphi$$

und durch zweimalige Anwendung von (3) F.S.

$$y' = f_1'\varphi + f_1\varphi' = f_1'\,f_2 f_3 + f_1(f_2'f_3 + f_2 f_3') = f_1'\,f_2 f_3 + f_1 f_2'f_3 + f_1 f_2 f_3'.$$

Beispiele.

1. $$y = (a + x)(b + x)(c + x).$$
$$y' = (0 + 1)(b + x)(c + x) + (a + x)(0 + 1)(c + x) + (a + x)(b + x)(0 + 1)$$
$$= (b + x)(c + x) + (a + x)(c + x) + (a + x)(b + x)$$

2.
$$y = (5 + x)\sqrt{27 + x}\,\sqrt[3]{19 + x}.$$

$$y' = \sqrt{27 + x}\,\sqrt[3]{19 + x} + \frac{(5 + x)\sqrt[3]{19 + x}}{2\sqrt{27 + x}} + \frac{(5 + x)\sqrt{27 + x}}{3\sqrt[3]{(19 + x)^2}}.$$

Ebenso wie wir (3) F.S. von 2 auf 3 Faktoren erweitert haben, können wir sie von 3 auf 4 erweitern, das Produkt aus dem dritten und vierten Faktor als f_3 auffassen und die eben entwickelte Formel und dann (3) F.S. anwenden.

Wir erhalten so für

$$J = f_1 f_2 f_3 f_4$$
$$J' = f_1' f_2 f_3 f_4 + f_1 f_2' f_3 f_4 + f_1 f_2 f_3' f_4 + f_1 f_2 f_3 f_4'.$$

Von dieser und den allgemeinen Formeln für eine größere Anzahl von Faktoren werden wir keinen Gebrauch machen, sondern gegebenenfalls (3) F.S. mehrmals hintereinander anwenden.

Differentialquotient eines Bruches. — Wir wollen den Bruch $\dfrac{\varphi(x)}{\psi(x)}$, dessen Zähler und Nenner Funktionen von x sind, differenzieren. Vorerst verwandeln wir ihn in ein Produkt von zwei Funktionen.

$$y = \varphi(x)\,[\psi(x)]^{-1}.$$

Dann wenden wir (3) F.S. an.

$$y' = \frac{dy}{dx} = \varphi'(x)\,[\psi(x)]^{-1} - \frac{\varphi(x)}{\psi(x)^2}\,\psi'(x)$$

$$= \frac{\varphi'(x)}{\psi(x)} - \frac{\varphi(x)\psi'(x)}{\psi(x)^2} = \frac{\varphi'(x)\,\psi(x) - \varphi(x)\,\psi'(x)}{\psi(x)^2},$$

$$\frac{d}{dx}\left(\frac{\varphi(x)}{\psi(x)}\right) = \frac{\varphi'(x)\,\psi(x) - \varphi(x)\,\psi'(x)}{\psi(x)^2}. \qquad \text{(4) F.S.}$$

Manchmal ist es für die Differentiation aber bequemer, einen Bruch vor der Differentiation in ein Produkt zu verwandeln und dann nach (3) F.S. zu differenzieren.

Beispiele.

1.
$$y = \frac{x}{\sqrt{a^2 - x^2}}.$$

$$y' = \frac{\sqrt{a^2 - x^2} + x\,\dfrac{x}{\sqrt{a^2 - x^2}}}{a^2 - x^2} = \frac{a^2}{(a^2 - x^2)\sqrt{a^2 - x^2}}.$$

2.
$$y = \frac{a + x}{a - x},$$

$$y' = \frac{(a - x) + (a + x)}{(a - x)^2} = \frac{2a}{(a - x)^2}.$$

3.
$$y = \frac{2x}{1 + 3x^2},$$

$$y' = \frac{2(1 + 3x^2) - 2x\,6x}{(1 + 3x^2)^2} = \frac{2 - 6x^2}{(1 + 3x^2)^2}.$$

4*

Einteilung der Funktionen. Funktionen, die man aus der unabhängig Veränderlichen durch Addition, Subtraktion, Multiplikation, Division und Potenzieren mit ganzen Exponenten erhält, nennt man **rationale Funktionen.** Sind die Exponenten Brüche, so haben wir eine **irrationale Funktion.** So sind z. B.

$$y = 5\,x^2 - 4\,x + \frac{10}{x} + \frac{2}{x^3} - 9,\ y = \frac{5\,x^3 - 2\,x^2}{3\,x^7 - 2\,x^5}\ \text{rationale,}$$

$$y = 2\,x^3 - \frac{17}{\sqrt{x}},\ y = \frac{1}{\sqrt{a + 7\,x^3}}\ \text{irrationale Funktionen.}$$

Rationale und irrationale Funktionen sind Beispiele für **algebraische Funktionen.** Wegen einer allgemeinen Definition der algebraischen Funktion sei auf die mathematischen Lehrbücher verwiesen[1]).

Mit den bisher gebrachten 5 Formeln der Formelsammlung können wir jede algebraische Funktion differenzieren.

Alle nicht algebraischen Funktionen nennt man **transzendente.** Die für den Naturwissenschaftler wichtigsten sind **Logarithmus, Exponentialfunktion, Winkelfunktionen** und **Kreisfunktionen.** Die algebraischen und die in diesem Buche behandelten transzendenten Funktionen nennt man **elementare** Funktionen.

Weiteres über Einteilung der Funktionen S. 163 ff., 171 und 280

Differentiation von Logarithmus, Exponentialfunktion und Winkelfunktionen

Der Differentialquotient des Logarithmus. — Die Definition des Logarithmus und die Regeln für das Rechnen mit Logarithmen sind S. 234 ff. zusammengestellt.

Wir leiten den Differentialquotienten des Logarithmus mit einer beliebigen Basis (b) her.

$$y = {}^b\!\log x,$$

$$\frac{\Delta y}{\Delta x} = \frac{{}^b\!\log(x+h) - {}^b\!\log x}{h} = \frac{1}{h}\,{}^b\!\log\frac{x+h}{x} = \frac{1}{h}\,{}^b\!\log\left(1 + \frac{h}{x}\right).$$

Für $\Delta x \to 0$ erhalten wir

$$\frac{{}^b\!\log 1}{h} = \frac{0}{0}.$$

Da $\dfrac{0}{0}$ ein unbestimmter Wert ist, müssen wir, um zu einem Resultat zu gelangen, den berechneten Differenzenquotienten vor dem Grenzübergang durch einen Kunstgriff umformen. Statt $\dfrac{1}{h}$ schreiben wir $\dfrac{1}{x}\dfrac{x}{h}$, wenden die Regel für den Logarithmus einer Potenz an und erhalten:

$$\frac{\Delta y}{\Delta x} = \frac{1}{h}\,{}^b\!\log\left(1 + \frac{h}{x}\right) = \frac{1}{x}\frac{x}{h}\,{}^b\!\log\left(1 + \frac{h}{x}\right) = \frac{1}{x}\,{}^b\!\log\left(1 + \frac{h}{x}\right)^{\frac{x}{h}},$$

$$(1)\qquad \frac{dy}{dx} = \frac{1}{x}\,\lim_{h\to 0}\,{}^b\!\log\left(1 + \frac{h}{x}\right)^{\frac{x}{h}} = \frac{1}{x}\,{}^b\!\log\,\lim_{h\to 0}\left(1 + \frac{h}{x}\right)^{\frac{x}{h}}.$$

---

[1]) Rothe, I, S. 25.

Mit

$$\frac{x}{h} = n$$

wird

$$\left(1 + \frac{h}{x}\right)^{\frac{x}{h}} = \left(1 + \frac{1}{n}\right)^{n}.$$

Wenn $h \to 0$, wird $n \to \infty$. Wir fragen also nach $\lim\limits_{n \to \infty} \left(1 + \frac{1}{n}\right)^{n}$.

Welchen Wert nimmt $\left(1 + \frac{1}{n}\right)^{n}$ mit wachsenden Werten des n an ?

Durch Rechnung findet man für

$$n = 1, \qquad 2, \qquad 10, \qquad 100, \qquad 1000,$$

$$\left(1 + \frac{1}{n}\right)^{n} = 2, \qquad 2{,}25 \qquad 2{,}594 \qquad 2{,}705 \qquad 2{,}717$$

$\left(1 + \frac{1}{n}\right)^{n}$ nimmt also mit zunehmendem n zu. Es läßt sich auch zeigen, daß sich dieser Ausdruck mit zunehmendem n einem Grenzwert nähert. Entwickelt man $\left(1 + \frac{1}{n}\right)^{n}$ nach dem binomischen Lehrsatz und führt den Grenzübergang durch[1]), so erhält man

$$\lim \left(1 + \frac{1}{n}\right)^{n} = 1 + \frac{1}{1} + \frac{1}{2!} + \frac{1}{3!} + \frac{1}{4!} + \cdots .$$

Wegen der Definition von $n!$ siehe S. 138. Rechnet man die rechte Seite angenähert aus, so erhält man 2,71828 ... Diese Zahl wird e genannt.

$$e = 2{,}71828 \ldots$$

Sie ist irrational und spielt in der Mathematik eine ähnlich wichtige Rolle wie π. Kehren wir zurück zu: $\qquad y = {}^{b}\!\log x$.

Setzen wir in (1) für $\lim\limits_{h \to 0} \left(1 + \frac{h}{x}\right)^{\frac{x}{h}} = e$, so folgt

$$\frac{dy}{dx} = \frac{1}{x} \, {}^{b}\!\log e = \frac{{}^{b}\!\log e}{x}.$$

Wählt man e statt b zur Basis des Logarithmensystems und differenziert

$$y = {}^{e}\!\log x,$$

so erhält man, da ${}^{e}\!\log e = 1$ ist,

$$\frac{dy}{dx} = \frac{1}{x},$$

ein besonders einfaches Resultat.

Beim Zahlenrechnen verwendet man die Logarithmen zur Basis 10, die gemeinen, dekadischen oder BRIGGSschen Logarithmen. Die Logarithmen zur Basis e werden natürliche oder NAPIERsche Logarithmen genannt. Statt des Symbols $\log_e$ schreibt man ln, das durch Kürzung des lateinischen Ausdruckes „logarithmus naturalis" entstanden ist. Statt ${}^{10}\!\log$ schreibt man lg.

$$\frac{d\ln x}{dx} = \frac{1}{x}. \tag{6) F.S.}$$

Ist es praktisch. die spezielle Formel für den Differentialquotienten des natürlichen Logarithmus in die Formelsammlung aufzunehmen ? Ist das Differenzieren

---

[1]) ROTHE, I, S. 38.

eines Logarithmus mit anderer Basis als e nicht zu umständlich? Differenzieren wir $^b\!\log x$ nach (6) F.S.! Nach der Regel vom Verwandeln der Logarithmen (S. 236) ist

$$y = {}^b\!\log x = {}^b\!\log e \, \ln x$$

und daher

$$\frac{dy}{dx} = \frac{{}^b\!\log e}{x}.$$

(6) F.S. ist also auch für $\log_B$ bequem anwendbar.

Da

$$\lg e = 0{,}434\ldots,$$

so ist

$$\frac{d \lg x}{dx} = \frac{0{,}434}{x}.$$

Dieses Resultat findet man mit Annäherung in der dekadischen Logarithmentafel bestätigt. Bezeichnen wir den Numerus mit x und betrachten die Zunahme des Logarithmus bei einer Zunahme des x um 1, also den Differenzenquotienten für $\varDelta x = 1$!

Nach obiger Formel ist $\dfrac{d \lg x}{dx}$

$\lg\ \ 101 - \lg\ \ 100 = 0{,}00432$	für $x = \ \ \ \,100 \ldots\ldots 0{,}00434$
$\lg\ \ 501 - \lg\ \ 500 = 0{,}00087$	für $x = \ \ \ \,500 \ldots\ldots 0{,}000868$
$\lg 1001 - \lg 1000 = 0{,}00043$	für $x = 1000 \ldots\ldots 0{,}000434$

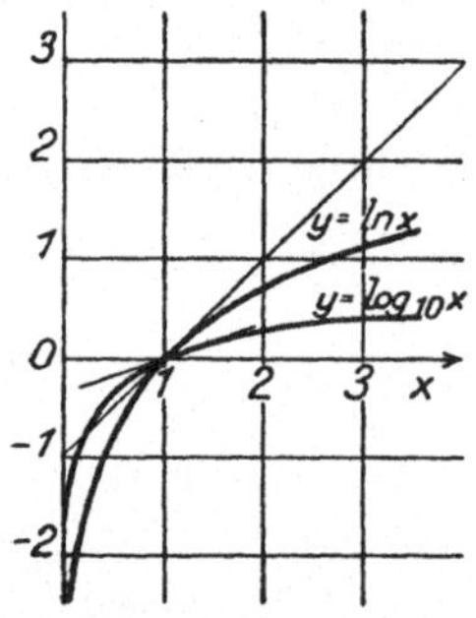

Abb. 29. Steigung der Kurven von natürlichem und dekadischem Logarithmus.

Was zeigen die Diagramme für $\ln x$ und $\lg x$? Beide Funktionen sind für $x = 1$ Null.

$$\ln 1 = \lg 1 = 0.$$

Das führt vor Augen, daß

$$e^0 = 10^0 = 1.$$

Wir sehen auch, daß die Steigung von $\lg x$ kleiner ist als die von $\ln x$. Nach der Rechnung ist für denselben Wert des x die Steigung von $\lg x$ gleich der Steigung von $\ln x$ mal $0{,}434$. Für $x = 1$ ist die Steigung von $\ln x$ auch 1. Für $\lg x$ ist die Steigung $0{,}434$. Das ersieht man auch aus dem Diagramm. Diese Steigung nimmt mit zunehmendem x ab, wie es (6) F.S. verlangt.

Wenden wir (2) F.S. auf (6) F.S. an, so folgt:

$$\frac{d}{dx} \ln f(x) = \frac{f'(x)}{f(x)}.$$

Beispiele.

1.
$$\frac{d \ln c x}{dx} = \frac{c}{c x} = \frac{1}{x}.$$

Es ist derselbe Wert wie für $\dfrac{d \ln x}{dx}$, weil

$$\ln (c x) = \ln c + \ln x$$

und die Konstante $\ln c$ bei der Differentiation verschwindet.

2.
$$\frac{d}{dx} \ln (1 + x^2) = \frac{2 x}{1 + x^2}.$$

3.
$$\frac{d}{dx} \ln \frac{x}{1 - x^2} = \frac{d \ln x}{dx} - \frac{d \ln (1 - x^2)}{dx} = \frac{1}{x} + \frac{2 x}{1 - x^2} = \frac{1 + x^2}{x (1 - x^2)}.$$

4. Wichtig für manche Anwendungen ist

$$\frac{d}{dx}\ln\left(x+\sqrt{a^2+x^2}\right) = \frac{1+\dfrac{x}{\sqrt{a^2+x^2}}}{x+\sqrt{a^2+x^2}} = \frac{\dfrac{\sqrt{a^2+x^2}+x}{\sqrt{a^2+x^2}}}{x+\sqrt{a^2+x^2}} = \frac{1}{\sqrt{a^2+x^2}}\,.$$

Eine etwas verwickelte transzendente Funktion gibt differenziert eine sehr einfache algebraische.

Dieses Beispiel ist für das Integrieren von Bedeutung.

5. Logarithmiert man $y = f(x)$ und differenziert dann nach x, so kann man y' oft leichter berechnen. Man nennt dies **logarithmisches Differenzieren**.

Z. B.:

$$y = x^n,$$
$$\ln y = n \ln x,$$
$$\frac{y'}{y} = \frac{n}{x}\,.$$

$$y' = y\frac{n}{x} = n\,x^{n-1}\,.$$

Das Resultat führt also wieder auf (5) F.S., nur gilt die Berechnung diesmal auch für ein irrationales n. Dadurch sind die vorigen Ableitungen (S. 44, 45) auch auf diesen Fall erweitert.

6. (3) F.S. wird angewendet bei:

$$\frac{d}{dx}\left[(1+x)\ln x\right] = \ln x + \frac{1+x}{x}\,,$$

$$\frac{d}{dx}(x\ln x) = \ln x + x\frac{1}{x} = \ln x + 1\,.$$

Anschließend an dieses Beispiel wollen wir ein $f(x)$ suchen, dessen $f'(x) = \ln x$. Um diesen Differentialquotienten zu erhalten, müssen wir zu $x \ln x$ ein Glied hinzufügen, das nach x differenziert -1 gibt, d. i. $-x$. In der Tat ist

$$\frac{d}{dx}(x\ln x - x + C) = \ln x + 1 - 1 = \ln x\,.$$

7.

Welches $f(x)$ hat ein $f'(x) = \dfrac{1}{x}$? Antwort: $\ln x + C$.

$\quad$,,$\quad$ $f(x)$,, ,, $f'(x) = \dfrac{a}{x}$? ,, : $a \ln x + C$.

$\quad$,,$\quad$ $f(x)$,, ,, $f'(x) = \dfrac{24}{x}$? ,, : $24 \ln x + C$.

$\quad$,,$\quad$ $f(x)$,, ,, $f'(x) = \dfrac{17\,b}{x}$? ,, : $17\ \ln x + C$.

$\quad$,,$\quad$ $f(x)$,, ,, $f'(x) = \dfrac{1}{a+x}$? ,, : $\ln(a+x) + C$.

$\quad$,,$\quad$ $f(x)$,, ,, $f'(x) = -\dfrac{1}{a-x}$? ,, : $\ln(a-x) + C$.

$\quad$,,$\quad$ $f(V)$,, ,, $f'(V) = -\dfrac{RT}{V}$? ,, : $-RT\ln V + C\ldots$ (RT konst.)

Wer die Antwort nicht durch Überlegung finden kann, überzeuge sich durch Differenzieren der Resultate von ihrer Richtigkeit.

8. **Arbeit bei der isothermen Gaskompression.** In einem Zylinder mit einem reibungslosen Kolben befinde sich eine Flüssigkeit bei ihrer Siedetemperatur und über ihr gesättigter Dampf. Verkleinert man durch Hinunterschieben des Kolbens das Volumen, so kondensiert sich ein Teil des Dampfes, aber der Druck, die Dampfspannung, bleibt **unverändert**.

Die Arbeit, die bei einer Verkleinerung des Volumens um Φ geleistet wird, ist gleich der Kraft, die auf den Kolben wirkt, multipliziert mit dem Weg, den der Kolben zur Volumverkleinerung zurücklegen muß. Die Kraft ist das Produkt aus dem Druck p mal der Fläche q des Kolbens, also $p\,q$; der Weg ist die Höhe des zylindrischen Raumes Φ dividiert durch q, also $\dfrac{\Phi}{q}$. Die Arbeit ist demnach

$$p\,q\,\frac{\Phi}{q} = p\,\Phi\,.$$

Sie ist gleich dem Produkt aus **Druck** mal **Volumenverkleinerung**.

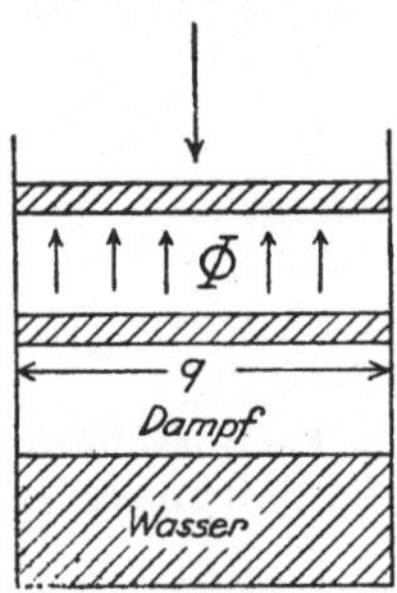

Abb. 30. Die Arbeit bei der Kompression von gesättigtem Dampf ist das Produkt aus Dampfdruck mal Volumenverkleinerung.

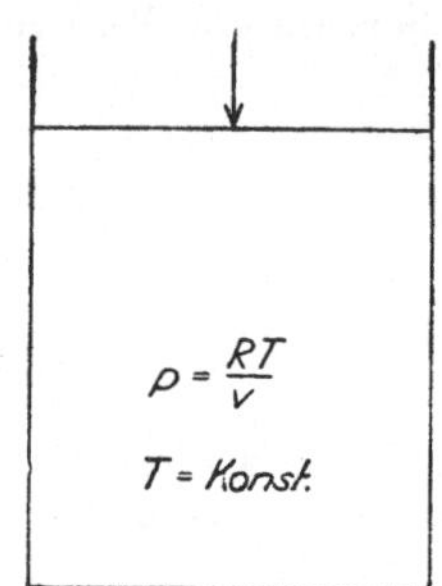

Abb. 31. Arbeit bei der isothermen Kompression eines idealen Gases.

In einem anderen Zylinder befinde sich 1 Mol (g-Molekel) eines idealen Gases, das bei **konstant gehaltener Temperatur** T vom Volumen V_0 auf das Volumen V zusammengedrückt werden soll. Um die Temperatur konstant zu erhalten, wird die bei der Kompression entwickelte Wärme gleich bei ihrem Entstehen durch die Wände des Zylinders an ein Bad konstanter Temperatur abgeleitet. Eine Kompression bei konstant gehaltener Temperatur nennt man eine **isotherme** Kompression. Die Temperatur bleibt die gleiche, die Kraft aber, die auf den Kolben ausgeübt wird, ändert sich während des Weges, weil sich der Druck mit dem Volumen ändert. Deshalb können wir die Arbeit nicht für die ganze Wegstrecke, sondern nur für unendlich kleine Arbeitsleistungen, die unendlich kleinen Änderungen des Volumens entsprechen, berechnen, d. h. wir müssen eine Differentialzerlegung vornehmen (S. 25, 31). Das bei der Volumenverkleinerung $-d\,V$ geleistete Differential der Arbeit ist gegeben durch

$$d\,A = -p\,d\,V\,.$$

Es läßt sich zeigen[1]), daß diese Beziehung für eine beliebige Gestalt und beliebige Ausdehnung des betrachteten Körpers gilt.

$$\frac{d\,A}{d\,V} = -p\,.$$

Ist der Druck als Funktion des Volumens gegeben, dann ist der Differentialquotient der Arbeit nach dem Volumen gegeben, und man kann versuchen, die Arbeit als Funktion des Volums, auf das komprimiert wurde, anzugeben. Nach der Zustandsgleichung für ideale Gase[2]) ist

$$p = \frac{R\,T}{V}\,,$$

---

[1]) Mache. Einführung in die Theorie der Wärme (Berlin und Leipzig 1921), S. 58.
[2]) Ulich-Jost, S. 4.

wo R die **molare Gaskonstante** und T die absolute Temperatur des Gases bedeutet. Bei unseren Versuchsbedingungen ist sie auch eine Konstante. Es ist also

$$\frac{dA}{dV} = -\frac{RT}{V} = -RT\,\frac{1}{V}\,.$$

Wir müssen nun ein A angeben, das diesen Differentialquotienten hat. Wäre der Differentialquotient $\frac{1}{V}$, dann wäre nach (6) F.S. die Funktion $\ln V$. Da vor dem $\frac{1}{V}$ noch die Konstante $-RT$ steht, muß die zu differenzierende Funktion mit ihr multipliziert werden, und wir bekommen (S. 55)

$$A = -RT\ln V + C\,.$$

Wie notwendig es ist, die Konstante C nicht zu vergessen, sehen wir gerade an diesem Beispiel. C wird durch das Anfangsvolumen, von dem aus komprimiert wird, festgelegt. Da für ein Anfangsvolumen V_0 die Arbeit 0 ist, folgt

$$0 = -RT\ln V_0 + C$$

und

$$C = RT\ln V_0\,.$$

Das gibt, in die Gleichung für A eingesetzt,

$$A = RT\,(\ln V_0 - \ln V) = RT\ln\frac{V_0}{V}\,.$$

Das ist die Arbeit, die geleistet wird, wenn 1 Mol eines idealen Gases isotherm vom Volumen V_0 auf das Volumen V komprimiert wird. Ein Weglassen der Konstanten C hätte ein falsches Resultat gegeben, weil das Anfangsvolum V_0, von dem aus komprimiert wurde und das für die Arbeit maßgebend ist, im Resultat gar nicht vorgekommen wäre.

Die Arbeit ist der absoluten Temperatur proportional, denn jedes Arbeitsdifferential (Arbeitselement) dA ist dem Drucke und damit der absoluten Temperatur proportional.

Differentialquotient der Exponentialfunktion. — Wenn wir eine veränderliche Größe mit einem konstanten Exponenten potenzieren, erhalten wir eine **Potenzfunktion**. Wenn wir eine konstante Größe mit einem veränderlichen Exponenten potenzieren, erhalten wir eine **Exponentialfunktion**.

Zunächst wollen wir von einer Exponentialfunktion mit der beliebigen Basis B durch logarithmisches Differenzieren den Differentialquotienten herleiten.

$$y = B^x\,.$$

Dann ist

$$\ln y = x\ln B\,.$$

Durch Differentiation nach x folgt

$$\frac{y'}{y} = \ln B\,.$$

$$y' = y\ln B = B^x\ln B$$

Diese Formel ist besonders einfach, wenn wir e als Basis der Exponentialfunktion wählen, weil $\ln e = 1$ als Faktor verschwindet. Wir erhalten

$$y = e^x\,.$$

$$y' = e^x\,,$$

$$\frac{de^x}{dx} = e^x\,. \tag{7} F.S.$$

Die Exponentialfunktion zur Basis e, die sog. e-Potenz, ist gleich ihrem Differentialquotienten.

Dies sieht man auch im Diagramm. Für $x = 0$ ist $e^x = 1$, und die Steigung der Tangente ist ebenfalls 1. Für $x = \ln 2 = 2{,}30 \lg 2 = 0{,}693$ ist $e^x = 2$ und die Steigung der Tangente ebenfalls 2.

An dieser Stelle sei auch eine neuere Bezeichnung für die e-Potenz, $\exp(x) = e^x$, erwähnt, die bei komplizierteren Exponenten für den Druck vorteilhaft ist.

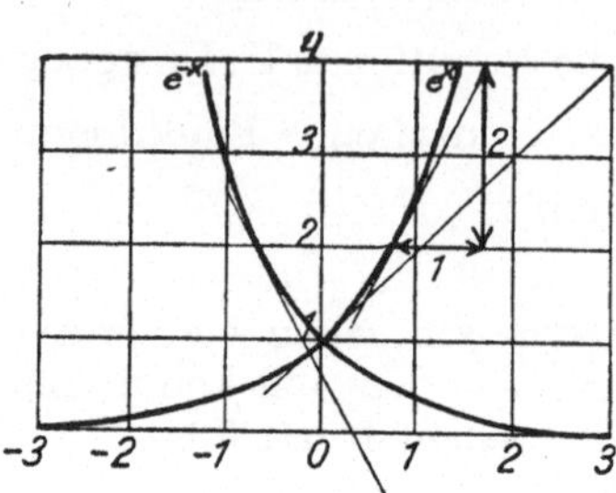

Abb. 32. Die Kurven e^x und e^{-x} sind symmetrisch zur y-Achse.

Beispiele. — Durch Anwendung von (2) F.S. und (7) F.S. erhält man

$$\frac{d\,e^{f(x)}}{dx} = e^{f(x)}\, f'(x).$$

1. $\dfrac{d\,B^x}{dx} = \dfrac{d\,e^{x\ln B}}{dx} = e^{x\ln B}\ln B = B^x \ln B,$

ein Resultat, das schon früher durch logarithmisches Differenzieren gewonnen wurde.

2. $$\frac{d\,e^{cx}}{dx} = c\,e^{cx}.$$

3. $$\frac{d\,e^{-x}}{dx} = -\,e^{-x}.$$

In Abb. 32 ist auch e^{-x} abgebildet. Diese Kurve ist das Spiegelbild von e^x an der y-Achse, d. h. Punkte der beiden Kurven, die entgegengesetzt gleiches x haben, haben gleiche Ordinaten. An symmetrisch gelegenen Punkten zweier Kurven sind auch die Steigungen entgegengesetzt gleich, wie es die Differentialquotienten verlangen. e^{-x} fällt durchwegs, e^x steigt durchwegs. Das Gefälle ist dem Betrage nach gleich der Steigung.

Vergleiche ihre Tangenten in den Punkten $(+\,0{,}693,\ +\,2)$ bzw. $(-\,0{,}693,\ +\,2)$!

$e^{-x} = \dfrac{1}{e^x}$ nähert sich für zunehmende Werte des x immer mehr und mehr der x-Achse, ohne sie für noch so große endliche Werte des x zu erreichen. Wieder ein Beispiel für asymptotische Näherung (s. S. 33)!

4. $$\frac{d\,e^{\frac{c}{x}}}{dx} = -\,\frac{c}{x^2}\,e^{\frac{c}{x}}$$

5. $$f(T) = e^{\frac{\beta v}{T}} \qquad\qquad (\beta,\ v \text{ konstant})$$

$$f'(T) = -\,\frac{\beta v}{T^2}\,e^{\frac{\beta v}{T}}$$

6. Nun können wir die Dampfdruckformel (S. 26) differenzieren, wobei wir die Verdampfungswärme L als von T unabhängig annehmen, was mit einer gewissen Annäherung erlaubt ist.

$$p = C\,e^{-\frac{L}{R}\frac{1}{T}}.$$

Es ist $\quad \dfrac{dp}{dT} = C\,e^{-\frac{L}{R}\frac{1}{T}}\left(\dfrac{L}{R}\dfrac{1}{T^2}\right) = C\,\dfrac{L}{R}\dfrac{1}{T^2}\,e^{-\frac{L}{R}\frac{1}{T}} = p\,\dfrac{L}{R}\dfrac{1}{T^2}.$

Bequemer erhält man durch logarithmisches Differenzieren

$$\ln p = \ln C - \frac{L}{R}\frac{1}{T}$$

$$\frac{1}{p}\frac{dp}{dT} = \frac{L}{R}\frac{1}{T^2}.$$

7. Das Abklingen einer radioaktiven Substanz.

Ein radioaktiver Stoff verschwindet mit der Zeit, indem sich seine Atome in andere verwandeln.

Ist x_0 die zur Zeit 0 vorhandene Menge des radioaktiven Elementes, so ist die zur Zeit t vorhandene Menge x gegeben durch

(1) $$x = x_0 \, e^{-\lambda t}.$$

λ ist eine für das betreffende radioaktive Element charakteristische Konstante[1]). Wenn man das bei Beispiel 3 über das Verhalten von e^{-x} Gesagte berücksichtigt, sieht man aus (1), daß sich x mit der Zeit der 0 asymptotisch nähert. Das ist charakteristisch für das Verschwinden, das Abklingen der radioaktiven Stoffe.

Aus dieser Gleichung wollen wir die je Sekunde verschwindende Menge von x, die Zerfallsgeschwindigkeit, berechnen. Da nach der Gleichung x von t nicht linear abhängt, der Zerfall also nicht gleichmäßig erfolgt, dürfen wir die Zerfallsgeschwindigkeit nicht als Differenzenquotienten berechnen, sondern müssen den Differentialquotienten suchen. Da nach der Ab- und nicht nach der Zunahme des x gefragt wird, ist der Differentialquotient negativ zu nehmen.

$$-\frac{dx}{dt} = \lambda \, x_0 \, e^{-\lambda t}.$$

Setzen wir die Zerfallsgeschwindigkeit in Beziehung zu der noch vorhandenen Substanzmenge, die durch (1) gegeben ist, so erhalten wir

$$-\frac{dx}{dt} = \lambda \, x,$$

d. h. die Zerfallsgeschwindigkeit ist proportional der noch vorhandenen Substanzmenge. Je mehr Atome noch vorhanden sind, um so mehr unterliegen dem spontanen (freiwilligen) Zerfall.

Die Gleichung gibt uns auch Antwort auf die Frage, warum eine radioaktive Substanz in einer noch so langen Zeit nicht vollkommen verschwindet, warum sich ihre Menge mit der Zeit nur asymptotisch der Null nähert. Es wird nämlich die Zerfallsgeschwindigkeit um so kleiner, je weniger Substanz vorhanden ist.

8. Absorption (Verschluckung) homogener elektromagnetischer Strahlung. Man unterscheidet Korpuskularstrahlung (z. B. α-Strahlen, Kathodenstrahlen) und elektromagnetische Wellenstrahlung (z. B. sichtbares Licht oder Röntgenstrahlung). Elektromagnetische Strahlung wird nach einem besonders einfachen Gesetz beim Eindringen in Materie absorbiert (verschluckt).

Wenn homogene Strahlung (z. B. streng einfarbiges Licht) in parallelen Strahlen eine homogene Substanz durchsetzt, dann werden von gleich dicken Schichten gleiche Bruchteile der Strahlung absorbiert. Wird z. B. eine bestimmte homogene Röntgenstrahlung in einer Schichtdicke von 1 m Wasser auf die Hälfte geschwächt, so wird die übriggebliebene Hälfte, wenn sie wieder 1 m Wasser durchstrahlt, nicht vollständig ausgelöscht, sondern wieder auf die Hälfte, also auf ein Viertel der ursprünglichen Strahlung, geschwächt. Das haben Messungen ergeben, die zum Absorptionsgesetz geführt haben[2]). In Symbolen ausgedrückt, lautet es

(1) $$J = J_0 \, e^{-\kappa a}.$$

---

[1]) Handbuch der Radiologie, Bd. 2 (Leipzig 1913), S. 292.

[2]) Handbuch der Experimentalphysik, Bd. XIX (Leipzig 1928), S. 253. Wegen praktischer Anwendung in der analytischen Chemie siehe A. THIEL, Absolutkolorimetrie (Berlin 1939).

J ist die Intensität der Strahlung (Energie pro Quadratzentimeter und Sekunde) nach Durchsetzung der Schichtdicke x, J_0 die Intensität an der Begrenzungsfläche und K eine von der Natur der Strahlung und des Mediums (Mittels) abhängige Konstante.

Berechnen wir, um wieviel sich die Strahlung für die Längeneinheit der Schichtdicke ändert, so finden wir

$$\frac{dJ}{dx} = - K J_0 \, e^{-Kx}.$$

Führen wir für $J_0 \, e^{-Kx}$ den Wert aus (1) ein, so erhalten wir

(2) $$\frac{dJ}{dx} = - K J \, .$$

Das negative Vorzeichen zeigt, daß die Intensität mit zunehmender Schichtdicke abnimmt. Die Abnahme je Längeneinheit ist proportional der noch vorhandenen Intensität. Allerdings darf man nicht an die Intensitätsabnahme längs eines Zentimeters denken, wenn man sich die Abnahme je Längeneinheit $\frac{dJ}{dx}$ anschaulich vorstellen will, weil die Intensität auf dieser Länge stark abnehmen würde. Man muß sich vielmehr eine so kleine Schichte vorstellen, daß die Intensität längs dieser Schichte nur um einen zu vernachlässigenden Bruchteil abnimmt. Diese Intensitätsabnahme muß man durch die Schichtdicke dividieren. Nur wenn das Mittel so schwach absorbiert, daß es auf der Länge 1 die Intensität J nicht merklich schwächt, gibt $-\frac{dJ}{dx}$ die Abnahme auf der Länge 1. Diese Größe ist proportional dem J. Der Proportionalitätsfaktor K ist die Abnahme je Schichtdicke 1, wenn $J = 1$. Er wird Extinktionsmodul (Verschluckungsfaktor) des Mediums für die betreffende Strahlung genannt.

Mancher wird sich (2) bequemer vorstellen, wenn es in Differentialen ausgedrückt ist.

$$-\frac{dJ}{J} = K \, dx \, .$$

Die relative Intensitätsabnahme ist der differentialen Schichtdicke proportional.

9. Der zeitliche Anstieg eines elektrischen Stromes auf seinen Ohmschen Wert. Die Spannung E an einem Leiter vom Widerstand R, durch den sie den Strom J treibt, ist nach Ohm gegeben durch

$$E = J R \, .$$

Uneingeschränkt gilt dies nur für einen Strom, der sich mit der Zeit nicht ändert. Ändert er sich mit der Zeit, dann tritt die Spannung der Selbstinduktion $\left(L \frac{dJ}{dt}\right)$ hinzu. L bedeutet den Selbstinduktionskoeffizienten des Leiters. Erweitert man das Ohmsche Gesetz mit Rücksicht auf die Selbstinduktion, dann erhält man das Gesetz von Helmholtz.

(1) $$E = J R + L \frac{dJ}{dt} \, .$$

Bei großer Selbstinduktion, bei Spulen mit vielen Windungen und bei starker Änderung der Stromstärke, ist das zweite Glied zu beachten. Es bewirkt, daß der Strom nicht sofort beim Anlegen einer konstanten Spannung seinen Ohmschen Wert $\frac{E}{R}$ erreicht, sondern ihm nur zustrebt nach der Gleichung

(2) $$J = \frac{E}{R}\left(1 - e^{-\frac{R}{L}t}\right). \qquad\qquad \text{(S. 100)}$$

An die Spule vom Widerstand R und der Selbstinduktion L legen wir die konstante Spannung E und beginnen mit der Zeitmessung. Für $t = 0$ wird wegen Verschwinden des Klammerausdrucks $J = 0$. Daß der Ohmsche Wert nur asymptotisch erreicht wird, können wir aus der Gleichung lesen. Erst für $t \to \infty$ verschwindet die e-Potenz.

Die Richtigkeit von (2) prüfen wir, indem wir zeigen, daß sie mit (1) im Einklang steht, wir verifizieren sie. Das Verifizieren gegebener Gleichungen empfiehlt sich ganz allgemein beim Studium naturwissenschaftlicher Abhandlungen, weil man dadurch einen tieferen Einblick in den Mechanismus des Vorgangs gewinnt und sich dann auch oft die betreffende Gleichung herleiten kann.

Um Gleichung (2) zu verifizieren, werden wir aus ihr $\dfrac{dJ}{dt}$ berechnen, es mit L multiplizieren und dazu JR addieren. Nach dem Naturgesetz (1) müssen wir E erhalten. L, R und E sind Konstanten.

$$\frac{dJ}{dt} = \frac{d}{dt}\left(\frac{E}{R}\right) - \frac{d}{dt}\frac{E\,e^{-\frac{R}{L}}}{R} = \frac{E}{R}\,e^{-\frac{R}{L}}\,\frac{R}{L} = \frac{E}{L}\,e^{-\frac{R}{L}t},$$

$$L\frac{dJ}{dt} = E\,e^{-\frac{R}{L}t}$$

$$J\,R = E\left(1 - e^{-\frac{R}{L}t}\right)$$

$$\overline{L\frac{dJ}{dt} + J\,R = E\,e^{-\frac{R}{L}} + E\left(1 - e^{-\frac{R}{L}t}\right) = E}\,.$$

was zu beweisen war.

Berechnung der Differentialquotienten der Winkelfunktionen. — Die Definitionen der Winkelfunktionen und ihre wichtigsten Beziehungen zueinander sind S. 275 ff. nachzulesen.

Wir leiten die Differentialquotienten der vier wichtigsten Winkelfunktionen: $\sin x$, $\cos x$, $\operatorname{tg} x$ und $\operatorname{ctg} x$ rechnerisch her. Dabei wird nur beim Sinus — unter Verwendung des S. 21 bewiesenen $\lim\limits_{x \to 0} \dfrac{\sin x}{x} = 1$ — der Grenzübergang durchgeführt. Bei den andern Winkelfunktionen erfolgt die Berechnung unter Verwendung des Differentialquotienten von $\sin x$.

$$y = \sin x,$$
$$\frac{\Delta y}{\Delta x} = \frac{\sin(x+h) - \sin x}{h}\,.$$

Für $\Delta x \to 0$ wird dieser Quotient $\dfrac{0}{0}$. Da $\dfrac{0}{0}$ unbestimmt ist, wird ein Kunstgriff angewendet. Der Quotient wird durch Anwendung des zweiten Additionstheorems (S. 280) umgeformt.

$$\frac{\Delta y}{\Delta x} = \frac{\sin(x+h) - \sin x}{h} = \frac{2\sin\frac{h}{2}\cos\left(x+\frac{h}{2}\right)}{h} = \frac{\sin\frac{h}{2}}{\frac{h}{2}}\cos\left(x+\frac{h}{2}\right).$$

Für $\Delta x \to 0$ wird auch $\dfrac{h}{2} \to 0$ und daher $\lim \dfrac{\sin\frac{h}{2}}{\frac{h}{2}} = 1$ und $\lim \cos\left(x+\dfrac{h}{2}\right)$

$= \cos x$. Daher ist

$$\frac{dy}{dx} = \cos x\,.$$

$$\boxed{\frac{d\sin x}{dx} = \cos x}$$

(8) F.S.

Um $\cos x$ zu differenzieren, setzt man

$$\cos x = \sin\left(\frac{\pi}{2} - x\right)$$

und erhält

$$\frac{d\cos x}{dx} = \frac{d\sin\left(\frac{\pi}{2} - x\right)}{dx} = -\cos\left(\frac{\pi}{2} - x\right) = -\sin x.$$

$$\boxed{\frac{d\cos x}{dx} = -\sin x} \qquad\qquad (9)\ \text{F.S.}$$

Um $\operatorname{tg} x$ zu differenzieren, setzt man $\operatorname{tg} x = \dfrac{\sin x}{\cos x}$ und erhält durch (4) F.S.:

$$\frac{d\operatorname{tg} x}{dx} = \frac{d}{dx}\left(\frac{\sin x}{\cos x}\right) = \frac{\cos^2 x + \sin^2 x}{\cos^2 x} = \frac{1}{\cos^2 x},$$

$$\boxed{\frac{d\operatorname{tg} x}{dx} = \frac{1}{\cos^2 x}} \cdot \qquad\qquad (10)\ \text{F.S.}$$

Aus dieser Formel folgt:

$$\frac{d\operatorname{ctg} x}{dx} = \frac{d\operatorname{tg}\left(\frac{\pi}{2} - x\right)}{dx} = -\frac{1}{\cos^2\left(\frac{\pi}{2} - x\right)} = -\frac{1}{\sin^2 x} \cdot$$

$$\boxed{\frac{d\operatorname{ctg} x}{dx} = -\frac{1}{\sin^2 x}} \cdot \qquad\qquad (11)\ \text{F.S.}$$

Die ausgezogene Kurve gibt das Diagramm von $y = \sin x$, die gestrichelte das von $y' = \cos x$. In der Spanne von 0 bis $\frac{\pi}{2}$ steigt $y = \sin x$, dementsprechend ist $y' = \cos x$ positiv, es liegt über der x-Achse. Die Steigung von $y = \sin x$ ist am größten bei 0, da hat $y' = \cos x$ seinen größten Wert 1. Die Steigung der Sinuskurve ist 1 bei $x = 0$. Die Steigung von $y = \sin x$ wird 0 bei $\frac{\pi}{2}$, wo der Sinus seinen größten Wert 1 erreicht. $y = \cos x$ ist bei $\frac{\pi}{2}$ gleich 0 und geht von

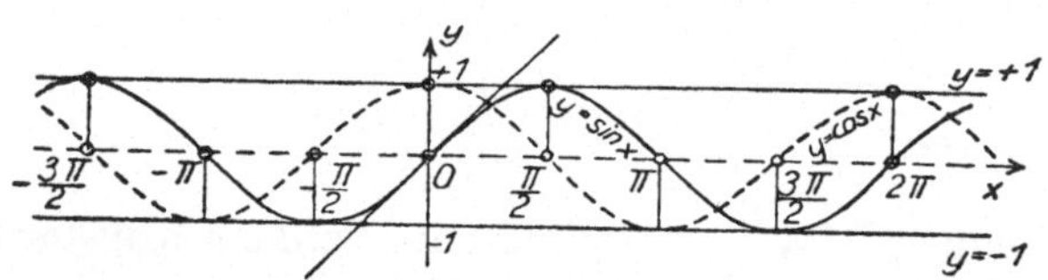

Abb. 33. Kurven für Sinus und Kosinus.

positiven zu negativen Werten über. Für $\frac{\pi}{2} < x < \frac{3\pi}{2}$ nimmt $y = \sin x$ ab, es liegt $y' = \cos x$ unter der x-Achse, und zwar ist die Abnahme von $\sin x$ am größten bei $x = \pi$, wo y' seinen kleinsten Wert -1 erreicht. In diesem Punkt fällt die Tangente an die Sinuskurve am stärksten, sie schließt mit der x-Richtung den Winkel $-\frac{\pi}{4}$ ein. Überall, wo $y = \sin x$ steigt, liegt $y' = \cos x$ über der Abszissenachse: überall, wo $y = \sin x$ fällt, liegt $y' = \cos x$ unter der x-Achse. Einer Abnahme der Steilheit von $y = \sin x$ entspricht ein Sinken der Ordinate von $y' = \cos x$ und umgekehrt. Bei einem Extremwert von $y = \sin x$ schneidet $y' = \cos x$ die x-Achse, und zwar fallend bei einem Maximum, steigend bei einem Minimum von $y = \sin x$.

Will man umgekehrt den Differentialquotienten von $y = \cos x$, der gestrichelten Kurve, veranschaulicher, so muß man sich, weil $y' = -\sin x$ ist, alle Ordinaten der ausgezogenen Kurve umgekehrt aufgetragen denken. Man muß alles, was von der ausgezogenen Kurve über der x-Achse liegt, durch Drehung um diese Achse herunterklappen, alles, was unter der Achse liegt, hinaufklappen, dann hat man die Kurve für $-\sin x$. Sie ist der Differentialquotient von $\cos x$. Für $\cos x$ kann man ganz analoge Betrachtungen durchführen wie für $\sin x$.

In Abb. 34 sind die Diagramme von $\operatorname{tg} x$ und $\operatorname{ctg} x$ eingezeichnet. Bei $\operatorname{tg} x$ sehen wir überall ein Steigen. Der Differentialquotient ist nach (10) F.S. für jeden Wert des x positiv. Er ist dort am kleinsten, wo $|\cos x|$ am größten ist, also für $x = 0, \pm\pi, \pm 2\pi, \cdots \pm n\pi,$ wo n ganzzahlig ist. Dieser kleinste Anstieg von $y = \operatorname{tg} x$ hat nach (10) F.S. den Wert $+1$, die Tangente an $y = \operatorname{tg} x$ schließt an diesen Stellen mit der x-Achse den Winkel $\dfrac{\pi}{4}$ ein.

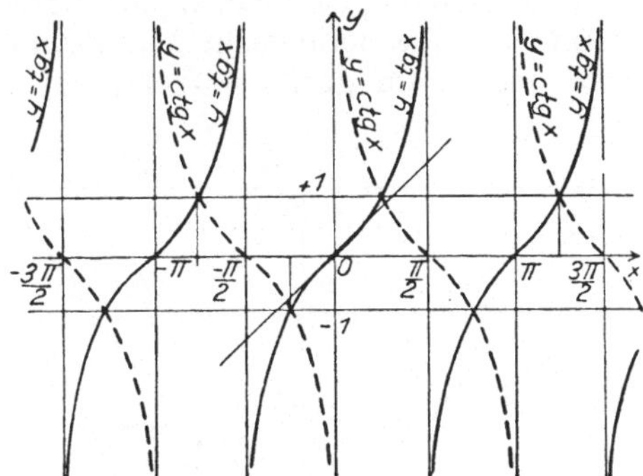

Abb. 34. Kurven $\operatorname{tg} x$ und $\operatorname{ctg} x$.

Bei der Kurve für $\operatorname{ctg} x$ sehen wir überall ein Fallen, dementsprechend ist auch y' nach (11) F.S. für jeden Wert des x negativ. Der algebraisch größte Wert von y' ist -1 an den Stellen $x = \pm\dfrac{\pi}{2}, \pm\dfrac{3\pi}{2}, \pm\dfrac{5\pi}{2}, \pm\cdots \pm(2n+1)\dfrac{\pi}{2}$ (n ganzzahlig). Dementsprechend bildet an diesen Stellen die Kurventangente mit der x-Richtung einen Winkel $-\dfrac{\pi}{4}$.

Die hier an den Kurven der Winkelfunktionen erläuterten Beziehungen zwischen dem Steigen und Fallen der Kurve und dem Differentialquotienten der betreffenden Funktion gelten allgemein für jede Kurve und wurden hier so eingehend erörtert, um den Leser zu einer eingehenden Betrachtung der Diagramme anzuregen. In allgemeinerer Form werden diese Betrachtungen S. 79 wiederholt.

Beispiele.

1.
$$y = 5\sin\frac{2\pi n}{T}t + 7\cos\frac{2\,\pi n}{T}t + 2\sin\left(\frac{2\pi n}{T}t + 10\right) \qquad (n,\ T \text{ konstant.})$$

$$\frac{dy}{dt} = \frac{10\pi n}{T}\cos\frac{2\pi n}{T}t - \frac{28\pi n}{T}\sin\frac{4\pi}{T}nt + \frac{4\pi n}{T}\cos\left(\frac{2\pi}{T}nt + 10\right).$$

2. Die Gleichung für den sinusförmigen Wechselstrom lautet:
$$J = J_0\sin\omega t.$$
J_0, der Scheitelwert, und ω, die Kreisfrequenz, sind konstant.
$$\frac{dJ}{dt} = J_0\,\omega\cos\omega t.$$

3.
$$y = a\sin x^2 + b\cos\sqrt{x}.$$
$$y' = 2\,a\,x\cos x^2 - \frac{b}{2\sqrt{x}}\sin\sqrt{x}.$$

4.
$$y = 5\operatorname{tg} 3x + 7\operatorname{ctg} 4x.$$
$$y' = \frac{15}{\cos^2 3x} - \frac{28}{\sin^2 4x}.$$

5.
$$s = a\,e^{-bt}(\sin\omega t).$$
$$\dot{s} = a\,e^{-bt}(\omega\cos\omega t - b\sin\omega t).$$

6. Harmonische Schwingungen. Die Sinusfunktion steht in Beziehung zu Schwingungsvorgängen aller Art. Ihr Diagramm gibt das Diagramm einer Schwingung. Das einfachste Beispiel für eine Schwingungsbewegung ist ein Punkt, der sich längs einer Geraden (g) nach der Gleichung $s = \sin t$ bewegt, also eine Pendelbewegung macht. Die Elongation (der Ausschlag) (s), sein Abstand von O, ist eine periodische Funktion der Zeit (S. 278). Die Elongation schwankt zwischen ihrem größten Wert, der rechten Amplitude (Schwingungsweite) $+1$, und ihrem kleinsten Wert, der linken Amplitude, -1.

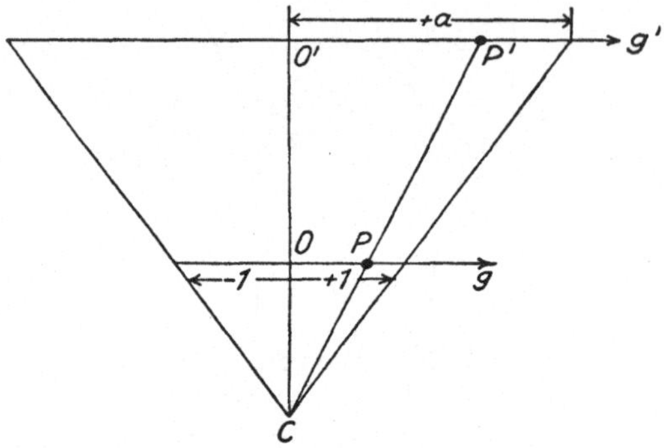

Wie lange braucht der Punkt, um von der rechten zur linken Amplitude und wieder zur rechten zurückzugelangen? Er benötigt dazu 2π Sekunden. Das ist die Schwingungsdauer T, die Zeit, in der der bewegte Punkt seine alte Elongation mit gleichgerichteter Geschwindigkeit wieder erreicht. Die Geschwindigkeit

$$v = \frac{ds}{dt} = \cos t$$

ist auch eine periodische Funktion der Zeit.

Abb. 35. Schwingungen mit der Amplitude 1 und a.

Schwingungen von anderer Amplitude erhalten wir, wenn wir den Sinus mit einer beliebigen Zahl multiplizieren.

Soll z. B. der Punkt die Amplitude a erreichen, dann muß man den Sinus mit a multiplizieren. Durch diese Multiplikation wird jede Elongation und auch die Amplitude a mal größer. P wird von C aus auf eine der ursprünglichen Geraden g Parallele g' projiziert. Der Abstand der Projektion P' von O', den wir wieder s nennen, gehorcht dann der Gleichung

$$s = a \sin t.$$

Die Geschwindigkeit ist gegen die im vorigen Beispiel a mal größer.

$$v = \frac{ds}{dt} = a \cos t.$$

Die Schwingungsdauer ist 2π geblieben.

Soll sich der Punkt in jedem Punkte der Bahn 100 mal schneller bewegen, so daß die Schwingungsdauer 100 mal kleiner wird, so müssen wir t mit 100 multiplizieren. Aus $s = a \sin 100\,t$ folgt

$$v = \frac{ds}{dt} = 100\,a \cos 100\,t.$$

Soll die Bewegung ω mal schneller verlaufen, so muß man t mit ω multiplizieren und erhält $s = a \sin \omega\,t$ und daraus

$$v = a\,\omega \cos \omega\,t.$$

Die Beziehung des ω zur Schwingungsdauer T folgt der Bedingung, daß die Größe, die unter dem Sinus steht, das Argument des Sinus, mindestens um 2π wachsen muß, damit der bewegte Punkt wieder in den ursprünglichen Zustand gelangt, damit eine volle Periode abgelaufen ist. $\omega T = 2\pi$ und $\omega = \dfrac{2\pi}{T}$.

Der reziproke Wert der Schwingungsdauer $\frac{1}{T}$ gibt die Anzahl der Schwingungen in der Zeiteinheit, die **Frequenz** der Schwingung. Danach ist $\omega = \frac{2\pi}{T}$ die Anzahl der Schwingungen in 2π Sekunden. Dieses ω wird auch die **Kreisfrequenz** genannt.

Schwingungen wie die hier betrachteten heißen **harmonische Schwingungen**. Nach S. 26 ist allgemein bei einer geradlinigen ungleichmäßigen Bewegung die Beschleunigung $b = \frac{dv}{dt}$. Daher ist die Beschleunigung der harmonischen Schwingung

$$(1) \qquad b = \frac{dv}{dt} = \frac{d}{dt}\, a\,\omega\cos\omega t = a\,\omega\,\frac{d\cos\omega t}{dt} = -a\omega^2\sin\omega t = -\omega^2 s\,.$$

Das Minuszeichen gibt an, daß die Beschleunigung bei der harmonischen Schwingung immer negativ ist, wenn der Ausschlag positiv, und umgekehrt. Befindet sich P' rechts von $0'$ und bewegt sich nach $\genfrac{}{}{0pt}{}{\text{rechts}}{\text{links}}$, so wird der Betrag für die Geschwindigkeit $\genfrac{}{}{0pt}{}{\text{verkleinert}}{\text{vergrößert}}$. Befindet sich P links von 0 und bewegt sich nach $\genfrac{}{}{0pt}{}{\text{links}}{\text{rechts}}$, so wird der Betrag für die Geschwindigkeit $\genfrac{}{}{0pt}{}{\text{vergrößert}}{\text{verkleinert}}$.

Was hier an einem Beispiel der Bewegungslehre erläutert wurde, gilt mit sinngemäßen Änderungen für elektrische, elastische usw. Schwingungen.

Graphische Differentiation von sin x und cos x. — Im Einheitskreis (S. 275) ist $OA = 1$, daher $\sin x = AD$. Der Punkt A rücke nun am Einheitskreis um den kleinen Bogen Δx nach B. Das Lot BE auf OE ist $\sin(x + \Delta x)$. Fällt man von A das Lot AC auf BE, so wird $CE = AD = \sin x$ und $BC = \sin(x + \Delta x) - \sin x = \Delta \sin x$, d. i. die Zunahme des $\sin x$, die durch den Zuwachs des x um Δx bewirkt wird. Für $\Delta x \to 0$ suchen wir den Grenzwert $\frac{\Delta \sin x}{\Delta x}$.

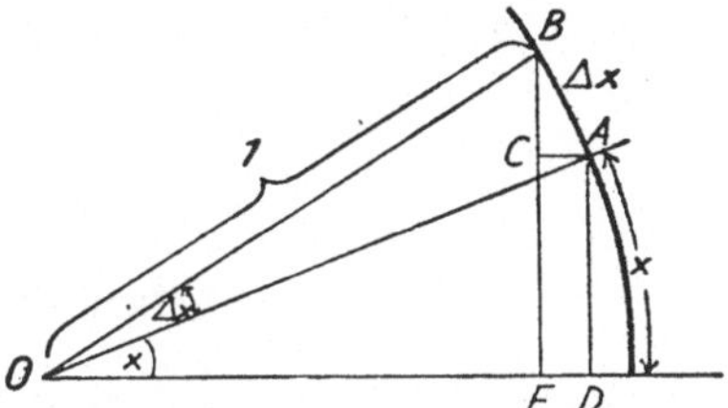

Abb. 36. Zeichnerische Differentiation von sin x.

Nach Konstruktion ist $BC \perp OD$ und $CA \perp BC$. Nähert sich der Punkt B dem Punkte A immer mehr und fällt schließlich mit ihm zusammen, so geht die Sekante durch A und B für $\Delta x \to 0$ in die Tangente an den Kreis im Punkt A über, und BA steht normal auf OA. $\sphericalangle CBA$ wird daher gleich x, da die Schenkel dieser Winkel aufeinander normal stehen, und der Bogen ($BA = \Delta x$) wird gleich der Sehne BA (S. 21). Da diese die Hypotenuse im rechtwinkeligen Dreieck BCA ist, ist für $\Delta x \to 0$

$$\frac{CB}{AB} = \frac{\Delta \sin x}{\Delta x} = \cos x,$$

$$\frac{d\sin x}{dx} = \cos x\,.$$

$\frac{d\cos x}{dx}$ können wir aus derselben Abbildung ersehen. Wächst x um Δx, dann nimmt $\cos x = OD$ um $ED = AC$ ab. Durch ähnliche Überlegungen wie bei sin x und Einführung des —-Zeichens im Zähler des Bruches wegen Abnahme des cos x ergibt sich für $\varDelta x \to 0$

$$\frac{C\,A}{A\,B} = \frac{-\varDelta\cos x}{\varDelta x} = \sin x\,,$$

$$\frac{d\cos x}{dx} = -\sin x\,.$$

Das Herleiten von Differentialquotienten in der Zeichnung hat den Vorzug der Einprägsamkeit und Anschaulichkeit. So kann man bei geeigneter Veränderung der Figur unmittelbar folgendes einsehen:

$$\frac{d\sin x}{dx}\bigg|_{x=0} = 1\,,$$

$$\frac{d\sin x}{dx}\bigg|_{x=\frac{\pi}{2}} = 0\,,$$

$$\frac{d\cos x}{dx}\bigg|_{x=0} = 0\,,$$

$$\frac{d\cos x}{dx}\bigg|_{x=\frac{\pi}{2}} = -1\,.$$

Würde die Formel $\dfrac{d\sin x}{dx}$ in einer naturwissenschaftlichen Abhandlung durch Zeichnung hergeleitet, dann würde die Herleitung ohne Grenzübergang kürzer, aber weniger streng, etwa folgendermaßen formuliert werden: Ich erteile dem Bogen x einen unendlich kleinen Zuwachs $dx = AB$, der den unendlich kleinen Zuwachs $d\sin x = BC$ bewirkt. Da der Bogen AB unendlich klein ist, fällt er mit der Sehne AB zusammen (S. 21) und steht normal auf OA. Im Dreieck ABC ist der Winkel bei B gleich x. Es ist daher

$$\frac{d\sin x}{dx} = \cos x\,.$$

Differentiale und ihre Anwendung

Definition. — Bei der Herleitung der Differentialquotienten für sin x und cos x im Diagramm haben wir wieder (S. 25) die Wichtigkeit der Betrachtung von unendlich kleinen Änderungen, von Differentialen, erkannt. Darum wollen wir uns jetzt mit ihnen näher beschäftigen.

Bezeichnen wir mit ϱ den Unterschied zwischen $\dfrac{\varDelta y}{\varDelta x}$ und $f'(x)$ zu Anfang der Spanne $\varDelta x$, so ist

$$\frac{\varDelta y}{\varDelta x} = f'(x) + \varrho\,.$$

Für $\varDelta x \to 0$ wird $\varrho \to 0$.

$$\varDelta y = f'(x)\,\varDelta x + \varrho\,\varDelta x\,.$$

Da mit abnehmendem $\varDelta x$ auch ϱ abnimmt, gilt die Beziehung

$$(1) \qquad \varDelta y \approx f'(x)\,\varDelta x$$

mit um so größerer Annäherung, je kleiner $\varDelta x$ ist. Gemeint ist damit: $\dfrac{\varDelta y}{f'(x)\,\varDelta x} \approx 1$ gilt mit um so größerer Annäherung, je kleiner $\varDelta x$ ist.

$BE = \Delta y$ bedeutet die Zunahme des Funktionswertes, $f'(x)\, \Delta x$ die Kathete BC im Dreieck ABC, in dem $AB = \Delta x$ und $f'(x)$ Tangens des Winkels bei A ist. Für kleinere Intervalle Δx fallen Δy und $f'(x)\, \Delta x$ immer mehr zusammen, die Tangente schmiegt sich immer besser an die Kurve, C rückt immer näher an E heran und fällt für unendlich kleines Δx mit E zusammen.

Man kann (1) als exakt richtig ansehen, wenn man statt der Zunahme des Funktionswertes die Zunahme der Ordinate der Tangente setzt. Man bezeichnet diese Zunahme mit dy und die entsprechende Zunahme des x mit dx. Die so definierten Differentiale stellen endliche Änderungen der Veränderlichen vor. dy gibt in dieser Auffassung nicht die tatsächliche Änderung der Funktion an, sondern die Änderung, die die Funktion erleiden würde, wenn ihr Differentialquotient den Wert beibehielte, den er zu Beginn des endlich gedachten Intervalls dx hatte. Im Diagramm müßte die Funktion ab Punkt A längs der Tangente ansteigen.

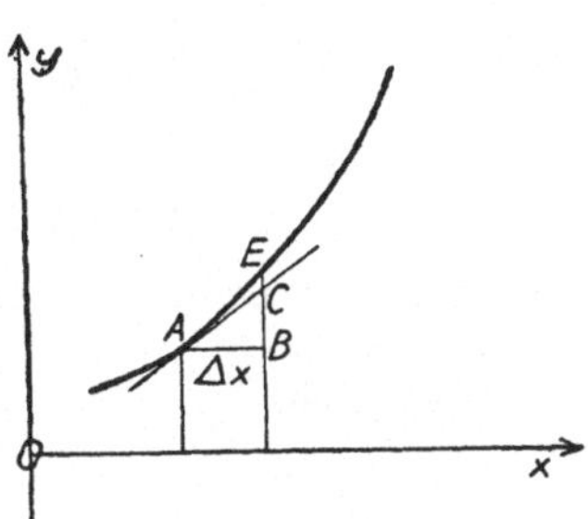

Abb. 37. EC, der Unterschied zwischen Δy und $f'(x)\, \Delta x$, verschwindet mit abnehmendem Δx.

Man kann das auch durch eine Anwendung verdeutlichen. In Abb. 37 sei x die Zeit, y der Weg, den ein Körper längs einer geradlinigen Bahn zurücklegt. Dann ist $f'(x)$ die Momentangeschwindigkeit zu Beginn des Zeitintervalls Δx (in der Abbildung die Steigung der Tangente in A). Behält der Körper die Geschwindigkeit $f'(x)$ bei, dann stellt die Tangente sein weiteres Bewegungsdiagramm dar, und der Wegzuwachs dy ist dem Zeitzuwachs dx proportional. Ein derartiges Konstantwerden der Geschwindigkeit kann man z. B. an der Atwoodschen Fallmaschine[1]) bewirken, wenn man das treibende Übergewicht abhebt, so daß die weitere Bewegung — beim Fehlen der Reibung! — gleichmäßig statt gleichförmig beschleunigt verläuft.

Diese Auffassung der Differentiale als endliche Änderungen ist mathematisch einwandfrei, wird aber in naturwissenschaftlichen Abhandlungen nicht angewendet. In der naturwissenschaftlichen Sprech- und Denkweise versteht man unter dy eine Änderung des Funktionswertes, so daß $dy = f'(x)\, dx$ nur eine Annäherung vorstellt, die um so vollkommener ist, je kleiner dx ist, und für verschwindendes dx vollkommen wird. Für diesen Fall aber verliert die Gleichung ihren Sinn. Eine Gleichung zwischen Differentialen ist nur als Ansatz anzusehen, aus dem sich die richtige Gleichung erst durch Division durch eines der Differentiale und durch nachfolgenden Grenzübergang ergibt.

Die Auffassung des Differentials als unendlich kleine (genauer als unendlich klein werdende) Größe, die der naturwissenschaftlichen Denkweise so gut angepaßt ist, wird im folgenden möglichst oft angewendet werden. (Wir haben sie auch schon kennengelernt, S. 25, 33, 56, 60.) Nur so kann dieses Buch seinen Zweck voll erreichen, dem Leser das Mathematische in naturwissenschaftlichen Abhandlungen zugänglich zu machen.

Formeln für Differentiale. — Alle bisherigen Formeln der Differentialrechnung, die wir durch Differentialquotienten ausgedrückt haben, werden nun für Differentiale angegeben und den Formeln der Differentialquotienten an die Seite gestellt. Sie werden durch einen Strich (′) gekennzeichnet.

---

[1]) W. Pohl, Einführung in die Mechanik, Akustik u. Wärmelehre, Berlin 1941.

Die Definition des Differentials ist gegeben durch die schon erläuterte Gleichung

$$dy = f'(x)\, dx. \tag{1'} \text{F.S.}$$

Sind u, v, w ... Funktionen von x, dann ist

$$\frac{d}{dx}(\pm u \pm v \pm w \pm \cdots) = \pm \frac{du}{dx} \pm \frac{dv}{dx} \pm \frac{dw}{dx} \pm \cdots$$

und daher

$$d(\pm u \pm v \pm w \pm \cdots) = \pm du \pm dv \pm dw \pm \cdots.$$

Das Differential einer Summe von Funktionen ist die Summe der Differentiale.

Ferner ist

$$\frac{d}{dx}(c\,u) = c\,\frac{du}{dx}$$

und daher

$$d(c\,u) = c\,du.$$

Eine Konstante kann auch beim Differential vor das Differentialzeichen gehoben werden.

Da

$$\frac{dC}{dx} = 0,$$

ist

$$dC = 0.$$

Das Differential einer Konstanten ist 0.

Daher ist auch

$$d(u + C) = du.$$

Eine additive Konstante unter dem Differentialzeichen kann weggelassen, aber auch hinzugefügt werden. Letzteres ist oft für die Rechnung wichtig (S. 95).

Es sei $v = f(u)$ und $u = \varphi(x)$, und es wachse, wenn x um dx wächst, u um du und v um dv. Dann ist nach (2) F.S.

$$\frac{dv}{dx} = \frac{dv}{du}\frac{du}{dx}$$

und daher

$$dv = \frac{dv}{du}\frac{du}{dx}\,dx = \frac{dv}{du}\,du. \tag{2'} \text{F.S.}$$

Nach (3) F.S. ist

$$\frac{d(u\,v)}{dx} = u\,\frac{dv}{dx} + v\,\frac{du}{dx}$$

und daher

$$d(u\,v) = u\,dv + v\,du \tag{3'} \text{F.S.}$$

Daraus folgt

$$d(u\,v\,w) = u\,d(v\,w) + v\,w\,du = v\,w\,du + u\,w\,dv + u\,v\,dw.$$

Nach (4) F.S. ist

$$\frac{d}{dx}\left(\frac{u}{v}\right) = \frac{v\,\dfrac{du}{dx} - u\,\dfrac{dv}{dx}}{v^2}$$

daher ist

$$d\left(\frac{u}{v}\right) = \frac{v\,du - u\,dv}{v^2} \tag{4'} \text{F.S.}$$

Die weiteren Formeln lauten:

$$d\,x^n = n\,x^{n-1}\,dx, \qquad\qquad (5')\ \text{F.S.}$$

$$d\ln x = \frac{dx}{x}, \qquad\qquad (6')\ \text{F.S.}$$

$$de^x = e^x\,dx, \qquad\qquad (7')\ \text{F.S.}$$

$$d\sin x = \cos x\,dx, \qquad\qquad (8')\ \text{F.S.}$$

$$d\cos x = -\sin x\,dx, \qquad\qquad (9')\ \text{F.S.}$$

$$d\,tg\,x = \frac{dx}{\cos^2 x}, \qquad\qquad (10')\ \text{F.S.}$$

$$d\,ctg\,x = -\frac{dx}{\sin^2 x}. \qquad\qquad (11')\ \text{F.S.}$$

‚ **Beispiele.** — Diese Beispiele behandeln den immer heiklen Schluß vom Differential auf die ursprüngliche Funktion (Urfunktion). Man beachte die bei diesem Schluß immer auftretende unbestimmte Konstante C, die bei der Probe, der Bildung des Differentials nach 1′ bis 11′ F.S., wieder verschwindet.

Für welches $f(x)$ ist $df(x) =$

1. $2\,x\,dx$?   Antwort: $x^2 + C$. Probe: $d(x^2 + C) = d\,x^2 = 2\,x\,dx \ldots$ nach $(5')$ F.S.

2. $x\,dx$?   „   : $\dfrac{x^2}{2} + C$.

3. $17\,x\,dx$?   „   : $\dfrac{17}{2}\,x^2 + C$.

4. $-\dfrac{dx}{x^2}$?   „   : $+\dfrac{1}{x} + C$.

5. $\dfrac{dx}{x^2}$?   „   : $-\dfrac{1}{x} + C$.

6. $-c\,\dfrac{dx}{x^2}$?   „   : $\dfrac{c}{x} + C$.

7. $\dfrac{c}{x}\,dx$?   „   : $c\ln x + C$.

8. Für welches $f(v)$ ist $df(v) = m\,v\,dv \ldots (m$ konstant$)$? $\dfrac{m\,v^2}{2} + C$.

9. Für welches $f(V)$ ist $df(V) = R\,T\,\dfrac{dV}{V}\ \ldots (R\,T$ konstant$)$? $R\,T\ln V + C$.

Naturwissenschaftliche Anwendungen. — Nun wollen wir den Schluß vom Differential auf die Funktion in einer Reihe von Fällen durchführen, die uns zu bekannten wichtigen Lehrsätzen auf dem Gebiete der Mechanik, Physik und Chemie führen werden. Dabei wird von dem elementaren Vorgang, der begrifflich einfacheren Beziehung zwischen Differentialen (Elementen), auf den Gesamtvorgang, die Beziehung zwischen endlichen Änderungen der Veränderlichen, geschlossen. Beim elementaren Vorgang wird ein gleichmäßiger Ablauf der Erscheinungen, die Proportionalität zwischen den Differentialen, angenommen. Wird ein Naturgesetz durch eine Gleichung zwischen Differentialen ausgedrückt, so nennt man es ein Elementargesetz. Dieser „Differentialansatz" wird wie eine Gleichung zwischen endlichen Größen aufgestellt. Das ist das Wesentliche bei der Berechnung des Gesamtvorganges aus dem Elementarvorgang. An einem möglichst einfachen Beispiel aus der Bewegungslehre soll dies erläutert werden.

Der Satz „Weg ist Geschwindigkeit mal Zeit" wird für den Fall, daß sich die Geschwindigkeit mit der Zeit ändert, mit Differentialen durch

$$ds = v\,dt$$

gegeben (S. 25). Wenn v als Funktion der Zeit $\varphi(t)$ gegeben ist und es gelingt, die Zeitfunktion $f(t)$ zu finden, die differenziert $\varphi(t)$ gibt, ist dadurch s als $f(t)$ gegeben.

Welcher Weg wird bei der gleichförmig beschleunigten Bewegung in der Zeit t zurückgelegt, wenn die Geschwindigkeit zur Zeit $t = 0$ selbst 0 ist? $v = g\,t$. g bedeutet die konstante Beschleunigung.

$$ds = g\,t\,dt.$$

Daher ist

$$s = \frac{g\,t^2}{2} + C.$$

Da wir annehmen, daß für $t = 0$ auch $s = 0$ ist, so ist $C = 0$, und wir kommen auf

$$s = \frac{g}{2}\,t^2,$$

die Formel für die gleichförmig beschleunigte Bewegung.

Die folgenden 3 Beispiele bringen die Berechnung einer Arbeit, bei der sich die Kraft längs des Weges ändert (S. 47). Weg und Kraftrichtung sollen zusammenfallen. Infolge der „Proportionalität der Differentiale" können wir ein Arbeitsdifferential dA als Produkt aus der Kraft K mal dem unendlich kleinen Weg ds, längs dessen wir K als konstant annehmen, bilden. Aus diesem Arbeitsdifferential

$$dA = K\,ds$$

können wir A bei bekannter Abhängigkeit des K von s als Funktion von s berechnen.

Beispiele. — 1. Die Arbeit bei der Dehnung einer Feder von der Ruhelage bis zur Verlängerung s ist unter Annahme der Gültigkeit des HOOKEschen Gesetzes zu berechnen (S. 47). Nach HOOKE ist $K = \varepsilon\,s$. Hier bedeutet s die momentane Verlängerung, ε die Steife der Feder.

$$dA = K\,ds = \varepsilon\,s\,ds.$$

$$A = \frac{\varepsilon}{2}\,s^2 + C.$$

Da A von der Ruhelage ab berechnet werden soll, ist für $s = 0$ auch $A = 0$. Es ist

$$0 = 0 + C.$$

Unter den gegebenen Anfangsbedingungen verschwindet C.

$$A = \frac{\varepsilon}{2}\,s^2.$$

2. Welche Arbeit braucht man, um die Elektrizitätsmenge $+\,1$ der punktförmigen Ladung $+\,e$ aus unendlicher Entfernung auf die endliche Entfernung r zu bringen? Die Annäherung erfolge längs der durch e gehenden Geraden. Die abstoßende Kraft auf $+\,1$ wirkt in dieser Geraden und beträgt nach COULOMBS Gesetz $\frac{e}{r^2}$. Die Arbeit bei einer Verschiebung der Einheitsladung um dr ist gegeben durch

$$dA = -\frac{e}{r^2}\,dr.$$

Abb. 38. Arbeitsleistung beim Annähern der Elektrizitätsmenge $+\,1$ an $+\,e$.

Das —-Zeichen muß gesetzt werden, weil es sich um eine Verkleinerung des Abstandes handelt. Es ist

$$A = \frac{e}{r} + C .$$

Da für $r = \infty$ die Arbeit $A = 0$ sein soll, gilt

$$0 = \frac{e}{\infty} + C = 0 + C ,$$

und es ist

$$A = \frac{e}{r} .$$

Diese Arbeit ist, wie in der Physik gezeigt wird, vom Wege, auf dem die Annäherung bis zu r erfolgt, unabhängig und hängt nur von dem Orte, bis zu dem die Einheitsladung verschoben wird, ab. Sie wird das **elektrische Potential** genannt.

3. **Kompressionsarbeit.** Das Arbeitsdifferential ist für die bei der Kompression geleistete Arbeit (S. 56) gegeben durch

$$dA = - p\, dv .$$

Ist p als Funktion von v gegeben, so kann man diese Arbeit als Funktion von v berechnen. Ist z. B. im Kompressionszylinder (Abb. 31) 1 Mol eines idealen Gases enthalten, so ist

$$p = \frac{RT}{V} .$$

Erfolgt die Kompression isotherm, so ist neben der Gaskonstanten R auch T konstant, und aus

$$dA = - \frac{RT}{V}\, dV$$

ergibt sich nach (6′) F.S.

$$A = - RT \ln V + C .$$

Soll die Kompressionsarbeit ab V_0 berechnet werden, so wird

$$0 = - RT \ln V_0 + C$$

und

$$C = RT \ln V_0 .$$

Hier hätte man nicht ungestraft C, die unbestimmte Konstante, die immer bei der dem Differenzieren entgegengesetzten Rechnungsoperation entsteht, vergessen dürfen! In die Gleichung für A eingesetzt, gibt es

$$\boxed{A = RT \ln \frac{V_0}{V}} ,$$

ein für die physikalische Chemie wichtiges Resultat.

4. **Die Lichtabsorption.** Ein homogenes (streng einfarbiges) Licht oder eine andere elektromagnetische Strahlung soll als Parallelstrahlenbündel ein absorbierendes Medium durchsetzen. Die relative Abnahme der Intensität auf einer unendlich dünnen Schicht sei proportional ihrer Dicke dx. Die relative Abnahme kann daher nur unendlich klein sein: $-\dfrac{dJ}{J}$. Mit dem Proportionalitätsfaktor K, dem **Extinktionsmodul** (Verschluckungsfaktor), erhalten wir den Differentialansatz

$$- \frac{dJ}{J} = K\, dx .$$

Aus der Gleichheit der Differentiale schließen wir auf die Gleichheit der Funktionen und fügen wie bei den vorigen Beispielen bei einer der beiden Funktionen eine additive Konstante hinzu. Es ergibt sich

$$- \ln J = K x + c$$

oder
$$\ln J = -Kx - c.$$
Wir entlogarithmieren und erhalten
$$J = e^{-Kx-c} = e^{-c}\,e^{-Kx}.$$

Der 1. Faktor e^{-c} ist ebenfalls eine Konstante. Wir nennen sie C und. erhalten
$$J = C\,e^{-Kx}.$$

Für $x = 0$, für die Grenzflächen des absorbierenden Mediums, wird die Intensität $J_0 = C$. Das ist die Bedeutung von C. Ist die Intensität J, so wird
$$J = J_0\,e^{-Kx}.$$

Das ist das Absorptionsgesetz. (S. 59.)

K ist bei Lösungen einer absorbierenden Substanz in einem durchlässigen Lösungsmittel von der Konzentration abhängig. In allen praktisch wichtigen Fällen ist K der Konzentration c der Lösung proportional (BEERS Gesetz), so daß aus $K = kc$ die Konzentration durch optische Messungen bestimmt werden kann.

Alle 4 Beispiele haben gemeinsam, daß von dem Elementargesetz ausgegangen wird. Das Gesetz für endliche Änderungen der Veränderlichen wird durch die dem Differenzieren entgegengesetzte Rechnungsart erschlossen. Nur dieses Gesetz ist der exakten Messung zugänglich. Das Elementargesetz aber ist einfacher und kann oft durch Vermutungen richtig angegeben werden. Siehe Rohrzuckerinversion S. 94!

Diese Bemerkung soll die Aufmerksamkeit auf den Gedankengang der folgenden Beispiele lenken. Das Elementargesetz soll jedesmal mit dem Gesetz für endliche Änderungen verglichen werden!

5. Zerfall einer radioaktiven Substanz[1]). Die während einer unendlich kleinen Zeit dt verschwindende Menge dx einer radioaktiven Substanz soll proportional dieser Zeit sein und außerdem von der vorhandenen Menge der radioaktiven Substanz abhängen. Die in der Sekunde zerfallende Menge sei proportional der vorhandenen Menge. Die radioaktive Konstante, den Proportionalitätsfaktor, bezeichnen wir mit λ. Die während dt verschwindende Menge wird auch unendlich klein sein und erhält als verschwindende Menge ein ——-Zeichen. Es ist also
$$-dx = \lambda\,x\,dt.$$

Schließen wir wieder auf den Verlauf der Erscheinung im Großen und berechnen x als Funktion der Zeit! Die Veränderliche x kommt auf beiden Seiten der Gleichung vor. Wir müssen auf der einen Seite ein Differential einer Funktion von x, auf der andern eines einer Funktion von t haben, um von diesen Differentialen auf die Funktion schließen zu können. In unserem Beispiel kann man die Veränderlichen x und t leicht trennen. Durch Division erhalten wir
$$\frac{dx}{x} = -\lambda\,dt = d(-\lambda t) = d(-\lambda t + c).$$

Die unbestimmte Konstante c wurde hier bereits unter dem Differentialzeichen addiert. Analog dem vorigen Beispiel erhalten wir
$$\ln x = -\lambda t + c.$$
$$x = e^c\,e^{-\lambda t} = C\,e^{-\lambda t}.$$

C ergibt sich aus der Bedingung, daß für $t = 0$ die vorhandene Menge radioaktiver Substanz gleich C wird. Bezeichnen wir die Anfangsmenge mit x_0, so erhalten wir
$$x = x_0\,e^{-\lambda t},$$
das Gesetz des Zerfalls radioaktiver Substanzen. Es konnte experimentell bestätigt werden.

---

[1]) Handbuch der Radiologie, Bd. II (Leipzig 1913), S. 292.

6. **Abnahme des Luftdruckes mit der Höhe über dem Meeresniveau.** Es soll das Gesetz abgeleitet werden, nach dem der Luftdruck p mit der Höhe h über dem Meeresniveau abnimmt[1]).

In einer Flüssigkeit von der Dichte s entspricht einer Erhebung h eine Abnahme des Druckes um $h\,s$. Die Änderung von s mit h kann wegen der geringen Kompressibilität (Zusammendrückbarkeit) der Flüssigkeiten vernachlässigt werden. Bei Luft liegen die Verhältnisse anders. Bei Luft, die wir hier als ideales Gas (S. 11) ansehen, ist wegen des BOYLE-MARIOTTEschen Gesetzes die Dichte (s) dem Druck (p) proportional.

$$s = \sigma\,p$$

Die Konstante σ bedeutet die Dichte beim Druck 1. Bei Luft können wir nur bei einer unendlich kleinen Zunahme der Höhe (dh) eine dem s proportionale Abnahme des Druckes, die natürlich auch unendlich klein sein wird (dp), annehmen. Es wird

$$- dp = s\,dh = \sigma\,p\,dh\,.$$

Trennung der Veränderlichen gibt

$$\frac{dp}{p} = - \sigma\,dh = d(c - \sigma\,h)\,.$$

Da die unbestimmte Konstante c schon unter dem Differentialzeichen eingesetzt wurde, braucht sie beim Übergang auf endliche Änderungen nicht mehr hinzugefügt zu werden. Durch Anwendung von (6') F.S. folgt

$$\ln p = c - \sigma\,h\,.$$

Für $h = 0$, also auf dem Meeresspiegel, sei $p = p_0$. Das ergibt, in die vorige Gleichung eingesetzt,

$$\ln p_0 = c\,.$$

Setzt man in die ursprüngliche Gleichung für $c = \ln p_0$, dann ist

$$\ln p = \ln p_0 - \sigma\,h\,.$$

Daraus folgt

$$h = \frac{1}{\sigma}\ln\frac{p_0}{p}\,.$$

Das ist die **hypsometrische Formel**, die die Höhe über dem Meere als Funktion des Luftdruckes gibt und in vervollkommneter Form zur barometrischen Höhenmessung verwendet wird.

Will man p durch h ausdrücken, dann erhält man

$$\ln\frac{p}{p_0} = - \sigma\,h\,,$$
$$p = p_0\,e^{-\sigma h}\,.$$

Der Luftdruck p nimmt mit der Höhe über dem Meeresniveau h exponentiell ab[2]).

Allgemeines über die exponentielle Abhängigkeit. — Die unendliche kleine relative **Abnahme** einer Veränderlichen y sei dem unendlich kleinen **Zuwachs** einer andern Veränderlichen x proportional. Dann ist

$$- \frac{dy}{y} = k\,dx\,.$$

Im Beispiel 4 bedeutet y die Lichtintensität J, x die Schichtdicke x.
Im Beispiel 5 bedeutet y die Menge der radioaktiven Substanz x, x die Zeit t.
Im Beispiel 6 bedeutet y den Luftdruck p, x die Höhe über dem Meeresspiegel h.

---

[1]) Handbuch der Experimentalphysik, Bd. 25, 1. Teil (Leipzig 1928), S. 4.
[2]) Wegen der analogen Abnahme der Konzentration von in Wasser suspendierten schwereren festen Teilchen, dem Sedimentationsgleichgewicht, siehe ULICH-JOST, S. 70.

Aus obiger Gleichung folgt

$$\ln y = c - k x$$

und

$$y = e^{c-kx} = e^c \, e^{-kx} = C \, e^{-kx},$$

das Gesetz der exponentiellen Abhängigkeit (Exponentialgesetz).

Wächst x in einer arithmetischen Reihe und nimmt nacheinander die Werte

$$0, \ 1\,h, \ 2\,h, \ 3\,h \ldots n\,h$$

an, so nimmt y die Werte

$$C, \ C\,e^{-kh}, \ C\,e^{-2kh}, \ C\,e^{-3kh} \ldots C\,e^{-nkh}$$

an.

Der Quotient zweier aufeinanderfolgenden Werte ist e^{-kh}, eine konstante Größe. Die aufeinanderfolgenden Werte des y bilden eine geometrische Reihe.

Wenn also (Beispiel 4) die Dicke der absorbierenden Substanz in einer arithmetischen Reihe wächst, so nimmt die Intensität der durchgelassenen Strahlung in einer geometrischen Reihe ab.

Wenn (Beispiel 5) die Zeit in einer arithmetischen Reihe wächst, nimmt die Menge der radioaktiven Substanz in einer geometrischen Reihe ab. Mit andern Worten: **In gleichen Zeitspannen verschwinden gleiche Bruchteile der radioaktiven Substanz.**

Erheben wir uns (Beispiel 6) um gleiche Spannen von der Erdoberfläche, so nimmt der Luftdruck um gleiche Bruchteile ab.

Alle diese Beispiele, die ganz verschiedenenen Gebieten der Naturwissenschaft angehören, lassen sich durch die Gleichung $y = C\,e^{-kx}$ unter einen Hut bringen.

Für welchen Wert des $x = H$ fällt y bei exponentieller Abhängigkeit auf die Hälfte? Für $x = 0$ ist $y = C$. Dann ist

$$\frac{C}{2} = C\,e^{-kH}.$$

Daraus folgt

$$\frac{1}{2} = e^{-kH},$$

$$2 = e^{kH}, \qquad\qquad \text{(S. 224)}$$

$$H = \frac{\ln 2}{k}.$$

Für die radioaktive Substanz bedeutet H die Halbwertszeit (Halbierungskonstante). Sie ist durch $\dfrac{\ln 2}{\lambda}$ gegeben. Sie ist also der Zerfallskonstanten λ umgekehrt proportional. Für die Strahlungsabsorption bedeutet H die Halbwertsschicht, jene Schichtdicke, die die Strahlung auf die Hälfte schwächt. Für den Luftdruck in seiner Abhängigkeit von der Höhe über dem Meeresspiegel bedeutet H jene Höhe, innerhalb der er auf die Hälfte sinkt, etwa 5000 m (Halbwertshöhe).

Eine Gleichung zwischen einem Differentialquotienten und der dazugehörigen Funktion nennt man eine **Differentialgleichung**; z. B. $\dfrac{dy}{dx} = - k\,y$. Die Funktion nennt man eine **Lösung der Differentialgleichung.** Es ist also

$$y = C\,e^{-kx}$$

eine Lösung der vorgelegten Differentialgleichung.

Näheres über Differentialgleichungen siehe S. 199.

Beziehungen zwischen Differentialen als Näherungsformeln. — Bis jetzt wurden Beispiele gegeben, die zeigten, wie der Gesamtverlauf von Naturvorgängen aus Differentialbeziehungen zu erschließen ist. Nun soll die Verwendung von Beziehungen zwischen Differentialen als Näherungsformel für kleine Änderungen der Veränderlichen durch einige Beispiele veranschaulicht werden.

1. An einem Quadrat wird die Seitenlänge x mit einem Fehler dx gemessen. Wie groß ist der relative Fehler des Flächeninhaltes?

Unter **relativem Fehler** bzw. relativen Veränderungen verstehen wir Veränderungen, die durch Division auf die Einheit der unveränderten Größe reduziert wurden. Ein Meßfehler muß immer gegenüber der gemessenen Größe klein sein, er darf z. B. bei einer Längenmessung ein Promille oder auch weniger nicht übersteigen.

Wir berechnen die unendlich kleine Änderung des Quadrates dx^2 bei unendlich kleinem Zuwachs des x um dx, indem wir die Formel für das Differential anwenden.

$$d x^2 = 2\, x\, d x,$$
$$\frac{d x^2}{x^2} = 2\, \frac{d x}{x}.$$

Der relative Fehler des Flächeninhaltes ist das Doppelte des relativen Fehlers der Seitenlänge. Weiteres über relative Fehler S. 175, S. 194.

Haben wir z. B. bei der Längenmessung einen Fehler von $\frac{1}{1000}$ gemacht, so ist der Fehler beim Flächeninhalt nach der Näherungsformel $\frac{2}{1000}$. Würden wir exakt rechnen, dann wäre der Fehler beim Flächeninhalt $(1+0,002+0,000001)-1$ $= 0,002001$. Er wäre um $0,000001$ größer als der nach der Näherungsformel berechnete, denn die Näherungsformel ergibt $0,002$. Da sich nur in den seltensten Fällen ein relativer Fehler von einem Millionstel störend bemerkbar macht, reicht bei den meisten Messungen die Berechnung mit der Näherungsformel aus.

Bei den folgenden Beispielen soll der Leser selbst den Grad der Annäherung durch exakte Ausrechnung kontrollieren.

2. Ein Würfel von der Kantenlänge 1 wird aus einem homogenen Festkörper geschnitten. Er habe die Temperatur 0^0 C und werde auf 1^0 C erwärmt. Bei der Erwärmung verlängert sich jede Kante um den linearen Ausdehnungskoeffizienten α. Es sei $\alpha \ll 1$. Die Volumenzunahme des Einheitswürfels, der **kubische Ausdehnungskoeffizient**, ist γ.

In welcher Beziehung steht der kubische zum linearen Ausdehnungskoeffizienten?

$$d x^3 = 3\, x^2\, d x,$$
$$\frac{d x^3}{x^3} = 3\, \frac{d x}{x}.$$

Die relative Veränderung des Volumens des Würfels ist angenähert gleich der dreifachen relativen Längenänderung der Kante.

Da wir den kubischen Ausdehnungskoeffizienten als relative Volumenänderung und den linearen als relative Längenänderung bei der Temperatursteigerung 1 auffassen, folgt aus dem Vorhergehenden, daß

$$\gamma = 3\,\alpha.$$

3. Die Schwingungsdauer (T) eines mathematischen Pendels ist bei kleinen Schwingungen durch die Pendellänge (l) und die Erdbeschleunigung (g) gegeben.

$$T = 2\,\pi\, \sqrt{\frac{l}{g}}.$$

Wie verändert sich die Schwingungsdauer bei kleinen Zunahmen der Pendellänge ?

Aus der logarithmischen Formel

$$ln\ T = ln\ 2\,\pi + \frac{1}{2}\,ln\ l - \frac{1}{2}\,ln\ g$$

folgt durch Differentiation nach l

$$\frac{dT}{T} = \frac{1}{2}\frac{dl}{l}\,.$$

Die relative Zunahme der Schwingungsdauer ist die halbe relative Zunahme der Pendellänge.

4. Eine konstante elektrische Spannung (E) liegt an einem veränderlichen Widerstand (R), der frei von Selbstinduktion ist (S. 60). Wie ändert sich die Stromstärke (J) bei unendlich kleinen Änderungen des Widerstandes ?

Wegen

$$J = \frac{E}{R}$$

ist

$$dJ = -\frac{E}{R^2}\,dR = -J\,\frac{dR}{R}\,.$$

Daraus folgt

$$-\frac{dJ}{J} = \frac{dR}{R}\,.$$

Die relative Abnahme des Stromes ist gleich der relativen Zunahme des Widerstandes. Dieser Satz gilt mit Annäherung für kleine Änderungen.

Rechnungsregeln mit kleinen Größen. — Alle vorigen Beispiele lassen sich auf folgende Rechnungsregeln für kleine Größen zurückführen.

Aus (5′) F.S. folgt

$$\frac{dx^n}{x^n} = n\,\frac{dx}{x}\,.$$

Wächst x von 1 auf $1 + \alpha$, wo $\alpha \ll 1$, so ist der Zuwachs der Funktion $(1 + \alpha)^n - 1$ $\approx n\,\dfrac{dx}{x} = n\,\alpha$.

Somit ist

$$\boxed{(1 + \alpha)^n \approx 1 + n\,\alpha}\,.$$

n kann entsprechend dem Geltungsbereich von (5′) F.S. jeden beliebigen Wert haben.

Mit dieser für das numerische (Zahlen-) Rechnen sehr wichtigen Näherungsformel lassen sich die vorigen Beispiele bequemer rechnen. Wir berechnen z. B. in (3) annähernd die relative Vergrößerung von T (die Schwingungsdauer $T = k\sqrt{l}$, $k = \dfrac{2\,\pi}{\sqrt{g}}$), die bei einer Vergrößerung von l um $\alpha\,l$ eintritt.

$$\frac{dT}{T} = \frac{k\sqrt{l + \alpha\,l} - k\sqrt{l}}{k\sqrt{l}} = \sqrt{(1 + \alpha)} - 1 = (1 + \alpha)^{\frac{1}{2}} - 1 \approx \frac{\alpha}{2} = \frac{1}{2}\frac{dl}{l}\,.$$

Oder im Beispiel 4 ist die relative Änderung der Stromstärke bei einer Vergrößerung von R um den Bruchteil α wegen $J = E\,R^{-1}$

$$\frac{E\,(R + \alpha\,R)^{-1} - E\,R^{-1}}{E\,R^{-1}} = (1 + \alpha)^{-1} - 1 = -\alpha\,,$$

also gleich der negativ genommenen relativen Änderung des Widerstandes.

Näherungsformeln, die für größere Annäherungen gelten, werden später gelegentlich der Behandlung der Reihen (S. 161) gegeben.

In naturwissenschaftlichen Abhandlungen werden die Benennungen und Symbole für Änderungen (z. B. Δx, dx) nicht streng eingehalten, sondern es wird dem Leser überlassen, sich die richtigen Vorstellungen zu bilden. So heißt es in einer naturwissenschaftlichen Abhandlung[1]), die sich mit der Energetik der Oberflächenspannungen befaßt: „Nimmt der Tröpfchenradius um Δr ab, so nimmt ab die Oberfläche um $\Delta f = 8\,\pi\,r\,\Delta r$, das Volumen um $\Delta v = 4\,\pi\,r^2\,\Delta r$.“ Gemeint sind unter Δf, Δv, Δr Differentiale. Die betreffenden Beziehungen werden mit Annäherung als für kleine Änderungen gültig angenommen.

Die höheren Differentialquotienten

Definition. — Differenziert man $s = f(t)$ nach der Zeit, so erhält man die Geschwindigkeit $v = \dfrac{ds}{dt}$, die im allgemeinen selbst von der Zeit abhängt. Differenziert man die Geschwindigkeit nach der Zeit, so erhält man die Beschleunigung $b = \dfrac{dv}{dt}$ (S. 26). Man muß also zweimal hintereinander nach der Zeit differenzieren, um aus $s = f(t)$ die Beschleunigung zu bekommen. Da das zweimalige Differenzieren oft zu einem wichtigen Begriff führt, hat man dafür einen eigenen Namen und ein eigenes Symbol eingeführt. Man nennt dieses Resultat den **zweiten Differentialquotienten** und bezeichnet ihn mit $\dfrac{d^2 s}{dt^2}$ (gelesen: zweites de-es- nach de-te-Quadrat).

Es bedeutet also

$$\frac{d^2 s}{dt^2} = \frac{d}{dt}\left(\frac{ds}{dt}\right).$$

Für $y = f(x)$ ist

$$y'' = f''(x) = \frac{d^2 y}{dx^2} = \frac{d}{dx}\left(\frac{dy}{dx}\right).$$

y'' ist die Bezeichnungsweise von Lagrange (S. 23) für den zweiten Differentialquotienten.

Ähnlich ist der dritte Differentialquotient

$$y''' = f'''(x) = \frac{d^3 y}{dx^3} = \frac{d}{dx}\left(\frac{d^2 y}{dx^2}\right) = \frac{d^2}{dx^2}\left(\frac{dy}{dx}\right),$$

der vierte

$$y'''' = f''''(x) = y^{IV} = f^{IV}(x) = y^{(4)} = f^{(4)}(x) = \frac{d^4 y}{dx^4} = \frac{d}{dx}\left(\frac{d^3 y}{dx^3}\right)$$

und der $n$te

$$y^{(n)} = f^{(n)}(x) = \frac{d^n y}{dx^n} = \frac{d}{dx}\left(\frac{d^{(n-1)} y}{dx^{(n-1)}}\right).$$

Einen zweiten Differentialquotienten nennt man einen Differentialquotienten **zweiter**, einen n-ten einen n-ter Ordnung. Den bisher ausschließlich betrachteten Differentialquotienten $\dfrac{dy}{dx}$ bezeichnet man als den Differentialquotienten **erster** Ordnung.

Beim zweiten Differentialquotienten nach der Zeit wendet man statt der Lagrangeschen Bezeichnung zwei aufgesetzte Punkte an: $\ddot{s} = \dfrac{d^2 s}{dt^2}$. (S. 23.)

---

[1]) Kossel, Ann. Phys. **21**, 462 (1934).

Beispiele.

1.
$$\frac{d^2}{dx^2}(a\,x + \mathrm{b}) = \frac{da}{dx} = 0 \, ,$$

$$\frac{d^2}{dx^2}(a\,x^2 + b\,x + c) = \frac{d}{dx}(2\,a\,x + b) = 2\,a \, ,$$

$$\frac{d^2 x^3}{dx^2} = \frac{d}{dx}\,3\,x^2 = 6\,x \, .$$

2. Beim Wurf nach aufwärts (S. 40) ist der Weg (nach abwärts gemessen!)
$$s = \frac{g}{2}\,t^2 - c\,t \, , \qquad\qquad (g,\ c \text{ konstant}),$$
die Beschleunigung
$$b = \frac{d^2 s}{dt^2} = g \, .$$

3.
$$\frac{d^2 \sin x}{dx^2} = \frac{d\cos x}{dx} = -\sin x \, ,$$

$$\frac{d^2 \cos x}{dx^2} = \frac{d(-\sin x)}{dx} = -\cos x \, .$$

y'' ist bei $\sin x$ und $\cos x$ entgegengesetzt gleich dem y. Das ist aber nicht nur bei $\sin x$ und $\cos x$ der Fall, sondern auch bei $C_1 \sin x$ und bei $C_2 \cos x$ und auch bei der Summe der beiden Funktionen. Denn

$$\frac{d^2}{dx^2}(C_1 \sin x + C_2 \cos x) = \frac{d}{dx}(C_1 \cos x - C_2 \sin x) = -(C_1 \sin x + C_2 \cos x) \, .$$

Es gilt also auch für
$$y = C_1 \sin x + C_2 \cos x \, ,$$
daß
$$y'' = -y \, .$$

Die Gleichung $y'' = -y$ nennt man eine **Differentialgleichung zweiter Ordnung**, weil in ihr wohl ein zweiter, aber kein höherer Differentialquotient vorkommt. Die S. 73 erwähnte Gleichung $\frac{dy}{dx} = -k\,y$ nennt man eine **Differentialgleichung erster Ordnung**.

4. Gegeben ist die Differentialgleichung zweiter Ordnung $y'' = y$; gesucht wird eine Lösung. Durch zweimaliges Differenzieren kann man sich überzeugen, daß sowohl $C_1\,e^x$ als auch $C_2\,e^{-x}$ eine Lösung ist. Aber auch die Summe dieser beiden Funktionen ist eine Lösung.

$$y = C_1\,e^x + C_2\,e^{-x} \, ,$$
$$y' = C_1\,e^x - C_2\,e^{-x} \, ,$$
$$y'' = C_1\,e^x + C_2\,e^{-x} = y \, .$$

5. Für welches $s = f(t)$ ist $\ddot{s} = -\omega^2 s$ (ω konstant)?

In Beispiel 3 erhielten wir durch zweimaliges Differenzieren die Funktion selbst, nun sollen wir die Funktion mit ω^2 multipliziert bekommen. Dies erreicht man, wenn die Konstante ω bei beiden Differentiationen nach (2) F.S. gebildet wird. Man multipliziert daher die unabhängig Veränderliche t mit ω und versucht:

$$s = C_1 \sin \omega\,t + C_2 \cos \omega\,t \, ,$$
$$\dot{s} = \omega\,(C_1 \cos \omega\,t - C_2 \sin \omega\,t) \, ,$$
$$\ddot{s} = \omega^2\,(-C_1 \sin \omega\,t - C_2 \cos \omega\,t) = -\omega^2 s \, .$$

s war also tatsächlich eine Lösung von $\ddot{s} = -\omega^2 s$.

Bewegt sich ein Körper so längs einer Geraden (Abb. 1), daß sein Abstand von 0 durch die Differentialgleichung $\ddot{s} = -\omega^2 s$ gegeben ist, so hat er ein $\ddot{s}$, eine Beschleunigung, deren Betrag proportional diesem Abstand ist und die wegen des ―-Zeichens eine solche Richtung hat, daß sie den Betrag dieses Abstands verkleinert. Eine derartige Bewegung kann hervorgebracht werden, wenn ein Körper durch eine elastische Kraft, etwa die Spannkraft einer Feder, in seine Ruhelage 0 zurückgezogen wird. Mit den dabei entstehenden elastischen Schwingungen werden wir uns später beschäftigen (S. 209).

Geometrische Bedeutung des zweiten Differentialquotienten. — Theorie der Extremwerte. An den Kurven $f(x)$ soll die geometrische Bedeutung von $f''(x)$ erklärt werden. Wegen $f'(x)$ siehe S. 36.

Bei der Kurve unter a ist $f'(x) > 0$. Die Steigung nimmt mit zunehmendem x zu. $f'(x)$ ist eine zunehmende Funktion von x, ihr Differentialquotient ist positiv, $f''(x) > 0$. Unter b sehen wir eine Kurve, die fällt. Bei ihr ist $f'(x) < 0$. Da das Fallen nach rechts hin schwächer wird, der Betrag dieser negativen Größe also abnimmt, nimmt sie im algebraischen Sinne zu (S. 222). $f'(x)$ ist also auch bei Kurve

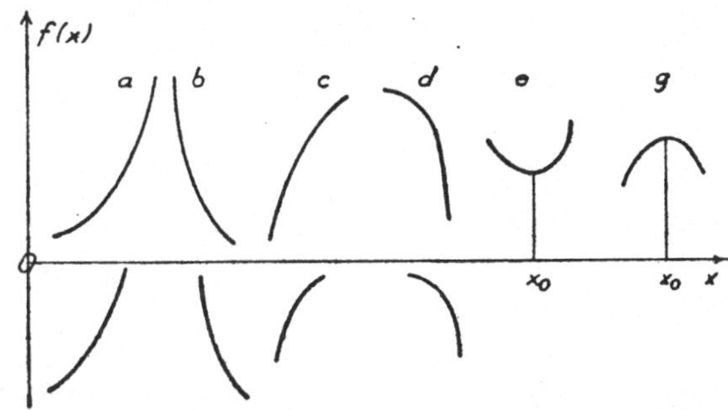

Abb. 39. a, b nach unten konvex, c, d nach unten konkav. Bei einem Minimum ist die Kurve nach unten erhaben, bei einem Maximum hohl.

b eine zunehmende Funktion und $f''(x) > 0$. Für die unter der x-Achse gezeichneten Kurven bei a und b gilt dasselbe. Allen diesen Kurven ist gemeinsam, daß sie von unten gesehen, d. h. von Orten mit einem y, das kleiner ist als die kleinste Ordinate der Kurve, konvex (erhaben) erscheinen.

Unter c haben wir eine Kurve, bei der $f'(x) > 0$, das aber nach rechts abnimmt, so daß $f''(x) < 0$. Bei der Kurve unter d ist $f'(x) < 0$. Da es im algebraischen Sinn abnimmt, ist ihr $f''(x) < 0$. Dasselbe gilt für die entsprechenden Kurven unter der x-Achse. Alle Kurven unter c und d erscheinen von unten gesehen konkav (hohl).

Diese Ergebnisse gelten allgemein.

Eine Kurve erscheint nach unten $\genfrac{}{}{0pt}{}{\text{konvex}}{\text{konkav}}$, wenn $y'' \gtrless 0$ ist.

Unter e ist eine Funktion abgebildet, die bei x_0 ein Minimum hat. Es ist also $f'(x_0) = 0$ (S. 36). An dieser Stelle ist $f''(x_0) > 0$. Unter g ist eine Kurve, die bei x_0 ein Maximum hat. Es ist also $f'(x_0) = 0$ und $f''(x_0) < 0$. Nun haben wir das Kriterium gewonnen, das die ursprünglich gegebene Theorie (S. 36) der Extremwerte vervollständigt. Es gilt:

$$\text{Wenn } f'(x_0) = 0 \text{ und } f''(x_0) \lessgtr 0, \text{ liegt bei } x_0 \text{ ein } \genfrac{}{}{0pt}{}{\text{Maximum}}{\text{Minimum}}.$$

Die so formulierte Bedingung für die Extremwerte ist hinreichend, d. h. immer, wenn sie erfüllt ist, muß ein Maximum oder Minimum vorliegen. Nun können wir bei Extremwerten zwischen Maximum und Minimum unterscheiden, ohne den Verlauf der Funktion überblicken zu müssen, wie dies bei den S. 37ff. berechneten Beispielen erforderlich war. Bezüglich gewisser bisher gemachter Voraussetzungen siehe S. 169.

Beispiele. — 1. Auf Extremwerte zu untersuchen ist
$$y = 2\,x^3 - 9\,x^2 + 12\,x - 1\,.$$
Setzt man
$$y' = 6\,x^2 - 18\,x + 12 = 6\,(x^2 - 3\,x + 2) = 0\,,$$
so folgt
$$x = \frac{3}{2} \pm \sqrt{\frac{9}{4} - 2} = 2,1\,.$$
Es ist
$$y'' = 6\,(2\,x - 3)\,.$$
Für $x = 2$ ist $y'' = +\,6$, also > 0. Dem $x = 2$ entspricht ein Minimum von y.
Für $x = 1$ ist $y'' = -\,6$, also < 0. Dem $x = 1$ entspricht ein Maximum von y.

2. Bei der Sinuskurve (Abb. 33)
$$y = \sin x$$
hat
$$y' = \cos x$$
den Wert 0 für $x = \pm\,\dfrac{\pi}{2}$, $\pm\,3\,\dfrac{\pi}{2}$, $\pm\,5\,\dfrac{\pi}{2}$, $\pm\,\cdots\,(2\,n + 1)\,\dfrac{\pi}{2}$ ($n = 0$ oder ganzzahlig). Wo die Kurve für $y' = \cos x$ die x-Achse $\genfrac{}{}{0pt}{}{\text{fallend}}{\text{steigend}}$ schneidet, ist $y'' \lessgtr 0$ und $y = \sin x$ hat dort ein $\genfrac{}{}{0pt}{}{\text{Maximum}}{\text{Minimum}}$.

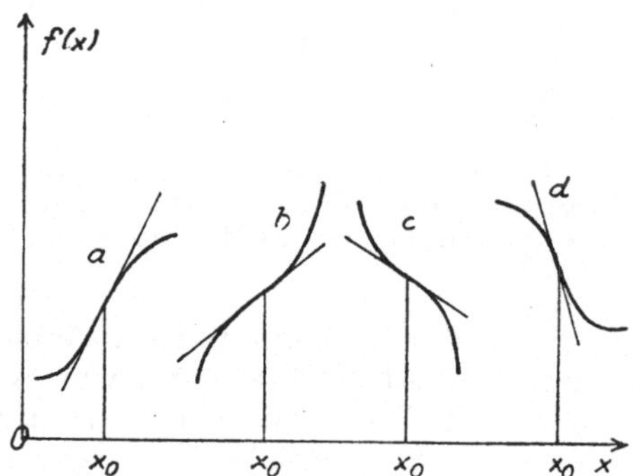

Abb. 40. Wendepunkte bei a, b, c, d.

Wendepunkte. In Abb. 40 sehen wir bei a eine Kurve, die $\genfrac{}{}{0pt}{}{\text{links}}{\text{rechts}}$ von x_0 von unten gesehen $\genfrac{}{}{0pt}{}{\text{konvex}}{\text{konkav}}$ erscheint, daher ein $f''(x) \gtrless 0$ hat. $f''(x)$ ändert bei x_0 sein Vorzeichen, geht von positiven zu negativen Werten über, muß daher für x_0 selbst 0 sein.
$$f''(x_0) = 0\,.$$

Fahren wir von links her die Kurve entlang, so müssen wir links von x_0 nach links biegen, rechts von x_0 nach rechts. An der Stelle x_0 wendet sich die Kurve, sie hat für x_0 einen Wendepunkt. Die Tangente in diesem Punkte, die Wendetangente, schneidet die Kurve. Für Kurven unter der x-Achse führen ähnliche Betrachtungen zu demselben Resultat. Für die Kurve unter c gilt dasselbe. Bei den Kurven unter b und d geht $f''(x)$ bei x_0 von negativen zu positiven Werten über, es muß also $f''(x_0) = 0$ sein. Diese Beziehungen gelten allgemein.

Ein Wendepunkt liegt dort, wo $f''(x)$ sein Vorzeichen wechselt.

Bei der Sinuskurve $y = \sin x$ und bei der Kosinuskurve $y = \cos x$ tritt wegen $y'' = -\,y$ ein Vorzeichenwechsel von y'' überall dort ein, wo die Kurve die x-Achse schneidet. Dort liegen die Wendepunkte (Abb. 33).

Bei der Kurve (Abb. 34)
$$y = \operatorname{tg} x$$
ist
$$y'' = \frac{d}{dx}\left(\frac{1}{\cos^2 x}\right) = \frac{2\cos x \sin x}{\cos^4 x} = +\,\frac{2\operatorname{tg} x}{\cos^2 x}\,.$$

Da der Nenner dieses Bruches immer positiv ist, wechselt y'' sein Vorzeichen dort, wo $\operatorname{tg} x$ sein Vorzeichen wechselt, wo die Kurve die x-Achse schneidet. Dort sind die Wendepunkte.

Bei der Kurve (Abb. 34)

$$y = \operatorname{ctg} x$$

ist

$$y'' = -\frac{d}{dx}\frac{1}{\sin^2 x} = \frac{2\sin x \cos x}{\sin^4 x} = \frac{2\operatorname{ctg} x}{\sin^2 x}\,.$$

Aus demselben Grunde wie bei $y = \operatorname{tg} x$ liegen die Wendepunkte im Schnittpunkt der Kurve mit der x-Achse.

Bei den Kurven in Abb. 40 befinden sich die Wendepunkte an Stellen, wo $f'(x)$ positiv (a, b) oder negativ (c, d) ist, also eine steigende oder fallende Wendetangente vorliegt. Abb. 41 zeigt eine Kurve, die im Punkte (b, a) einen Wendepunkt mit horizontaler Wendetangente hat. An ihr zeigt sich, daß die Bedingung für einen Extremwert, $f'(x) = 0$, nicht hinreichend ist, daß vielmehr $f'(x)$ an dieser Stelle auch sein Vorzeichen ändern muß. Die Kurve hat die Gleichung

$$y = a + (x - b)^3\,.$$
$$y' = 3(x - b)^2\,.$$

Für $x = b$ wird $y' = 0$, ändert aber an dieser Stelle sein Vorzeichen nicht. Denn für $x = b - h$ ist $y' = 3\,h^2$ und für $x = b + h$ ist y' ebenfalls $3\,h^2$. Die Kurve

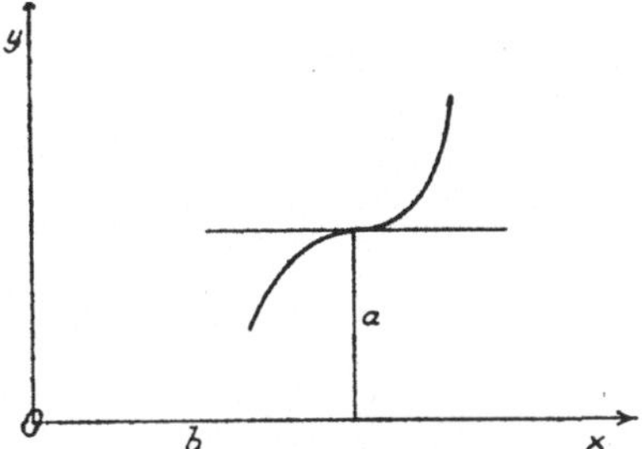

Abb. 41. Wendepunkt mit horizontaler Wendetangente.

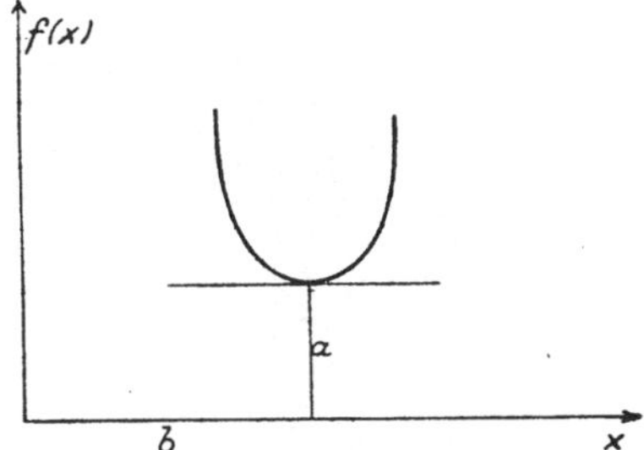

Abb. 42. Minimum bei Nullwerden von y''.

steigt dementsprechend links und rechts von a. Es ist $y'' = 6(x - b)$ für $x = b$ gleich 0 und ändert an dieser Stelle sein Vorzeichen, denn $f''(b + h) = +\,6\,h$, $f''(b - h) = -\,6\,h$. Die Kurve ist von unten gesehen links von b konkav, rechts konvex.

Die Untersuchung der Kurve $f(x) = (x - b)^4 + a$ auf Extremwerte führt zu folgender Ergänzung der Regel für den Wendepunkt (Abb. 42):

$$f'(x) = 4(x - b)^3\,,$$
$$f''(x) = 12(x - b)^2\,,$$
$$f'(b) = 0 \text{ und } f''(b) = 0\,,$$
$$f'(b - h) = -\,4\,h^3\,,$$
$$f'(b + h) = +\,4\,h^3\,.$$

Bei b findet ein Übergang des $f'(x)$ von negativen zu positiven Werten statt, entsprechend einem Minimum der Funktion an dieser Stelle.

$$f''(b - h) = 12\,h^2\,,$$
$$f''(b + h) = 12\,h^2\,.$$

f'' ändert sein Vorzeichen nicht. Die Kurve ist rechts und links von b konvex und hat keinen Wendepunkt, obwohl $f''(b) = 0$. Dies gilt allgemein. $f''(x) = 0$ ist wohl eine **notwendige**, aber keine **hinreichende** Bedingung für einen Wendepunkt.

Zusammenfassendes Beispiel für die geometrische Bedeutung des ersten und zweiten Differentialquotienten. — Den Verlauf einer Funktion $f(x)$, ihres $f'(x)$ und ihres $f''(x)$ können wir in Abb. 43 an drei untereinander angeordneten Schaubildern überblicken. Wiederholen wir an diesem Beispiel alles, was wir über das

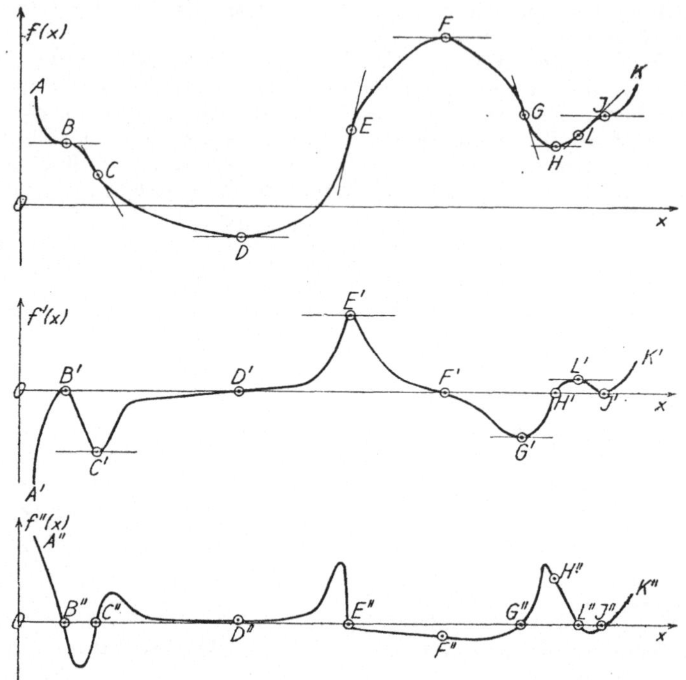

Abb. 43. Kurven für $f(x)$, $f'(x)$, $f''(x)$. Die Kurve $f(x)$ ist

konvex
konkav nach unten zwischen $\begin{matrix} AB, CE, GL, \\ BC, EG, LJ \end{matrix}$ JK. $\begin{matrix} f''(x) > 0 \\ f''(x) < 0. \end{matrix}$

Maximum bei F. $f'(x) = 0$ und $f''(x) < 0$,
Minimum bei D und H. $f'(x) = 0$ und $f''(x) > 0$,
Wendepunkte mit horizontaler Wendetangente in B und J.
$f'(x) = 0$, $f''(x) = 0$,
Sonstige Wendepunkte in C, E, G, L. $f''(x) = 0$.

Steigen und Fallen, über Konkavität und Konvexität, über Extremwerte und über Wendepunkte von Kurven durchgenommen haben!

Wir entnehmen der Figur:

Wo $f(x)$ $\begin{matrix} \text{steigt} \\ \text{fällt} \end{matrix}$, liegt $f'(x)$ $\begin{matrix} \text{über} \\ \text{unter} \end{matrix}$ der x-Achse.

Wo $f(x)$ einen Extremwert hat (bei D, F, H) ist $f'(x) = 0$. Und zwar schneidet $f'(x)$ die x-Achse steigend bei D' und H' entsprechend dem Minimum von $f(x)$ bei D und H; fallend bei F' entsprechend dem Maximum von $f(x)$ bei F. $f'(x)$ berührt die x-Achse bei B' und J', wo $f(x)$ einen Wendepunkt mit horizontaler Wendetangente bei B und J hat.

$f(x)$ ist von unten gesehen $\begin{matrix} \text{konvex} \\ \text{konkav} \end{matrix}$ zwischen $\begin{matrix} AB, CE, GL, \\ BC, EG, LJ \end{matrix}$ JK.

Dementsprechend liegt

$f''(x)$ $\begin{matrix}\text{über}\\\text{unter}\end{matrix}$ der Achse zwischen $\begin{matrix}A''B'',\ C''E'',\ G''L'',\\B''C'',\ E''G'',\ L''J''\end{matrix}$ $J''K''$.

Bei den Wendepunkten von $f(x)$ bei $B\,C\,E\,G\,L$ und J schneidet die Kurve $f''(x)$ die x-Achse bei $B''\,C''\,E''\,G''\,L''$ und J''.

Würde man zur Kurve $f(x)$ eine Konstante C addieren, d. h. die Kurve um C vertikal nach aufwärts verschieben, so erhielte man nach dem durch Abb. 19 verdeutlichten Satze dieselbe Kurve für $f'(x)$.

Differentiation der Kreisfunktionen

Bezüglich der Definition und der wichtigsten Sätze über Kreisfunktionen siehe S. 280 ff.

Da

$$y = \text{arc sin } x$$

bedeutet, daß

$$x = \sin y,$$

so erhält man durch Differentiation nach x durch (2) F.S. und (8) F.S.

$$1 = (\cos y)\, y'$$

und daher

$$y' = \frac{1}{\cos y}.$$

Da aber y' durch x ausgedrückt werden soll, muß man rechts wieder $\sin y$ einführen und erhält

$$y' = \frac{1}{\sqrt{1-\sin^2 y}} = \frac{1}{\sqrt{1-x^2}}$$

$$\frac{d \text{ arc sin } x}{dx} = \frac{1}{\sqrt{1-x^2}}, \qquad \text{(12) F.S.}$$

$$d \text{ arc sin } x = \frac{dx}{\sqrt{1-x^2}}. \qquad \text{(12$'$) F.S.}$$

Da

$$y = \text{arc cos } x$$

bedeutet, daß

$$x = \cos y,$$

so folgt

$$1 = -(\sin y)\, y'$$

und daraus

$$y' = -\frac{1}{\sin y} = -\frac{1}{\sqrt{1-\cos^2 y}} = -\frac{1}{\sqrt{1-x^2}},$$

$$\frac{d \text{ arc cos } x}{dx} = -\frac{1}{\sqrt{1-x^2}}, \qquad \text{(13) F.S.}$$

$$d \text{ arc cos } x = -\frac{dx}{\sqrt{1-x^2}}. \qquad \text{(13$'$) F.S.}$$

Da

$$y = \text{arc tg } x$$

bedeutet, daß

$$x = \text{tg } y,$$

so ist

$$1 = \frac{y'}{\cos^2 y}.$$

6*

Daraus folgt

$$y' = \cos^2 y .$$

Wir drücken $\cos^2 y$ durch $\operatorname{tg}^2 y$ aus (S. 277) und erhalten

$$y' = \frac{1}{1 + \operatorname{tg}^2 y} = \frac{1}{1 + x^2} ,$$

$$\frac{d \operatorname{arc} \operatorname{tg} x}{dx} = \frac{1}{1 + x^2} , \tag{14} \text{ F.S.}$$

$$d \operatorname{arc} \operatorname{tg} x = \frac{dx}{1 + x^2} . \tag{14'} \text{ F.S.}$$

Da

$$y = \operatorname{arc} \operatorname{ctg} x$$

bedeutet, daß

$$x = \operatorname{ctg} y$$

ist, so folgt

$$1 = - \frac{y'}{\sin^2 y}$$

und daraus

$$y' = - \sin^2 y = - \frac{1}{1 + \operatorname{ctg}^2 y} = - \frac{1}{1 + x^2} ,$$

$$\frac{d \operatorname{arc} \operatorname{ctg} x}{dx} = - \frac{1}{1 + x^2} , \tag{15} \text{ F.S.}$$

$$d \operatorname{arc} \operatorname{ctg} x = - \frac{dx}{1 + x^2} . \tag{15'} \text{ F.S.}$$

Es zeigt sich, daß die Differentialquotienten der zyklometrischen, also tran-szendenter Funktionen alle ziemlich einfache algebraische Funktionen sind. Das ist für die dem Differenzieren entgegengesetzte Operation von Bedeutung.

Bei Betrachtung der Differentialquotienten für arc sin x bzw. arc cos x fällt auf, daß sie entgegengesetzt gleich sind, daß

$$\frac{d}{dx} (\operatorname{arc} \sin x) + \frac{d}{dx} (\operatorname{arc} \cos x) = 0 ,$$

weshalb

$$\frac{d}{dx} (\operatorname{arc} \sin x + \operatorname{arc} \cos x) = 0 ,$$

so daß

$$\operatorname{arc} \sin x + \operatorname{arc} \cos x = \text{konstant.}$$

In der Tat ist die Summe dieser beiden Größen $\frac{\pi}{2}$ (S. 282).

Ebenso ist

$$\frac{d}{dx} \operatorname{arc} \operatorname{tg} x + \frac{d}{dx} \operatorname{arc} \operatorname{ctg} x = 0$$

und daher

$$\operatorname{arc} \operatorname{tg} x + \operatorname{arc} \operatorname{ctg} x = \text{konstant.}$$

Auch diese Summe ist $\frac{\pi}{2}$ (S. 282).

Beispiele. — Wendet man beim Differenzieren von x arc sin x (3) F.S. an, erhält man

$$\frac{d}{dx} (x \operatorname{arc} \sin x) = \operatorname{arc} \sin x + \frac{x}{\sqrt{1 - x^2}} .$$

Will man nur arc sin x als Resultat erhalten, so muß man dem Ausdruck, den man differenzieren will, noch ein Glied hinzufügen, das differenziert $- \dfrac{x}{\sqrt{1 - x^2}}$ gibt.

Daher ist

$$\frac{d}{dx}(x \arcsin x + \sqrt{1 - x^2}) = \arcsin x + \frac{x}{\sqrt{1 - x^2}} - \frac{x}{\sqrt{1 - x^2}} = \arcsin x,$$

$$\frac{d}{dx}(x \operatorname{arc\,tg} x) = \operatorname{arc\,tg} x + \frac{x}{1 + x^2}.$$

Will man nur $\operatorname{arc\,tg} x$ als Differentialquotienten erhalten, so muß man noch ein Glied hinzufügen, das differenziert $-\dfrac{x}{1 + x^2}$ gibt. Daher ist

$$\frac{d}{dx}\left[x \operatorname{arc\,tg} x - \frac{1}{2} \ln(1 + x^2)\right] = \operatorname{arc\,tg} x + \frac{x}{1 + x^2} - \frac{x}{1 + x^2} = \operatorname{arc\,tg} x.$$

Integralrechnung

Das unbestimmte Integral

Definition, Integrationskonstante. — Gelegentlich (S. 55, 57, 69, 70 ff.) wurde schon die dem Differenzieren entgegengesetzte Rechnungsart, zu einem Differentialquotienten die entsprechende Funktion zu finden, behandelt und auf ihre praktische Bedeutung hingewiesen. Es wurde dabei von einer gegebenen Funktion $f(x)$ auf eine Funktion $F(x)$ geschlossen, die so beschaffen sein mußte, daß $F'(x) = f(x)$ ist. Z. B. $f(x) = \dfrac{1}{x}$; $F(x) = \ln x + C$; $f(x) = x$; $F(x) = \dfrac{x^2}{2} + C$.

Diese dem Differenzieren entgegengesetzte Rechnungsart nennt man **Integrieren**. $F(x)$ ist ein **Integral** von $f(x)$, und die zu integrierende Funktion $f(x)$ heißt **Integrand**, x die **Integrationsvariable**.

Gibt es für einen Differentialquotienten nur **eine** Funktion oder haben zwei oder mehrere verschiedene Funktionen denselben Differentialquotienten? Und wenn zwei verschiedene Funktionen denselben Differentialquotienten haben, wodurch unterscheiden sie sich voneinander?

Zwei Funktionen $F_1(x)$ und $F_2(x)$ haben denselben Differentialquotienten $f(x)$. Sind sie einander gleich, dann ist

$$F_1(x) - F_2(x) = 0.$$

Sind sie aber einander ungleich, dann ist der Unterschied $F_1(x) - F_2(x)$ von 0 verschieden. Da wir annehmen, er ist eine Funktion von x, bezeichnen wir ihn mit $\psi(x)$.

(1) $$F_1(x) - F_2(x) = \psi(x).$$

Ferner ist

$$F'_1(x) = f(x)$$
$$F'_2(x) = f(x)$$

Es ist somit

$$F'_1(x) - F'_2(x) = 0.$$

(1) ergibt differenziert

$$F'_1(x) - F'_2(x) = \psi'(x).$$

Es ist also $\psi'(x) = 0$ und $\psi(x)$ ist eine Konstante, die jeden beliebigen Wert haben kann. Die beiden Funktionen unterscheiden sich also nur durch diese unbestimmte Konstante. Diese bei der Integration auftretende Konstante nennt man die **unbestimmte Integrationskonstante** (C) und das mit ihr behaftete Integral das **unbestimmte Integral**.

In Formeln ausgedrückt:

Wenn

$$F'(x) = f(x),$$

so ist

$$F(x) + C = \int f(x)\, dx.$$

(I) F.S.

Die rechte Seite der Gleichung wird gelesen: Integral f von icks de icks. Auf die unbestimmte Integrationskonstante, ihre rechnerische und praktische Bedeutung wurde, ohne ihren Namen zu nennen, S. 31, 32, 46, 47, 55 hingewiesen. Wegen des Integralzeichens $\int$ siehe S. 113.

Alle Funktionen $F(x) + C$ haben denselben Differentialquotienten, weil die additive Konstante (C) beim Differenzieren verschwindet.

Graphisch kommt das dadurch zum Ausdruck, daß alle Kurven, die durch Vertikalverschiebung der Kurve $F(x)$ entstehen, bei demselben x dieselbe Steigung haben (Abb. 19).

Beispiele. — Man überzeugt sich leicht durch Differenzieren, daß:

$$\int x\, dx = \frac{x^2}{2} + C,$$

$$\int x^2\, dx = \frac{x^3}{3} + C,$$

$$\int \sqrt{x}\, dx = \int x^{\frac{1}{2}}\, dx = \frac{2\,x^{\frac{3}{2}}}{3} + C.$$

Allgemeine Formeln. — 1. Nach (I) F.S. ist

$$\frac{d}{dx}\int f(x)\, dx = f(x)$$

und daher

$$d\!\int f(x)\, dx = f(x)\, dx,$$

d. h. das d hebt das $\int$ auf.

Nach (I) F.S. ist

$$\int dF(x) = \int f(x)\, dx = F(x) + C$$

d. h. das $\int$ hebt das d auf.

2.

(1)   Es sei

$$F'_1(x) = f_1(x)\,.$$
$$F'_2(x) = f_2(x)\,,$$
$$F'_3(x) = f_3(x)\,,$$
$$\cdots \cdots \cdots$$
$$\cdots \cdots \cdots$$

Nach dem Satz vom Differential einer Summe (S. 68) ist unter Berücksichtigung von (1):

$$d\left[\pm F_1(x) \pm F_2(x) \pm F_3(x) \pm \cdots\right] = \pm f_1(x)\, dx \pm f_2(x)\, dx \pm f_3(x)\, dx \pm \cdots$$
$$= \left[\pm f_1(x) \pm f_2(x) \pm f_3(x) \pm \cdots\right] dx\,.$$

Vertauscht man beide Seiten und integriert, so folgt:

$$\int \left[\pm f_1(x) \pm f_2(x) \pm f_3(x) \pm \cdots\right] dx = \pm F_1(x) \pm F_2(x) \pm F_3(x) \pm \cdots.$$

Nach (1) ist:

$$\pm F_1(x) \pm F_2(x) \pm F_3(x) \pm \cdots = \pm \int f_1(x)\, dx \pm \int f_2(x)\, dx \pm \int f_3(x)\, dx \pm \cdots.$$

Somit ist:

$$\int \left[\pm f_1(x) \pm f_2(x) \pm f_3(x) \pm \cdots\right] dx = \pm \int f_1(x)\, dx \pm \int f_2(x)\, dx \pm \int f_3(x)\, dx \pm \cdots.$$

Das Integral einer Summe von Funktionen ist gleich der Summe der Integrale der einzelnen Funktionen und umgekehrt (Summe ist im algebraischen Sinn zu verstehen, S. 222).

Beispiel.

$$\int (x + x^2)\, dx = \frac{x^2}{2} + \frac{x^3}{3} + C.$$

Die einzelnen Integrationskonstanten werden zu einer zusammengezogen.

3. Nach dem Satz vom Herausheben eines konstanten Faktors (S. 68) vor das Differentialzeichen ist:

$$d\,c\,F(x) = c\,dF(x).$$

(c ist konstant)

Das gibt integriert

(2)
$$c\,F(x) = \int c\,dF(x).$$

Ist nun

$$F(x) = \int f(x)\,dx$$

und daher

$$dF(x) = f(x)\,dx,$$

so folgt aus (2) unter Vertauschung der Seiten

$$\int c f(x)\,dx = c \int f(x)\,dx.$$

Eine Konstante kann vor das Integralzeichen gebracht werden und umgekehrt.

Beispiele.

1.
$$\int 5\,x\,dx = 5\int x\,dx = 5\,\frac{x^2}{2} + C,$$
$$\int 2\,x\,dx = x^2 + C,$$
$$\int 3\,x^2\,dx = x^3 + C.$$

2. Für einen bewegten Körper ist die Geschwindigkeit

$$v = \frac{ds}{dt}$$

(S. 24)

und daraus

$$ds = v\,dt.$$

Der Weg ist also

$$s = \int v\,dt.$$

Bei der gleichförmig beschleunigten Bewegung ist v proportional dem t.

$$v = g\,t \qquad (g = \text{konstant} = \text{Beschleunigung})$$

und daher

$$s = \int g\,t\,dt = g\int t\,dt = \frac{g\,t^2}{2} + C.$$

Soll der Körper im Nullpunkt starten, also für $t = 0$ auch $s = 0$ sein, dann ist $C = 0$, und es wird

$$s = \frac{g\,t^2}{2}.$$

Grundformeln der Integralrechnung. — Die bisher hergeleiteten Formeln der Integralrechnung mit Ausnahme der Definition (I) werden wegen ihrer Leichtigkeit in die Formelsammlung nicht aufgenommen. Wir wollen jetzt durch systematisches Umkehren der speziellen Formeln der Differentialrechnung (ab 5' F.S.) die sog. Grundformeln der Integralrechnung herleiten. Diese Formeln werden mit den entsprechenden römischen Ziffern versehen und in die Formelsammlung aufgenommen.

Wir beginnen mit Formel (5') F.S.

Aus

$$d\,x^n = n\,x^{n-1}\,dx$$

folgt

$$x^n = n\int x^{n-1}\,dx.$$

Nun setzt man für $n = m + 1$ und erhält

$$\int x^m\,dx = \frac{x^{m+1}}{m+1} + C.$$

Für $m = -1$ versagt die Formel. Sie ergibt einen Ausdruck, der sinnlos ist weil er x überhaupt nicht enthält. Das deutet darauf hin, daß es von x keine Potenzfunktion gibt, die nach x differenziert $\frac{1}{x}$ gäbe. (Siehe Tabelle 2.) Bei der Aufnahme in die Formelsammlung merken wir diesen Vorbehalt an.

$$\int x^m \, dx = \frac{x^{m+1}}{m+1} + C, \text{ wo } m \neq -1. \tag{V) F.S.}$$

Das bisher fehlende

$$\int x^{-1} \, dx = \int \frac{1}{x} \, dx = \int \frac{dx}{x}$$

wird durch Umkehrung von (6′) F.S. gewonnen.

Es ist

$$\int \frac{dx}{x} = \ln x + C. \tag{VI) F.S.}$$

Ebenso folgt durch Umkehrung der Differentialformeln

$$\int e^x \, dx = e^x + C, \tag{VII) F.S.}$$

$$\int \cos x \, dx = \sin x + C, \tag{VIII) F.S.}$$

und unter Hinüberschaffung des —-Zeichens

$$\int \sin x \, dx = -\cos x + C, \tag{IX) F.S.}$$

$$\int \frac{dx}{\cos^2 x} = \operatorname{tg} x + C. \tag{X) F.S.}$$

Unter Hinüberschaffung des —-Zeichens ist

$$\int \frac{dx}{\sin^2 x} = -\operatorname{ctg} x + C. \tag{XI) F.S.}$$

Weiter ist

$$\int \frac{dx}{\sqrt{1 - x^2}} = \arcsin x + C, \tag{XII) F.S.}$$

$$\int \frac{dx}{\sqrt{1 - x^2}} = -\arccos x + C, \tag{XIII) F.S.}$$

$$\int \frac{dx}{1 + x^2} = \operatorname{arc\,tg} x + C, \tag{XIV) F.S.}$$

$$\int \frac{dx}{1 + x^2} = -\operatorname{arc\,ctg} x + C. \tag{XV) F.S.}$$

Bei den Formelpaaren XII, XIII und XIV, XV führt das Integral derselben Funktion auf zwei anscheinend verschiedene Funktionen, was dem S. 86 Gesagten widerspräche. Doch ist (S. 282)

$$\arccos x = \frac{\pi}{2} - \arcsin x,$$

$$\operatorname{arc\,ctg} x = \frac{\pi}{2} - \operatorname{arc\,tg} x,$$

weshalb

$$-\arccos x + C = \arcsin x - \frac{\pi}{2} + C = \arcsin x + C'.$$

Daß die Integrationskonstante in (XIII) F.S. um $\frac{\pi}{2}$ kleiner ist, ist wegen ihres willkürlichen Charakters gleichgültig.

Analog ist in (XIV) F.S. und (XV) F.S.

$$-\operatorname{arc\,ctg} x + C = \operatorname{arc\,tg} x - \frac{\pi}{2} + C.$$

Beispiele. — Man beachte das Herausheben der Konstanten!

1.
$$\int \frac{1}{2}\, x\, dx = \frac{x^2}{4} + C\,.$$
$$\int 5\, dx = 5 \int dx = 5\, x + C\,,$$
$$\int a\, x\, dx = a\, \frac{x}{2} + C\,, \qquad (a \text{ konstant})$$
$$\int a\, dx = a\, x + C\,.$$

Wie bei Anwendung von (5) F.S. ist es auch bei (V) F.S. notwendig, Wurzeln und reziproke Werte von Potenzen als Potenzen mit gebrochenen und negativen Exponenten aufzufassen.

$$\int \sqrt[3]{x}\, dx = \int x^{\frac{1}{3}}\, dx = \frac{x^{\frac{4}{3}}}{\frac{4}{3}} = \frac{3}{4} \sqrt[3]{x^4} = \frac{3}{4}\, x \sqrt[3]{x} + C\,.$$

Es ist üblich, die Integrationskonstante erst beim Schlußresultat anzuschreiben.

$$\int (5\, x + 3\, x^2 + 5\, x^3)\, dx = \frac{5}{2}\, x^2 + x^3 + \frac{5}{4}\, x^4 + C$$

$$\int \left(\frac{2}{x} + \sin x + \frac{1}{\sqrt{1 - x^2}} \right) dx = 2 \ln x - \cos x + 3 \arcsin x + C\,.$$

2. **Arbeit bei der isothermen Kompression von 1 Mol eines idealen Gases** (S. 71). Die bei der Verkleinerung des Volumens V um dV gegen den Gasdruck geleistete Arbeit A ist

$$d A = - p\, dV = - \frac{R\,T}{V}\, dV\,.$$

$R\,T$ kommt als Konstante vor das $\int$, und es folgt nach (VI) F.S.

(1) $$A = \int - R\,T\, \frac{dV}{V} = - R\,T \int \frac{dV}{V} = - R\,T \ln V + C\,.$$

A wird wegen des ——Zeichens um so größer, je kleiner das Volumen ist, auf das komprimiert wird. A hängt aber auch vom Anfangsvolumen (V_0) des Gases ab, von dem aus komprimiert wurde. V_0 wird durch die Integrationskonstante C festgelegt. Da $A = 0$ für $V = V_0$, so folgt

$$0 = - R\,T \ln V_0 + C\,.$$

Diese Gleichung von (1) subtrahiert gibt

$$A = - R\,T \ln V + R\,T \ln V_0 = R\,T\,(\ln V_0 - \ln V) = R\,T \ln \frac{V_0}{V}\,.$$

Der Schluß vom Differential auf das Integral, der schon S. 71 durchgeführt wurde, wird durch Anwendung der Integralformeln erleichtert.

3. **Der radioaktive Zerfall** (S. 59, 72). Die Menge x einer radioaktiven Substanz ändert sich so mit der Zeit, daß die Zerfallsgeschwindigkeit $\left(- \frac{dx}{dt} \right)$ proportional der vorhandenen Menge (x) ist.

$$- \frac{dx}{dt} = \lambda\, x \qquad (\lambda = \text{radioaktive Konstante})$$

(1) $$dx = - \lambda\, x\, dt\,.$$

Die verschwindende Menge ist der Zeitspanne (dt) und der vorhandenen Menge (x) proportional.

Diese Gleichung kann man nicht integrieren, weil die beiden Veränderlichen $(x,\ t)$ auf derselben Seite stehen. Zur Integration muß man die Veränderlichen trennen (separieren). In unserem Falle gelingt dies durch Division durch x.

$$\frac{dx}{x} = - \lambda\, dt\,.$$

Beiderseits integriert folgt

$$\int \frac{dx}{x} = \int -\lambda\, dt = -\lambda \int d\, = -\lambda t + c$$
$$\ln x = -\lambda t + c\,.$$

Die Integrationskonstante wird wie in allen derartigen Fällen nur auf der rechten
Seite geschrieben. Man kann sich vorstellen, daß die bei der Integration links
entstandene Konstante nach rechts geschafft wurde und c die Differenz der
beiden Konstanten ist.

Aus (2) folgt

$$x = e^{-\lambda t + c} = e\ e^{-\lambda t} = C\,e^{-\lambda t}.$$

Aus der Anfangsbedingung $= 0$, $x = x_0$ folgt $x_0 = C$ und somit

$$x = x_0\,e^{-\lambda t}\,.$$

Diese Gleichung gibt das Gesetz des radioaktiven Zerfalls für endliche Änderungen
der Veränderlichen x und t. Für unendlich kleine. differentiale Änderungen wird
es durch das Differentialgesetz (1) ausgedrückt.

Durch eine Integration haben wir hier aus dem Differentialgesetz (1) das
Integralgesetz (2) berechnet, während wir früher durch Differentiation aus dem
Integralgesetz das Differentialgesetz (Elementargesetz) berechnet haben (S. 59).

4. **Absorptionsgesetz** (S. 59).

Das Elementargesetz für die Absorption von Wellenstrahlung lautet: Die
relative Abnahme der Intensität (J) der Strahlung ist proportional der Schichtdicke (dx).

$$\frac{dJ}{J} = -k\,dx \qquad\qquad (k = \text{Extinktionsmodul}).$$

Integriert analog dem vorigen Beispiel

$$\ln J = -k\,x + c,$$

und entlogarithmiert

$$J = e^{-kx +} = C\,e^{-kx}\,.$$

Da für $x = 0$ auch $J = J_0$ sein soll (Anfangsbedingung), ist

$$J = J_0\,e^{-kx}\,.$$

5. **Barometerformel** (S. 73).

Es soll berechnet werden, wie sich der Luftdruck (p) mit der Höhe (h) über
dem Meeresspiegel ändert.

Auf dem Meeresspiegel sei der Luftdruck p_0, die Luft habe durchwegs dieselbe
Temperatur und verhalte sich wie ein ideales Gas (S. 11). Einer Vergrößerung
des h um dh entspricht eine Druckabnahme

$$-dp = s\,dh = \sigma p\,dh\,.$$

s ist das spezifische Gewicht (Wichte) beim Druck p und σ die Wichte beim
Druck 1. Die Trennung der Veränderlichen ergibt

$$\frac{dp}{p} = -\sigma\,dh\,.$$

Integriert

$$\ln p = -\sigma h + c\,.$$

Daraus folgt

$$p = C\,e^{-\sigma h}\,.$$

Da für $h = 0$, $p = p_0$ ist, so ist

$$p = p_0\,e^{-\sigma h}\,.$$

6. Arbeit beim Spannen einer Feder.

Das Arbeitsdifferential dA ist gegeben durch

$$dA = K\,ds.\qquad\qquad\text{(S. 47, 70)}$$

Die Arbeit

$$A = \int K\,ds$$

kann berechnet werden, wenn K als Funktion von s gegeben ist. Beim Dehnen einer Feder ist nach HOOKE

$$K = \varepsilon s.\qquad\qquad (\varepsilon = \text{Steife der Feder})$$

Es ist also

$$A = \int \varepsilon s\,ds = \varepsilon\frac{s^2}{2} + C.$$

Wenn wir die Arbeit von der Verlängerung ab 0 messen, ist für $s = 0$ auch $A = 0$ und daher $C = 0$. Daher ist

$$A = \varepsilon\frac{s^2}{2}.$$

Die geleistete Arbeit wächst quadratisch mit der Verlängerung.

7. Das elektrische Potential V im Abstand r von der punktförmigen Ladung $+ e$ soll berechnet werden. Das Integral dV wird bei der Anfangsbedingung $r = \infty$, $V = 0$ berechnet. Die Arbeit ist dV (S. 70), wenn man die Einheitsladung der elektrischen Masse $+ e$ um dr nähert.

$$dV = -\frac{e}{r^2}\,dr\qquad\qquad (e = \text{konstant}).$$

Daraus folgt

$$V = -\int \frac{e}{r^2}\,dr = -e\int r^{-2}\,dr = +\frac{e}{r} + C.$$

Aus der Anfangsbedingung folgt

$$C = 0.$$

Es ist daher

$$V = \frac{e}{r}.$$

8. Die kinetische Energie. Auf die ursprünglich ruhende, frei bewegliche Masse (m) wirkt eine zeitlich veränderliche Kraft (K) immer in derselben Richtung ein. Sie wird der Masse eine Geschwindigkeit (v) erteilen und dabei die Arbeit (A) leisten. Wie hängt die der Masse erteilte Geschwindigkeit mit der von der Kraft geleisteten Arbeit zusammen? Zweifellos wird die Geschwindigkeit mit der Arbeit zunehmen. Ist sie ihr proportional?

Nach dem Grundgesetz der Dynamik ist die Kraft K gegeben durch das Produkt

$$K = m\frac{dv}{dt}\qquad\qquad \left(\text{Bedeutung von } \frac{dv}{dt}\ \text{S. 26}\right).$$

Es wird daher

$$A = \int K\,ds = \int m\frac{dv}{dt}\,ds.$$

Wenn $\frac{dv}{dt}$ als $f(s)$ gegeben wäre, könnte man nach s integrieren. Da aber A durch die dem m erteilte Geschwindigkeit v ausgedrückt werden soll, setzt man

$$ds = v\,dt.$$

Unter dem $\int$ erhält man nach (1') F.S.

$$\frac{dv}{dt}\,v\,dt = v\,dv.$$

dv bedeutet den während dt erteilten Geschwindigkeitszuwachs. Es wird demnach die neue Integrationsvariable v eingeführt, und durch Integration nach v erhält man

$$A = \int m \frac{dv}{dt} ds = \int m\, v\, dv = \frac{m\, v^2}{2} + C.$$

Da $A = 0$ für $v = 0$, so ist $C = 0$. Es wird daher

$$A = \frac{m\, v^2}{2}.$$

Die Arbeit ist proportional dem Quadrate der Geschwindigkeit, die der Masse erteilt wurde. Die geleistete Arbeit wird in Bewegungsenergie $\left(\frac{m\, v^2}{2}\right)$ (oder kinetische Energie, früher auch lebendige Kraft genannt) verwandelt.

9. Die adiabate Gaskompression.

Um die Temperatur des Gases bei der isothermen Kompression (S. 56) konstant zu halten, muß die Wärme, die durch die Kompression im Gase entwickelt wird, sofort bei ihrem Entstehen an ein Bad konstanter Temperatur abgegeben werden. Diese Bedingung kann ebensowenig wie die entgegengesetzte jemals vollkommen erfüllt werden. Man kann auch die entstandene Wärme nie vollständig im Gase aufstapeln, so daß immer eine bestimmte Temperaturerhöhung der Gasmasse eintritt. Man kann die Wärmeverluste durch Leitung nur möglichst klein machen und sich so der gestellten Bedingung nähern. Dies wird erreicht, wenn die Gefäßwände aus einem schlecht leitenden Material sind und die Kompression möglichst rasch durchgeführt wird. Für den Idealfall müßte man, um die Kompression ohne irgendeinen Wärmeverlust durchzuführen, ideal wärmeundurchlässige Gefäßwände nehmen. Undurchdringlich heißt mit einem Fremdwort adiabat, und daher nennt man eine Kompression im wärmeundurchlässigen Gefäß eine adiabate.

Komprimieren wir ein ideales Gas von gegebenem Volumen und gegebener Temperatur adiabat, dann erwärmt es sich in gesetzmäßiger Weise, d. h. jedem Volumen entspricht eine bestimmte Temperatur. Die Temperatur wird um so höher, je kleiner das Volumen ist, auf das komprimiert wird.

Die Gleichung der Adiabaten gibt den Zusammenhang zwischen Molvolumen (V) und absoluter Temperatur (T). Sie soll jetzt hergeleitet werden. Ein Mol eines idealen Gases befinde sich in einem Kompressionszylinder. Es gilt die Zustandsgleichung (S. 56)

$$(1) \qquad\qquad p\, V = R\, T.$$

Außerdem gilt[1])

$$(2) \qquad\qquad C_p - C_v = R.$$

C_p bedeutet die Molwärme bei konstantem Druck, C_v bei konstantem Volumen, ebenso wie R im mechanischen Maße (z. B. erg/Mol °C) gemessen. Bei der Kompression um $- dV$ wird dem Gase die Arbeit $- p\, dV$ zugeführt (S. 71). Da in einem idealen Gase diese Arbeit nur in Wärme umgesetzt wird, so verwandelt sie sich in die äquivalente (gleichwertige) Wärmemenge. Messen wir diese im mechanischen Maß, z. B. in Erg, dann wird sie gleich der geleisteten Arbeit.

Berechnet wird sie als Produkt aus der Temperaturerhöhung dT bei der Kompression um dV mal der Molwärme C_v.

$$(3) \qquad\qquad - p\, dV = C_v\, dT$$

---

[1]) ULICH-JOST, S. 16.

Von den 3 Veränderlichen in dieser Gleichung p, V und T drücken wir p nach (1) durch V und T aus und erhalten:

$$-\frac{R\,T\,dV}{V} = C_v\,dT\,,$$

eine Differentialgleichung zwischen V und T. Durch Anwendung von (2) und Division durch C_v folgt

$$-(\varkappa - 1)\,T\,\frac{dV}{V} = dT\,.$$

$\varkappa$ ist das Verhältnis der beiden spezifischen Wärmen, $\dfrac{C_p}{C_v} = \varkappa$. Bei einem idealen Gase ist $\varkappa$ eine Konstante, unabhängig von T und V.

Trennen wir die Veränderlichen in dieser Gleichung, so erhalten wir

$$(\varkappa - 1)\,\frac{dV}{V} = -\frac{dT}{T}\,.$$

Wegen der Konstanz von $(\varkappa - 1)$ gibt sie integriert

$$(\varkappa - 1)\int \frac{dV}{V} = -\int \frac{dT}{T}\,.$$

Also

$$(\varkappa - 1)\ln V = -\ln T + \text{const}\,.$$

und

$$(\varkappa - 1)\ln V + \ln T = \text{const}\,.$$

Nach den Regeln für das Rechnen mit Logarithmen ist

$$\ln T\,V^{(\varkappa - 1)} = \text{const}\,.$$

Die Integrationskonstante wurde zur Vermeidung von Irrtümern mit const (konstant) bezeichnet. Behielte man die Bezeichnung C bei, dann müßte man beim Entlogarithmieren die e-Potenz von C neu bezeichnen, bei der darauffolgenden Multiplikation mit der Gaskonstanten R wieder eine neue Bezeichnung einführen usw. Die Bezeichnung const aber ist ein Symbol, dem man in den einzelnen Gleichungen nicht denselben Wert, nur Konstanz zuschreibt.

Durch Entlogarithmieren folgt:

$$T\,V^{(\varkappa - 1)} = \text{const}\,,$$

die Gleichung der Adiabaten.

Die Konstante wird durch den Anfangszustand des Gases, sein Volumen und seine Temperatur bestimmt.

Will man die Beziehung zwischen Druck und Volumen bei der adiabaten Kompression ermitteln, so muß T durch p und V ausgedrückt werden.

$$\frac{pV}{R}\,V^{(\varkappa - 1)} = \text{const}\,,$$

$$p\,V^{\varkappa} = \text{const}\,.$$

Diese Gleichung wird das Gesetz von POISSON genannt.

Eine wichtige Anwendung der Adiabaten S. 127.

10. Die Herleitung der Dampfspannungskurve aus der Formel von CLAUSIUS-CLAPEYRON wird im Anschluß an diese auf S. 190 mit den uns schon jetzt zugänglichen Mitteln durchgeführt.

Einführung einer neuen Veränderlichen (Substitutionsmethode). — Die Differentialgleichung der unimolekularen Reaktion und ihre Integration. Rohrzucker zerfällt in wäßriger Lösung unter Wasseraufnahme außerordentlich langsam in Glukose und Fruktose nach der Gleichung

$$C_{12}H_{22}O_{11} + H_2O \rightarrow C_6H_{12}O_6 + C_6H_{12}O_6$$

Rohrzucker $\qquad\qquad$ Glukose $\qquad$ Fruktose.

Sind in der Lösung Wasserstoffionen vorhanden, dann verläuft die Reaktion mit merklicher Geschwindigkeit.

Die Wasserstoffionen gehen nicht in die Reaktionsgleichung ein und befinden sich nach Ablauf der Reaktion in demselben Zustand wie zu Anfang. Stoffe, die sich an einer Reaktion nicht beteiligen, aber durch ihre Anwesenheit die Geschwindigkeit des Ablaufs der Reaktion verändern, nennt man Katalysatoren, die Erscheinung selbst Katalyse. Die Reaktionskonstante (S. 27) bei der Katalyse hängt von der Konzentration des Katalysators ab. Die Erfahrung zeigt, daß sie eine lineare Funktion der Konzentration des Katalysators ist.

Die Spaltung des Rohrzuckers in Glukose und Fruktose, die sog. Inversion des Rohrzuckers, geht so lange vor sich, bis der Rohrzucker völlig verbraucht ist. Sie ist ein Beispiel für eine vollständig verlaufende (irreversible, einsinnige) Reaktion. Das Gleichgewicht liegt ganz auf der rechten Seite der Gleichung. Ein Gemenge von Glukose und Fruktose bildet keinen Rohrzucker. Die Konzentration der Glukose und Fruktose beeinflußt daher die Reaktionsgeschwindigkeit nicht. In der verdünnten wäßrigen Lösung ist der eine der reagierenden Stoffe, das Wasser, in so reichlicher Menge vorhanden, daß man die Änderung, die seine Menge erfährt, vernachlässigen kann.

Die Rohrzuckerkonzentration zu Beginn der Reaktion ($t = 0$) sei a (Anfangskonzentration), zur Zeit t nur mehr $(a - x)$. Die Konzentrationen werden wie immer in der chemischen Kinetik in Mol/Liter gemessen. Die Reaktions-geschwindigkeit $\left(\dfrac{dx}{dt}\right)$ ist die Abnahme der Rohrzuckerkonzentration je Zeiteinheit und hängt nur von der jeweiligen Rohrzuckerkonzentration ab.

Nach dem Massenwirkungsgesetz von GULDBERG und WAAGE[1]), dem Grundgesetz der chemischen Kinetik, ist sie der Rohrzuckerkonzentration $(a - x)$ proportional. Als Formel

$$\frac{dx}{dt} = k\,(a - x)\,.$$

Das ist die Differentialgleichung für eine Reaktion, bei der nur eine Molekelart ihre Konzentration ändert, für eine unimolekulare Reaktion.

Die Veränderlichen lassen sich leicht durch Division durch $(a - x)$ trennen.

$$k\,dt = \frac{dx}{a - x}$$

Integriert

$$k\,t = \int \frac{dx}{a - x}\,.$$

Berechnung von $\int \dfrac{dx}{a - x}$ durch Einführung einer neuen Veränderlichen.

(VI) F.S. kann auf dieses Integral nur angewendet werden, wenn man $(a - x) = z$ und daher $dx = -\,dz$ setzt. So erhält man

$$\int \frac{dx}{a - x} = -\int \frac{dz}{z} = -\ln z + C = -\ln(a - x) + C\,.$$

$\int \dfrac{dx}{a - x}$ wurde also durch Einführung der neuen Veränderlichen $z = a - x$ auf (VI) F.S. zurückgeführt, integriert und dann die ursprünglich Veränderliche x wieder eingesetzt.

---

[1]) ULICH-JOST, S. 210.

Formulierung der Substitutionsmethode. Die Integration durch Einführung einer neuen Veränderlichen (Substitutionsmethode) ist eine der wichtigsten Integrationsmethoden. Man kann sie formulieren

$$x = \varphi(z),$$
$$\int f(x)\, dx = \int f[\varphi(z)]\, \varphi'(z)\, dz. \qquad \text{(II) F.S.}$$

Da diese Formel mit (2) F.S. eine gewisse Ähnlichkeit zeigt, wird sie als Formel (II) in die Formelsammlung aufgenommen. Sie führt dann zum Ziel, wenn $f[\varphi(z)]\varphi'(z)dz$ durch eine Grundformel integriert werden kann. Durch (II) F.S. werden wir aufmerksam gemacht, daß dx durch $\varphi'(z)\,dz$ zu ersetzen ist. Im Falle der eben behandelten unimolekularen Reaktion entspricht dem $\varphi'(z)$ das ——-Zeichen. Bei der rechnerischen Anwendung ist es der Kürze halber oft besser, die neue Veränderliche nicht mit einem neuen Symbol (z) zu bezeichnen. Obige Integration lautet dann:

$$\int \frac{dx}{a-x} = -\int \frac{d(a-x)}{a-x} = -\ln(a-x) + C.$$

Man multipliziert unter dem $\int$ und dem d mit — 1 und zur Erhaltung der Gleichheit auch vor dem $\int$ der rechten Seite. Um $d(a-x)$ zu bekommen, wird unter dem d die Konstante a addiert, was den Wert des Differentials nicht verändert (S. 68).

Integration der Differentialgleichung der unimolekularen Reaktion. — Führen wir danach die Integration der Gleichung $k\,t = \int \dfrac{dx}{a-x}$ aus, so erhalten wir

$$k\,t = \int \frac{dx}{a-x} = -\ln(a-x) + C.$$

Die Integrationskonstante ergibt sich aus der Anfangsbedingung ($x = 0$, $t = 0$).

$$0 = -\ln a + C.$$

Diese Gleichung, von der oberen abgezogen, gibt:

$$(1) \qquad k\,t = \ln a - \ln(a-x) = \ln \frac{a}{a-x}.$$

Nach x aufgelöst:

$$x = a\,(1 - e^{-kt}).$$

Entsprechend der Anfangsbedingung, mit der wir gerechnet haben, ist für $t = 0$ wegen $e^{-k0} = 1$ die verschwundene Rohrzuckerkonzentration $x = 0$.

Mit zunehmendem t nimmt e^{-kt} zuerst rasch, dann langsam ab (S. 58, Abb. 32) und nähert sich asymptotisch der Null. Dementsprechend steigt x asymptotisch auf a, was dem vollständigen Umsatz entspricht.

Um die aus dem GULDBERG-WAAGEschen Gesetz hergeleitete Beziehung an der Erfahrung zu prüfen, ist die aus (1) folgende Gleichung

$$k = \frac{1}{t} \ln \frac{a}{a-x}$$

geeigneter. Aus den zu verschiedenen Zeiten gemessenen Rohrzuckerkonzentrationen und der bekannten Anfangskonzentration läßt sich k berechnen. Die Werte für k, die für verschiedene Zeiten berechnet werden, stimmen zwar nicht vollständig überein, da sich die Abweichungen aber durch Versuchsfehler erklären lassen, gelangen wir doch zur Überzeugung, daß das aus dem GULDBERG-WAAGEschen Gesetz gefolgerte Differentialgesetz richtig ist. Die

Richtigkeit eines Differentialgesetzes zu prüfen, indem man das aus ihm berechnete Integral durch Messungen kontrolliert, ist für die mathematische
Behandlung der Naturwissenschaften charakteristisch.

Beispiele zur Substitutionsmethode. — In den folgenden Beispielen wird die
neue Veränderliche, nach der integriert wird, der Einfachheit halber nicht mit z
bezeichnet, sondern als Funktion von x angeschrieben.

$$\int \cos 2\,x\,dx = \frac{1}{2}\int \cos 2\,x\,d(2x) = \frac{1}{2}\sin 2\,x + C,$$

$$\int \cos a\,x\,dx = \frac{1}{a}\int \cos a\,x\,d(a\,x) = \frac{1}{a}\sin a\,x + C.$$

Von den Winkelfunktionen erscheinen nur Sinus und Kosinus unter den Grundformeln. Tangens und Kotangens werden folgendermaßen integriert.

$$\int \text{tg}\,x\,dx = \int \frac{\sin x}{\cos x}\,dx = -\int \frac{d\cos x}{\cos x} = -\ln \cos x + C,$$

$$\int \text{ctg}\,x\,dx = \int \frac{\cos x}{\sin x}\,dx = \int \frac{d\sin x}{\sin x} = \ln \sin x + C.$$

Weitere Beispiele:

$$\int e^{a\,x}\,dx = \frac{1}{a}\int e^{a\,x}\,d\,a\,x = \frac{1}{a}e^{a\,x} + C.$$

$$\int e^{-x}\,dx = -e^{-x} + C.$$

$\int e^{-\lambda t}\,dt$ spielt in der Lehre von der Radioaktivität eine Rolle. t bedeutet die
Zeit und λ die radioaktive Konstante. Es ist

$$\int e^{-\lambda t}\,dt = -\frac{e^{-\lambda t}}{\lambda} + C.$$

$\int e^{\frac{\mu F}{k\,T}\cos\vartheta}\sin\vartheta\,d\vartheta$ wird in der Dipoltheorie der Dielektrizitätskonstante verwendet (S. 103, 134). ϑ ist ein veränderlicher Winkel, μ, das elektrische
Moment eines Dipols, ist eine Materialkonstante; k eine universelle Konstante,
die BOLTZMANNsche Konstante; F die Stärke des elektrischen Feldes und T die
Temperatur. Diese Größen werden bei der Integration konstant gehalten. Somit
ist der Bruch $\dfrac{\mu F}{k\,T}$ eine Konstante. Nach (9') F.S. wird die neue Veränderliche
$\cos\vartheta$ eingeführt.

$$\int e^{\frac{\mu F}{k\,T}\cos\vartheta}\sin\vartheta\,d\vartheta = -\int e^{\frac{\mu F}{k\,T}\cos\vartheta}\,d\cos\vartheta = -\frac{k\,T}{\mu\,F}\,e^{\frac{\mu F}{k\,T}\cos\vartheta} + C.$$

In vielen Fällen muß der Integrand vor Einführung der neuen Veränderlichen
umgestaltet werden, so bei dem in der Wellenmechanik wichtigen $\int \cos a\,x$
$\cos b\,x\,dx$. Das Produkt der beiden Kosinus verwandelt man in die Summe von
zwei Kosinus nach dem zweiten Additionstheorem der Winkelfunktionen (S. 280).

$$2\cos\alpha\cos\beta = \cos(\alpha+\beta) + \cos(\alpha-\beta),$$

$$\cos a\,x\cos b\,x = \frac{1}{2}\left[\cos(a+b)\,x + \cos(a-b)\,x\right].$$

Dadurch wird

$$\int \cos a\,x\cos b\,x\,dx = \frac{1}{2}\int \left[\cos(a+b)\,x + \cos(a-b)\,x\right]dx$$

$$= \frac{1}{2}\left[\frac{\sin(a+b)\,x}{a+b} + \frac{\sin(a-b)\,x}{a-b}\right] + C.$$

ein für die Wellenmechanik wichtiges Resultat.

Bei $\int \sin^2 x \, dx$ führt man durch den Halbwinkelsatz (S. 279) cos 2 x ein und kann dann leicht integrieren. Es ist

$$\int \sin^2 x \, dx = \int \frac{(1-\cos 2 x)}{2} \, dx = \int \frac{dx}{2} - \frac{1}{2} \int \cos 2x \, dx$$
$$= \frac{x}{2} - \frac{\sin 2 x}{4} = \frac{x}{2} - \frac{\sin x \cos x}{2} + C \, .$$

Dieses Resultat wird S. 133 bei einer praktischen Aufgabe der Elektrizitätslehre verwendet.

In ähnlicher Weise erhält man

$$\int \cos^2 x \, dx = \int \frac{1+\cos 2 x}{2} \, dx = \frac{x}{2} + \frac{\sin x \cos x}{2} + C \, .$$

Es ist daher

$$\int \sin^2 x \, dx + \int \cos^2 x \, dx = x + C \, ,$$

was sich unmittelbar einsehen läßt, weil

$$\int \sin^2 x \, dx + \int \cos^2 x \, dx = \int (\sin^2 x + \cos^2 x) \, dx = \int 1 \, dx = x + C \, .$$

$\int \cos^2 x \, dx$ verwendet man zur Berechnung von

$$\int \sqrt{1 - x^2} \, dx \, .$$

Dieses anscheinend einfache Integral erfordert eine etwas weit hergeholte **goniometrische Substitution** (Einführung einer Winkelfunktion). Man setzt

$$x = \sin \varphi \quad \text{und daher} \quad dx = \cos \varphi \, d\varphi$$

und erhält

$$\int \sqrt{1 - x^2} \, dx = \int \sqrt{1 - \sin^2 \varphi} \, \cos \varphi \, d\varphi = \int \cos^2 \varphi \, d\varphi = \frac{\varphi}{2} + \frac{\sin \varphi \cos \varphi}{2} + C \, .$$

Führt man in dieses Resultat statt φ wieder die ursprüngliche Integrations-variable x ein durch

$$\varphi = \text{arc sin } x \, , \quad \sin \varphi = x \, , \quad \cos \varphi = \sqrt{1 - x^2} \, ,$$

so folgt

$$\int \sqrt{1 - x^2} \, dx = \frac{\text{arc sin } x}{2} + \frac{x \sqrt{1 - x^2}}{2} + C \, .$$

Dieses Resultat wird später (S. 120) zur Bestimmung des Flächeninhaltes des Kreises verwendet werden.

Die bimolekulare, vollständig verlaufende Reaktion mit gleichen Anfangskonzentrationen. — Ein Beispiel aus der chemischen Kinetik. Wenn zwei Stoffe sich in nicht umkehrbarer Weise so vereinigen, daß 1 Molekel des einen mit 1 Molekel des andern reagiert, so ist nach GULDBERG und WAAGE die momentane Reaktionsgeschwindigkeit proportional dem Produkte der jeweiligen Konzentrationen der beiden reagierenden Stoffe. Es ist (S. 27)

$$\frac{dx}{dt} = k (a - x) (b - x) \, .$$

Für den Fall, daß die Anfangskonzentrationen der beiden Stoffe einander gleich sind, daß also $a = b$ ist, geht die Gleichung über in

$$\frac{dx}{dt} = k (a - x)^2 \, .$$

Die Trennung der Veränderlichen ergibt

$$k \, dt = \frac{dx}{(a - x)^2}$$

und die Integration

$$k t = \int \frac{dx}{(a - x)^2} = - \int \frac{d(a - x)}{(a - x)^2} = - \int (a - x)^{-2} \, d(a - x)$$
$$= (a - x)^{-1} = \frac{1}{a - x} + C \, .$$

Da wir die Zeit vom Beginn der Reaktion ab messen, ist für $t = 0$ auch $x = 0$. Es wird also

$$0 = \frac{1}{a} + C$$

und durch Subtraktion von der oberen Gleichung

$$k\,t = \frac{1}{a-x} - \frac{1}{a} = \frac{x}{a\,(a-x)}$$

und

$$k = \frac{1}{t}\,\frac{x}{a\,(a-x)}\,.$$

Durch Prüfung der Konstanz von k bei verschiedenen Wertpaaren von t und x wurde die Gleichung bei vielen bimolekularen, nicht umkehrbaren Reaktionen mit gleichen Anfangskonzentrationen bewahrheitet.

$\dfrac{dy}{dx} = a - b\,y$ **(a und b sind positive Konstanten).** Diese Differentialgleichung erster Ordnung soll behandelt werden. Da die abhängig Veränderliche und ihr Differentialquotient nur in der ersten Potenz vorkommen und kein Produkt der Funktion mit ihrem Differentialquotienten auftritt, nennt man sie eine lineare Differentialgleichung.

Wir interpretieren (deuten) sie (Abb. 44) in einem xy-Koordinatensystem. Wählen wir einen Punkt in der $x\,y$-Ebene und erteilen dem a und b bestimmte feste Werte, so können wir angeben, mit welcher Steigung eine Kurve, die dieser Differentialgleichung entspricht, durch den gewählten Punkt geht.

Durch jeden Punkt mit einem $y \gtrless \dfrac{a}{b}\,\genfrac{}{}{0pt}{}{\text{fällt}}{\text{steigt}}$

die Kurve. Wir können auch die durch einen bestimmten Punkt gehende Kurve verfolgen und ihren Verlauf annähernd konstruieren, wenn wir ein möglichst kleines Stück einer Geraden zeichnen, die Steigung nach der Differentialgleichung für sein Ende bestimmen und dieses Verfahren mehrmals anwenden. So wird es klar, daß die $x\,y$-Ebene mit unendlich vielen Kurven bedeckt ist, die alle der Differentialgleichung entsprechen. Eine bestimmte Kurve kann man herausgreifen durch die Forderung, daß sie durch einen bestimmten Punkt gehen soll. Wir wollen die Gleichung jener Kurve suchen, die durch den Ursprung geht[1]).

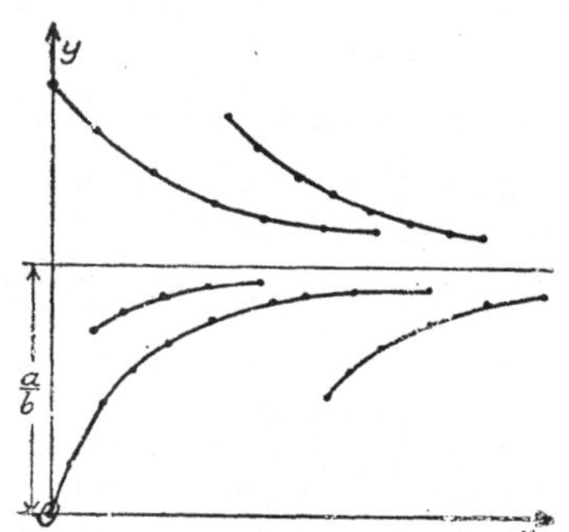
Abb. 44. Angenäherte zeichnerische Lösung von
$$\frac{dy}{dx} = a - b\,y \ldots (a,\ b\ \text{const}),$$
asymptotische Näherung an den Wert $y = \dfrac{a}{b}$.

Wir integrieren die Differentialgleichung. Zu diesem Zwecke trennen wir die Veränderlichen.

$$d\,x = \frac{d\,y}{a - b\,y}\,,$$

$$x = \int \frac{d\,y}{a - b\,y} = -\frac{1}{b} \int \frac{d\,(a - b\,y)}{a - b\,y} = -\frac{1}{b}\ln\,(a - b\,y) + C\,.$$

Aus der Anfangsbedingung, der Forderung, daß die Kurve durch den Ursprung gehen soll, daß für $x = 0$ auch $y = 0$ sein soll, folgt

$$0 = -\frac{1}{b}\ln a + C\,.$$

---

[1]) Wegen des allgemeinen Falles und seiner Anwendungen siehe S. 200.

Wir subtrahieren diese Gleichung von der oberen!

$$r = \frac{1}{b} \left[\ln a - \ln (a - b\,y)\right].$$

Nach y gelöst

$$y = \frac{a}{b} (1 - e^{-b\,x}).$$

Diese Lösung der Differentialgleichung $\frac{dy}{dx} = a - b\,y$ (a, b konstant, $y = 0$, $x = 0$) wenden wir bei Aufgaben aus vier Gebieten der Naturwissenschaften an.

1. Nacherzeugung einer radioaktiven Substanz.

Beim Zerfall des Radiums in einer Radiumlösung wird das gasförmige Radon (Radiumemanation) gebildet. Es löst sich dann in dem Wasser, das als Lösungsmittel für das Radiumsalz dient, und verwandelt sich in eine andere, radioaktive Substanz, das Radium A ($Ra\ A$). Bläst man durch die wäßrige Lösung des Radiumsalzes Luft, so kann man das Radon aus der Lösung entfernen, man „entemaniert" die Lösung.

Die Menge des Radons kann man nach physikalischen Methoden bestimmen. Sowohl Radium wie Radon zerfallen nach dem Gesetz für das Abklingen einer radioaktiven Substanz (S. 59). Radon zerfällt rascher als Radium. Die Halbwertszeit (S. 74) des Radons beträgt nur etwa 4 Tage, die des Radiums etwa 1540 Jahre. Man kann daher die Verkleinerung der Radiummmenge während der Messungen des Ansteigens der Radonkonzentration vernachlässigen und annehmen, daß sie mit konstanter Geschwindigkeit in Radon verwandelt wird. Aus dem Radium entsteht je Sekunde die Menge q von Radon. Die Menge Radon, die je Sekunde zerfällt, ist der jeweilig vorhandenen Menge proportional. Ist x die Radonmenge, λ seine radioaktive Konstante, dann gilt

$$\frac{dx}{dt} = q - \lambda\,x.$$

Mißt man die durch Zerfall des Radiums entstehende Radonmenge von der Zeit ab, wenn die Lösung vollständig entemaniert ist ($t = 0$, $x = 0$), so entspricht

$$
\begin{array}{ccc}
\text{dem } x & \text{das} & y \\
,,\ t & ,, & x \\
,,\ q & ,, & a \\
,,\ \lambda & ,, & b
\end{array}
$$

der betrachteten Differentialgleichung.

Es ist also

$$x = \frac{q}{\lambda} (1 - e^{-\lambda t})$$

die Gleichung, die die Nacherzeugung des Radons beherrscht. Für $t \to \infty$ wird die Radonmenge $x_\infty = \frac{q}{\lambda}$. Damit wird obige Gleichung zu

$$x = x_\infty (1 - e^{-\lambda t}).$$

Die Menge an Radon, die sich nach genügend langer Zeit einstellt x_∞, ändert sich mit der Zeit nicht mehr, sie ist stationär (bleibend). Aus der Muttersubstanz, dem Radium, wird ebensoviel Radon nachgebildet, wie durch seine Umwandlung in $Ra\ A$ verschwindet. Es entsteht q und verschwindet $\lambda\,x_\infty$ an Radon je

Sekunde. In Abb. 44 zeigt das Ansteigen der Kurve, die vom Ursprung ausgeht, wie die Radonmenge nach vollständiger Entemanierung mit der Zeit ansteigt.

Das hier für den Wiederanstieg des Radongehaltes einer entemanierten Radiumlösung Gesagte gilt allgemein für die Nacherzeugung eines radioaktiven Stoffes aus einer langsam zerfallenden Muttersubstanz.

2. **Ansteigen des elektrischen Stromes auf seinen O**HM**schen Wert durch Anlegen einer konstanten Spannung** (E) **an einen Widerstand** (R) **mit Selbstinduktion** (L) **(S. 60).**

Nach HELMHOLTZ ist

$$E = J R + L \frac{dJ}{dt}$$

und daher

$$\frac{dJ}{dt} = \frac{E}{L} - \frac{R}{L} J .$$

Mißt man die Zeit vom Augenblick des Anlegens von E ab, so ist für $t = 0$ auch $J = 0$.

Es entspricht

$$\text{dem } J \text{ das } y ,$$
$$\text{dem } t \text{ das } x ,$$
$$\text{dem } \frac{E}{L} \text{ das } a ,$$
$$\text{dem } \frac{R}{L} \text{ das } b \text{ der betrachteten Differentialgleichung.}$$

Es ist also

$$J = \frac{E}{R}\left(1 - e^{-\frac{R}{L} t}\right) .$$

Der OHMsche Wert des Stromes $\frac{E}{R}$ wird erst für $t \to \infty$ erreicht. Im Schaubild (Abb. 44) sieht man, wie das J mit der Zeit ansteigt und sich dem OHMschen Wert asymptotisch nähert. Bei nicht sehr großen Werten der Selbstinduktion wird der OHMsche Wert des Stromes praktisch in sehr kurzer Zeit erreicht.

3. **Fall im widerstehenden Mittel bei linearem Widerstandsgesetz.**

Bewegt sich eine kleine Kugel von der Masse (m) mit nicht zu großer Geschwindigkeit (v) durch eine zähe Flüssigkeit, so wird sie mit einer Kraft gebremst, die proportional der Geschwindigkeit ist. Der Proportionalitätsfaktor, der Widerstandskoeffizient, sei a. Die Kugel wird durch ihr scheinbares Gewicht (K) nach abwärts gezogen. Von diesem muß man $a v$, die Kraft der Reibung, die im entgegengesetzten Sinn wirkt, abziehen, um das Grundgesetz der Dynamik anwenden zu können. Es nimmt die Gestalt

$$m \frac{dv}{dt} = K - a v$$

an. Daher ist

$$\frac{dv}{dt} = \frac{K}{m} - \frac{a}{m} v .$$

Wird die Zeit von dem Augenblick an gemessen, in dem man die Kugel losläßt, so ist $v = 0$, für $t = 0$.

Es entspricht

$$v \text{ dem } y ,$$
$$t \quad \text{,,} \quad x ,$$
$$\frac{K}{m} \quad \text{,,} \quad a ,$$
$$\frac{a}{m} \quad \text{,,} \quad b \text{ der betrachteten Differentialgleichung.}$$

Daher wird

$$v = \frac{K}{a}\left(1 - e^{-\frac{a}{m}t}\right).$$

Nach genügend langer Zeit, exakt für $t \to \infty$, wird die Geschwindigkeit $v_\infty = \frac{K}{a}$ der Kraft K proportional und von der Zeit unabhängig. Dieser stationäre Zustand wird bei kleinen Kügelchen in kurzer Zeit erreicht, weil bei diesen $\frac{a}{m}$ groß ist.

Nach dem STOKESschen Gesetz[1]) ist für ein Kügelchen vom Halbmesser r der Widerstandskoeffizient $a = 6\pi\eta r$, wo η die Zähigkeit der Flüssigkeit und $m = \frac{4\pi}{3}r^3\varrho$ (ϱ = Dichte) ist. Der Quotient $\frac{a}{m} = \frac{9}{2}\frac{\eta}{\varrho\,r^2}$ nimmt also mit abnehmendem Halbmesser quadratisch zu.

Bei der Elektrizitätsleitung durch Elektrolyse gilt Ähnliches. Die Träger der Elektrizitätsleitung, die Ionen, stellt man sich als sehr kleine elektrisch geladene Kügelchen vor. Sie bewegen sich im Elektrolyten unter Einwirkung der Kräfte, die von den elektrisch geladenen Elektroden ausgeübt werden. Bei konstanten Kräften nehmen sie in sehr kurzer Zeit eine konstante Geschwindigkeit an. Da diese proportional der elektromotorischen Kraft ist, die an den Elektroden liegt, gilt in Elektrolyten das OHMsche Gesetz.

4. **Die Rohrzuckerinversion** (S. 95) mit ihrer Differentialgleichung

$$\frac{dx}{dt} = k(a-x) = ka - kx \qquad\qquad t = 0,\ x = 0$$

kann ebenfalls als ein Beispiel für die Differentialgleichung $\frac{dy}{dx} = a - by$, $a,\ b$ const., $x = 0$, $y = 0$ angesehen werden.

Es entspricht

$$
\begin{array}{lll}
x & \text{dem} & y\,,\\
t & \text{,,} & x\,,\\
ka & \text{,,} & a\,,\\
k & \text{,,} & b\ \text{der betrachteten Differentialgleichung,}
\end{array}
$$

und deshalb wird

$$x = a(1 - e^{-kt}).$$

Löst man diese Gleichung nach kt auf, so folgt wegen

$$\frac{x-a}{a} = -e^{-kt},$$

$$kt = \ln\frac{a}{a-x}.$$

Die Methode der teilweisen Integration. — Sind u und v zwei verschiedene Funktionen von x, so ist nach (3) F.S.

(1)
$$\frac{d(uv)}{dx} = u\frac{dv}{dx} + v\frac{du}{dx}$$

und

$$\frac{d(uv)\,dx}{dx} = u\frac{dv}{dx}\,dx + v\frac{du}{dx}\,dx = u\,dv + v\,du,$$

---

[1]) Wegen seiner Herleitung siehe S. 259.

wo $dv = \dfrac{dv}{dx}\,dx$ und $du = \dfrac{du}{dx}\,dx$ jene Änderung von u bzw. v bedeuten, die durch dx bewirkt wird. (1) nach x integriert gibt, da $(u\,v)$ eine Funktion von x ist,

$$u\,v = \int u\,\frac{dv}{dx}\,dx + \int v\,\frac{du}{dx}\,dx\,.$$

Es ist also

$$\int u\,\frac{dv}{dx}\,dx = u\,v - \int v\,\frac{du}{dx}\,dx\,.$$

In Worten: Wenn man einen Integranden als Produkt $\left(u\dfrac{dv}{dx}\right)$ einer Funktion u von x mit dem Differentialquotienten einer andern Funktion v von x auffaßt, so erhält man sein Integral, wenn man $\dfrac{dv}{dx}$ integriert, das Resultat mit u multipliziert und davon das Integral über das Produkt $\left(v\dfrac{du}{dx}\right)$ abzieht.

Beispiel.

$$\int x\cos x\,dx\,.$$

Wir setzen $x = u$ und $\cos x = \dfrac{dv}{dx}$. Das gibt nach x integriert

$$v = \int \frac{dv}{dx}\,dx = \sin x + C$$

und

$$\frac{du}{dx} = 1\,.$$

Infolgedessen ist

$$\int x\cos x\,dx = x\sin x + C\,x - \int(\sin x + C)\,dx = x\sin x + \cos x + C\,.$$

In $\int x\cos x\,dx$ kann man $\cos x\,dx$ bequemer als $d\sin x$ auffassen, indem man die Integration im Kopf durchführt und für $\int x\cos x\,dx = \int x\,d\sin x$ setzt. Unter dem d steht jetzt das v, wir können es $\int u\,dv$ schreiben. Das abzuziehende Integral $\int \sin x\,dx$ kann als $\int v\,du$ aufgefaßt werden.

Führen wir dies allgemein durch, indem wir $\int v\dfrac{du}{dx}\,dx = \int v\,du$ schreiben, dann erhält die Formel für die teilweise Integration die Gestalt

$$\int u\,dv = u\,v - \int v\,du\,.\qquad\qquad\text{(III) F.S.}$$

in der wir sie auch in die Formelsammlung aufnehmen.

Zunächst wenden wir sie an, um gewisse einfache Funktionen zu integrieren, die weder durch die Grundformel noch durch Substitution integriert werden konnten, nämlich $\ln x$ und die zyklometrischen Funktionen. Bei ihnen wird die betreffende Funktion als u und x als v aufgefaßt.

Beispiele.

1. Indem man $\ln x = u$ und $x = v$ setzt, folgt für:

$$\int \ln x\,dx = x\ln x - \int x\,\frac{dx}{x} = x\ln x - x = x(\ln x - 1) + C\,.\quad\text{(S. 55)}$$

Eine wichtige Anwendung dieser Formel siehe S. 139.

Auch bei den folgenden Beispielen ist der Integrand $= u$ zu setzen.

2. $\quad \displaystyle\int \text{arc}\sin x\,dx = x\,\text{arc}\sin x - \int \frac{x\,dx}{\sqrt{1-x^2}} = x\,\text{arc}\sin x + \frac{1}{2}\int \frac{d(1-x^2)}{\sqrt{1-x^2}}$

$$= x\,\text{arc}\sin x + \frac{1}{2}\frac{(1-x^2)^{\frac{1}{2}}}{\frac{1}{2}} = x\,\text{arc}\sin x + \sqrt{1-x^2} + C\,.$$

3. $\int \mathrm{arc}\cos x\,dx = x\,\mathrm{arc}\cos x + \int x\,\dfrac{dx}{\sqrt{1-x^2}} = x\,\mathrm{arc}\cos x - \sqrt{1-x^2} + C$.

4. $\int \mathrm{arc\,tg}\,x\,dx = x\,\mathrm{arc\,tg}\,x - \int \dfrac{x\,dx}{1+x^2} = x\,\mathrm{arc\,tg}\,x - \dfrac{1}{2}\ln(1+x^2) + C$.

5. $\int \mathrm{arc\,ctg}\,x\,dx = x\,\mathrm{arc\,ctg}\,x + \int \dfrac{x\,dx}{1+x^2} = x\,\mathrm{arc\,ctg}\,x + \dfrac{1}{2}\ln(1+x^2) + C$.

$\int \mathrm{arc}\sin x\,dx + \int \mathrm{arc}\cos x\,dx = x\,(\mathrm{arc}\sin x + \mathrm{arc}\cos x) + C = \dfrac{\pi}{2}\,x + C$.

Das kann man auch durch Integration der Summe der Integranden $= \dfrac{\pi}{2}$ (S. 282) herleiten. Analoges gilt für die Integrale unter 4. und 5.

6. Für die Dipoltheorie der Dielektrika ist wichtig $\int x\,e^{cx}\,dx$. Indem man $x = u$ und $d\,\dfrac{e^{cx}}{c} = d\,v$ setzt, erhält man

$$\int x\,e^{cx}\,dx = \frac{x\,e^{cx}}{c} - \int \frac{e^{cx}}{c}\,dx = \frac{x\,e^{cx}}{c} - \frac{e^{cx}}{c^2} = \frac{e^{cx}}{c}\left(x - \frac{1}{c}\right) + C.$$

Dementsprechend wird (A const, wegen Bedeutung von μ, F, k, T siehe S. 96, 135) mit der Substitution $\dfrac{\mu F}{k T} = c$, $\cos \vartheta = x$.

$$A\,e^{\frac{\mu F}{k T}\cos\vartheta}\,\mu\cos\vartheta\sin\vartheta\,d\vartheta = -A\,\mu\int e^{cx}\,x\,dx$$
$$= -A\,\mu\,e^{\frac{\mu F}{k T}\cos\vartheta}\,\frac{k T}{\mu F}\left(\cos\vartheta - \frac{k T}{\mu F}\right) + C.$$

Die Partialbruchzerlegung. — Die Integration der Differentialgleichung für die vollständig verlaufende bimolekulare Reaktion mit verschiedenen Anfangskonzentrationen (S. 26, 27, 97) führt uns auf eine neue Integrationsmethode Es ist

$$\frac{dx}{dt} = k\,(a - x)\,(b - x).$$

Trennung der Veränderlichen und Integration führt auf

$$k\,t = \int \frac{dx}{(a - x)\,(b - x)}.$$

Dieses Integral kann man nach (II) F.S. oder (III) F.S. nicht berechnen Zerlegt man aber den Integranden, den Bruch $\dfrac{1}{(a-x)(b-x)}$, in eine Summe von zwei Partialbrüchen, von denen der eine $(a - x)$, der andere $(b - x)$ zum Nenner hat, dann ist dies möglich. Die beiden Zähler Z_1 und Z_2 werden so gewählt, daß sie von x frei sind.

$$\frac{1}{(a-x)\,(b-x)} = \frac{Z_1}{a-x} + \frac{Z_2}{b-x}.$$

Daraus folgt

$$1 = Z_1\,(b - x) + Z_2\,(a - x)$$

und

$$1 = Z_1\,b + Z_2\,a - x\,(Z_1 + Z_2).$$

Damit Z_1 und Z_2 von x frei werden, setzen wir

$$Z_2 = -Z_1,$$
$$1 = Z_1\,b - Z_1\,a = Z_1\,(b - a).$$

Es ist also, da $Z_1 = \dfrac{1}{b-a}$, $Z_2 = -\dfrac{1}{b-a}$ ist,

$$\frac{1}{(a-x)(b-x)} = \frac{1}{(b-a)(a-x)} - \frac{1}{(b-a)(b-x)}.$$

Setzen wir diese Summe in das gesuchte Integral ein, so bekommen wir

$$\int \frac{dx}{(a-x)(b-x)} = \int \frac{dx}{(b-a)(a-x)} - \int \frac{dx}{(b-a)(b-x)}$$

$$= \frac{1}{b-a} \int \frac{dx}{a-x} - \frac{1}{b-a} \int \frac{dx}{b-x} = \frac{1}{b-a} \left(\int \frac{dx}{a-x} - \int \frac{dx}{b-x} \right)$$

$$= \frac{1}{b-a} \left[\int \frac{d(b-x)}{b-x} - \int \frac{d(a-x)}{a-x} \right] = \frac{1}{b-a} \left[\ln(b-x) - \ln(a-x) \right]$$

$$= \frac{1}{b-a} \ln \frac{b-x}{a-x} + C.$$

Das ist ein Beispiel für die Integration durch Partialbruchzerlegung. Die weitere Entwicklung der Methode ermöglicht die Integration jeder rationalen Funktion[1]).

Wir schreiben sie unter (IV) F.S. als Partialbruchzerlegung ein.

Die bimolekulare, vollständig verlaufende Reaktion.

$$kt = \frac{1}{b-a} \ln \frac{b-x}{a-x} + C$$

ist ein unbestimmtes Integral der Differentialgleichung für die bimolekulare vollständig verlaufende Reaktion (S. 103).

Setzen wir fest, daß zu Beginn der Reaktion, für $t = 0$, noch kein Reaktionsprodukt vorhanden ist, daß also $x = 0$ ist, so folgt

$$0 = \frac{1}{b-a} \ln \frac{b}{a} + C.$$

Von der oberen Gleichung abgezogen, gibt es

$$kt = \frac{1}{b-a} \left(\ln \frac{b-x}{a-x} - \ln \frac{b}{a} \right).$$

Durch Anwendung der Formeln für das Logarithmenrechnen (S. 233) folgt

$$kt = \frac{1}{b-a} \ln \frac{a(b-x)}{b(a-x)}.$$

Zur Bewahrheitung der Formel prüft man, ob die Konstante

$$k = \frac{1}{t(b-a)} \ln \frac{a(b-x)}{b(a-x)}$$

für verschiedene Wertpaare von t und x praktisch übereinstimmende Werte gibt.

Beispiele für die bimolekulare Reaktion gibt es in großer Zahl. So sei an die von MENSCHUTKIN (S. 26) untersuchte Bildung von Tetramethylammoniumjodid und die Verseifung von Estern durch Laugen erinnert. Von diesen reagiert nur das $\overline{OH}$-Ion. Man kann die Verseifung folgendermaßen formulieren.

$$RCOO \cdot R' + \overline{OH} \rightarrow \overline{RCOO} + R'OH.$$
$$\text{Ester} \qquad\qquad \text{Anion} \qquad \text{Alkohol}$$

---

[1]) Siehe ROTHE II, S. 24.

R und R' sind zwei verschiedene oder zwei gleiche organische Radikale. Da die Reaktionsprodukte aufeinander nicht einwirken, ist die Reaktion nicht umkehrbar.

Die Differentialgleichung der bimolekularen, vollständig verlaufenden Reaktion

$$\frac{dx}{dt} = k\,(a-x)\,(b-x)$$

wurde schon früher (S. 98) für den Sonderfall integriert, daß $b = a$ ist, und ergab

$$k\,t = \frac{x}{a\,(a-x)}\,.$$

Man sollte nun erwarten, daß

$$k\,t = \frac{1}{b-a}\ln\frac{a\,(b-x)}{b\,(a-x)}$$

für $b \to a$ in letztere Gleichung übergeht. Es wird aber

$$k\,t = \frac{1}{0}\ln\frac{a\,(b-x)}{b\,(a-x)}\Big|_{b=a} = \frac{1}{0}\ln 1 = \frac{1}{0}\,0 = \frac{0}{0}\,.$$

Wir erhalten also einen Bruch, dessen Zähler und Nenner 0 ist. $\frac{0}{0}$ hat keinen bestimmten Wert (S. 15), deshalb müssen wir die Rechnung in anderer Weise durchführen. Dazu müssen wir ein Kapitel der Differentialrechnung nachtragen, das bis jetzt absichtlich zurückgestellt wurde, weil es erst jetzt praktisch verwertet wird.

Einschaltung über die Ermittlung unbestimmter Werte von der Form $\frac{0}{0},\frac{\infty}{\infty}, 0\,\infty\,,\infty-\infty.$

Zwei Funktionen von x, $\varphi(x)$ und $\psi(x)$, seien gegeben, die die Eigenschaft haben, daß sie für $x = a$ den Wert 0 annehmen. Es ist also

$$\varphi(a) = \psi(a) = 0\,.$$

Der Bruch $\frac{\varphi(x)}{\psi(x)}$ hat dann für $x = a$ keinen bestimmten Wert, denn es ist

$$\frac{\varphi(a)}{\psi(a)} = \frac{0}{0}\,.$$

Wir ändern an dem Wert eines Bruches nichts, wenn wir von seinem Zähler und Nenner Größen, die 0 sind, subtrahieren und die beiden durch dieselbe Zahl dividieren. Wir subtrahieren von Zähler und Nenner des Bruches $\frac{\varphi(a+h)}{\psi(a+h)}$ $\varphi(a)$ bzw. $\psi(a)$ und dividieren beide durch h.

$$\frac{\varphi(a+h)}{\psi(a+h)} = \frac{\varphi(a+h)-\varphi(a)}{\psi(a+h)-\psi(a)} = \frac{\dfrac{\varphi(a+h)-\varphi(a)}{h}}{\dfrac{\psi(a+h)-\psi(a)}{h}}\,.$$

Für $h \to 0$ erhalten wir[1])

$$\boxed{\frac{\varphi(a)}{\psi(a)} = \frac{\varphi'(a)}{\psi'(a)}}\,.$$

Beispiele.

1.
$$\frac{0}{0} = \frac{x^2+4x-5}{x^2-1}\Big|_{x=1} = \frac{2x+4}{2x}\Big|_{x=1} = \frac{6}{2} = 3\,.$$

Dieses Beispiel wurde S. 15 durch Zerlegen von Zähler und Nenner in das Produkt zweier Binome, durch Kürzen durch den nullwerdenden Faktor und Einsetzen von $x = 1$ erledigt.

---

[1]) Wegen der Kritik dieses Resultates siehe S. 166.

2.
$$\frac{\sin x}{x}\bigg|_{x=0} = \frac{0}{0} = \frac{\cos x}{1}\bigg|_{x=0} = 1\,.$$

Dieses Beispiel wurde S. 21 durch geometrische Betrachtung erledigt. Hier ist aber keine neue Berechnung dieses Grenzwertes gegeben, weil dabei (8) F.S. verwendet wird, das S. 61 unter Verwendung dieses Grenzwertes berechnet wurde.

3.
$$\frac{0}{0} = \frac{1 - e^{-cx}}{x}\bigg|_{x=0} = \frac{c\,e^{-cx}}{1}\bigg|_{x=0} = c\,.$$

4. Wir rechnen das Beispiel, das uns zur Ermittlung unbestimmter Werte von der Form $\dfrac{0}{0}$ veranlaßt hat (S. 105).

$$\frac{1}{b-a}\,ln\,\frac{a\,(b-x)}{b\,(a-x)} = \frac{ln\,\dfrac{a\,(b-x)}{b\,(a-x)}}{b-a}$$

soll für $b \to a$ berechnet werden. x ist hier konstant, b die Veränderliche, nach der Zähler und Nenner zu differenzieren sind. Im Resultat ist $b = a$ zu setzen. Der Differentialquotient des Nenners ist 1, er wird durch den Übergang $b = a$ nicht verändert. Da auch der Zähler durch eine Division durch 1 nicht verändert wird, wird der Nenner 1 nicht angeschrieben. Es ist

$$\frac{ln\,\dfrac{a\,(b-x)}{b\,(a-x)}}{b-a}\bigg|_{b=a} = \frac{d}{db}\Big[ln\,a + ln\,(b-x) - ln\,b - ln\,(a-x)\Big]\bigg|_{b=a}$$

$$= \Big[\frac{1}{b-x} - \frac{1}{b}\Big]\bigg|_{b=a} = \frac{1}{a-x} - \frac{1}{a} = \frac{x}{a\,(a-x)}\,.$$

Wir haben das erwartete Resultat (S. 98) erhalten.

Den unbestimmten Ausdruck $\dfrac{\infty}{\infty}$ kann man folgendermaßen auf $\dfrac{0}{0}$ zurückführen: Zwei Funktionen von x seien gegeben $f(x)$ und $F(x)$, die beide für $x = a$ unendlich werden. Es ist also $f(a) = \infty$ und $F(a) = \infty$.

$$\frac{f(a)}{F(a)} = \frac{\infty}{\infty}\,.$$

Der wahre Wert von $\dfrac{f(a)}{F(a)}$ soll ermittelt werden.

Mit den Kürzungen

$$\frac{1}{F(x)} = \varphi(x)\,,$$

$$\frac{1}{f(x)} = \psi(x)$$

wird

$$\frac{f(x)}{F(x)} = \frac{\dfrac{1}{F(x)}}{\dfrac{1}{f(x)}} = \frac{\varphi(x)}{\psi(x)}\,.$$

Da

$$\frac{\varphi(x)}{\psi(x)}\bigg|_{x=a} = \frac{0}{0}\,,$$

können wir die bekannte Regel verwenden. Es ist

$$\frac{\varphi'(x)}{\psi'(x)} = \frac{-\dfrac{1}{F(x)^2}\,F'(x)}{-\dfrac{1}{f(x)^2}\,f'(x)} = \Big(\frac{f(x)^2}{F(x)^2}\Big)\frac{F'(x)}{f'(x)}\,.$$

Setzen wir den Wert von $\dfrac{f(a)}{F(a)} = q$, dann ist für $x = a$

$$q = \frac{F'(a)}{f'(a)}\, q^2,$$

also

$$q = \frac{f'(a)}{F'(a)}.$$

Zur Bestimmung des wahren Wertes des unbestimmten $\dfrac{\infty}{\infty}$ gilt also dieselbe Regel wie zur Bestimmung von $\dfrac{0}{0}$.

Beispiele.

1.
$$\frac{x}{e^{x^2}}\bigg|_{x=\infty} = \frac{\infty}{\infty}$$

$$\frac{x}{e^{x^2}}\bigg|_{x=\infty} = \frac{1}{2\,x\,e^{x^2}}\bigg|_{x=\infty} = 0.$$

2.
$$\frac{x^2}{e^{x^2}}\bigg|_{x=\infty} = \frac{\infty}{\infty}$$

$$\frac{x^2}{e^{x^2}}\bigg|_{x=\infty} = \frac{2\,x}{2\,x\,e^{x^2}}\bigg|_{x=\infty} = \frac{1}{e^{x^2}}\bigg|_{x=\infty} = 0.$$

3.
$$\frac{x^3}{e^{x^2}}\bigg|_{x=\infty} = \frac{\infty}{\infty}$$

$$\frac{x^3}{e^{x^2}}\bigg|_{x=\infty} = \frac{3\,x^2}{2\,x\,e^{x^2}}\bigg|_{x=\infty} = \frac{3}{2}\frac{x}{e^{x^2}}\bigg|_{x=\infty} = 0.$$

Die in diesen drei Beispielen behandelten Brüche können auch als Produkt von der unbestimmten Form $0\,\infty$ aufgefaßt werden. Denn es ist

$$\frac{x}{e^{x^2}} = x\,e^{-x^2},$$

$$\frac{x^2}{e^{x^2}} = x^2\,e^{-x^2},$$

$$\frac{x^3}{e^{x^2}} = x^3\,e^{-x^2}.$$

Diese 3 Produkte nehmen für $x = \infty$ die Gestalt $\infty\cdot 0$ an. Aus dem Vorigen folgt, daß ihr Wert gleich 0 ist. Davon wird später Gebrauch gemacht.

Den unbestimmten Wert $\infty - \infty$ kann man folgendermaßen auf $\dfrac{0}{0}$ zurückführen. Die beiden Funktionen $F(x)$ und $f(x)$ seien für $x = a$ unendlich, so daß $F(a) = f(a) = \infty$. Um diesen unbestimmten Wert zu bestimmen, benützen wir als Kürzung

$$\frac{1}{f(x)} = f_1(x)$$

(*)

$$\frac{1}{F(x)} = F_1(x).$$

Somit wird

$$F(x) - f(x) = \frac{1}{F_1(x)} - \frac{1}{f_1(x)} = \frac{f_1(x) - F_1(x)}{F_1(x)\,f_1(x)}.$$

Wegen (*) ist $f_1(a) = F_1(a) = 0$ und daher

$$\frac{f_1(x) - F_1(x)}{F_1(x)\, f_1(x)} = \frac{0}{0}\,.$$

Es ist daher nach dem Vorigen

$$[F(x) - f(x)]\Big|_{x=a} = \frac{f_1(x) - F_1(x)}{F_1(x)\, f_1(x)}\Big|_{x=a} = \frac{f_1'(x) - F_1'(x)}{F_1'(x)\, f_1(x) + F_1(x)\, f_1'(x)}\Big|_{x=a}\,.$$

In den folgenden Beispielen sind die beiden unendlich werdenden Funktionen als reziproke Werte von 0 werdenden Funktionen gegeben.

1. $\quad \dfrac{1}{x} - \dfrac{1}{e^x - 1}\Big|_{x=0} = \dfrac{e^x - 1 - x}{x\,(e^x - 1)}\Big|_{x=0} = \dfrac{e^x - 1}{e^x - 1 + x\, e^x}\Big|_{x=0} = \dfrac{e^x}{e^x + e^x + x\, e^x}\Big|_{x=0} = \dfrac{1}{2}$

2. $\quad \dfrac{1}{x^3} - \dfrac{1}{\sin x}\Big|_{x=0} = \dfrac{\sin x - x^3}{x^3 \sin x}\Big|_{x=0} = \dfrac{\cos x - 3\,x^2}{3\,x^2 \sin x + x^3 \cos x}\Big|_{x=0} = \dfrac{1}{0} = \infty$

3. $\quad \dfrac{1}{\sin x} - \dfrac{1}{x}\Big|_{x=0} = \dfrac{x - \sin x}{x \sin x}\Big|_{x=0} = \dfrac{1 - \cos x}{x \cos x + \sin x}\Big|_{x=0}$

$$= \frac{\sin x}{\cos x - x \sin x + \cos x}\Big|_{x=0} = \frac{0}{2} = 0\,.$$

Durch Vertauschen der Glieder in den Beispielen 1 und 2 hätten wir für $\infty - \infty$ den Wert $-\dfrac{1}{2}$ bzw. $-\infty$ erhalten. Wie die Beispiele zeigen, kann also $\infty - \infty$ sowohl endliche positive und negative Werte sowie die Werte $\pm \infty$ und 0 annehmen.

Beispiel für Partialbruchzerlegung. Wiedervereinigung der Gasionen. — Durch die ionisierende Wirkung[1]) einer konstanten Strahlung sollen in einem Gase in der Raumeinheit je Sekunde q positive und ebenso viele negative Ionen entstehen. Da sich die positiven mit den negativen Ionen paarweise wieder vereinigen, nimmt die Anzahl der vorhandenen Ionen ab. Es verschwindet je Sekunde von den in der Raumeinheit vorhandenen n positiven Ionen ein Betrag, der proportional dem Quadrate von n ist, weil die Wiedervereinigung der Ionen dem Gesetz einer vollständig verlaufenden, bimolekularen Reaktion folgt. Der Proportionalitätsfaktor α, der **Wiedervereinigungskoeffizient**, ist eine von der Natur und dem Zustand des Gases abhängige Materialkonstante.

Wir erhalten die Differentialgleichung

$$\frac{dn}{dt} = q - \alpha\, n^2\,.$$

Aus ihr kann der Zusammenhang zwischen endlichen Änderungen von n und berechnet werden. Trennung der Veränderlichen und Integration ergibt

$$t = \int \frac{dn}{q - \alpha\, n^2} = \frac{1}{\alpha} \int \frac{dn}{\dfrac{q}{\alpha} - n^2}\,.$$

Setzt man für $\dfrac{q}{\alpha} = k^2$, so erhält man

$$= \frac{1}{\alpha} \int \frac{dn}{k^2 - n^2}\,.$$

---

[1]) Siehe J. J. Thomson, Elektrizitätsdurchgang in Gasen (Leipzig 1906), S. 15ff.

Nun zerlegt man den Integranden

$$\frac{1}{k^2 - n^2} = \frac{1}{(k+n)(k-n)}$$

in 2 Partialbrüche und bestimmt die Zähler der Partialbrüche aus

$$\frac{1}{(k+n)(k-n)} = \frac{Z_1}{k+n} + \frac{Z_2}{k-n} \, .$$

Es muß also sein

$$1 = Z_1 (k-n) + Z_2 (k+n) = k (Z_1 + Z_2) + n (Z_2 - Z_1) \, .$$

Setzt man $Z_2 = Z_1$, so erhält man

$$1 = 2 k Z_1 \, ,$$

woraus folgt

$$Z_1 = Z_2 = \frac{1}{2 k} \, .$$

So wird

$$\frac{1}{(k+n)(k-n)} = \frac{1}{2 k (k+n)} + \frac{1}{2 k (k-n)}$$

Das gibt, in das Integral eingesetzt,

$$= \frac{1}{\alpha} \int \frac{dn}{(k+n)(k-n)} = \frac{1}{\alpha} \int \left(\frac{1}{2 k (k+n)} + \frac{1}{2 k (k-n)} \right) dn$$

$$= \frac{1}{2 \alpha k} \left[\int \frac{dn}{k+n} + \int \frac{dn}{k-n} \right] = \frac{1}{2 \alpha k} \left[\ln (k+n) - \ln (k-n) \right]$$

$$= \frac{1}{2 \alpha k} \ln \frac{k+n}{k-n} + C \, .$$

Zählen wir die Zeit (t) vom Beginn der Einwirkung der ionisierenden Strahlung und nehmen an, daß vor der Einwirkung keine Ionen vorhanden waren, so ist für $t = 0$ auch $n = 0$ und daher

$$0 = \frac{1}{2 \alpha k} \ln 1 + C = 0 + C \, .$$

Die Integrationskonstante verschwindet. Nach n aufgelöst, gibt die Gleichung

$$\frac{k+n}{k-n} = e^{2 \alpha k t} \, ,$$

$$k + n = k \, e^{2 \alpha k t} - n \, e^{2 \alpha k t} \, ,$$

$$n \, (1 + e^{2 \alpha k t}) = k \, (e^{2 \alpha k t} - 1) \, ,$$

$$n = k \, \frac{e^{2 \alpha k t} - 1}{e^{2 \alpha k t} + 1} \, .$$

Die Autokatalyse unimolekularer Reaktionen. — Wirkt bei der Reaktion entstehender oder verschwindender Stoffe einer derselben als Katalysator, so nennt man einen derartigen Vorgang Autokatalyse. Eine Autokatalyse bei unimolekularen, vollständig verlaufenden Reaktionen, bei denen der verschwindende bzw. entstehende Stoff die Reaktion beschleunigt, wollen wir betrachten. Die Reaktionskonstante, der Faktor, mit dem die Konzentration des reagierenden Stoffes multipliziert werden muß, ist selbst von der Konzentration des als Katalysator wirkenden Stoffes abhängig. Diese Abhängigkeit nehmen wir als linear an.

Wir behandeln zuerst den Fall, daß der verschwindende Stoff als Katalysator wirkt. Statt der Reaktionskonstanten führen wir in die Differentialgleichung die Größe $[k + k'\,(a - x)]$ ein. Mit dieser Größe muß die Konzentration des reagierenden Stoffes $(a - x)$ multipliziert werden, um die Reaktionsgeschwindigkeit $\dfrac{dx}{dt}$ zu ergeben. Die Differentialgleichung lautet

$$\frac{dx}{dt} = [k + k'\,(a - x)]\,(a - x)\,.$$

Trennung der Veränderlichen, Integration und Einführung von $z = a - x$ zur Vereinfachung der Rechnung ergibt

$$t = \int \frac{dx}{[k + k'\,(a - x)]\,(a - x)} = -\int \frac{dz}{[k + k'\,z]\,z}\,.$$

Die Zerlegung des Integranden in zwei Partialbrüche mit den Zählern Z_1 und Z_2 ergibt

$$\frac{1}{[k + k'\,z]\,z} = \frac{Z_1}{k + k'\,z} + \frac{Z_2}{z}\,.$$

$$1 = Z_1\,z + Z_2\,(k + k'\,z) = Z_2\,k + z\,(Z_1 + Z_2\,k')\,.$$

Wir setzen

$$Z_1 + Z_2\,k' = 0\,.$$

Es ist also

$$Z_1 = -\,Z_2\,k'$$

und

$$Z_2 = \frac{1}{k}\,,$$

$$Z_1 = -\,\frac{k'}{k}\,.$$

Eingesetzt:

$$\frac{1}{[k + k'\,z]\,z} = \frac{1}{k\,z} - \frac{k'}{k\,(k + k'\,z)}\,.$$

Ins Integral eingesetzt und mit schließlicher Wiedereinführung von x gibt es

$$t = -\int \frac{dz}{(k + k'\,z)\,z} = -\frac{1}{k}\int \frac{dz}{z} + \frac{k'}{k}\int \frac{dz}{k + k'\,z}$$

$$= -\frac{1}{k}\,\ln z + \frac{1}{k}\,\ln\,(k + k'\,z) + C$$

$$= \frac{1}{k}\,\ln \frac{k + k'\,z}{z} + C = \frac{1}{k}\,\ln \frac{k + k'\,(a - x)}{a - x} + C\,.$$

Da für $t = 0$ auch $x = 0$ ist, so ist

$$0 = \frac{1}{k}\,\ln \frac{k + k'\,a}{a} + C\,.$$

Von der oberen Gleichung abgezogen:

$$t = \frac{1}{k}\left[\ln \frac{k + k'\,(a - x)}{a - x} - \ln \frac{k + k'\,a}{a}\right] = \frac{1}{k}\,\ln \frac{a\,[k + k'\,(a - x)]}{(a - x)\,(k + k'\,a)}\,.$$

Beschleunigt der entstehende Stoff eine unimolekulare, vollständig verlaufende Reaktion, so kommen wir auf die Differentialgleichung

$$\frac{dx}{dt} = (k + k'\,x)\,(a - x)\,.$$

In derselben Weise wie früher erhalten wir

$$t = \int \frac{dx}{(k + k'\,x)\,(a - x)} = -\int \frac{dz}{[k + k'\,(a - z)]\,z}\,.$$

Die Partialzerlegung führt auf

$$\frac{1}{[k + k'(a - z)]\,z} = \frac{Z_1}{z} + \frac{Z_2}{k + k'(a - z)}\,,$$

$$1 = Z_1[k + k'(a - z)] + Z_2 z = Z_1 k + Z_1 k' a + z(Z_2 - Z_1 k')\,,$$

$$Z_2 = k' Z_1\,,$$

$$1 = Z_1 k + Z_1 k' a = Z_1(k + k' a)\,,$$

$$Z_1 = \frac{1}{k + k' a}\,,$$

$$Z_2 = \frac{k'}{k + k' a}\,.$$

Es ist also:

$$\frac{1}{[k + k'(a - z)]\,z} = \frac{1}{(k + k' a)\,z} + \frac{k'}{(k + k' a)\,[k + k'(a - z)]}$$

und

$$t = -\int \frac{dz}{[k + k'(a - z)]\,z} = -\frac{1}{k + k' a}\int \frac{dz}{z} - \frac{k'}{k + k' a}\int \frac{dz}{[k + k'(a - z)]}$$

$$= \frac{1}{k + k' a}\left[\int \frac{d[k + k'(a - z)]}{k + k'(a - z)} - \int \frac{dz}{z}\right] = \frac{1}{k + k' a}\{\ln[k + k'(a - z)] - \ln z\}$$

$$= \frac{1}{k + k' a}\ln \frac{k + k'(a - z)}{z} = \frac{1}{k + k' a}\ln \frac{k + k' x}{a - x} + C\,.$$

Die Anfangsbedingung $x = 0$ für $t = 0$ gibt

$$0 = \frac{1}{k + k' a}\ln \frac{k}{a} + C\,.$$

Daraus folgt

$$t = \frac{1}{k + k' a}\left[\ln \frac{k + k' x}{a - x} - \ln \frac{k}{a}\right] = \frac{1}{k + k' a}\ln \frac{a(k + k' x)}{k(a - x)}$$

Beispiele zur Autokatalyse bei OSTWALD, Allgemeine Chemie, 2. Aufl. (Leipzig 1893), Bd. 2^2, S. 267.

Das bestimmte Integral

Begriff des bestimmten Integrals. — Gegeben sei $F(x_0)$, der Wert von $F(x)$ für x_0. Ebenso

(1) $\qquad F'(x) = f(x)$

für jeden Wert des x. Gesucht wird $F(x_n)$, der Wert des $F(x)$ für x_n. Wir könnten $F(x)$ als das unbestimmte Integral von $f(x)$ berechnen, die Integrationskonstante ermitteln und dann $F(x_n)$ bestimmen. Wir wollen aber zunächst das unbestimmte Integral ausschalten und erst später darauf zurückkommen.

Darum gehen wir einen andern Weg und berechnen die Differenz $F(x_n) - F(x_0)$. Diese Berechnung stellen wir im Diagramm dar. Wir tragen die Werte von $F(x)$ als Ordinaten auf. Die Ordinate für x_0 ist der

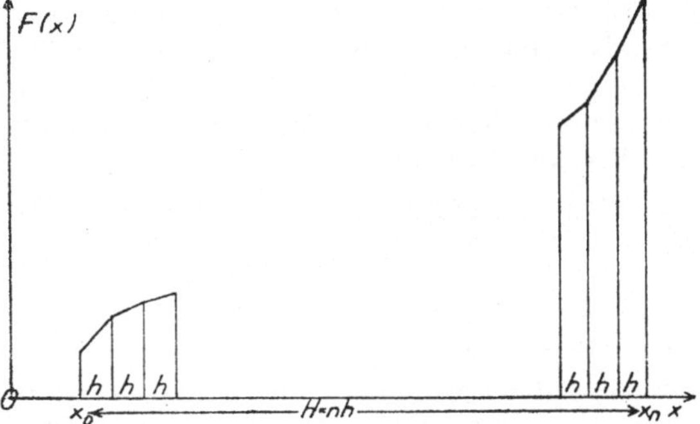

Abb. 45. Berechnung von $F(x_n) - F(x_0)$ aus den bekannten Steigungen.

gegebene Wert $F(x_0)$. Gesucht wird die Ordinate für x_n. Das Intervall $x_n - x_0$, in dem der Zuwachs von $F(x_0)$ auf $F(x_n)$ erfolgt, bezeichnen wir mit H und zerlegen es in n gleiche Teilspannen h. Es ist

$$x_n - x_0 = H = n\,h\,.$$

Summieren wir die Zuwüchse des $F(x)$ in den einzelnen Teilintervallen, dann haben wir den Zuwachs, den $F(x)$ bei der Zunahme des x um das Intervall H erfährt. Auf einem Teilintervall (h) wächst $F(x)$ um (S. 66)

$$\Delta F(x) = f(x)\,h + \varrho\,h\,.$$

Für $h \to 0$ verschwindet ϱ.

Es wird im ersten Teilintervall: $F(x_0 + h) - F(x_0) = f(x_0)\,h + \varrho_1 h$.

„ „ „ zweiten „ : $F(x_0 + 2h) - F(x_0 + h) = f(x_0 + h)\,h + \varrho_2 h$

„ „ „ dritten „ : $F(x_0 + 3h) - F(x_0 + 2h) = f(x_0 + 2h)\,h + \varrho_3 h$.

$\cdots\cdots\cdots\cdots\cdots\cdots\cdots\cdots\cdots\cdots\cdots\cdots\cdots\cdots$

$\cdots\cdots\cdots\cdots\cdots\cdots\cdots\cdots\cdots\cdots\cdots\cdots\cdots\cdots$

Man erkennt das Bildungsgesetz: rechts steht der Differentialquotient von $F(x)$ am Beginn des Teilintervalls mal dem Intervall h vermehrt um ϱh. Die einzelnen Werte von ϱ nämlich ϱ_1, ϱ_2, ϱ_3 . . . sind in den einzelnen Intervallen verschieden, aber alle verschwinden für $h \to 0$.

Das Diagramm zeigt, wie man $F(x_0 + h)$ mit Annäherung zeichnen kann. Man geht von $F(x_0)$ aus und konstruiert aus der Steigung der Kurve $F(x)$ bei x_0, dem bekannten $f(x_0)$, mit Annäherung $F(x_0 + h)$; vom Endpunkt dieser Ordinate aus $F(x_0 + 2h)$ aus dem bekannten $f(x_0 + h)$ usw. bis $F(x_n)$. Je kleiner h und je größer daher n ist, um so besser wird die Annäherung an den gesuchten Wert.

Wir schreiben noch die Zuwüchse für die letzten 3 Teilintervalle an. Es wird im vorvorletzten Teilintervall

$$F[x_0 + (n-2)\,h] - F[x_0 + (n-3)\,h] = f[x_0 + (n-3)\,h]\,h + \varrho_{n-2}h,$$

im vorletzten Teilintervall

$$F[x_0 + (n-1)\,h] - F[x_0 + (n-2)\,h] = f[x_0 + (n-2)\,h]\,h + \varrho_{n-1}h\,,$$

im letzten Teilintervall

$$F(x_0 + n\,h) - F[x_0 + (n-1)\,h] = [x_0 + (n-1)\,h]\,h + \varrho_n h\,.$$

Addieren wir die n Gleichungen, von denen die drei ersten und letzten angeschrieben sind, so erhalten wir — wenn wir für $F(x_0 + n\,h)$ wieder $F(x_n)$ schreiben — die gesuchte Differenz $F(x_n) - F(x_0)$. Nur diese beiden Werte bleiben übrig, alle anderen heben sich wegen der entgegengesetzten Vorzeichen auf. Schreiben wir das Resultat an!

$$(3)\quad F(x_n) - F(x_0) = \{f(x_0) + f(x_0 + h) + f(x_0 + 2h) + \cdots + f[x_0 + (n-3)\,h]$$
$$+ f[x_0 + (n-2)\,h] + f[x_0 + (n-1)\,h]\}\,h + (\varrho_1 + \varrho_2 + \varrho_3 + \cdots + \varrho_{n-2}$$
$$+ \varrho_{n-1} + \varrho_n)\,h\,.$$

Das 2. Glied rechts enthält die Summe aller ϱ. Die einzelnen Werte von ϱ werden um so kleiner, je kleiner h ist, je größer also das n gewählt wird. Was wird aus diesem 2. Gliede bei festem x_0 und x_n, also bei festem H, wenn wir zur Grenze für $n \to \infty$ und $h \to 0$ übergehen? Die Anzahl der Teilintervalle wird größer als jede noch so große angebbare und das Teilintervall selbst kleiner als jede noch so kleine angebbare Zahl. Das 2. Glied nennen wir z. Es ist also

$$(\varrho_1 + \varrho_2 + \varrho_3 + \cdots + \varrho_{n-2} + \varrho_{n-1} + \varrho_n)\,h = z\,.$$

Vor diesem Grenzübergang hat von den ϱ eines den größten (ϱ_g) und eines den kleinsten (ϱ_k) Wert. Ersetzen wir in der Summe alle ϱ durch ϱ_g bzw. ϱ_k, so gilt

$$\overset{\longleftarrow \; n \text{ mal} \; \longrightarrow}{(\varrho_g + \varrho_g + \varrho_g + \cdots + \varrho_g + \varrho_g + \varrho_g)\,h} > z > \overset{\longleftarrow \; n \text{ mal} \; \longrightarrow}{(\varrho_k + \varrho_k + \varrho_k + \cdots + \varrho_k + \varrho_k + \varrho_k)\,h}.$$

In den Klammern stehen je n gleiche Summanden. Es ist demnach

$$\varrho_g\, n\, h > z > \varrho_k\, n\, h$$

und wegen (2)

$$\varrho_g\, H > z > \varrho_k\, H\,.$$

Da sowohl ϱ_g als auch ϱ_k für $h \to 0$ gleich 0 werden, H aber seinen endlichen Wert nicht ändert, so muß $z = 0$ werden, da es zwischen 2 Null werdenden Größen eingeschlossen ist. Im Grenzfalle $h \to 0$, $n \to \infty$ verschwindet also das 2. Glied in (3), und wir erhalten

$$F(x_n) - F(x_0) = \lim_{\substack{h \to 0 \\ n \to \infty}} \{f(x_0) + f(x_0 + h) + f(x_0 + 2h) + \cdots + f[x_0 + (n-3)h]$$
$$+ f[x_0 + (n-2)h] + f[x_0 + (n-1)h]\}\,h.$$

Dafür schreibt man unter Verwendung des Symbols $\sum$ (S. 222)

$$(4) \qquad F(x_n) - F(x_0) = \lim_{h \to 0} \sum_{x_0}^{x_n - h} f(x)\,h = \lim_{\varDelta x \to 0} \sum_{x}^{x_n - \varDelta x} f(x)\,\varDelta x\,.$$

Damit haben wir den Grenzwert einer Summe bestimmt, bei der die Anzahl der Summanden unendlich groß, jeder einzelne Summand aber unendlich klein ist. Derartige Grenzwerte von Summen spielen in den Naturwissenschaften eine außerordentlich wichtige Rolle.

Ein Beispiel dafür ist die Berechnung des Weges aus der Geschwindigkeit. Der Zuwachs des Weges (s) in einem endlichen Zeitintervall (t) setzt sich aus den unendlich kleinen Zuwüchsen (ds) innerhalb der einzelnen unendlich kleinen Zeitintervalle (dt) zusammen. Es ist

$$ds = v\,dt\,, \qquad\qquad \text{S. 25.}$$

wo v eine Funktion der Zeit ist. Der Weg s, der in der Zeit von t_1 bis t_2 zurückgelegt wird, ist

$$s = \lim_{\varDelta t \to 0} \sum_{t_1}^{t_2 - \varDelta t} v\,\varDelta t\,.$$

Dieses einfache Beispiel, dem sich sehr viele ähnliche an die Seite stellen lassen, zeigt uns die praktische Wichtigkeit des Ausdruckes

$$\lim_{\varDelta x \to 0} \sum_{x_0}^{x_n - \varDelta x} f(x)\,\varDelta x\,.$$

Da dieser Ausdruck sehr häufig vorkommt, hat man für ihn einen besonderen Namen und ein besonderes Symbol eingeführt. Man nennt ihn das **bestimmte Integral** von $f(x)$ zwischen der **unteren Grenze** x_0 und der **oberen Grenze** x_n und bezeichnet ihn mit

$$\int_{x_0}^{x_n} f(x)\,dx\,.$$

Die Verwendung von dx erinnert an das Entstehen aus $\varDelta x$ durch Grenzübergang, wie auch das $\int$ aus S, der Abkürzung für Summe, entstanden ist.

Nach (4) ist

$$\int_{x_0}^{x_n} f(x)\,dx = F(x_n) - F(x_0)\,.$$

$F(x)$ ist nach (1) ein unbestimmtes Integral von $f(x)$.

Wie berechnet man das bestimmte Integral? Man zieht vom Wert des unbestimmten Integrals an der oberen Grenze den Wert an der unteren Grenze ab. Die unbestimmte Integrationskonstante fällt bei dieser Subtraktion heraus.

So wird die praktisch außerordentlich wichtige Berechnung einer Summe von unendlich vielen, unendlich kleinen Summanden auf das Integrieren, die dem Differenzieren entgegengesetzte Rechnungsoperation, zurückgeführt. So läßt sich auch die eigenartige Schreibung $\int f(x)\,dx$ für das unbestimmte Integral verstehen, die auf den Zusammenhang mit einer Summe hinweist.

Aus obiger Gleichung folgt

$$\int_a^b f(x)\,dx = F(b) - F(a)$$

und

$$\int_b^a f(x)\,dx = F(a) - F(b)\,.$$

Es ist daher

$$\int_b^a f(x)\,dx = -\int_a^b f(x)\,dx\,.$$

Vertauschen der Grenzen ändert das Vorzeichen des bestimmten Integrals.

Rechenbeispiele. — Aus unbestimmten Integralen werden bestimmte berechnet.

$$\int_1^3 x^2\,dx = \left|\frac{x^3}{3}\right|_{x=1}^{x=3} = \frac{27}{3} - \frac{1}{3} = \frac{26}{3}\,.$$

Zur besseren Übersicht wird das unbestimmte Integral zwischen zwei Vertikalstriche gestellt und unten die untere, oben die obere Grenze als Index beigefügt.

$$\int_{-1}^{+2} x\,dx = \left|\frac{x^2}{2}\right|_{x=-1}^{x=2} = 2 - \frac{1}{2} = \frac{3}{2}\,,$$

$$\int_a^b x^5\,dx = \frac{b^6}{6} - \frac{a^6}{6}\,,$$

$$\int_0^c x\,dx = \frac{c^3}{3}\,,$$

$$\int_a^x x^2\,dx = \frac{x^3}{3} - \frac{a^3}{3}\,,$$

$$\int_0^x 5\,x^2\,dx = \frac{5\,x^3}{3}\,.$$

Die beiden letzten Beispiele zeigen den weitverbreiteten Gebrauch, die obere Grenze durch die Integrationsvariable selbst ohne zugesetzten Index zu bezeichnen. Selbstverständlich versteht man auch bei dieser Bezeichnung unter der oberen Grenze einen Wert der Integrationsvariablen, der bei der Integration selbst fest bleibt. Dieser Gebrauch dürfte sich aus Rücksicht auf den Druck eingebürgert haben.

$$\int_0^{\frac{\pi}{2}} \sin x\,dx = \left|-\cos x\right|_{x=0}^{x=\frac{\pi}{2}} = 0 - (-1) = +1\,.$$

Im folgenden seien $a,\ b > 0$:

$$\int_a^b \frac{dx}{x} = \ln b - \ln a = \ln\frac{b}{a}\,,$$

$$\int_a^b x^{-2}\,dx = \left|-\frac{1}{x}\right|_{x=a}^{x=b} = \frac{1}{a} - \frac{1}{b}\,.$$

Wenn $b \to \infty$, so wird $\frac{1}{b} \to 0$, und der Wert des Integrals wird $\frac{1}{a}$. Man drückt dies aus durch

$$\int_a^\infty x^{-2}\, dx = \frac{1}{a}\,.$$

Wird hingegen $b \to \infty$ in

$$\int_a^b \frac{dx}{x} = \ln b - \ln a\,,$$

so wird das Integral größer als jede noch so große angebbare Zahl, hat also keinen bestimmten Wert, daher hat $\int_a^\infty \frac{dx}{x}$ keinen Sinn.

Bisher wurden für die Integrationen nur die Grundformeln verwendet. Es können selbstverständlich alle beim unbestimmten Integral erwähnten Rechnungsregeln angewendet werden wie das Herausheben einer Konstanten oder der Satz über die Integration einer Summe.

$$\int_a^b \left(10\,x + \frac{x^2}{2}\right) dx = \left| 5\,x^2 + \frac{x^3}{6}\right|_{x=a}^{x=b} = \left| 5\,x^2 \right|_{x=a}^{x=b} + \left| \frac{x^3}{6}\right|_{x=a}^{x=b} = 5\,(b^2 - a^2) + \frac{b^3 - a^3}{6}\,.$$

Durch Verwendung des S. 96 ermittelten unbestimmten Integrals erhält man für den Fall, daß a und b ganze Zahlen sind:

$$\int_0^{2\pi} \cos a\,x \cos b\,x\, dx = \left| \frac{1}{2}\,\frac{\sin(a+b)\,x}{a+b}\right|_{x=0}^{x=2\pi} + \left| \frac{1}{2}\,\frac{\sin(a-b)\,x}{a-b}\right|_{x=0}^{x=2\pi} = 0\,,$$

ein für die Wellenmechanik wichtiges Resultat.

Führt man bei der Integration eine neue Veränderliche ein, so sind die Grenzen des bestimmten Integrals entsprechend zu ändern. Z. B. $2\,x = z$, $d\,x = \frac{1}{2}\,dz$.

$$\int_{x=0}^{x=\frac{\pi}{4}} \cos 2\,x\, dx = \frac{1}{2}\int_0^{\frac{\pi}{2}} \cos z\, dz = \frac{1}{2}\left| \sin z \right|_{z=0}^{z=\frac{\pi}{2}} = \frac{1}{2}\,.$$

Die obere Grenze muß bei Einführung der neuen Veränderlichen verdoppelt werden, denn wenn x auf $\frac{\pi}{4}$ wächst, wächst $z = 2\,x$ auf $\frac{\pi}{2}$.

Allgemein gilt: Wird für x die neue Veränderliche $z = \varphi(x)$ eingeführt, so ist

$$\int_{x=a}^{x=b} f(x)\, dx = \int_{\varphi(a)}^{\varphi(b)} \psi(z)\, dz\,.$$

Z. B.:

$$\int_0^T \sin^2 \omega\,t\, dt = \frac{1}{\omega}\int_{\omega t=0}^{\omega t=\omega T} \sin^2 \omega\,t\, d\omega\,t\,.$$

Praktische Anwendungen. — Zunächst sollen einige Aufgaben behandelt werden, die bereits mit dem unbestimmten Integral gelöst wurden.

1. Berechnung des während einer bestimmten Zeit t zurückgelegten Weges s aus der Geschwindigkeit v, die als Funktion der Zeit t gegeben ist. S. 87 wurde aus $ds = v\,dt$ durch unbestimmte Integration auf eine Zeitfunktion s geschlossen, deren Differential gleich dem vorgegebenen $v\,dt$ ist. Jetzt sollen die Wegdifferentiale, die auf die einzelnen Zeitdifferentiale dt entfallen, für das betreffende Zeitintervall integriert (summiert) werden. Der im Zeitintervall 0 bis t zurückgelegte Weg s ist nach dem Begriff des bestimmten Integrals

$$s = \int_0^t v\, dt\,.$$

Der Begriff des bestimmten Integrals als einer Summe ist der Natur der Aufgabe besser angepaßt als der Begriff des unbestimmten Integrals.

Handelt es sich z. B. um eine gleichförmig beschleunigte Bewegung, bei der $v = g\,t$ (g konstant) ist, so folgt für den in der Zeit t zurückgelegten Weg

$$s = \int_0^t g\,t\,dt = \frac{g\,t^2}{2}\,.$$

Bezüglich der oberen Grenze siehe S. 114.

2. Berechnung einer Arbeit bei veränderlicher Kraft (S. 47).

a) Fällt die Richtung der Kraft (K) mit der Richtung der Verschiebung (ds) zusammen, so ist das Arbeitselement (dA) gegeben durch

$$dA = K \cdot ds\,.$$

Die Arbeit, die von K auf dem Wege von 0 bis l geleistet wird, findet man durch Integration der einzelnen Arbeitselemente längs dieses Weges als

$$A = \int_0^l K\,ds\,.$$

b) Verlängert man eine Feder aus der unausgedehnten Stellung um l, so ist die Kraft, wenn das Hookesche Gesetz gilt,

$$K = \varepsilon\,s\,.$$

ε, die Steife der Feder, ist eine Konstante.

Die geleistete Arbeit

$$A = \int_0^l \varepsilon\,s\,ds = \frac{\varepsilon\,l^2}{2}$$

ist proportional dem Quadrate der Verlängerung.

c) Elektrisches Potential (V) einer punktförmigen Ladung (S. 71) wird die Arbeit genannt, die nötig ist, um eine Elektrizitätsmenge $(+1)$ aus unendlicher Entfernung in einen bestimmten Abstand (r) von der punktförmigen elektrischen Ladung $(+e)$ zu bringen. Erfolgt die Annäherung längs einer Geraden durch $+e$, dann ist wegen des Coulombschen Gesetzes

$$dV = -\frac{e}{r^2}\,dr\,.$$

Durch Integration von unendlicher Entfernung ($r = \infty$) bis auf den bestimmten Wert r folgt

$$V = \int_\infty^r -\frac{e}{r^2}\,dr = -e \int_\infty^r r^{-2}\,dr = +\frac{e}{r}\Big|_{r=\infty}^r = \frac{e}{r}\,.$$

d) Führt man im Integranden eine neue Veränderliche ein, so müssen die entsprechenden Werte der neuen Veränderlichen auch in den Grenzen eingeführt werden (S. 115). Dies soll das folgende Beispiel zeigen.

Es soll die Arbeit (A) berechnet werden, die nötig ist, um einer ursprünglich ruhenden Masse (m) eine bestimmte Geschwindigkeit (v) zu erteilen. Nach dem Grundgesetz der Dynamik ist die Kraft

$$K = m\,\frac{dv}{dt}\,.$$

Die Arbeit ist

$$A = \int_0^l K\,ds = \int_0^l m\,\frac{dv}{dt}\,ds\,.$$

Die obere Grenze l bedeutet den Weg, auf dem m die Geschwindigkeit v erhalten hat. Um die Rechnung ausführen zu können, müssen wir t als Veränderliche ins Integral einführen. Ist $\frac{dv}{dt}$ nicht als Funktion von s gegeben, dann fassen wir ds als den während dt zurückgelegten Weg auf.

Mit

$$ds = \frac{ds}{dt}\, dt = v\, dt$$

wird

$$A = \int_0^t m\, \frac{dv}{dt}\, v\, dt = \int_0^t m\, v\, \frac{dv}{dt}\, dt.$$

Die obere Grenze t bedeutet die Zeit, innerhalb der die Geschwindigkeit v erreicht wird. Zur Ausführung der Integration müßten v und $\frac{dv}{dt}$ als Funktionen der Zeit gegeben sein. Da dies nicht der Fall ist, führen wir durch (2′) F.S.

$$dv = \frac{dv}{dt}\, dt$$

ein, d. i. die Geschwindigkeitszunahme längs ds während dt, und erhalten

$$A = \int_0^v m\, v\, dv = \frac{m\,v^2}{2}.$$

Die obere Grenze v bedeutet die Geschwindigkeit, die der Masse m durch die Arbeit erteilt wird.

e) Ein ideales Gas wird isotherm komprimiert. Wir berechnen die Arbeit, die notwendig ist, um 1 Mol vom Volumen V_0 auf das Volumen V zu komprimieren. Integrieren wir das Arbeitselement (S. 56)

$$dA = -p\, dV = -R\,T\,\frac{dV}{V}$$

zwischen den Grenzen V_0 und V, so erhalten wir

$$A = \int_{V_0}^{V} -R\,T\,\frac{dV}{V} = R\,T \int_{V}^{V_0} \frac{dV}{V} = R\,T \ln \frac{V_0}{V}.$$

Denken wir uns nun die Kompression zwischen denselben Grenzen des Volumens V_0 und V bei verschiedenen Temperaturen durchgeführt, dann ist die Arbeit proportional der absoluten Temperatur T. Da jedes Arbeitselement, also jeder Summand, dem Drucke und daher der absoluten Temperatur proportional ist, muß auch die Summe selbst, also die Arbeit, der absoluten Temperatur proportional sein.

3. Bei Ableitung des Zusammenhanges von Luftdruck (p) und Meereshöhe (h) (S. 73, 90) wurde der Differentialansatz

$$dp = -p\,\sigma\,dh \qquad\qquad (\sigma \text{ konstant})$$

verwendet.

Der Luftdruck am Meeresniveau sei p_0, in der Höhe h aber p.

$$dh = -\frac{dp}{\sigma\,p}.$$

Integrieren wir dh vom Meeresniveau bis zur Höhe h, so folgt

$$h = -\int_{p_0}^{p} \frac{dp}{\sigma\,p} = \frac{1}{\sigma} \int_{p}^{p_0} \frac{dp}{p} = \frac{1}{\sigma} \ln \frac{p_0}{p},$$

die hypsometrische Formel.

Das spezifische Gewicht der Luft sei am Meeresspiegel beim Luftdruck p gleich s_0. Es ist

$$s_0 = \sigma\,p_0$$

und daher

$$\frac{1}{\sigma} = \frac{p_0}{s_0}.$$

Somit ist

$$h = \frac{p_0}{s_0} \ln \frac{p_0}{p} \,.$$

(Über eine daraus zu gewinnende Näherungsformel s. S. 160.)

4. Auf S. 94f. und 101 wurde die Differentialgleichung der unimolekularen Reaktion am Beispiel der Rohrzuckerinversion in wäßriger Lösung betrachtet. Die aus GULDBERG und WAAGES Gesetz folgende Differentialgleichung lautet

$$\frac{dx}{dt} = k(a - x)\,.$$

x bedeutet die verschwundene Rohrzuckerkonzentration, k die Reaktionskonstante, a die Anfangskonzentration des Rohrzuckers. Einer verschwundenen Rohrzuckerkonzentration dx entspricht eine Zeit dt, die gegeben ist durch

$$dt = \frac{dx}{k(a - x)}\,.$$

Bei Beginn der Zeit t war kein Rohrzucker umgesetzt, d. h. für $t = 0$ ist $x = 0$. Am Ende der Zeitspanne t ist die verschwundene Rohrzuckerkonzentration x. Man findet daher die Zeit t durch Integration von dt zwischen diesen Grenzen.

$$t = \int\limits_{x=0}^{x} \frac{dx}{k(a-x)} = \frac{1}{k} \int\limits_{x}^{x=0} \frac{d(a-x)}{(a-x)} = \frac{1}{k}\left[\ln a - \ln(a-x)\right] = \frac{1}{k}\ln \frac{a}{a-x}\,.$$

Hier und bei anderen Anwendungen der chemischen Kinetik ist die Verwendung des bestimmten Integrals weniger bequem und wird daher meistens vermieden. Um das unbestimmte Integral verwenden zu können, ist es nötig, die unbestimmte Integrationskonstante aus den Anfangsbedingungen zu bestimmen.

Flächeninhaltsbestimmung. — In der xy-Ebene sei die durch P und Q gehende steigende Kurve $y = f(x)$ gegeben. Zu berechnen ist der Flächeninhalt der Kurve, d. i. jene Fläche $APQB$, die oben von der Kurve, links und rechts von den Ordinaten von Q und von P und unten von der x-Achse zwischen A und B begrenzt wird.

$OA = a$, $OB = b$. Das Intervall von A bis B teilen wir in 6 gleiche Teile h ($h = \varDelta x$). In den Endpunkten der einzelnen Teilintervalle ziehen wir die Ordinaten der Kurvenpunkte P_1, P_2, P_3, P_4, P_5, so daß 6 vertikale Flächenstreifen entstehen, die oben von den Kurvenstücken PP_1, $P_1 P_2 \ldots P_5 Q$ begrenzt werden. Zieht man vom Endpunkt der linken Ordinaten dieser Streifen nach rechts Parallelen zur x-Achse bis zum Schnitt mit der rechten Ordinate, so entstehen 6 schmale vertikale Rechtecke von der Grundlinie h und den Höhen $f(a)$, $f(a + h)$, $f(a + 2h) \ldots f[a + 5h]$. Die Gesamtheit dieser Rechtecke ist oben durch den stark ausgezogenen treppenförmigen Linienzug begrenzt. Ihr Flächeninhalt ist:

$$\sum_{x=a}^{x=b-h} f(x)\, h = \sum_{x=a}^{x=b-\varDelta x} f(x)\, \varDelta x\,.$$

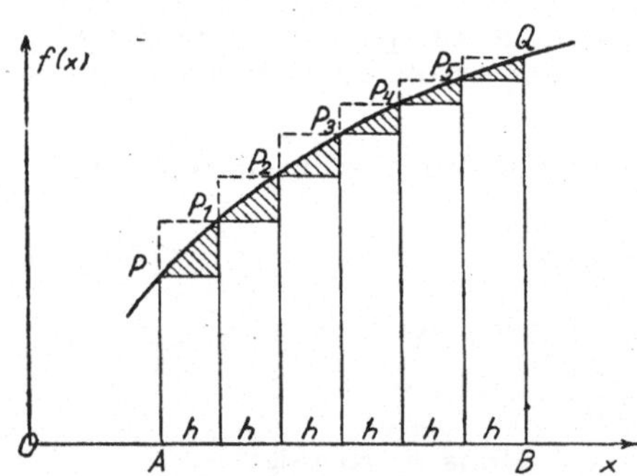

Abb. 46. Der Flächeninhalt ($APQB$) als Grenzwert einer Summe.

Da wir den Flächeninhalt der Kurve, d. i. jener Fläche, die von der Kurve begrenzt ist, suchen, ist die berechnete Fläche zu klein. Der Unterschied zwischen ihr und der Kurvenfläche ist in der Zeichnung durch die schraffierten Flächenstücke gegeben. Vergrößern wir die Anzahl der Teilintervalle h, so wird sich $\sum\limits_{x=a}^{x=b-h} f(x)\,h$ dem gesuchten Flächeninhalt immer mehr und mehr nähern. Fallen die beiden Flächeninhalte für $h \to 0$ zusammen? Verschwindet dann der Unterschied zwischen $\sum\limits_{x=a}^{x=b-h} f(x)\,h$ und der Fläche $A\,PQ\,B$?

Um dies zu ermitteln, ziehen wir bei den einzelnen Flächenstreifen von den rechten Endpunkten der Ordinaten der Streifen nach links Parallelen zur x-Achse bis zum Schnitt mit der verlängerten linken Ordinate. Wir erhalten dadurch Flächenstreifen, deren Gesamtheit zwischen P und Q durch den treppenförmigen gestrichelten Linienzug begrenzt ist. Der Unterschied zwischen $\sum\limits_{x=a}^{x=b-h} f(x)\,h$ und der neuen Fläche ist größer als der mit dem Flächeninhalt der Kurve. Das läßt sich von der Figur ablesen. Im ersten Fall besteht der Unterschied aus der Summe der ganzen Rechtecke $P P_1,\ P_1 P_2 \ldots P_5 Q$, im zweiten Falle aber nur aus den schraffierten Teilen dieser Rechtecke.

Was wird aus der Summe der Rechtecke für $h \to 0$? Jedes Rechteck hat die Grundlinie h und einen Teil der Differenz der Ordinaten $(Q B - P A)$ zur Höhe. Die Summe aller dieser Rechtecke ist flächengleich einem Rechteck, dessen Grundlinie h und dessen Höhe die Differenz der Ordinaten $(Q B - P A)$ ist. Von der Abbildung ablesen! Für $h \to 0$ verschwindet dieses Rechteck und damit auch die Summe der schraffierten Teile der Rechtecke. Der Flächeninhalt der Kurve ist also

$$\lim_{\varDelta x \to 0} \sum_{a}^{b-\varDelta x} f(x)\,\varDelta x = \int_a^b f(x)\,dx = \int_a^b y\,dx\,.$$

Die zu dieser Formel führenden Betrachtungen können mit sinngemäßen Änderungen auch für fallende Kurven verwendet werden. Kurven, die teils steigen, teils fallen, wird man durch die Ordinaten der Extremwerte zerlegen[1]).

Kürzer, aber weniger streng, können wir die Formel folgendermaßen herleiten: In Abb. 47 ist $y\,dx$ der Flächeninhalt eines differentialen Flächenstreifens von der Dicke dx. Summieren wir diese Flächenelemente von a bis b, so erhalten wir $\int_a^b y\,dx$, den Flächeninhalt der Kurve.

In dieser Formel für den Flächeninhalt kommt der Summencharakter des bestimmten Integrals besonders deutlich zum Ausdruck.

Zu beachten ist, daß wir bei der Betrachtung über den Flächeninhalt der Kurve von anderen Diagrammen ausgegangen sind (Abb. 46, 47) als bei der Ableitung des Begriffes des bestimmten Integrals (Abb. 45). Bei dieser Ableitung war die Ordinate die Funktion $F(x)$

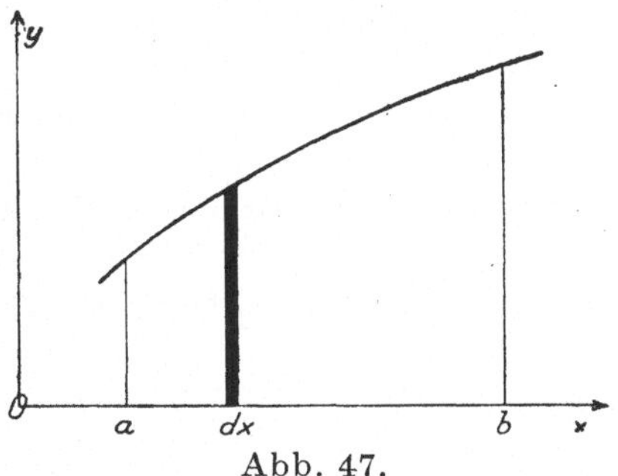

Abb. 47.
Der Flächeninhalt der Kurve zwischen a und b ist $\int_a^b f(x)\,dx$.

[1]) Allgemeines über die Voraussetzungen, unter denen die Flächeninhaltsbestimmung möglich ist, siehe bei Rothe II, S. 37.

und die Steigung der Kurve deren Differentialquotient $f(x)$; bei der Flächeninhaltsbestimmung war die Fläche eine Funktion von x, die Ordinate ihr Differentialquotient $f(x)$.

Beispiele für Flächeninhaltsberechnungen. — 1. Flächeninhalt eines Rechteckes. Der Flächeninhalt des Rechteckes von der Höhe H und der Grundlinie $(b-a)$ ergibt sich als

$$F = \int_a^b H\, dx = H\,(b-a).$$

Der Integrand ist eine Konstante, weil die „Kurve" parallel zur x-Achse ist.

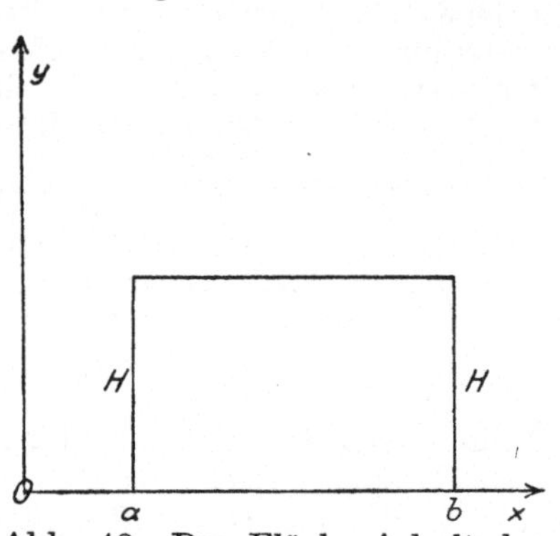

Abb. 48. Der Flächeninhalt des Rechteckes ist $\int_a^b H\, dx = H\,(b-a).$

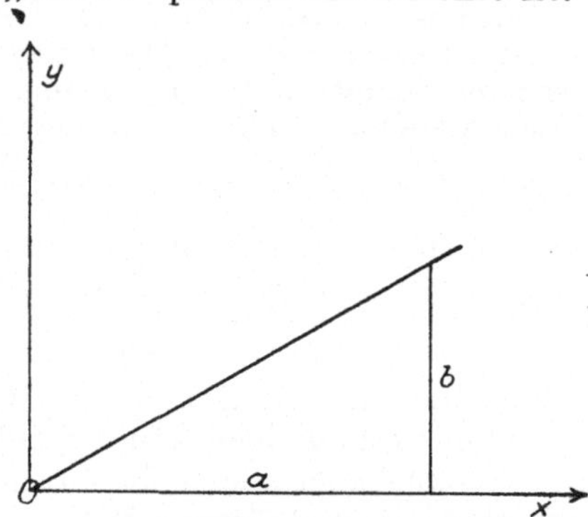

Abb. 49.
Der Flächeninhalt des rechtwinkligen Dreieckes ist $\int_0^a \dfrac{b}{a}\, x\, dx = \dfrac{a\,b}{2}$

2. Flächeninhalt eines rechtwinkeligen Dreieckes. Die Katheten eines Dreiecks sind a und b, die Hypotenuse ist die durch den Ursprung gehende Gerade, die „Kurve", die die Fläche oben begrenzt. Ihre Gleichung

$$y = \frac{b}{a}\, x,$$

ihr Flächeninhalt

$$F = \int_0^a \frac{b}{a}\, x\, dx = \frac{b}{a} \int_0^a x\, dx = \frac{b}{a}\, \frac{a^2}{2} = \frac{a\,b}{2}.$$

3. Kreis. Gegeben ist die Mittelpunktsgleichung eines Kreises vom Radius r.

$$x^2 + y^2 = r^2.$$

Zu berechnen ist die Fläche des Viertelkreises im 1. Quadranten. Es ist Abb. 50.

$$(1) \qquad \frac{F}{4} = \int_0^r y\, dx = \int_0^r \sqrt{r^2 - x^2}\, dx.$$

Führt man $\dfrac{x}{r} = \xi$ ein und ändert dementsprechend die obere Grenze in 1, so folgt

$$\frac{F}{4} = \int_0^r \sqrt{r^2 - x^2}\, dx = r \int_0^r \sqrt{1 - \left(\frac{x}{r}\right)^2}\, dx$$

$$= r^2 \int_{x=0}^{x=r} \sqrt{1 - \left(\frac{x}{r}\right)^2}\, d\left(\frac{x}{r}\right) = r^2 \int_{\xi=0}^{\xi=1} \sqrt{1 - \xi^2}\, d\xi.$$

Durch Einführung des S. 97 ermittelten Wertes von $\int \sqrt{1-x^2}\,dx$ folgt

$$\frac{F}{4} = r^2 \left[\left|\frac{\arcsin\xi}{2}\right|_{\xi=0}^{\xi=1} + \left|\frac{\xi\sqrt{1-\xi^2}}{2}\right|_{\xi=0}^{\xi=1} \right] = r^2 \left[\frac{1}{2}\,\frac{\pi}{2} - 0 + 0 - 0\right] = \frac{r^2\pi}{4}.$$

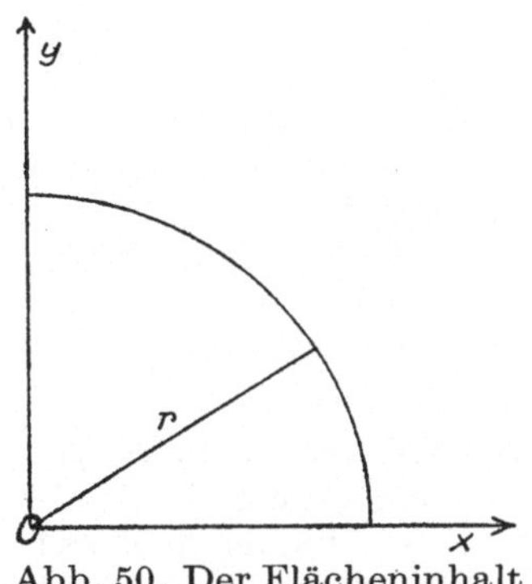

Abb. 50. Der Flächeninhalt
des Viertelkreises ist

$$\int_0 \sqrt{r^2 - x^2}\,dx = \frac{r^2\pi}{4}.$$

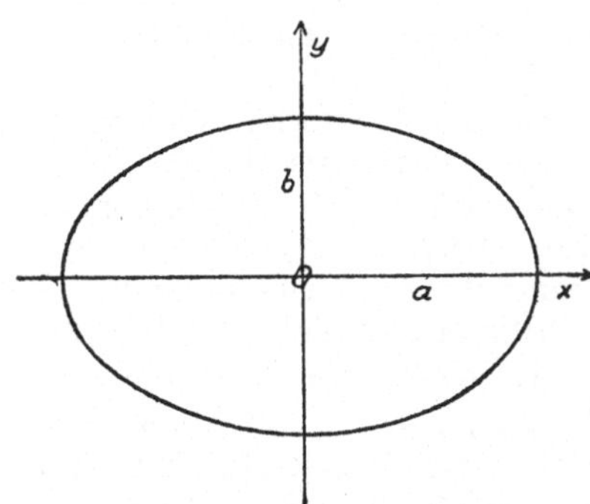

Abb. 51. Der Flächeninhalt des
Ellipsenquadranten ist

$$\int_0^a \frac{b}{a}\sqrt{a^2 - x^2}\,dx = \frac{ab\pi}{4}.$$

4. Dieses Resultat verwendet man zur Berechnung des Flächeninhaltes eines **Ellipsenquadranten**. Die Ellipse sei durch die Achsengleichung gegeben:

$$\frac{x^2}{a^2} + \frac{y^2}{b^2} = 1, \qquad\qquad (\text{S. 285})$$

so daß

$$y = \frac{b}{a}\sqrt{a^2 - x^2}.$$

Es ist unter Verwendung von Beispiel 3

$$\frac{F}{4} = \int_0^a y\,dx = \int_0^a \frac{b}{a}\sqrt{a^2 - x^2}\,dx = \frac{b}{a}\int_0^a \sqrt{a^2 - x^2}\,dx = \frac{b}{a}\,a^2\,\frac{\pi}{4} = \frac{ab\pi}{4}.$$

Der Flächeninhalt der Ellipse ist demnach

$$F = ab\pi.$$

5. **Parabelsegment.** Der Flächeninhalt F des Parabelsegmentes ABO, das von der Parabel und der Normalen auf die Figurenachse begrenzt wird, ist zu berechnen. Die Parabel ist durch die Gleichung

$$y = \sqrt{2px} \qquad (\text{S. 284})$$

gegeben. Die Normale hat vom Scheitel den Abstand x. Der Flächeninhalt $\frac{F}{2}$ des Halbsegmentes OCB ist

$$\frac{F}{2} = \int_0^x \sqrt{2px}\,dx = \sqrt{2p}\int_0^x x^{\frac{1}{2}}\,dx$$

$$= \sqrt{2p}\,\frac{x^{\frac{3}{2}}}{\frac{3}{2}} = \frac{2}{3}\sqrt{2p}\,x^{\frac{3}{2}}$$

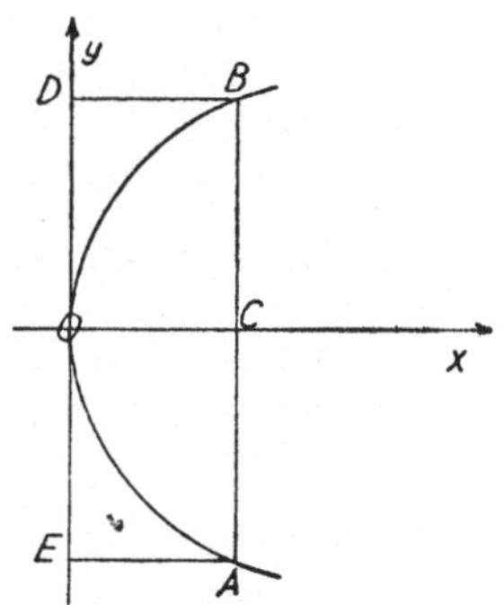

Abb. 52.
Der Flächeninhalt des
Parabelsegmentes OBA
ist $\frac{2}{3}\,EA \times AB$.

Setzt man $x^{\frac{3}{2}} = x^{\frac{1}{2}} x = \sqrt{x}\, x$, so folgt unter Anwendung der Gleichung der Parabel

$$\frac{F}{2} = \frac{2}{3}\sqrt{2p}\sqrt{x}\,x = \frac{2}{3}\sqrt{2px}\,x = \frac{2}{3}yx,$$

also $\frac{2}{3}$ des Rechteckes $ODBC$.

Deutung von bestimmten Integralen als Fläche. — Verwenden wir die Integrationsvariable als Abszisse, den Integranden als Ordinate des kartesischen Koordinatensystems, dann können wir jedes bestimmte Integral als Fläche auffassen. Dies ist deshalb von großem Vorteil, weil die Anschaulichkeit des Diagramms oft zu einer besseren Einsicht in die Integration und in den Naturvorgang, der ihr zugrunde liegt, verhilft als die Rechnung. Einige physikalisch besonders wichtige bestimmte Integrale sollen daher durch Diagramme erläutert werden.

Beispiele. — 1. Die Ordinaten des Zeit-Geschwindigkeit-Diagrammes bedeuten die Geschwindigkeit eines bewegten Körpers, die Abszissen die Zeit, von der die Geschwindigkeit (v) abhängig ist. Die Kurve gibt die Abhängigkeit der Geschwindigkeit von der Zeit an. Aus ihr kann man den Weg, der in einem gegebenen Zeitintervall zurückgelegt wird, graphisch berechnen.

Wir ziehen die Ordinaten der Kurve in den Zeitpunkten t_1 und t_2, dann messen wir das Flächenstück aus, das von der Kurve, den beiden Ordinaten und dem von ihnen eingeschlossenen Stück der t-Achse begrenzt ist. Es stellt den Weg, der im Zeitintervall $t_2 - t_1$ zurückgelegt wird, $\int\limits_{t_1}^{t_2} v\, dt$ dar.

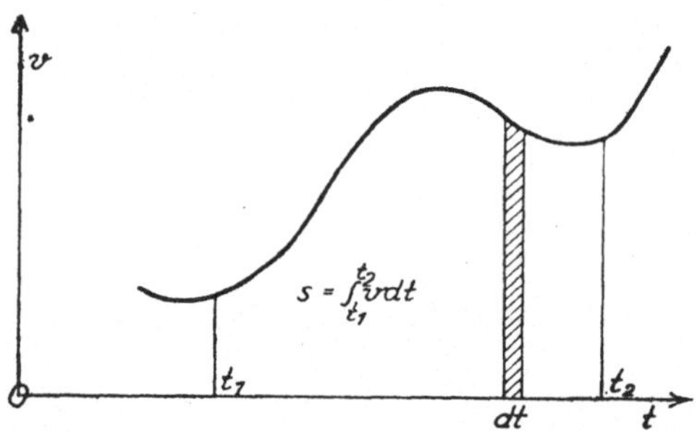

Abb. 53. Der mit der Geschwindigkeit v im Zeitintervall $t_2 - t_1$ zurückgelegte Weg $s = \int\limits_{t_1}^{t_2} v\, dt$ wird im Zeit-Geschwindigkeit-Diagramm durch eine Fläche gegeben.

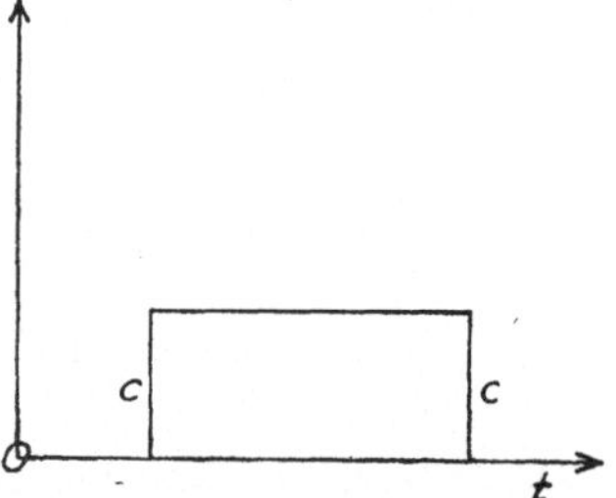

Abb. 54. Hat die Geschwindigkeit den konstanten Wert c, so wird der Weg im Zeit-Geschwindigkeit-Diagramm durch ein Rechteck gegeben.

Zur Ausmessung derartiger Flächenstücke gibt es eigene Apparate, die sog. Polarplanimeter, die den Flächeninhalt einer von ihrem Stift umfahrenen Kurve direkt angeben. Ohne diesen Apparat kann man die Flächeninhaltsbestimmung annähernd durchführen, wenn man die Kurve in kariertes, z. B. Millimeterpapier, einzeichnet und die Quadratmillimeter auszählt, die im Flächenstück enthalten sind.

Ist die Gleichung $v = f(t)$ gegeben, kann der Weg durch Integration berechnet werden. Der schraffierte Flächenstreifen von der Dicke dt gibt das Wegdifferential $v\,dt$. Die Gesamtheit der Differentiale in der hervorgehobenen Fläche gibt den im betreffenden Zeitintervall zurückgelegten Weg.

Zunächst berechnen wir den Weg für eine gleichmäßige Bewegung. Die Geschwindigkeit c ist während des Zeitintervalls t_1 bis t_2 konstant, daher ist der in dieser Zeit zurückgelegte Weg (Abb. 54)

$$s = \int_{t_1}^{t_2} c\,dt = c(t_2 - t_1)\,.$$

Wir berechnen bei der gleichförmig beschleunigten Bewegung, wo

$$v = g\,t \qquad\qquad (g \text{ konstant})$$

ist, den in der Zeit von 0 bis t zurückgelegten Weg (Abb. 55)

$$s = \int_0^t g\,t\,dt = \frac{g}{2}\,t^2$$

durch den Flächeninhalt des rechtwinkligen Dreieckes mit den Katheten t und $g\,t$. Diese Fläche ist gleich der eines Rechteckes mit der Basis t und der

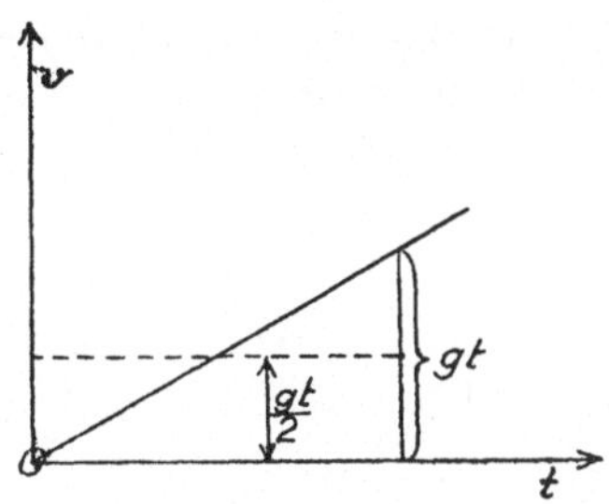

Abb. 55. Für die gleichförmig beschleunigte Bewegung mit der Geschwindigkeit $v = gt$ wird der Weg im Zeit-Geschwindigkeit-Diagramm durch ein rechtwinkliges Dreieck gegeben.

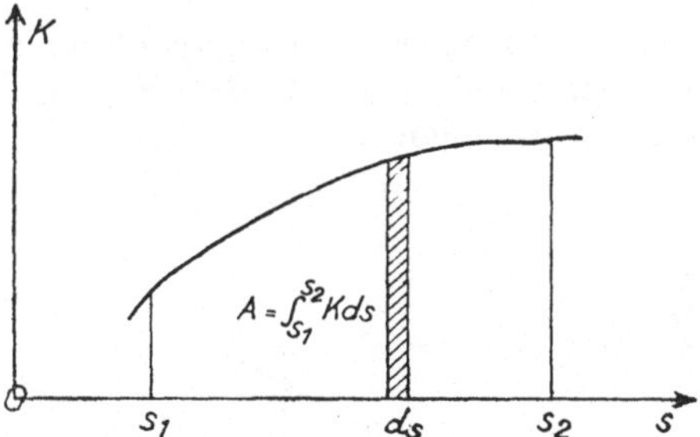

Abb. 56. Im Weg-Kraft-Diagramm wird die bei der Verschiebung zwischen s_1 und s_2 geleistete Arbeit $A = \int_{s_1}^{s_2} K\,ds$ durch eine Fläche gegeben.

Höhe $\dfrac{g\,t}{2}$. Wir können also bei der gleichförmig beschleunigten Bewegung den Weg in der Zeit von 0 bis t berechnen, indem wir die halbe Endgeschwindigkeit $\dfrac{g\,t}{2}$ mit t multiplizieren. Der zurückgelegte Weg ist so groß, als hätte sich der Körper gleichmäßig mit der halben Endgeschwindigkeit bewegt. Diese Geschwindigkeit ist durch die gestrichelte Horizontale gegeben.

2. Die gegen eine veränderliche Kraft K auf dem Wege s_1 bis s_2 geleistete Arbeit

$$A = \int_{s_1}^{s_2} K\,ds$$

können wir im Weg-Kraft-Diagramm als Fläche darstellen. Das Arbeitsdifferential $K\,ds$ ist wieder als schmaler schraffierter Flächenstreifen eingezeichnet. Für den Fall, daß sich die Kraft längs des Weges nicht ändert, wird die „Kurve" für K eine der s-Achse parallele Linie (Abb. 57). Die Arbeit A ergibt sich wegen der Konstanz von K bei einer Verschiebung von 0 bis s zu

$$A = \int_0^s K\,ds = K\int_0^s ds = K\,s\,,$$

also gleich Kraft mal Weg.

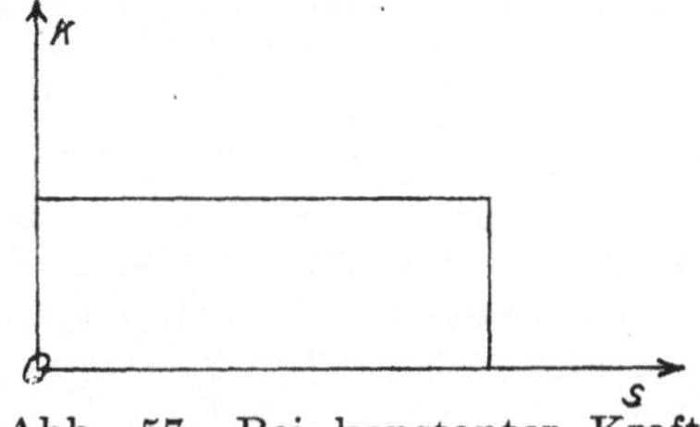

Abb. 57. Bei konstanter Kraft ist die Arbeit im Weg-Kraft-Diagramm als Rechteck gegeben.

Eine andere Form zeigt das Diagramm, wenn die Kraft dem zurückgelegten Weg proportional ist, wenn z. B. eine Feder, die dem HOOKEschen Gesetz gehorcht, gedehnt wird. Ihre „Kurve" ist eine durch den Ursprung gehende Gerade von der Gleichung

$$K = \varepsilon s \,.$$

Die Steife der Feder ε gibt ihre Steigung an. Die bei der Verlängerung der Feder von 0 bis l geleistete Arbeit wird in Abb. 58 durch

$$A = \int\limits_0^l \varepsilon s \, ds = \frac{\varepsilon l^2}{2}$$

gegeben und durch den Flächeninhalt des Dreiecks mit den Katheten l und εl dargestellt. Wieder können wir das rechtwinklige Dreieck in ein flächengleiches Rechteck mit der Basis l und der Höhe $\dfrac{\varepsilon l}{2}$ verwandeln. Die beim Dehnen geleistete Arbeit ist so groß, als ob die zu überwindende Kraft während der ganzen Dehnung der halben Endkraft gleich wäre. Sie ist durch die gestrichelte Horizontale gegeben.

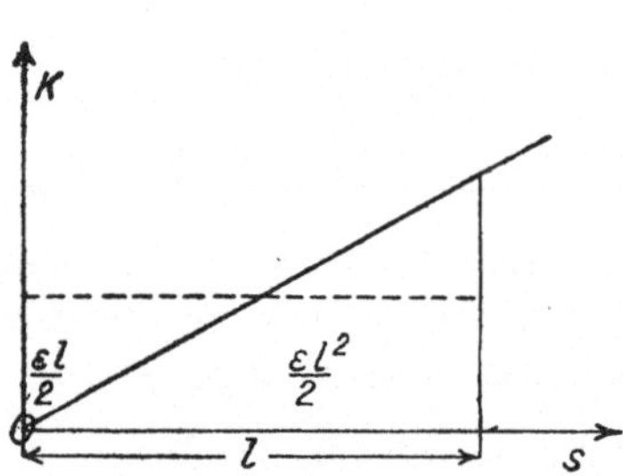

Abb. 58. Dehnt man eine Feder von der Steife ε um l, so ist die Arbeit im Kraft-Weg-Diagramm als rechtwinkliges Dreieck gegeben.

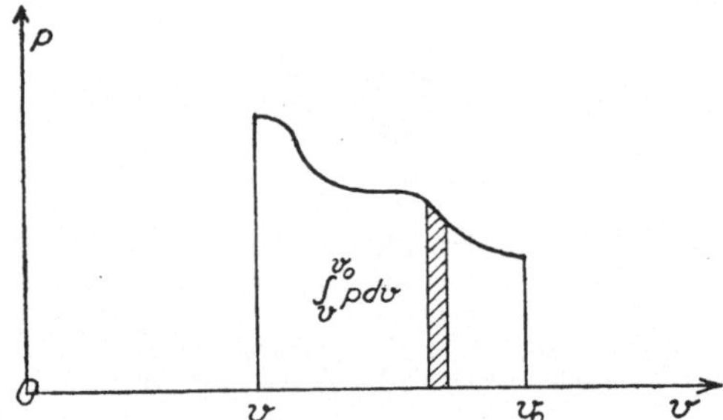

Abb. 59. Bei einer umkehrbar erfolgenden Volumvergrößerung ist die gegen den äußeren Druck geleistete Arbeit $A = \int\limits_{v_0}^{v} p \, dv$ im Druck-Volumen-Diagramm durch eine Fläche gegeben.

3. **Arbeit bei Volumenänderung.** Um die bei der Kompression eines Stoffes von v_0 auf v geleistete Arbeit

$$A = \int\limits_{v_0}^{v} - p \, dv = - \int\limits_{v_0}^{v} p \, dv = \int\limits_{v}^{v_0} p \, dv$$

im Diagramm darzustellen, verwenden wir ein Druck-Volumen-Diagramm. Da wir vom größeren Volumen v_0 aus komprimieren, gibt v_0 die obere Grenze und der Wert des Integrals wird positiv. Der schraffierte Flächenstreifen $p \, dv$ gibt den Betrag des Arbeitselementes.

Auch zur Veranschaulichung der Arbeit, die bei der isothermen Kompression 1 Mols eines idealen Gases geleistet wird (siehe S. 55, 71, 117), verwenden wir ein Druck-Volumen-Diagramm. Die gleichseitige Hyperbel $p\,V = \text{const}$ stellt die der Temperatur T entsprechende Isotherme dar. Ihre Ordinate gibt uns den Druck $p = f(V) = \dfrac{R\,T}{V}$. Um das Diagramm noch anschaulicher zu machen, wurde parallel der V-Achse ein Zylinder vom Querschnitt $q = 1$ gelegt. In ihm soll

1 Mol eines idealen Gases enthalten sein. Der Abstand des Kolbens von 0, die Höhe des Zylinders, gibt das Gasvolumen. Die Kompressionsarbeit

$$\int\limits_{V}^{V_0} p\,dv = R\,T \int\limits_{V}^{V_0} \frac{dV}{V} = R\,T \ln \frac{V_0}{V}$$

wird durch das schraffierte Flächenstück Abb. 60 gegeben.

Dehnt sich das Gas wieder auf das ursprüngliche Volumen aus, so daß es den auf den Kolben lastenden Druck überwindet, so leistet es Arbeit. Soll die Ausdehnung isotherm erfolgen, die Temperatur also konstant bleiben, so muß bei der Ausdehnung eine äquivalente Wärmemenge zugeführt werden. Die bei dieser Ausdehnung des Gases gewonnene Arbeit ist gleich der bei der Kompression geleisteten, wenn die Vorgänge umkehrbar sind. Dazu ist es unter anderem notwendig, daß alle Bewegungen reibungslos vor sich gehen und bei der Zu- und Ableitung von Wärme nur verschwindend kleine Temperaturdifferenzen auftreten. Diesen Bedingungen kann man sich aber nur nähern, ohne sie je vollständig zu erreichen. Die Arbeit, die unter diesen Voraussetzungen bei Ausdehnung eines Gasmols von V_1 auf V_2 gewonnen wird, ist

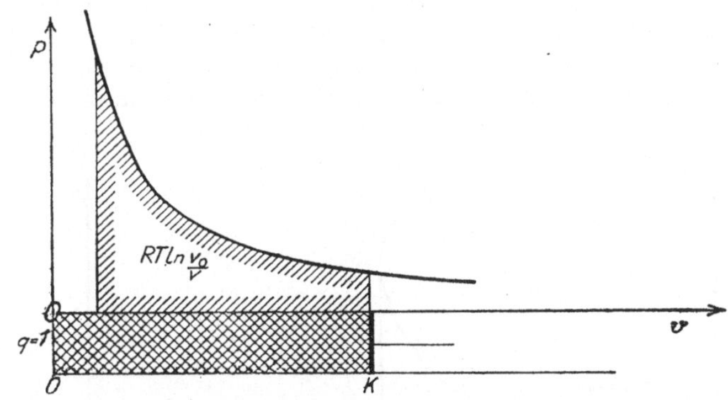

Abb. 60. Bei der isothermen Gaskompression ist die geleistete Arbeit im Druck-Volum-Diagramm durch die Fläche unter der Isothermen $pV =$ const gegeben.

$$\int\limits_{V_1}^{V_2} p\,dV = R\,T \ln \frac{V_2}{V_1}.$$

Kreisprozeß. — Das p-V-Schaubild für ein ideales Gas zeigt eine Horizontale $A\,B$. Was stellt sie vor? Eine Zustandsänderung, bei der der Druck konstant bleibt, eine Isobare. Diese Zustandsänderung findet statt, wenn das Gas durch Erwärmen sein Volumen vergrößert. Dabei leistet es gegen den konstanten äußeren Druck Arbeit. Diese Arbeit wird durch das Rechteck $A\,B\,E\,F$ gegeben. Kühlen wir das Gas bei konstantem Volumen $(O\,E)$ ab, bis sein Druck auf $E\,C$ gesunken ist, so wird dabei wegen der Konstanz des Volumens keine Arbeit geleistet.

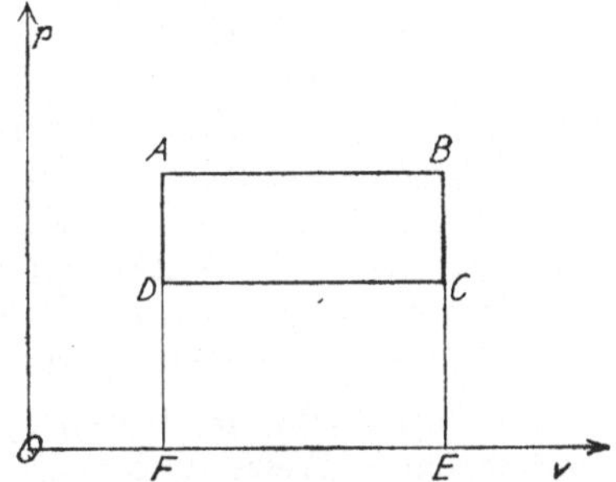

Abb. 61. Bei diesem Kreisprozeß ist im Druck-Volumen-Diagramm die Arbeit durch die Fläche $A\,B\,C\,D$ gegeben.

Bringen wir dann das Gas durch Abkühlung von C aus isobar auf das ursprüngliche Volumen $O\,F$, dann führen wir dem Gase die Arbeit $C\,D\,F\,E$ zu. Schließlich erwärmen wir das Gas bei konstantem Volumen, also arbeitslos, bis sein Druck den ursprünglichen Wert $F\,A$ hat. Nun hat das Gas das ursprüngliche Volumen und den ursprünglichen Druck und daher auch die ursprüngliche Temperatur. Es ist in seinen ursprünglichen Zustand wieder zurückgekehrt, nachdem es eine Reihe von Zuständen durchlaufen hat, die durch den geschlossenen Linienzug $ABCDA$ dargestellt sind. Einen so durchlaufenen Prozeß nennt man Kreisprozeß, obwohl man ihn einen geschlossenen Prozeß nennen sollte. Das Diagramm zeigt, daß die vom Gase beim Kreisprozeß geleistete Arbeit durch die Fläche des Rechteckes $ABCD$, also durch die vom Prozeß umrandete Fläche, gegeben wird.

Im allgemeinen wird aber ein Kreisprozeß im p-V-Schaubild nicht durch ein Rechteck, sondern durch eine geschlossene Kurve begrenzt sein. Gibt auch dann die von der Kurve umrandete Fläche die Arbeit wieder, die von dem im Zylinder befindlichen Körper geleistet wird? Wir ziehen die Ordinaten für P und P', für die Punkte mit der kleinsten und größten Abszisse, und lassen den Körper die Zustände durchlaufen, die durch die Kurve $P\,a\,P'$ gegeben sind. Dabei wird die Arbeit $v_1\,P\,a\,P'\,v_2$ gewonnen.

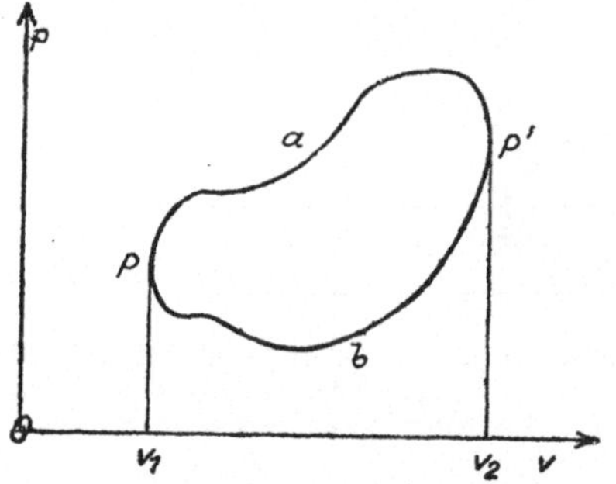

Abb. 62. Bei diesem Kreisprozeß ist die Arbeit im Druck-Volumen-Diagramm durch die von der Kurve umrandete Fläche gegeben.

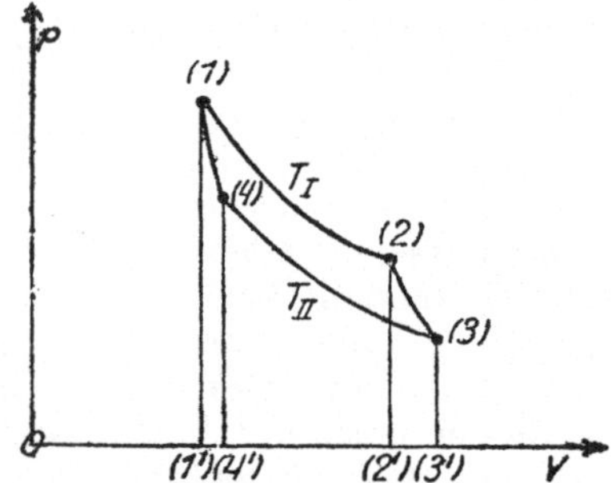

Abb. 63. Der Carnotsche Kreisprozeß im Druck-Volumen-Diagramm. Er besteht aus zwei Isothermen T_I und T_{II} und zwei Adiabaten.

Vorzeichen der Arbeit. Kehrt der Körper längs der Kurve $P'\,b\,P$ in den Anfangszustand zurück, so muß ihm die Arbeit $v_1\,P\,b\,P'\,v_2$ zugeführt werden. Beim ganzen Kreisprozeß wird also der Überschuß der ersten Arbeit über die zweite gewonnen. Dieser Überschuß ist durch die von der Kurve umrandete Fläche gegeben. Dies gilt, wenn die Kurve im Uhrzeigersinn durchlaufen wird. Wird sie im Gegenuhrzeigersinn durchlaufen, dann muß dem Körper eine Arbeit von der Größe der umrandeten Fläche zugeführt werden. Das Vorzeichen der Arbeit, ob sie gewonnen oder zugeführt wird, hängt von dem Sinne ab, in dem die geschlossene Kurve durchlaufen wird.

Der Carnotsche Kreisprozeß, den wir uns für 1 Mol eines idealen Gases in umkehrbarer Weise durchgeführt denken, wird im p-V-Diagramm durch ein krummliniges Viereck dargestellt (Abb. 63).

Zwei Seiten sind Isothermen, die andern zwei Adiabaten (siehe S. 92), die Eckpunkte sind mit (1) (2) (3) (4) bezeichnet. Sie haben die Koordinaten (Zustandsvariablen) $V_1\,p_1$, $V_2\,p_2$, $V_3\,p_3$, $V_4\,p_4$. Durch (1) und (2) geht die Isotherme T_I, durch (3) und (4) die tiefere Isotherme T_{II}.

Der Carnotsche Kreisprozeß spielt sich folgendermaßen ab. Das Gas dehnt sich isotherm bei T_I von (1) bis (2) aus. Dabei wird die Arbeit $R\,T_I \ln \dfrac{V_2}{V_1}$ gewonnen, die durch (1) (2) (2′) (1′) gegeben ist, und dem Gas die äquivalente Wärmemenge

Q_I zugeführt. Das Gas wird adiabat von (2) auf (3) gebracht und dabei die Arbeit (2) (3) (3') (2') gewonnen. Bei (3) ist die Temperatur des Gases auf T_{II} gesunken. Dann wird isotherm bis (4) komprimiert und dabei die Arbeit (3) (3') (4') (4) zugeführt und die ihr äquivalente Wärme Q_{II} abgeleitet. Punkt (4) ist so gewählt, daß er auf der Adiabaten durch (1) liegt. Wird das Gas adiabat bis (1) komprimiert, so ist seine Temperatur auf die ursprüngliche Temperatur T_I gestiegen und der alte Zustand des Gases erreicht. Q_I und Q_{II} im Arbeitsmaß S. 92.

Bei der adiabaten Kompression mußte die Arbeit (4') (4) (1) (1') zugeführt werden. Beim Kreisprozeß wurde daher die Arbeit (1) (2) (3) (3') (1') gewonnen und die Arbeit (3) (4) (1) (1') (3') verbraucht, so daß im ganzen die Arbeit (1) (2) (3) (4) gewonnen wurde, die durch die vom Kreisprozeß umrandete Fläche gegeben ist.

Wegen der Wichtigkeit für das Folgende berechnen wir die im ganzen gewonnene Arbeit und vergleichen sie mit der auf der Isotherme T_I zugeführten Wärmemenge Q_I, wobei wir die Wärmemenge durch die ihr äquivalente Arbeit messen wollen.

Zunächst eine wichtige Bemerkung über die Arbeiten längs der Adiabaten (2) (3) und (4) (1). Diese Arbeiten sind dem Betrag nach gleich, denn das Gas leistet, wie die Thermodynamik lehrt, die Arbeit auf der Adiabaten (2) (3) nur auf Kosten seines Wärmeinhaltes, weshalb sich seine Temperatur von T_I auf T_{II} verkleinert. Andererseits wird die bei der Kompression längs der Adiabaten (4) (1) zugeführte Arbeit nur zur Erwärmung des Gases verwendet, weshalb seine Temperatur von T_{II} auf T_I steigt. Durch diese Arbeit entsteht, da die spezifische Wärme eines Gases vom Volumen unabhängig ist, dieselbe Wärmemenge, die früher zur Arbeitsleistung verbraucht wurde. Die Arbeiten längs der Adiabaten heben sich also auf und es bleiben nur die Arbeiten längs der Isothermen übrig.

Längs der Isotherme (1) (2) gewinnen wir die Arbeit $R T_I \ln \dfrac{V_2}{V_1}$, längs der Isotherme (3) (4) führen wir dem Gase die Arbeit $R T_{II} \ln \dfrac{V_3}{V_4}$ zu.

In welcher Beziehung stehen die Quotienten $\dfrac{V_2}{V_1}$ und $\dfrac{V_3}{V_4}$?

Ihre Beziehung wird durch die Gleichung der Adiabaten (2) (3) und (4) (1) gegeben. Nach S. 93 gilt:

Für die Punkte (2) und (3) $\qquad V_2^{k-1} T_I = V_3^{k-1} T_{II}$

„   „   „   (4) „ (1) $\qquad V_1^{k-1} T_I = V_4^{k-1} T_{II}$

Daraus folgt durch Division $\qquad \left(\dfrac{V_2}{V_1}\right)^{k-1} = \left(\dfrac{V_3}{V_4}\right)^{k-1}$

und Wurzelziehen $\qquad\qquad \dfrac{V_2}{V_1} = \dfrac{V_3}{V_4}$.

Die beiden Quotienten sind einander gleich.

Auf der Isotherme I wird die Arbeit $R T_I \ln \dfrac{V_2}{V_1}$ gewonnen und dem Gas die Wärmemenge $Q_I = R T_I \ln \dfrac{V_2}{V_1}$ zugeführt; auf der Isotherme II wird dem Gas die Arbeit $R T_{II} \ln \dfrac{V_3}{V_4}$ zugeführt und von ihm die Wärmemenge $Q_{II} = R T_{II} \ln \dfrac{V_3}{V_4}$ $= R T_{II} \ln \dfrac{V_2}{V_1}$ abgegeben. Es ist daher, wenn wir die dem Gas zugeführte Wärmemenge als positiv, die abgeführte als negativ rechnen,

$$\frac{Q_I}{T_I} = - \frac{Q_{II}}{T_{II}} \quad \text{oder} \quad \frac{Q_I}{T_I} + \frac{Q_{II}}{T_{II}} = 0 \,.$$

Welcher Bruchteil der bei der Temperatur T_I aufgenommenen Wärmemenge $Q_\mathrm{I} = R T_\mathrm{I} \ln \dfrac{V_2}{V_1}$ wird in Arbeit umgesetzt?

$$\frac{Q_\mathrm{I} - Q_\mathrm{II}}{Q_\mathrm{I}} = (T_\mathrm{I} - T_\mathrm{II})\, R \ln \frac{V_2}{V_1} : R T_\mathrm{I} \ln \frac{V_2}{V_1} = \frac{T_\mathrm{I} - T_\mathrm{II}}{T_\mathrm{I}}\,.$$

Der Bruchteil ist proportional der Temperaturdifferenz zwischen den beiden Wärmebehältern.

Weiteres über Flächeninhaltsermittlung. — Wir bestimmen den Flächeninhalt der Sinuskurve $y = \sin x$ zwischen 0 und $\dfrac{\pi}{2}$ (Abb. 33, S. 62)

$$\int_0^{\frac{\pi}{2}} \sin x\, dx = \Big|{-\cos x}\Big|_{x=0}^{x=\frac{\pi}{2}} = 0 - (-1) = 1$$

und zwischen $\dfrac{\pi}{2}$ und π

$$\int_{\frac{\pi}{2}}^{\pi} \sin x\, dx = \Big|{-\cos x}\Big|_{\frac{\pi}{2}}^{\pi} = 1 - 0 = 1\,.$$

Die beiden Flächeninhalte sind einander gleich, was auch unmittelbar aus der Symmetrie der Kurve um die Ordinate in $\dfrac{\pi}{2}$ folgt.

Allgemein gilt: Ist $f(x)$ in bezug auf die Ordinate $f(a)$ symmetrisch, ist also

$$f(a - \xi) = f(a + \xi)\,,$$

so ist

$$\int_{a-b}^{a} f(x)\, dx = \int_{a}^{a+b} f(x)\, dx\,.$$

Es ist

$$\int_0^{\pi} \sin x\, dx = \Big|{-\cos x}\Big|_{x=0}^{x=\pi} = -(-1) - (-1) = 2\,.$$

Dann ist also

$$\int_0^{\pi} \sin x\, dx = \int_0^{\frac{\pi}{2}} \sin x\, dx + \int_{\frac{\pi}{2}}^{\pi} \sin x\, dx\,.$$

Das gilt allgemein. Immer ist

$$\int_a^{b} f(x)\, dx + \int_b^{c} f(x)\, dx = \int_a^{c} f(x)\, dx\,.$$

Die Fläche von a bis c ist gleich der Summe der Flächen von a bis b und b bis c.

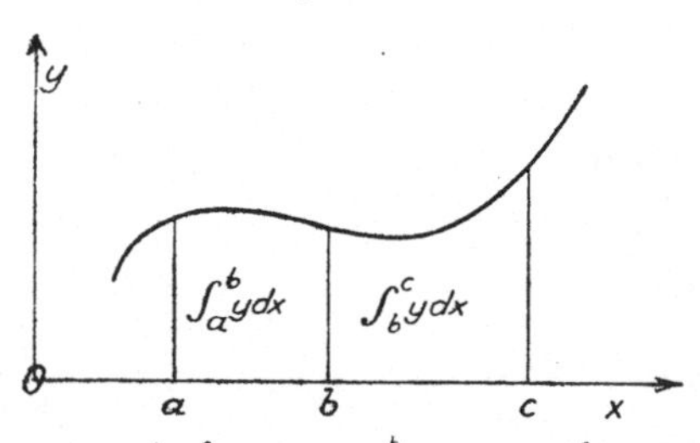

Abb. 64. $\displaystyle\int_a^c y\, dx = \int_a^b y\, dx + \int_b^c y\, dx\,.$

Es ist
$$\int_0^{2\pi} \sin x\, dx = \Big|{-\cos x}\Big|_{x=0}^{x=2\pi} = -(+1) + (+1) = 0\,.$$

Da
$$\int_0^{\pi} \sin x\, dx = 2\,,$$

ist nach der gegebenen Regel

$$\int_{\pi}^{2\pi} \sin x\, dx = -2\,.$$

Tatsächlich ist

$$\int\limits_{\pi}^{2\pi} \sin x \, dx = \left| -\cos x \right|_{x=\pi}^{x=2\pi} = -1 - (+1) = -2 \, .$$

Das merkwürdige Resultat dieses negativen Flächeninhaltes läßt sich leicht deuten. Die Sinuskurve zwischen π und 2π liegt unter der x-Achse (Abb. 33, S. 62), sie hat durchweg negative Ordinaten. Daher ist jedes Flächenelement ($y \, dx$) ebenso wie ihre Summe negativ. Allgemein gilt, daß Teile der Fläche, die unter der Abszissenachse liegen, negativen Flächeninhalt haben.

Die Differentiation eines bestimmten Integrals nach seinen Grenzen soll ebenfalls durch Darstellung eines Integrals als Fläche behandelt werden.

Jedes bisherige Beispiel zeigte, daß der Wert eines bestimmten Integrals von der Integrationsvariablen zwar unabhängig, aber eine Funktion der Grenzen ist.

So ist bei festgehaltener unterer Grenze $\int\limits_{a}^{b} f(x) \, dx$ eine Funktion von b. Wir differenzieren nach b. Wächst b um db, so nimmt der Flächeninhalt $\int\limits_{a}^{b} f(x) \, dx$

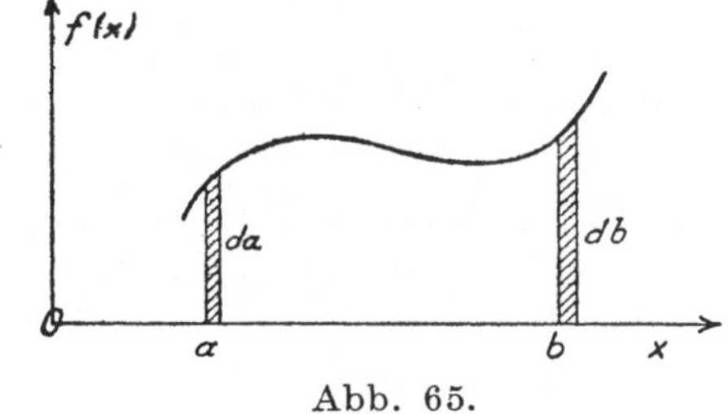

Abb. 65.

$$\frac{d}{db}\int\limits_{a}^{b} f(x) \, dx = f(b), \quad \frac{d}{da}\int\limits_{a}^{b} f(x) \, dx = -f(a).$$

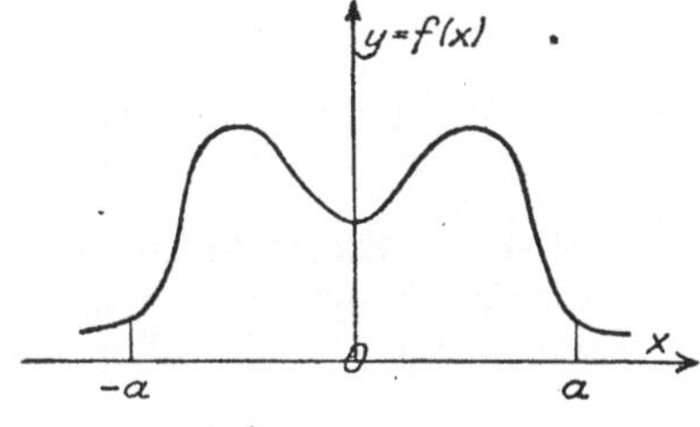

Abb. 66. $\int\limits_{-a}^{0} f(x) \, dx = \int\limits_{0}^{a} f(x) \, dx.$

um den schraffierten differentialen Streifen zu. Teilen wir seinen Flächeninhalt durch seine Breite db und gehen zur Grenze über, so erhalten wir die Ordinate in b, also $f(b)$. Es ist daher

$$\frac{d}{db}\int\limits_{a}^{b} f(x) \, dx = f(b) \, .$$

Wächst im Integral die untere Grenze (a) bei festgehaltener oberer (b), so nimmt sein Wert um den schraffierten, differentialen Streifen bei a ab. Es ist daher

$$\frac{d}{da}\int\limits_{a}^{b} f(x) \, dx = -f(a) \, .$$

Der Differentialquotient eines bestimmten Integrals nach seiner unteren Grenze ist seine negativ genommene erste, nach seiner oberen Grenze seine letzte Ordinate.

Rechenregeln bei geraden und ungeraden Funktionen. — Durch die Auffassung des bestimmten Integrals als Fläche werden noch folgende zwei Rechenregeln klar.

1. Wenn die Kurve $y = f(x)$ in bezug auf die y-Achse symmetrisch ist, ist

$$f(x) = f(-x) \, . \qquad\qquad \text{(Abb. 66)}$$

Infolgedessen ist

$$\int\limits_{-a}^{0} f(x) \, dx = \int\limits_{0}^{a} f(x) \, dx = \frac{1}{2}\int\limits_{-a}^{+a} f(x) \, dx \, .$$

Beispiele.

$$\int_{-a}^{+a} x^2\,dx = 2\int_{0}^{+a} x^2\,dx = \frac{2\,a^3}{3}\,.$$

$$\int_{-\frac{\pi}{2}}^{+\frac{\pi}{2}} \cos x\,dx = 2\int_{0}^{\frac{\pi}{2}} \cos x\,dx = 2\,\Big|\sin x\,\Big|_{0}^{\frac{\pi}{2}} = 2\,.$$

2. Wenn die Kurve $\varphi\,(x)$ in bezug auf den Ursprung punktual symmetrisch ist,
   ist $\qquad\qquad \varphi\,(x) = -\,\varphi\,(-\,x)\,.$ $\qquad\qquad$ (Abb. 67)

Infolgedessen ist

$$\int_{-a}^{0} \varphi\,(x)\,dx = -\int_{0}^{\cdots} \varphi\,(x)\,dx$$

und daher

$$\int_{-a}^{+a} \varphi\,(x)\,dx = 0\,.$$

Beispiel.

$$\int_{-a}^{+a} \sin x\,dx = 0\,.$$

Funktionen, für die $f\,(x) = f\,(-\,x)$, nennt man **gerade** Funktionen.
Funktionen, für die $f\,(x) = -f\,(-x)$, nennt man **ungerade** Funktionen.

Mittlere Stromstärke. — Durch einen Leiter fließe ein elektrischer Strom,
der seine Stromstärke während gewisser Zeitintervalle unverändert beibehält, am
Ende der Intervalle aber seinen Wert plötzlich ändert.

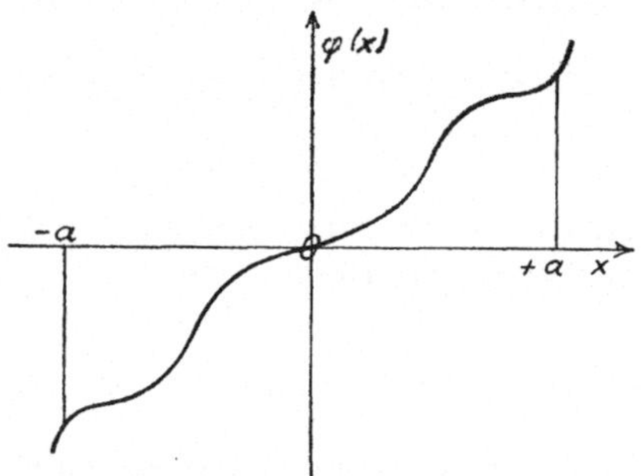

Abb. 67. $\int_{-a}^{0} \varphi\,(x)\,dx = -\int_{0}^{\cdots} \varphi\,(x)\,dx\,.$

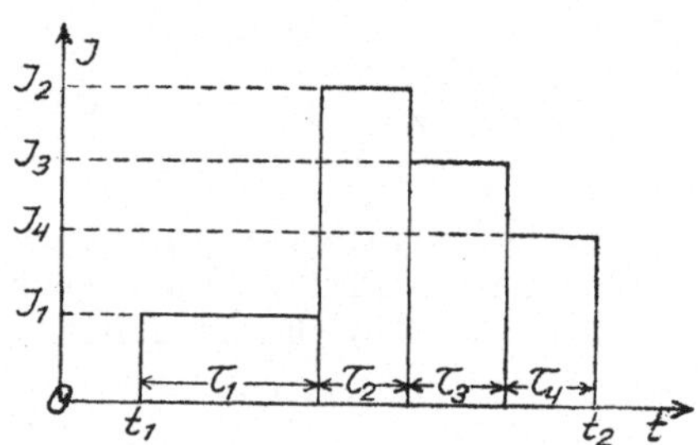

Abb. 68.   Stromstärke-Zeit-Diagramm. Die mittlere Stromstärke ist
$$\bar{J} = \frac{J_1\,t_1 + J_2\,\tau_2 + J_3\,\tau_3 + J_4\,\tau_4}{t_2 - t_1}\,.$$

Im Diagramm wird die Zeit (t) als Abszisse, die Stromstärke (J) als Ordinate
verwendet. Die Längen der einzelnen Zeitintervalle sind τ_1, τ_2, τ_3, $\tau_4 \ldots$, die
dazu gehörigen Stromstärken J_1, J_2, J_3, $J_4 \ldots$

Welche Elektrizitätsmenge wird während der Summe aller Zeitintervalle τ,
also in der Zeit von t_1 bis t_2 durch den Leiter befördert?

Die Elektrizitätsmenge, die durch einen Leiter fließt, wird durch das Produkt
der Stromstärke mal der Zeit, während der der konstante Strom durchfließt,
gegeben (Coulomb = Ampere $\times$ Sekunde). Daher ist in der Zeit von t_1 bis t_2
die Elektrizitätsmenge

$$J_1\,\tau_1 + J_2\,\tau_2 + J_3\,\tau_3 + J_4\,\tau_4$$

durch den Leiter geflossen.

Wie stark müßte ein Strom sein, der in konstanter Stärke fließend im Zeitintervall von t_1 bis t_2 diese Elektrizitätsmenge durch den Leiter treibt?

Seine Stärke ($\bar J$) wird durch den Quotienten aus der Elektrizitätsmenge und der Zeit ($t_2 - t_1$), während der sie durch den Leiter fließt, gegeben. Sie ist

$$\bar J = \frac{J_1 \tau_1 + J_2 \tau_2 + J_3 \tau_3 + J_4 \tau_4}{t_2 - t_1}.$$

Diese Größe heißt die **mittlere Stromstärke**.

Ändert sich die Stromstärke in der Zeit von t_1 bis t_2 nach dem Diagramm, Abb. 69, dann berechnet man die mittlere Stromstärke in der Zeit von t_1 bis t_2, indem man die während dt durch den Leiter fließende Elektrizitätsmenge $J\,dt$ (im Diagramm das schraffierte Flächenelement) von t_1 bis t_2 integriert. Die Summe ist

$$\int_{t_1}^{t_2} J\,dt\,.$$

Teilt man sie durch das Zeitintervall ($t_2 - t_1$), so erhält man

$$\bar J = \frac{1}{t_2 - t_1} \int_{t_1}^{t_2} J\,dt\,.$$

$\int_{t_1}^{t_2} J\,dt$ kann durch $\bar J\,(t_2 - t_1)$ ausgedrückt werden, daher ist $\bar J$ die mittlere Stromstärke während der Zeit ($t_2 - t_1$).

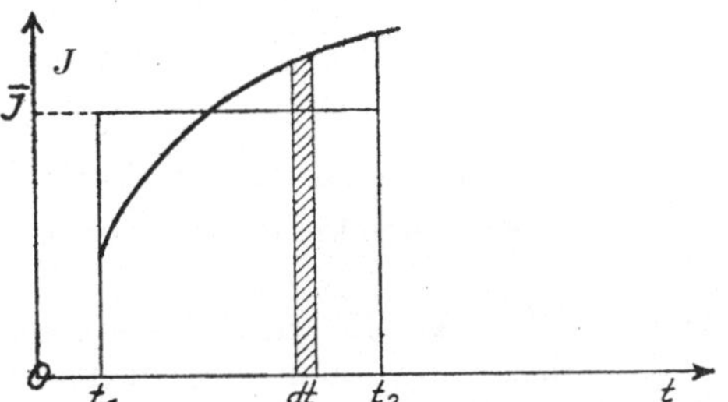

Abb. 69. Im Stromstärke - Zeit - Diagramm ist die mittlere Stromstärke durch die mittlere Ordinate gegeben.

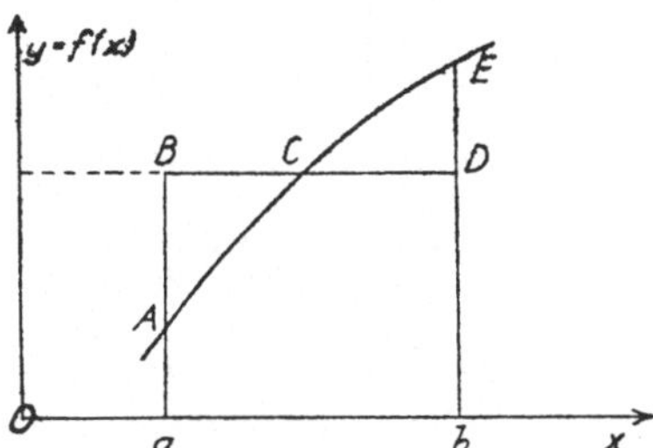

Abb. 70. Die mittlere Ordinate der Kurve $y = f(x)$ auf der Strecke $b - a$ ist durch die Höhe des über dieser Grundlinie gezeichneten mit der Kurve flächengleichen Rechtecks gegeben.

Mittlere Ordinate einer Kurve = Mittelwert einer Funktion. — Wenn wir die Fläche einer Kurve $y = f(x)$ zwischen den Abszissen a und b durch ($b - a$) teilen, erhalten wir

$$\bar y = \frac{1}{b - a} \int_a^b y\,dx\,.$$

$\bar y$ ist die mittlere Ordinate auf dem Abszissenintervall a bis b.

Es ist

$$\bar y\,(b - a) = \int_a^b y\,dx\,.$$

Der Flächeninhalt der Kurve ist in ein Rechteck verwandelt, das die mittlere Ordinate $\bar y$ zur Höhe und ($b - a$) zur Grundlinie hat. Die Flächeninhalte ABC und CDE sind gleich.

1. Die Kurve ist eine Gerade, also ist (Abb. 71)

$$y = m\,x + n \qquad\qquad (m,\ n \text{ konstant}).$$

Es ist

$$\bar{y} = \frac{1}{b-a} \int_a^b (m\,x + n)\,dx = \frac{1}{b-a}\left[m\,\frac{b^2-a^2}{2} + n\,(b-a)\right] = m\,\frac{b+a}{2} + n$$

$$= \frac{1}{2}\left[(m\,b + n) + (m\,a + n)\right] = \frac{y(b) + y(a)}{2}.$$

$\bar{y}$ ist das arithmetische Mittel der beiden Ordinaten in a und b, der beiden Parallelseiten des Trapezes. Im Sonderfall der linearen Funktion ist also die mittlere Ordinate gleich dem arithmetischen Mittel aus erster und letzter Ordinate.

2. Der Flächeninhalt des Viertelkreises ist $\dfrac{r^2\,\pi}{4}$, siehe S. 121. Die mittlere Ordinate des Viertelkreises ergibt sich zu

$$\bar{y} = \frac{1}{r}\,\frac{r^2\,\pi}{4} = \frac{\pi}{4}\,r = 0{,}785 \ldots r.$$

Sie ist etwas größer als $\dfrac{3}{4}$ des Radius.

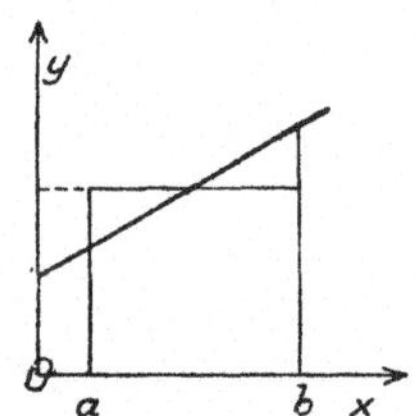

Abb. 71. Die mittlere Ordinate einer Geraden als Mittellinie eines Trapezes.

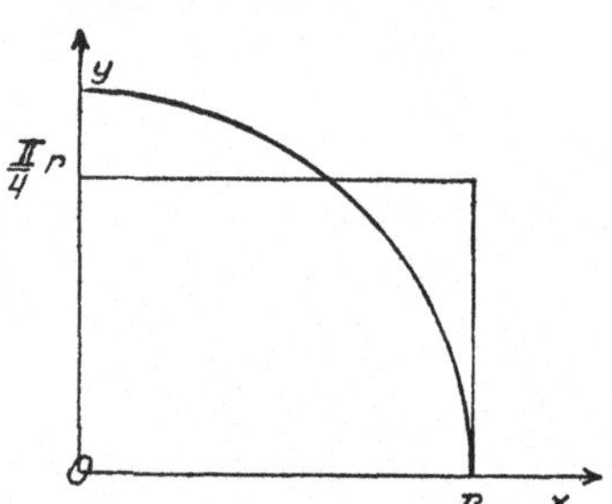

Abb. 72. Die mittlere Ordinate dieses Viertelkreises ist $\dfrac{\pi}{4}\,r$.

Die mittlere Ordinate auf der Spanne $(b - a)$, die wir der Anschaulichkeit halber am Diagramm hergeleitet haben, bezeichnet man allgemein als den **Mittelwert der Funktion in diesem Intervall**

Galvanometrischer Mittelwert J_g der Stromstärke. — Für einen sinusförmigen Wechselstrom ist die Stromstärke in ihrer Abhängigkeit von der Zeit gegeben durch

$$J = J_0 \sin \omega\,t \qquad\qquad (J_0,\ \omega \text{ konstant}).$$

J_0 ist der Scheitelwert, ω die Kreisfrequenz (S. 65).

$$T = \frac{2\,\pi}{\omega}$$

ist die Periodendauer, die Zeit, innerhalb der die Stromstärke ihren alten Wert und ihren alten Differentialquotienten annimmt.

Vergleiche auch das über harmonische Schwingungen S. 64 Gesagte!

Wir berechnen die mittlere Stromstärke über die Zeit von 0 bis $\dfrac{T}{2}$, also über eine Halbperiode.

$$\bar{J} = \frac{2}{T}\,J_0 \int_0^{\frac{T}{2}} \sin \omega\,t\,dt = \frac{2\,J_0}{T\,\omega} \int_{\omega t = 0}^{\omega t = \pi} \sin \omega\,t\,d\omega\,t = \frac{J_0}{\pi}\left|-\cos \omega\,t\,\right|_{\omega t = 0}^{\omega t = \pi}$$

$$= \frac{J_0}{\pi}\left[-(-1) - (-1)\right] = \frac{2\,J_0}{\pi} = 0{,}637 \ldots J_0$$

Die mittlere Stromstärke über eine Halbperiode ist etwas kleiner als $\frac{2}{3}$ des Scheitelwertes. Für eine volle Periode ergibt sich

$$\bar{J} = \frac{1}{T} \int\limits_0^T J_0 \sin \omega t\, dt = 0 .$$

Dieses Resultat kann man aus dem Diagramm unmittelbar ablesen.

Läßt man einen Wechselstrom von etwa 50 Perioden in der Sekunde durch ein Drehspulengalvanometer von genügender Trägheit fließen, so zeigt es keinen Ausschlag, da der Impuls jeder einzelnen Halbwelle durch den entgegengesetzt gerichteten der folgenden aufgehoben wird. Dagegen zeigt es einen Ausschlag, wenn man jede 2. Halbwelle vor dem Durchgang durchs Galvanometer kommutiert (wendet), wie es das Diagramm zeigt.

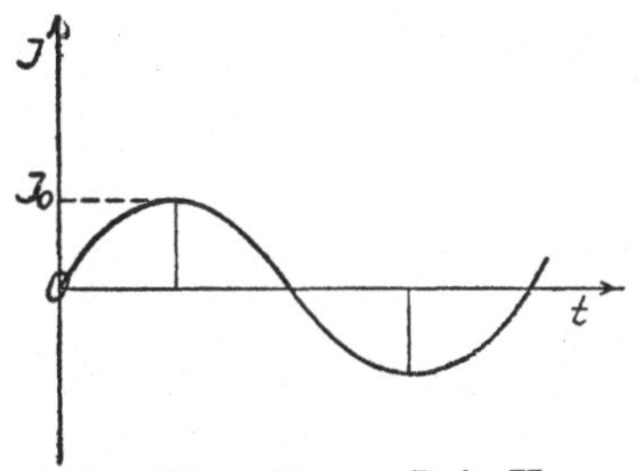

Abb. 73. Strom-Zeit-Kurve eines sinusförmigen Wechselstromes.

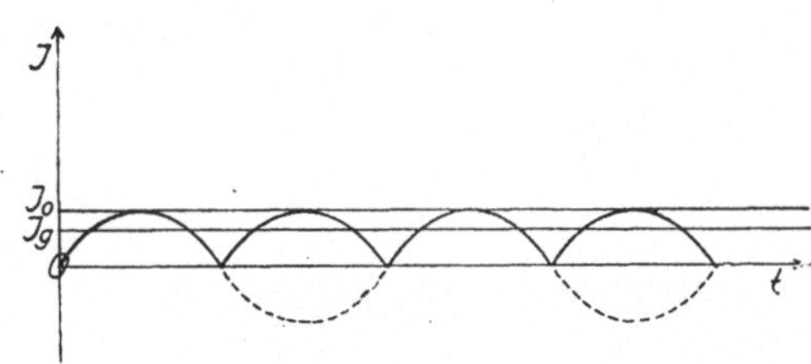

Abb. 74. Sinusförmiger Wechselstrom mit kommutierten Halbwellen.

Der Ausschlag am genügend trägen Galvanometer bei kommutierten Halbwellen, der der Stromstärke $\frac{2\,J_0}{\pi}$ entspricht, wird das **galvanometrische Mittel** J_g genannt.

Der effektive Mittelwert der Stromstärke J_{eff}. — Fließt ein konstanter Strom J über den Widerstand R, so ist die in der Sekunde als Wärme entwickelte Energie, der Effekt (Leistung), nach JOULE RJ^2, die in der Zeit t entwickelte Wärme $RJ^2 t$. Ist J aber eine Zeitfunktion, dann muß man, um den Effekt zu finden, Differentialzerlegung anwenden und findet für die in der Zeit von 0 bis t entwickelte Energie

$$\int\limits_0^t RJ^2\, dt = R \int\limits_0^t J^2\, dt .$$

Für die beim sinusförmigen Wechselstrom $J = J_0 \sin \omega t$ innerhalb einer Halbperiode entwickelte Energie folgt daher

$$R \int\limits_0^{\frac{T}{2}} J^2 \sin^2 \omega t\, dt = RJ_0^2 \int\limits_0^{\frac{T}{2}} \sin^2 \omega t\, dt .$$

Wie groß ist die Stärke eines konstanten Stromes (J_{eff}), der während der Zeit $\frac{T}{2}$ dieselbe Wärme entwickelt wie ein sinusförmiger Wechselstrom? J_{eff} nennt man das **effektive Mittel** der Stromstärke wegen des gleichen Effektes während einer Halbperiode.

Es ist

$$J^2_{\text{eff}} R \frac{T}{2} = R J^2_0 \int_0^{\frac{T}{2}} \sin^2 \omega\, t\, dt$$

und daher

$$J^2_{\text{eff}} = \frac{2}{T} J^2_0 \int_0^{\frac{T}{2}} \sin^2 \omega\, t\, dt\,.$$

Nach S. 97 und 115 wird für $\omega\, t = x$

$$\int_0^{\frac{T}{2}} \sin^2 \omega\, t\, dt = \frac{1}{\omega} \int_0^{\pi} \sin^2 x\, d x = \frac{1}{\omega} \left| \frac{x}{2} - \frac{\sin x \cos x}{2} \right|_{x=0}^{x=\pi} = \frac{1}{\omega} \frac{\pi}{2}\,,$$

wegen $\omega\, T = 2\,\pi$ wird

$$J^2_{\text{eff}} = \frac{2}{T} J^2_0 \frac{1}{\omega} \cdot \frac{\pi}{2} = \frac{J^2_0}{2}$$

und daher

$$J_{\text{eff}} = \frac{J_0}{\sqrt{2}} = \frac{\sqrt{2}}{2} J_0 = 0{,}707 \ldots J_0\,.$$

Der so berechnete Mittelwert

$$J_{\text{eff}} = \sqrt{\frac{2}{T} \int_0^{\frac{T}{2}} J^2\, dt}$$

ist die Quadratwurzel aus dem Mittelwert des Quadrates von J, weshalb man ihn auch den **quadratischen Mittelwert der Stromstärke** nennt. Berechnet man ihn für die Halbwelle, in der die Stromrichtung entgegengesetzt ist, also für die Zeit $\frac{T}{2}$ bis T, so erhält man denselben Wert, weil die im Widerstand entwickelte Wärme von der Richtung des Stromes unabhängig ist. Vom mathematischen Standpunkt aus muß jedem $(+J)^2$ ein gleichgroßes $(-J)^2$ auf der andern Halbwelle entsprechen.

Die effektive Stromstärke wird unmittelbar durch Meßinstrumente bestimmt, die wie das **Hitzdrahtamperemeter** die vom Strom entwickelte Wärme messen.

Das quadratische Mittel y_q einer Funktion $y = f(x)$ kann man allgemein formulieren als

$$y_q = \sqrt{\frac{1}{b-a} \int_a^b y^2\, d x}\,.$$

Der Mittelwert des elektrischen Momentes von Dipolen[1]**), ein Beispiel für die statistische Methode in den Naturwissenschaften.** — Bringt man einen Isolator (Dielektrikum) in ein elektrisches Feld, so erhält jeder Volumteil der Substanz ein elektrisches Moment, es findet eine **dielektrische Verschiebung**, eine **Polarisation**, statt. Die Größe der Polarisation wird durch eine Materialkonstante, die **Dielektrizitätskonstante**, bestimmt.

Die **Polarisation** definiert man als das elektrische Moment, das auf die **Volumeneinheit** der Substanz entfällt.

---

[1]) P. Debye, Polare Molekeln (Leipzig 1929), S. 24ff.

Da nach den modernen Vorstellungen die Atome und Moleküle als im ganzen neutrale Aggregate (Gruppen) von dem Betrage nach gleichen, positiven und negativen Ladungen sind, sucht man die Polarisation und die Dielektrizitätskonstante aus den Einwirkungen des angelegten (äußeren) elektrischen Feldes auf diese Ladungen zu erklären.

Fällt in den Molekeln einer Substanz der Schwerpunkt der positiven und negativen Ladungen zusammen, dann hat die Molekel kein elektrisches Moment. Sie erhält ein solches erst, wenn ihre entgegengesetzten Ladungen durch Einwirkung eines äußeren Feldes in entgegengesetzte Richtungen gezogen werden, infolge dieser Verzerrungen.

Die Dielektrizitätskonstante von Gasen müßte bei konstant gehaltener Dichte von der Temperatur unabhängig sein. Messungen haben dies auch bei vielen Substanzen ergeben. Bei anderen jedoch fand man eine Abhängigkeit von der Temperatur und erklärte dies damit, daß bei diesen Molekeln der Schwerpunkt der positiven und negativen Ladungen nicht zusammenfällt. Solche Molekeln nennt man Dipole. Die vom Schwerpunkt der negativen Ladungen zu dem der positiven gezogene Linie nennt man Dipolachse. Dipole haben auch ohne ein äußeres Feld ein elektrisches Moment, das Dipolmoment (μ), eine wichtige molekulare Konstante. Sie werden durch ein äußeres Feld so orientiert, daß die Dipolachsen bei Abwesenheit der Wärmebewegung der Molekeln vollkommen in die Feldrichtung gedreht würden. Bei Substanzen mit Dipolmolekeln wird die Polarisation also nicht nur durch die Verzerrung der Ladungsaggregate, sondern auch durch die Verdrehung der Dipole hervorgerufen.

Im folgenden betrachten wir ausschließlich den Anteil der Polarisation, der durch Verdrehung der Dipole verursacht wird. Die Achsen dieser Dipole sind ohne „äußeres" elektrisches Feld über alle Richtungen des Raumes gleichmäßig verteilt, keine ist bevorzugt. In der Ausdrucksweise der Wahrscheinlichkeitsrechnung lautet dies: gleichen Raumwinkeln (S. 274) entsprechen unabhängig von deren Lage auf der Einheitskugel gleiche Wahrscheinlichkeiten für die Dipolachsen. Die Wahrscheinlichkeit (S. 238) dafür, daß eine Dipolachse in einem bestimmten Raumwinkel liegt, berechnet man, indem man den ihm entsprechenden Flächeninhalt durch $4\,\pi$, den Flächeninhalt der Einheitskugel (Kugel vom Radius 1), dividiert. Dieser Quotient entspricht dem Quotienten aus der Anzahl der günstigen durch die Anzahl der möglichen Fälle. Diese Zahlen verhalten sich wie die ihnen entsprechenden Raumwinkel. Voraussetzung für die Anwendung der Wahrscheinlichkeitsrechnung ist aber, daß in den Raumwinkel eine große Anzahl von Dipolen fällt.

Die folgende Rechnung ist typisch für die Anwendung statistischer Methoden in Physik und physikalischer Chemie.

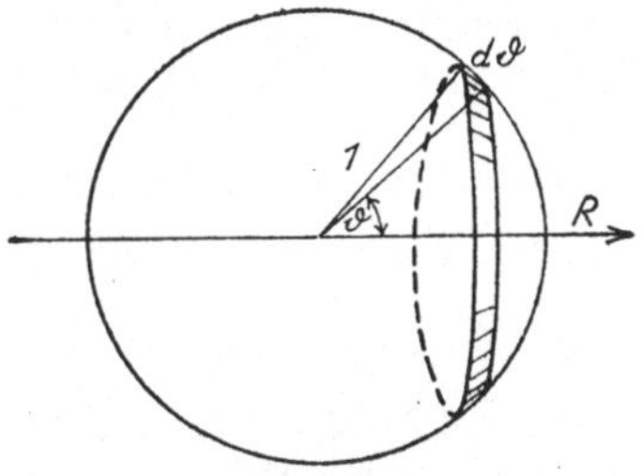

Wir denken uns im Raume die Richtung R festgelegt und berechnen für jeden Dipol die Komponente des Momentes μ in der Richtung R. Der Winkel der Dipolachse mit R ist ϑ, die Komponente in der Richtung R ist $\mu \cos \vartheta$. Nimmt man bei Abwesenheit eines elektrischen Feldes das Mittel über die Komponenten aller in einem Mol vorhandenen Molekeln, dann erhält man den Wert 0, weil die regelmäßige Verteilung keine Richtung bevorzugt. Anders ist es, wenn in der Richtung R ein elektrisches Feld von der Stärke F wirkt. Beim absoluten

Abb. 75.
Differentiale Kugelzone auf der Einheitskugel von der Breite $d\varphi$ ist $2\,\pi \sin \varphi\, d\varphi$.

Nullpunkt der Temperatur würden sich infolge des Fehlens der Wärmebewegung alle Molekeln mit ihren Dipolachsen in die Feldrichtung einstellen und so in der Volumeneinheit der Substanz ein Moment gleich μ mal der Anzahl der Molekeln pro Volumeneinheit hervorgebracht werden. Die Wärmebewegung der Molekeln sucht aber eine regellose Verteilung der Achsenrichtungen herbeizuführen und arbeitet dadurch der Einstellung in die Feldrichtung entgegen. Um den Anteil der Dipole an der Polarisation zu erhalten, muß man daher den Mittelwert $\bar\mu$ des Dipolmomentes in der Feldrichtung berechnen.

Um diesen Mittelwert berechnen zu können, betrachten wir zuerst wieder die Verhältnisse bei Abwesenheit eines Feldes. Wie groß ist die Zahl der Dipole unter den N Dipolmolekeln eines Mols der Substanz, deren Achsen mit der Richtung R einen Winkel zwischen ϑ und $(\vartheta + d\vartheta)$ einschließen? Sie ist durch den Raumwinkel gegeben, der alle Richtungen zwischen ϑ und $(\vartheta + d\vartheta)$ enthält. Dieser Raumwinkel ist gleich dem Flächeninhalt des differentialen Flächenstreifens auf der Einheitskugel, der in Abb. 75 schraffiert ist. Dieser Flächeninhalt ist $2\pi \sin\vartheta\, d\vartheta$ (S. 274). Der volle Raumwinkel, dem alle möglichen Richtungen entsprechen, ist 4π. Einem Raumwinkel gleich 1 entsprechen $\dfrac{N}{4\pi}$, und dem Raumwinkel zwischen ϑ und $(\vartheta + d\vartheta)$ entsprechen $\dfrac{N}{2}\sin\vartheta\, d\vartheta$ Molekeln des Mols.

Wirkt aber ein Feld von der Feldstärke F in der Richtung R auf die Molekeln ein, so ändert sich diese Verteilung. In welcher Weise sie sich ändert, zeigt das Boltzmann-Maxwellsche Gesetz. Nach diesem müssen wir den Ausdruck $\dfrac{N}{2}\sin\vartheta\, d\vartheta$ mit $e^{\frac{\mu F}{k\,T}\cos\vartheta}$ multiplizieren. Diese e-Potenz ist > 1, wenn $\cos\vartheta > 0$ ist, wenn also die Dipolachse einen spitzen Winkel mit der Feldrichtung einschließt. Ist der Winkel $> \dfrac{\pi}{2}$, dann wird die e-Potenz < 1, d. h. bei Einwirkung eines Feldes werden die Richtungen der Dipolachsen zur Richtung des Feldes gedreht, die Halbkugel auf der Seite der Feldrichtung wird bevorzugt. Für $F = 0$ und ebenso für $T \to \infty$ wird die e-Potenz 1. Bei Abwesenheit des Feldes kommen wir auf die alte Formel zurück und ebenso bei sehr hohen Temperaturen. Da überwiegt die Wärmebewegung der Molekeln so sehr, daß das Feld keine Richtwirkung mehr ausübt. Bei nicht abnorm hohen Temperaturen ist das mittlere elektrische Moment $\bar\mu$ bei Anlegen eines elektrischen Feldes nicht mehr 0. Welchen Wert hat es? Die Anzahl der Dipole, die mit der Feldrichtung einen Winkel zwischen ϑ und $(\vartheta + d\vartheta)$ einschließen, ist $\dfrac{N}{2}\, e^{\frac{\mu F}{k\,T}\cos\vartheta}\sin\vartheta\, d\vartheta$. Ein Dipol hat in der Feldrichtung das Moment $\mu\cos\vartheta$, alle Dipole mit Achsen zwischen ϑ und $(\vartheta + d\vartheta)$ haben zusammen in der Feldrichtung das Moment $\dfrac{N}{2}\,\mu\, e^{\frac{\mu F}{k\,T}\cos\vartheta}\cos\vartheta\sin\vartheta\, d\vartheta$. Um das gesamte Moment zu bekommen, müssen wir über alle möglichen Richtungen summieren, d. h. den Ausdruck über die ganze Kugel von $\vartheta = 0$ bis $\vartheta = \pi$ integrieren. Das Gesamtmoment ist

$$\frac{N}{2}\,\mu \int_0^\mu e^{\frac{\mu F}{k\,T}\cos\vartheta}\cos\vartheta\sin\vartheta\, d\vartheta\,.$$

Da wir $\bar\mu$, das mittlere elektrische Moment in der Feldrichtung, berechnen wollen, müssen wir diesen Ausdruck durch die Anzahl sämtlicher in der Substanz enthaltenen Dipole dividieren. Diese Anzahl erhalten wir, wenn wir die Anzahl der Dipole mit der Achsenrichtung zwischen ϑ und $(\vartheta + d\vartheta)$ über die ganze Kugel integrieren, also $\dfrac{N}{2}\int\limits_{0}^{\pi} e^{\frac{\mu F}{k\,T}\cos\vartheta}\sin\vartheta\,d\vartheta$ berechnen. Das mittlere Dipolmoment in der Feldrichtung ist

$$\bar{\mu} = \frac{\dfrac{N}{2}\,\mu\int\limits_{0}^{\pi} e^{\frac{\mu F}{k\,T}\cos\vartheta}\cos\vartheta\sin\vartheta\,d\vartheta}{\dfrac{N}{2}\int\limits_{0}^{\pi} e^{\frac{\mu F}{k\,T}\cos\vartheta}\sin\vartheta\,d\vartheta}\,.$$

Nach Kürzung durch $\dfrac{N}{2}$ und Division durch μ erhält man $\bar{\mu}$, das mittlere Dipolmoment in Bruchteilen von μ. Es ist

$$\frac{\bar{\mu}}{\mu} = \frac{\int e^{\frac{\mu F}{k\,T}\cos\vartheta}\cos\vartheta\sin\vartheta\,d\vartheta}{\int\limits_{0}^{\pi} e^{\frac{\mu F}{k\,T}\cos\vartheta}\sin\vartheta\,d\vartheta}\,.$$

Zur Berechnung der Integrale führen wir eine neue Integrationsvariable ξ ein durch

$$\xi = \cos\vartheta\,.$$

Da $\dfrac{\mu F}{k\,T}$ eine von der Integrationsvariablen unabhängige Größe ist, muß sie auch im Resultat vorkommen. Sie ist von Temperatur und Feldstärke abhängig, von Größen, die bei Versuchen leicht geändert werden können. Zur Erleichterung der Übersicht setzen wir

$$\frac{\mu F}{k\,T} = x\,.$$

x ist eine Konstante bei der Integration nach ξ. Vertauscht man auch noch die Grenzen wegen des bei der Substitution von $\xi = \cos\vartheta$ auftretenden —-Zeichens. so erhält man

$$\frac{\bar{\mu}}{\mu} = \frac{\int\limits_{1}^{+1} e^{x}\,\xi\,d\xi}{\int\limits_{-1}^{+1} e^{x\,\xi}\,d\xi}\,.$$

Nach S. 103 ist

$$\int\limits_{-1}^{+1} e^{x\,\xi}\,\xi\,d\xi = \frac{e^{x}+e^{-x}}{x} - \frac{e^{x}-e^{-x}}{x^{2}}$$

Nach S. 96 ist

$$\int\limits_{-1}^{+1} e^{x\,\xi}\,d\xi = \frac{e^{x}-e^{-x}}{x}$$

Es ist daher

$$\frac{\bar{\mu}}{\mu} = \frac{e^{x}+e^{-x}}{e^{x}-e^{-x}} - \frac{1}{x}\,.$$

Diese Funktion von x wird LANGEVINSCHE Funktion genannt und oft mit $L(x)$ bezeichnet. Sie wird (S. 156) mit Hilfe von Reihenentwicklung durch einen Näherungswert dargestellt, der für die angestrebten Zwecke ausreicht[1]).

Angenäherte Integration. — Die bisher gebrachten Integrationsmethoden setzten voraus, daß der Integrand als Funktion der unabhängig Veränderlichen durch eine Gleichung oder Kurve im Koordinatensystem gegeben

---

[1]) Wegen der hier verwendeten Hyperbelfunktion s. S. 283.

war. In der Praxis liegen aber oft nur Einzelbeobachtungen vor, die durch keine Formel dargestellt werden können, so daß die Kurve unbekannt bleibt. Da solche Flächen nicht ohne weiteres berechnet werden können, hat man Methoden gefunden, die wenigstens eine angenäherte (approximative) Berechnung der Fläche, eine angenäherte Integration, ermöglichen.

1. Die Trapezformel. Die einfachste Methode, den Flächeninhalt zwischen einer nur durch einzelne Punkte gegebenen Kurve und der Abszissenachse annähernd zu berechnen, ist, die Fläche in eine Anzahl von Trapezen zu zerlegen.

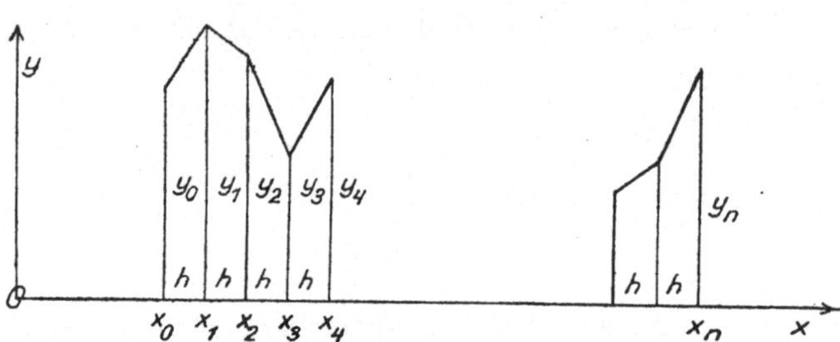

Abb. 76. Das bestimmte Integral über die durch äquidistante Einzelbeobachtungen gegebenen Funktionen kann man durch den Flächeninhalt der Trapeze approximieren. Trapezformel.

Man verbindet die Endpunkte mehrerer Ordinaten, die durch Einzelbeobachtungen für gleiche Intervalle der unabhängig Veränderlichen gegeben sind, geradlinig miteinander. Dadurch entstehen Trapeze (S. 273). Der Abstand zwischen den einzelnen Werten der unabhängig Veränderlichen $x_0, x_1, x_2 \ldots x_{n-1}, x_n$ ist h. Den Werten des x entsprechen die Werte der Funktion $y_0, y_1, y_2 \ldots y_{n-1}, y_n$. Der Flächeninhalt der gesuchten Fläche (oben durch den geradlinigen Linienzug begrenzt) ist

$$F = h \left(\frac{y_0 + y_1}{2} + \frac{y_1 + y_2}{2} + \frac{y_2 + y_3}{2} + \cdots + \frac{y_{n-2} + y_{n-1}}{2} + \frac{y_{n-1} + y_n}{2} \right)$$

$$= h \left(\frac{y_0}{2} + y_1 + y_2 + y_3 + \cdots + y_{n-2} + y_{n-1} + \frac{y_n}{2} \right).$$

Das Resultat dieser Näherungsformel ist größer oder kleiner als die tatsächliche Fläche, je nachdem die unbekannte Kurve konvex oder konkav nach unten gekrümmt ist. Die Annäherung wird im allgemeinen um so besser, je mehr Ordinaten auf dem gesamten Intervall gezogen werden.

STIRLINGS Näherungsformel für $N!$

Die Fakultät (Faktorielle) wird definiert durch

$$n! = 1 \cdot 2 \cdot 3 \cdot 4 \cdot 5 \cdot 6 \cdot 7 \ldots n \qquad (n > 1).$$

Daher ist

$$n! = (n - 1)! \, n.$$

$$(n - 1)! = \frac{n!}{n}.$$

Für $n = 2$ folgt $1! = 1$.

In dem man obige Gleichung auch für $n = 1$ als gültig annimmt, folgt $0! = 1$. Diese Darstellung von $0!$ und $1!$ wird später S. 154 verwendet werden.

Die Fakultät wird zur Berechnung der Anzahl aller möglichen Anordnungen von Dingen angewendet und spielt dementsprechend bei statistischen Berechnungen eine wichtige Rolle. Es handelt sich dabei um die Fakultäten großer Zahlen, deren Berechnung aus der Definition wegen ihres großen Wertes mühsam wäre, wie ein Blick auf nachfolgende Tabelle, die nur bis 10! reicht, zeigt.

Da bei den erwähnten Aufgaben Näherungswerte für die Fakultät genügen, verwendet man eine der folgenden Näherungsformeln. Sie beziehen sich auf die Fakultät einer großen Zahl N und werden aus einer Näherungsformel für den Logarithmus der Fakultät gewonnen.

n	$n!$
1	1
2	2
3	6
4	24
5	120
6	720
7	5 040
8	40 320
9	362 880
10	3 628 800

Aus
$$N! = 1 \cdot 2 \cdot 3 \cdot 4 \ldots\ldots\ldots\ldots N$$
folgt $ln\, N! = ln\, 1 + ln\, 2 + ln\, 3 + ln\, 4 + \ldots + ln\, N$
$$= \frac{1}{2}\, ln\, 1 + 1\left[\frac{1}{2}\, ln\, 1 + ln\, 2 + ln\, 3 + ln\, 4 + \ldots + \frac{1}{2}\, ln\, N\right]$$
$$+ \frac{1}{2}\, ln\, N\,.$$

Das Glied mit der Klammer kann nach Abb. 76 als Summe von Trapezen mit überall gleichem $h = 1$ angesehen werden. Wegen der großen Zahl der Intervalle, die zwischen den Grenzen 1 bis N liegen, kann dieses Glied mit guter Annäherung als $\int\limits_{1}^{N} l\, n\, x\, dx$ angesehen werden. Nach S. 102 ist

$$\int\limits_{1}^{N} ln\, x\, dx = x\,(ln\, x - 1)\,\Big|_{x=1}^{x=N} = N\,(ln\, N - 1) + 1\,.$$

Es ist daher wegen $ln\, 1 = 0$ mit Annäherung

$$(*) \quad ln\, N! \approx N\,(ln\, N - 1) + 1 + \frac{1}{2}\, ln\, N\,.$$

N	$\dfrac{1 + \dfrac{ln\,N}{2}}{N\,(ln\,N - 1)}$
10^2	$9{,}16 \cdot 10^{-3}$
10^3	$7{,}54 \cdot 10^{-4}$
10^4	$6{,}82 \cdot 10^{-5}$
10^5	$6{,}42 \cdot 10^{-6}$
10^6	$6{,}18 \cdot 10^{-7}$

Es ist $\quad 1 + \dfrac{1}{2}\, ln\, N \ll N\,(ln\, N - 1)\,.$

In nebenstehender Tabelle ist der Wert des Quotienten beider Größen für einige Werte des N von 100 aufwärts angegeben. Man sieht, daß dieser Wert des Quotienten klein ist, mit zunehmendem N abnimmt und bei 10^6, einer in der Molekularstatistik keineswegs großen Zahl, schon einen verschwindend kleinen Wert hat. Wir untersuchen noch den Wert des Bruches für $N \to \infty$. Es ist

$$\frac{1 + \dfrac{1}{2}\, ln\, N}{N\,(ln\, N - 1)}\Bigg|_{N=\infty} = \frac{\infty}{\infty}\,.$$

Nach der S. 107 gegebenen Regel ist daher

$$\frac{1 + \dfrac{1}{2}\, ln\, N}{N\,(ln\, N - 1)}\Bigg|_{N=\infty} = \frac{\dfrac{1}{2}\,\dfrac{1}{N}}{ln\, N}\Bigg|_{N=\infty} = \frac{1}{2\,N\, ln\, N}\Bigg|_{N=\infty} = 0\,.$$

Es nimmt also bei unbeschränkter Zunahme des N der Bruch weiter ab, und wir können $\left(1 + \dfrac{1}{2}\, ln\, N\right)$ gegen $N\,(ln\, N - 1) = N\, ln\, N - N$ vernachlässigen.

Aus (*) folgt daher die Näherungsformel
$$ln\, N! \approx N\, ln\, N - N\,.$$
Die Berechnung ergibt, daß schon für $N = 30$ der prozentuelle Fehler nur mehr $3{,}6\,\%$ beträgt. Durch Entlogarithmieren folgt

$$N! \approx \frac{N^N}{e^N}\,.$$

Diese Näherungsformel für die Fakultät großer Zahlen wird in der Molekularstatistik als STIRLINGS Näherungsformel angewendet[1]).

Führt man in (*) keine Vernachlässigung ein, sondern korrigiert die durch Anwendung der Trapezformel bewirkten Vernachlässigungen durch Hinzufügung einer Konstanten, für die eine tiefere Untersuchung den Wert $\frac{1}{2}\, ln\, 2\,\pi - 1$ ergibt,

---

[1]) Siehe z. B. MÜLLER-POUILLETS Lehrbuch der Physik, 11. Aufl. (Braunschweig 1926), Bd. III, 2. Hälfte, S. 122 ff.

so folgt aus (*) durch Entlogarithmieren

$$N! \approx \sqrt{2\,\pi\,N}\; N^N\, e^{-N}\,.$$

In dieser Form wird STIRLINGS Formel meist angegeben[1]).

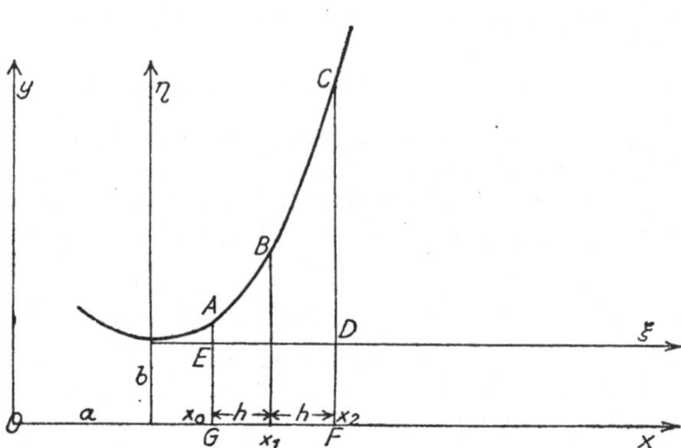

Abb. 77. Das bestimmte Integral über die drei äquidistanten Einzelbeobachtungen y_0, y_1, y_2 kann man durch Legen des Parabelbogens $A\,B\,C$ durch $\dfrac{h}{3}\,(y_0 + 4\,y_1 + y_2)$ approximieren. SIMPSONS Formel.

2. Die SIMPSONsche Regel. Eine größere Annäherung bei der Berechnung bestimmter Integrale für Integranden, die nicht als $f(x)$ gegeben sind oder nicht integriert werden können, gewinnt man durch die SIMPSONsche Regel.

Für 3 äquidistante (gleichabständige) Werte der unabhängig Veränderlichen x_0, x_1, x_2 sind die entsprechenden Werte der Funktion y_0, y_1, y_2 gegeben. Der Abstand der Ordinaten ist $x_1 - x_0 = x_2 - x_1 = h$. Die Fläche der Kurve, d. i. die Fläche zwischen der Kurve und der Abszissenachse im Intervall von x_0 bis x_2, soll angenähert berechnet werden. Die Abszissen der 3 Punkte $A\,(x_0\,y_0)$, $B\,(x_1\,y_1)$, $C\,(x_2\,y_2)$ unterscheiden sich jedesmal um h voneinander. Die Zunahme des y ist in der 1. Spanne kleiner als in der 2. Abb. 77.

Bei der Trapezformel wurde angenommen, daß die Steigung der Kurve in den einzelnen Intervallen gleich bleibt (daher Gerade!) und sich nur an den Enden der Intervalle plötzlich ändert. Nun soll die Steigung innerhalb der Intervalle zunehmen und die Punkte $A\,BC$ sollen durch eine Kurve verbunden sein. Durch diese 3 Punkte legen wir eine Parabel, deren Figurenachse zur y-Achse parallel ist. Die Koordinaten des Scheitels nennen wir a, b. Durch diesen Scheitel als Ursprung legen wir ein neues Koordinatensystem ξ, η mit Achsen parallel zu den alten. In diesem neuen System haben die 3 Punkte die Koordinaten $A\,(\xi_0\,\eta_0)$, $B\,(\xi_1\,\eta_1)$, $C\,(\xi_2\,\eta_2)$. Die Gleichung der Parabel lautet (S. 284):

$$(1)\qquad\qquad \eta = k\,\xi^2\,.$$

Infolgedessen ist der Flächeninhalt

$$(A\,BCDE) = \int_{\xi_0}^{\xi_2} k\,\xi^2\, d\xi = \frac{k}{3}\,(\xi_2^3 - \xi_0^3)\,.$$

Nach dem Diagramm ist $\xi_2 = \xi_0 + 2\,h$. Kubiert (S. 223) und in die Formel eingesetzt, gibt es

$$(A\,BCDE) = \frac{k}{3}\,[6\,\xi_0^2\,h + 12\,\xi_0\,h^2 + 8\,h^3] = \frac{k\,h}{3}\,(6\,\xi_0^2 + 12\,\xi_0\,h + 8\,h^2)\,.$$

Den Ausdruck in der letzten Klammer transformieren (verwandeln) wir so, daß wir die Quadrate von ξ_0, $(\xi_0 + h) = \xi_1$ und $(\xi_0 + 2\,h) = \xi_2$ erhalten.

$$(A\,BCDE) = \frac{k\,h}{3}\,[\xi_0^2 + 4\,(\xi_0 + h)^2 + (\xi_0 + 2\,h)^2] = \frac{k\,h}{3}\,[\xi_0^2 + 4\,\xi_1^2 + \xi_2^2]\,.$$

Nehmen wir das k wieder in die rechte Klammer, so erhalten wir nach (1) die Ordinaten η_0, η_1 und η_2. Es wird

$$(A\,BCDE) = \frac{h}{3}\,(\eta_0 + 4\,\eta_1 + \eta_2)\,.$$

[1]) Wegen ihrer exakten Herleitung s. R. VON MISES, Wahrscheinlichkeitsrechnung und ihre Anwendung in der Statistik und theoretischen Physik (Wien 1931), S. 206.

Um $(ABCFG)$ zu berechnen, müssen wir zu $(ABCDE)$ das Rechteck $(EDFG) = 2\,h\,b$ addieren. Wir führen wieder y_0, y_1, y_2 ein durch

$$\eta_0 = y_0 - b$$
$$\eta_1 = y_1 - b$$
$$\eta_2 = y_2 - b$$

und erhalten:

$$(ABCFG) = \frac{h}{3}\left[(y_0 - b) + 4(y_1 - b) + (y_2 - b)\right] + 2\,h\,b$$

$$= \frac{h}{3}\left[(y_0 - b) + 4(y_1 - b) + (y_2 - b) + 6\,b\right] = \frac{h}{3}(y_0 + 4\,y_1 + y_2).$$

Um diese Formel auf ein Trapez anzuwenden, nehmen wir an, die gegebenen Punkte ABC liegen auf einer Geraden, so daß $(ABCFG)$ ein Trapez mit den Parallelseiten y_0 und y_2 und der Höhe $2\,h$ ist.

$$y_1 = \frac{y_0 + y_2}{2}.$$

Es wird

$$(ABCFG) = \frac{h}{3}\left[y_0 + 2(y_0 + y_2) + y_2\right] = h(y_0 + y_2) = 2\,h\,\frac{y_0 + y_2}{2},$$

entsprechend der Formel für den Flächeninhalt des Trapezes.

Liegen die Punkte auf einer zur x-Achse parallelen Geraden, dann wird $y_0 = y_1 = y_2$ und

$$(ABCFG) = \frac{h}{3}(y_0 + 4\,y_0 + y_0) = 2\,h\,y_0,$$

wie zu erwarten war.

Sind nicht 3, sondern eine sehr große ungerade Zahl von Werten der Funktion $y_0\,y_1\,y_2\,y_3\,y_4\,y_5\,y_6\,y_7 \cdots y_{n-1}\,y_n$ gegeben, die äquidistanten Werten $x_0\,x_1\,x_2\,x_3\,x_4\,x_5\,x_6 \ldots x_{n-1}\,x_n$ entsprechen, so zerlegen wir die Spanne zwischen x_0 und x_n in $\frac{n}{2}$ Doppelstreifen und wenden auf jeden einzelnen die Formel an.

Bezeichnen wir den Inhalt des 1. Doppelstreifens mit F_0^2, den des 2. mit F_2^4, den des 3. mit F_4^6 usw. bis F_{n-2}^n und wenden die Formel auf die einzelnen Doppelstreifen an, so erhalten wir

$$F_0^2 = \frac{h}{3}(y_0 + 4\,y_1 + y_2)$$

$$F_2^4 = \frac{h}{3}(y_2 + 4\,y_3 + y_4)$$

$$F_4^6 = \frac{h}{3}(y_4 + 4\,y_5 + y_6)$$

$$\cdots\cdots\cdots\cdots\cdots\cdots$$

$$F_{n-2}^n = \frac{h}{3}(y_{n-2} + 4\,y_{n-1} + y_n).$$

Addieren wir alle Doppelstreifen, so erhalten wir einen Näherungswert für $\int_{x_0}^{x_n} y\,dx$. Es ist also

$$\int_{x_0}^{x_n} y\,dx \approx \frac{h}{3}(y_0 + 4\,y_1 + 2\,y_2 + 4\,y_3 + 2\,y_4 + 4\,y_5 + 2\,y_6 + \cdots + 4\,y_{n-1} + y_n)$$

$$= \frac{h}{3}\left[y_0 + 4(y_1 + y_3 + y_5 + \cdots + y_{n-1}) + 2(y_2 + y_4 + \cdots + y_{n-2}) + y_n\right].$$

Das ist die SIMPSONsche Regel.

Näherungswert von $\int_0^{\frac{\pi}{2}} \sin x\,dx$. — Wir wollen die SIMPSONsche Regel verwenden,

um $\int\limits_{0}^{\frac{\pi}{2}} \sin x\, dx = 1$ (S. 114) angenähert zu berechnen. Wir teilen den Integrationsbereich von 0 bis $\frac{\pi}{2}$ in 10 gleiche Teile. Sie entsprechen dem h der SIMPSONschen
Regel und haben einen Betrag von $\frac{\pi}{20}$, entsprechend 9^0 im Winkelmaß. Die Werte
für den Sinus, die sog. natürlichen Längen, entnehmen wir einem Tafelwerk.

$$
\begin{aligned}
y_0 &= \sin\ \ 0^0 = 0{,}00000 & y_1 &= \sin\ \ 9^0 = 0{,}15643 & y_2 &= \sin 18^0 = 0{,}30902 \\
y_{10} &= \sin 90^0 = 1{,}00000 & y_3 &= \sin 27^0 = 0{,}45399 & y_4 &= \sin 36^0 = 0{,}58779 \\
& & y_5 &= \sin 45^0 = 0{,}70711 & y_6 &= \sin 54^0 = 0{,}80902 \\
& & y_7 &= \sin 63^0 = 0{,}89101 & y_8 &= \sin 72^0 = 0{,}95106 \\
& & y_9 &= \sin 81^0 = 0{,}98769 & & 2{,}65689 \times 2 \\
& & & \overline{\quad 3{,}19623 \times 4} & & \overline{\quad 5{,}31378}
\end{aligned}
$$

$$
\begin{aligned}
4\,(y_1 + y_3 + y_5 + y_7 + y_9) &= 12{,}78492 \\
2\,(y_2 + y_4 + y_6 + y_8) &= \ \ 5{,}31378 \\
y_0 + y_{10} &= \ \ 1{,}00000 \\
\hline
&= 19{,}09870
\end{aligned}
$$

Es zeigt sich, daß der Näherungswert nach SIMPSON für

$$
\int\limits_{0}^{\frac{\pi}{2}} \sin x\, dx = \frac{1}{3}\,\frac{\pi}{20}\,19{,}09870 = 0{,}99999
$$

gegenüber dem genauen Wert 1 um 10^{-5} zu klein ist[1]).

Mit der Trapezformel erhalten wir, da $y_0 = 0$ ist,

$$
h\left(\sum_{1}^{9} y_n + \frac{y_{10}}{2}\right) = \frac{\pi}{20}\,(5{,}85312 + 0{,}50000) = \frac{\pi}{20}\,(6{,}35312) = 0{,}99794\,.
$$

Dieser Wert ist gegenüber dem genauen um $2\,^0/_{00}$ zu klein.

Verwendung von Simpsons Regel in der chemischen Kinetik. — Die SIMPSONsche
Regel ist auch ein wichtiges Hilfsmittel zur Berechnung bestimmter Integrale,
für die man das unbestimmte Integral nicht angeben kann. Man berechnet für
äquidistante Werte der unabhängig Veränderlichen spezielle Werte des Integranden und integriert dann angenähert.

Dafür bringen wir ein Beispiel aus der Praxis des Chemikers[2]). Es behandelt den
adiabaten (S. 92) Verlauf einer chemischen Reaktion. Um die bei der Reaktion
entwickelte Wärme am Abströmen aus dem reagierenden Gemenge zu hindern,
verwendet man Gefäße mit wärmeundurchlässigen Wänden. Die Temperatur T
und die Zeit z, die seit Beginn der Reaktion verstrichen ist, sind voneinander
abhängig. Nimmt man eine unimolekulare, vollständig verlaufende Reaktion
an, so gilt die Beziehung

$$
(1) \qquad \frac{dx}{dz} = e^{E - \frac{A}{T}}\,(a - x)\,.
$$

x ist die zur Zeit z schon umgesetzte molare Konzentration des reagierenden
Stoffes, a seine Anfangskonzentration. Die zur Zeit z noch vorhandene Konzentration ist hier statt mit einer Konstanten, der Reaktionskonstanten der unimolekularen Reaktion, mit einer Temperaturfunktion multipliziert, bei der
E und A Konstante sind. So wird dem Anstieg der Reaktionsgeschwindigkeit
mit der Temperatur Rechnung getragen[3]).

---

[1]) In diesem Fehler ist noch der Fehler enthalten, der infolge Verwendung von
auf 5 Stellen abgerundeten Werten für sin entstanden ist, der sogenannte Ab-
rundungsfehler.

[2]) BREDIG u. EPSTEIN, Z. anorg. Chem. 42, 341 (1904).

[3]) ULICH-JOST, S. 217.

Die Temperatur T, die das Reaktionsgemisch nach Verschwinden von x Mol/Liter annimmt, hängt mit x durch die Wärmetönung q, die Wärmemenge, die bei Umsatz eines Mols der reagierenden Substanz frei wird, zusammen. Es ist

$$(2) \qquad (a - x)\, q\, b = W\, (T_s - T)\,.$$

T_s ist die Endtemperatur, b das Volumen des Reaktionsgemenges und W seine Wärmekapazität. Die Gleichung sagt: Wenn sich die noch vorhandene Substanzmenge $(a - x)$ vollständig umsetzt, so wird eine Wärmemenge entwickelt, die zur Erwärmung des Reaktionsgemenges von der jeweiligen Temperatur T auf die Endtemperatur T_s verwendet wird.

Da in (2) nur x und T veränderlich sind, folgt

$$\frac{dT}{dz} = \frac{q\,b}{W}\frac{dx}{dz}\,.$$

Unter Einführung des Wertes von $\dfrac{dx}{dz}$ aus (1) folgt

$$\frac{dT}{dz} = \frac{q\,b}{W}\, e^{\,E - \frac{A}{T}}\, (a - x)\,.$$

Um eine Differentialgleichung zu erhalten, in der nur die Veränderlichen z und T vorkommen, eliminieren wir $(a - x)$ durch (2) und erhalten

$$\frac{dT}{dz} = \frac{q\,b}{W}\, e^{\,E - \frac{A}{T}}\, \frac{W}{q\,b}\, (T - T) = e^{\,E - \frac{A}{T}}\, (T_s - T)\,.$$

Trennung der Veränderlichen ergibt

$$dz = e^{\,-E + \frac{A}{T}}\, \frac{dT}{T_s - T} = e^{\,-E}\, e^{\frac{A}{T}}\, \frac{dT}{T_s - T}\,.$$

Das ergibt integriert

$$z = e^{\,-E} \int \frac{e^{\frac{A}{T}}}{T_s - T}\, dT\,.$$

Dieses Integral führt nicht auf eine elementare Funktion, aber man kann den Wert des bestimmten Integrals zwischen 2 gegebenen, nicht zu weiten Grenzen T_1 und T_2 nach der SIMPSONschen Regel angenähert berechnen. Man führt den Wert des Integranden für die in der Mitte liegende Temperatur $\dfrac{T_1 + T_2}{2}$, also $\dfrac{e^{\frac{2A}{T_1 + T_2}}}{T_s - \dfrac{T_1 + T_2}{2}}$,

ein und wendet die für einen Doppelstreifen F_0^2 (S. 141) gegebene Formel an. h ist hier $\dfrac{T_2 - T_1}{2}$. Man erhält so das Zeitintervall $z_2 - z_1$, in der die Temperatur von T_1 auf T_2 steigt. Es ist

$$z_2 - z_1 = \frac{1}{6}\, (T_2 - T_1)\, e^{-E} \left[\frac{e^{\frac{A}{T_1}}}{T_s - T_1} + \frac{4\, e^{\frac{2A}{T_1 + T_2}}}{T_s - \dfrac{T_1 + T_2}{2}} + \frac{e^{\frac{A}{T_2}}}{T_s - T_2} \right].$$

Diese Formel wurde mit Erfolg in der erwähnten Arbeit auf die durch Jodionen katalysierte Zersetzung des Wasserstoffsuperoxyds angewendet.

Wiederholte Integration. — Den 2., 3. und höheren Differentialquotienten einer Funktion $f(x)$ haben wir erhalten (S. 77), indem wir den 1. Differentialquotienten mehrere Male aufeinanderfolgend nach x differenzierten. Ebenso können wir das Resultat einer 1. Integration ein zweites Mal integrieren. Wir erhalten dann das **zweifache Integral**. Dieses wird symbolisch ausgedrückt durch $\int dx \int f(x)\, dx$. Mittels des zweifachen Integrals kann man aus dem gegebenen 2. Differentialquotienten die Funktion berechnen. Ist z. B. $\dfrac{d^2 y}{d x^2} = x^3$ gegeben, so ist

$$y = \int d x \int x^3 \, d x = \int \left(\frac{x^4}{4} + C_1 \right) d x = \frac{x^5}{20} + C_1 x + C_2 \, .$$

Bei der zweifachen Integration treten 2 Konstanten auf, C_1 und C_2.

Die Beschleunigung b ist der 2. Differentialquotient von s nach t (S. 77).

$$\frac{d^2 s}{d t^2} = b \, .$$

Ist b als Funktion der Zeit gegeben, so wird

$$s = \int d t \int b \, d t \, .$$

Ist die Beschleunigung eine Konstante (g) (freier Fall, vertikaler Wurf), so folgt

$$s = \int d t \int g \, dt = \frac{g t^2}{2} + C_1 t + C_2 \, .$$

C_2 bedeutet die Anfangslage, C_1 die Anfangsgeschwindigkeit des frei fallenden Körpers.

Doppelintegral. — Der Begriff des Doppelintegrals soll an einem Beispiel erläutert werden.

Ein materieller Punkt von der Masse m befinde sich in der Achse eines Stabes, dessen Querschnitt unendlich klein, dessen Länge l und dessen Liniendichte (Masse je Längeneinheit) ϱ überall gleich ist, im Abstand a vom Stabende. Abb. 78.

Wie groß ist die Anziehungskraft nach NEWTON, die der Stab bei Abwesenheit aller andern Kräfte auf m ausübt? Wir zerlegen den Stab in Elemente von der Länge $d x$. Ihre Masse ist dementsprechend $\varrho \, d x$. Das x wird vom linken Stabende ab gemessen. Nach dem Attraktionsgesetz ist die Anziehungskraft zweier materieller Punkte (ausdehnungsloser Massen) gleich der NEWTONschen Konstante k mal dem Produkt der beiden Massen geteilt durch das Quadrat ihrer Entfernung $\dfrac{k \, m_1 \, m_2}{r^2}$. Die Anziehungskraft eines Stabelementes von der Masse $\varrho \, d x$ in der Entfernung x vom Stabende auf m ist daher $\dfrac{k \, m \, \varrho \, d x}{(a + x)^2}$. Die Anziehung des ganzen Stabes auf m ergibt sich durch Summation der Anziehungskräfte sämtlicher Stabelemente als

$$\int\limits_0 \frac{k \, m \, \varrho \, d x}{(a + x)^2} = k \, m \, \varrho \left| - \frac{1}{a + x} \right|_{x=0}^{x=l} = k \, m \, \varrho \left(\frac{1}{a} - \frac{1}{a + l} \right) .$$

Nach dieser Vorbereitung gehen wir zum Doppelintegral über. Links vom Stabe l befinde sich in dessen Verlängerung ein unendlich dünner Stab von der

Abb. 78. Die Anziehung des Stabes auf den Massenpunkt m ist

$$\int\limits_0^l \frac{k \, m \, \varrho \, d x}{(a + x)^2} = k \, m \, \varrho \left(\frac{1}{a} - \frac{1}{a + l} \right) .$$

Abb. 79. Die Anziehung dieser beiden Stäbe aufeinander beträgt

$$\int\limits_{y=0}^{y=l'} \int\limits_{x=0}^{x=l} \frac{k \, \varrho \, \varrho' \, dx \, dy}{(x + b + y)^2} = k \, \varrho \, \varrho' \ln \frac{(b + l')(b + l)}{b \, (l' + b + l)} \, .$$

Länge l' und der konstanten Liniendichte ϱ'. Er soll in Elemente von der Länge $d y$ zerlegt werden. Ihre Masse ist $\varrho' \, d y$, ihre Entfernung vom rechten Stabende y. Die Entfernung der Stabenden voneinander beträgt b. Wie groß ist die Anziehung (A) beider Stäbe aufeinander? Die Anziehung zwischen einem Element im Stabe l und einem Element im Stabe l' ist nach NEWTON $k \, \dfrac{\varrho \, \varrho' \, dx \, dy}{(y + b + x)^2}$. Die Anziehung des ganzen Stabes l auf das hervorgehobene Element dy des Stabes l' ist

$$\int\limits_{x=0}^{x=l} \frac{k\,\varrho\,\varrho'\,dx\,dy}{(y+b+x)^2} = k\,\varrho\,\varrho'\,dy \int\limits_{x=0}^{x=l} \frac{dx}{(y+b+x)^2} = k\,\varrho\,\varrho'\,dy\left(\frac{1}{y+b}-\frac{1}{y+b+l}\right).$$

Um also die Anziehung zwischen den Stäben l und l' zu bekommen, muß man die Anziehungskräfte von l auf die einzelnen Elemente dy von $y=0$ bis $y=l'$ summieren und erhält:

$$A = \int\limits_{y=0}^{y=l'} k\,\varrho\,\varrho'\left(\frac{1}{y+b}-\frac{1}{y+b+l}\right)dy$$

$$= k\,\varrho\,\varrho'\left[\int\limits_{y=0}^{y=l'}\frac{dy}{y+b}-\int\limits_{y=0}^{y=l'}\frac{dy}{y+b+l}\right] = k\,\varrho\,\varrho'\left[\ln\frac{b+l'}{b}-\ln\frac{l'+b+l}{b+l}\right]$$

$$= k\,\varrho\,\varrho'\ln\frac{(b+l')(b+l)}{b\,(l'+b+l)}\,.$$

Wir können aber auch das Integral nach x unausgerechnet in A einsetzen und erhalten

$$A = \int\limits_{y=0}^{y=l'}\int\limits_{x=0}^{x=l} k\,\frac{\varrho\,\varrho'\,dx\,dy}{(x+b+y)^2}\,.$$

Ein derartiges Integral nennt man ein Doppelintegral. Man rechnet es aus, indem man zuerst nach x integriert, wobei y und dy als Konstante behandelt werden, und dann das Resultat, eine Funktion von y allein, nach y integriert.

Berechnung der Wahrscheinlichkeitsintegrale. Anwendung auf Maxwells Geschwindigkeitsverteilungsgesetz. — Wir verwenden ein Doppelintegral, um das bestimmte Integral

$$(1) \qquad\qquad J = \int\limits_0^\infty e^{-x^2}\,dx$$

zu berechnen. Das entsprechende unbestimmte Integral kann nicht berechnet werden. Es gibt keine elementare Funktion (S. 52), die nach x differenziert e^{-x^2} gibt. Nimmt man in (1) y statt x als Integrationsvariable, so erhält man denselben Wert. Es ist also

$$(2) \qquad\qquad J = \int\limits_0^\infty e^{-y^2}\,dy\,.$$

(1) mit (2) multipliziert, gibt

$$J^2 = \int\limits_0^\infty e^{-x^2}\,dx \int\limits_0^\infty e^{-y^2}\,dy\,.$$

Und

$$(3) \qquad J^2 = \int\limits_{x=0}^{x=\infty}\int\limits_{y=0}^{y=\infty} e^{-x^2}\,e^{-y^2}\,dx\,dy = \int\limits_{x=0}^{x=\infty}\int\limits_{y=0}^{y=\infty} e^{-(x^2+y^2)}\,dx\,dy\,.$$

Denn aus dem Doppelintegral (3) folgt, wenn man zuerst nach x integriert:

$$\int\limits_{x=0}^{x=\infty}\int\limits_{y=0}^{y=\infty} e^{-x^2}\,e^{-y^2}\,dx\,dy = J\int\limits_{y=0}^{y=\infty} e^{-y^2}\,dy = \int\limits_{x=0}^{x=\infty} e^{-x^2}\,dx \int\limits_{y=0}^{y=\infty} e^{-y^2}\,dy\,.$$

Das Doppelintegral (3) läßt sich durch Einführung der neuen Veränderlichen φ und r, wo $x=r\cos\varphi$ und $y=r\sin\varphi$ ist, auf ein Doppelintegral zurückführen, das in geschlossener Form angegeben werden kann. In geometrischer Hinsicht (S. 289) entspricht diese Transformation der Einführung von Polarkoordinaten statt der kartesischen. So wird

$$x^2 + y^2 = r^2$$

und

$$dx\,dy = r\,dr\,d\varphi\,,$$

und wir erhalten aus (3)

$$J^2 = \int\limits_{x=0}^{x=\infty} \int\limits_{y=0}^{y=\infty} e^{-(x^2+y^2)}\, dx\, dy = \int\limits_{r=0}^{r=\infty} \int\limits_{\varphi=0}^{\frac{\pi}{2}} e^{-r^2} r\, dr\, d\varphi .$$

Hier ist nach den neuen Veränderlichen zwischen den Grenzen $\varphi = 0$ und $\varphi = \dfrac{\pi}{2}$ bzw. $r = 0$ und $r = \infty$ zu integrieren, um die Integration über den ganzen ersten Quadranten zu erstrecken, was den Grenzen $x = 0$ und $x = \infty$ bzw. $y = 0$ und $y = \infty$ entspricht. Wir integrieren zuerst nach φ und erhalten

$$J^2 = \int\limits_{r=0}^{r=\infty} \int\limits_{\varphi=0}^{\frac{\pi}{2}} e^{-r^2} r\, dr\, d\varphi = \frac{\pi}{2} \int\limits_{r=0}^{r=\infty} e^{-r^2} r\, dr .$$

Das Integral nach r berechnen wir durch Einführung der Veränderlichen r^2. Da für $r = {0 \atop \infty}$ auch $r^2 = {0 \atop \infty}$ ist, bleiben die Grenzen ungeändert, und man erhält

$$J^2 = \frac{\pi}{2} \int\limits_{r=0}^{r=\infty} e^{-r^2} r\, dr = \frac{\pi}{4} \int\limits_{r^2=0}^{r^2=\infty} e^{-r^2}\, dr^2 = \frac{\pi}{4} \left| -e^{-r^2} \right|_{r^2=0}^{r^2=\infty} = \frac{\pi}{4}\, [0-(-1)] = \frac{\pi}{4} .$$

Also ist

$$(4) \qquad J = \int\limits_{0}^{\infty} e^{-x^2}\, dx = \frac{\sqrt{\pi}}{2} .$$

Dieses bestimmte Integral nennt man das einfache Wahrscheinlichkeitsintegral oder LAPLACEsche Integral[1]). Aus ihm leitet man die zusammengesetzten Wahrscheinlichkeitsintegrale

$$\int\limits_{0}^{\infty} x\, e^{-x^2}\, dx , \quad \int\limits_{0}^{\infty} x^2\, e^{-x^2}\, dx , \quad \int\limits_{0}^{\infty} x^3\, e^{-x^2}\, dx , \quad \int\limits_{0}^{\infty} x^4\, e^{-x^2}\, dx \ldots$$

ab. Durch Einführen der Integrationsvariablen $-x^2$ ins unbestimmte Integral, Integrieren und Einsetzen der Grenzen $x^2 = 0$ bzw. $x^2 = \infty$ ergibt sich

$$(5) \qquad \int\limits_{0}^{\infty} x\, e^{-x^2}\, dx = -\frac{1}{2} \int\limits_{x^2=0}^{x^2=\infty} e^{-x^2}\, d(-x^2) = -\frac{1}{2} \left| e^{-x^2} \right|_{x^2=0}^{x^2=\infty} = \frac{1}{2} .$$

Indem man $e^{-x^2} x\, dx = -\dfrac{1}{2} d e^{-x^2}$ setzt und dann (III) F.S. anwendet, folgt

$$\int x^2 e^{-x^2}\, dx = \int x\, e^{-x^2} x\, dx = -\frac{1}{2} \int x\, d e^{-x^2} = -\frac{1}{2} \left[x\, e^{-x^2} - \int e^{-x^2}\, dx \right]$$

und unter Anwendung von (4)

$$(6) \qquad \int\limits_{0}^{\infty} x^2 e^{-x^2}\, dx = -\frac{1}{2} \left[\left| x\, e^{-x^2} \right|_{x=0}^{x=\infty} - \int\limits_{0}^{\infty} e^{-x^2}\, dx \right] = \frac{\sqrt{\pi}}{4} .$$

Wegen Verschwindens von $x\, e^{-x^2}$, $x^2 e^{-x^2}$, $x^3 e^{-x^2}$ für $x \to \infty$ siehe S. 107!

Nach derselben Methode folgt

$$\int x^3 e^{-x^2}\, dx = -\frac{1}{2} \int x^2\, d e^{-x^2} = -\frac{1}{2} \left[x^2 e^{-x^2} - \int e^{-x^2}\, 2x\, dx \right]$$

$$= -\frac{1}{2} x^2 e^{-x^2} + \int x\, e^{-x^2}\, dx .$$

Durch (5) folgt

$$(7) \qquad \int\limits_{0}^{\infty} x^3 e^{-x^2}\, dx = -\frac{1}{2} \left| x^2 e^{-x^2} \right|_{x=0}^{x=\infty} + \int\limits_{x=0}^{x=\infty} x\, e^{-x^2}\, dx = \frac{1}{2} .$$

---

[1]) Wegen der angenäherten Integration zwischen andern Grenzen als 0 und ∞ siehe S. 163.

Schließlich ist nach derselben Methode

$$\int x^4 e^{-x^2}\,dx = -\frac{1}{2}\int x^3\,de^{-x^2} = -\frac{1}{2}\left[x^3 e^{-x^2} - \int 3\,x^2 e^{-x^2}\,dx\right]$$

$$= -\frac{1}{2}\,x^3 e^{-x^2} + \frac{3}{2}\int x^2 e^{-x^2}\,dx$$

und daher wegen (6)

$$(8)\qquad \int_0^\infty x^4 e^{-x^2}\,dx = -\frac{1}{2}\left|x^3 e^{-x^2}\right|_{x=0}^{x=\infty} + \frac{3}{2}\int_0^\infty x^2 e^{-x^2}\,dx = \frac{3}{8}\sqrt{\pi}\,.$$

MAXWELLs Geschwindigkeitsverteilungsgesetz. Diese Wahrscheinlichkeitsintegrale verwenden wir zur Lösung einer statistischen Aufgabe der Atomistik.

Wir stellen uns ein Mol eines idealen Gases bei einer bestimmten Temperatur vor. Die Molekeln bewegen sich geradlinig mit verschiedenen Geschwindigkeiten, deren Mittelwert von der Temperatur abhängt. Sie verteilen sich um einen wahrscheinlichsten Wert c_w in einer Weise, die durch das MAXWELLsche Geschwindigkeitsverteilungsgesetz gegeben ist. Sind N Molekeln im Mol vorhanden, so ist die Anzahl der Molekeln mit einer Geschwindigkeit zwischen c und $(c + dc)$ [1])

$$F(c)\,dc = \frac{4N}{\sqrt{\pi}}\frac{1}{c_w^3}\,c^2 e^{-\frac{c^2}{c_w^2}}\,dc\,.$$

An dieser Formel kann man die charakteristischen Eigenschaften statistischer Gesetze (S. 238) erkennen, wie sie auch die DEBYEsche Formel S. 134 zeigt. Die Anzahl der Molekeln $F(c)\,dc$ mit einer Geschwindigkeit zwischen c und $(c + dc)$ ist dem Intervall dc proportional. Diese Spanne muß unendlich klein sein, denn auf einer endlichen Spanne ändert sich die Geschwindigkeit und mit ihr $F(c)$, das für die Häufigkeit dieser Geschwindigkeit maßgebend ist. (So wurde auch bei der Richtung der Dipolachsen die für die Wahrscheinlichkeit ihres Auftretens maßgebende Winkelspanne unendlich klein angenommen. S. 136.) Die Anzahl N der Molekeln wird dabei so groß angenommen, daß auch auf kleine Geschwindigkeitsintervalle viele Molekeln entfallen. Denn wir brauchen, um die statistischen Gesetze anwenden zu können, große Zahlen. Der Quotient $\dfrac{F(c)}{N}\,dc$ gibt dann die Wahrscheinlichkeit dafür, daß eine Molekel eine Geschwindigkeit zwischen c und $(c + dc)$ hat. Führen wir γ in das MAXWELLsche Gesetz ein ($\gamma = \dfrac{c}{c_w}$, d. i. die Molekulargeschwindigkeit gemessen durch die wahrscheinlichste Geschwindigkeit), so nimmt das Gesetz eine einfachere Form an. Die Anzahl der Molekeln mit Geschwindigkeiten zwischen γ und $(\gamma + d\gamma)$ ist dann gegeben durch

$$\Phi(\gamma)\,d\gamma = \frac{4N}{\sqrt{\pi}}\,\gamma^2 e^{-\gamma^2}\,d\gamma\,.$$

Nun berechnen wir die mittlere molekulare Geschwindigkeit $\bar{\gamma}$, das arithmetische Mittel der einzelnen Molekulargeschwindigkeiten. Wir multiplizieren jede Geschwindigkeit zwischen γ und $(\gamma + d\gamma)$ mit der ihr zukommenden Anzahl der Molekeln, summieren die Produkte für alle möglichen Geschwindigkeiten, d. h. wir integrieren nach γ zwischen den Grenzen $\gamma = 0$ und $\gamma = \infty$ und dividieren das Resultat durch N. Unter Verwendung von (7) erhalten wir:

$$(9)\qquad \bar{\gamma} = \frac{1}{N}\int_0^\infty \frac{4N}{\sqrt{\pi}}\,\gamma^3 e^{-\gamma^2}\,d\gamma = \frac{4}{\sqrt{\pi}}\int_0^\infty \gamma^3 e^{-\gamma^2}\,d\gamma = \frac{4}{\sqrt{\pi}}\frac{1}{2} = \frac{2}{\sqrt{\pi}} = 1{,}128\,.$$

---

[1]) BYK, Kinetische Gastheorie (Leipzig und Berlin 1910), S. 26.

Man kann den Gang der Rechnung auch so auffassen: Jede Geschwindigkeit wird mit der ihr zukommenden Wahrscheinlichkeit multipliziert und die Produkte werden addiert. $\bar{\gamma}$ steht mit $\bar{c}$, der mittleren Geschwindigkeit im absoluten Maß, in folgendem Zusammenhang:

$$\bar{\gamma} = \frac{\bar{c}}{c_w}.$$

Wegen (9) ist $\bar{c}$ größer als die wahrscheinlichste Geschwindigkeit. Es ist $\bar{c} = 1,128 \, c_w$.

Analog berechnet man das mittlere Geschwindigkeitsquadrat $\overline{\gamma^2}$. Man multipliziert jedes γ^2 mit der Anzahl der Molekeln zwischen γ und $(\gamma + d\gamma)$, integriert über alle Geschwindigkeiten und dividiert durch N. Unter Verwendung von (8) folgt:

$$\overline{\gamma^2} = \frac{1}{N} \int\limits_0^\infty \frac{4N}{\sqrt{\pi}} \, \gamma^4 \, e^{-\gamma^2} \, d\gamma = \frac{4}{\sqrt{\pi}} \, \frac{3}{8} \, \sqrt{\pi} = \frac{3}{2} = 1,5 \, .$$

Da
$$\overline{\gamma^2} = \frac{\overline{c^2}}{c_w^2},$$

so ist
$$\sqrt{\overline{\gamma^2}} = \sqrt{\frac{\overline{c^2}}{c_w^2}} = \sqrt{\frac{3}{2}} = 1,22$$

und daher
$$\sqrt{\overline{c^2}} = 1,22 \; c_w \, .$$

Die Wurzel aus dem mittleren Geschwindigkeitsquadrat ist also größer als die wahrscheinlichste Geschwindigkeit und auch größer als die mittlere Geschwindigkeit.

$$c_w < \bar{c} < \sqrt{\overline{c^2}}$$

$(\bar{c})^2$, das Quadrat der mittleren Geschwindigkeit, ist verschieden von $\overline{c^2}$, dem Mittelwert des Geschwindigkeitsquadrates.

Berechnung eines Trägheitsmomentes. Unter Trägheitsmoment eines Haufens materieller Punkte verstehen wir den Ausdruck

$$I = \sum m_i \, r_i^2 \, , \tag{1}$$

wo m_i die Masse eines einzelnen Punktes und r_i seinen Abstand von der Drehachse bedeutet. I ist gleichwertig einer im Abstand 1 von der Drehachse befindlichen Masse, die bei Drehbewegungen den Punkthaufen ersetzt.

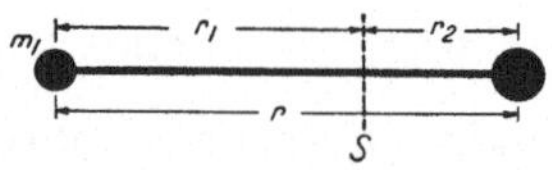

Wir berechnen I für zwei materielle Punkte von den Massen m_1 und m_2, die sich im Abstand r voneinander befinden und um eine auf ihre Verbindungslinie normale, durch ihren Schwerpunkt gehende Achse rotieren (hantelförmige Molekel). Es ist

$$I = m_1 \, r_1^2 + m_2 \, r_2^2$$

Abb. 79a. Hantelförmiges Molekel. (Nach HERZBERG, Molekülspektren und Molekülstruktur [Dresden und Leipzig 1939].)

wo r_1 und r_2, die Abstände der Molekeln vom Schwerpunkt, gegeben sind durch

$$r_1 = \frac{m_2}{m_1 + m_2} \, r \quad \text{und} \quad r_2 = \frac{m_1}{m_1 + m_2} \, r \, .$$

Es ist daher

$$I = \left[m_1 \, \frac{m_2^2}{(m_1 + m_2)^2} + m_2 \, \frac{m_1^2}{(m_1 + m_2)^2} \right] r^2 = \frac{m_1 m_2}{m_1 + m_2} \, r^2$$

ebenso groß wie das Trägheitsmoment eines einzelnen Punktes von der reduzierten Masse $\mu = \dfrac{m_1 m_2}{m_1 + m_2}$ im Abstand r von der Drehachse. Es ist $\dfrac{1}{\mu} = \dfrac{1}{m_1} + \dfrac{1}{m_2}$.

Der reziproke Wert der reduzierten Masse ist die Summe der reziproken Werte der beiden Massen (Additivität der reziproken Werte).

Wenn es sich nicht um das Trägheitsmoment eines Punktsystems, sondern um das einer kontinuierlich verbreiteten Masse handelt, so geht in (1) das Σ in ein $\int$ über.

Als Beispiel dafür berechnen wir das Trägheitsmoment I_k einer homogenen Kugel von der Dichte ϱ und dem Radius R für eine durch den Mittelpunkt gehende Drehachse. Diese Berechnung ist ein Beispiel für ein Doppelintegral. Abb. 79b gibt einen Schnitt durch den Mittelpunkt der Kugel. Wir verwenden die Drehachse als Polarachse (S. 289). Das schraffierte Flächenelement hat den Flächeninhalt $r\,dr\,d\varphi$ (S. 289) und beschreibt bei seiner Drehung um die Achse einen Ring. Sein Volumen ist gleich dem Flächeninhalt des Flächenelements mal dem Umfang des Kreises vom Radius $r\,\sin\,\varphi$, ist also gegeben durch

$$2\,\pi\,\sin\varphi\,r^2\,d\,r\,d\varphi\,.$$

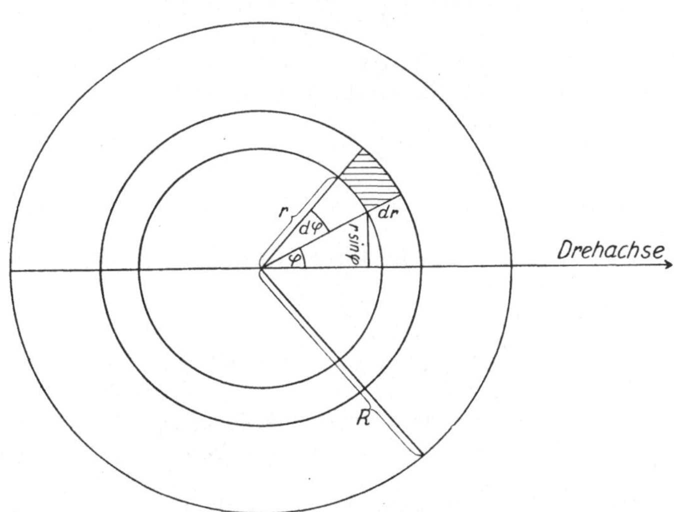

Abb. 79b. Zum Trägheitsmoment einer Kugel.

Die Masse des differentialen Ringes ist also

$$\varrho\,2\,\pi\,\sin\,\varphi\,r^2\,dr\,d\varphi\,.$$

Jeder Punkt dieses Ringes hat von der Drehachse (bis auf ein unendlich Kleines) den Abstand $r\,\sin\varphi$. Es ist daher sein Trägheitsmoment:

$$\varrho\,2\,\pi\,\sin\varphi\,r^2\,d\,r\,d\varphi\,r^2\,sin^2\varphi = 2\,\pi\,\varrho\,\sin^3\varphi\,r^4\,d\,r\,d\varphi\,.$$

Denken wir uns die ganze Kugel aufgebaut aus derartigen Ringen und berechnen I_k als die Summe der Trägheitsmomente der einzelnen Ringe! Wir zählen die Ringe bei konstantem r von $\varphi = 0$ bis $\varphi = \pi$ zusammen und erhalten so das Trägheitsmoment der Kugelschale von der Dicke dr. Summieren wir dann die Trägheitsmomente dieser Kugelschalen von $r = 0$ bis $r = R$, so erhalten wir I_k, das Trägheitsmoment der ganzen Kugel. Diese Doppelsumme berechnen wir als Doppelintegral und erhalten:

$$(2)\qquad I_k = \int\limits_{\varphi=0}^{\pi}\ \int\limits_{r=0}^{R}2\,\pi\,\varrho\,\sin^3\varphi\,r^4\,dr\,d\varphi = 2\,\pi\,\varrho\,\int\limits_{0}^{\pi}\sin^3\varphi\,d\varphi\int\limits_{0}^{R}r^4\,dr\,.$$

Wir berechnen die beiden bestimmten Integrale einzeln und finden

$$\int\limits_{0}^{R} r^4\, dr = \frac{R^5}{5}$$

und mit der Substitution $\sin\varphi\, d\varphi = -\, d\cos\varphi$ und Vertauschung der Grenzen

$$\int\limits_{\varphi=0}^{\pi} \sin^3\varphi\, d\varphi = \int\limits_{\cos\varphi=-1}^{\cos\varphi=+1} \sin^2\varphi\, d\cos\varphi = \int\limits_{\cos\varphi=-1}^{\cos\varphi=+1} (1 - \cos^2\varphi)\, d\cos\varphi$$

$$= \left|\cos\varphi - \frac{\cos^3\varphi}{3}\right|_{\cos\varphi=-1}^{\cos\varphi=+1} = \left(1 - \frac{1}{3}\right) - \left(-1 + \frac{1}{3}\right) = \frac{2}{3} - \left(-\frac{2}{3}\right) = \frac{4}{3}\,.$$

Diese beiden Werte ergeben in (2) eingesetzt

$$I_k = 2\,\pi\,\varrho\,\frac{R^5}{5}\,\frac{4}{3} = \frac{2}{5}\left(\frac{4\,\pi}{3}\,R^3\,\varrho\right) R^2\,.$$

Der Ausdruck in der Klammer ist das Produkt aus Kugelvolumen mal Dichte, also die Masse M der Kugel. Sie ergibt in I_k eingeführt

$$I_k = \frac{2}{5}\,M\,R^2\,.$$

Etwas über Reihen

Konvergenz. — In

$$\frac{3}{10} + \frac{3}{10^2} + \frac{3}{10^3} + \cdots = 0{,}\dot{3} = \frac{1}{3}$$

bedeutet $\cdots$, daß die Reihe ins Unendliche fortgesetzt werden soll (S. 20). Die Summe dieser Reihe ist trotz der unendlichen Anzahl ihrer Glieder eine endliche Größe.

Reihen, die bei unendlicher Gliederzahl eine endliche Größe als Summe haben, nennt man **konvergent**. Ihre Glieder müssen immer kleiner werden und 0 zur Grenze haben. Bedeutet s_n die Summe der ersten n Glieder der Reihe, dann ist

$$S = \lim_{n\to\infty} s_n$$

die Summe der unendlichen Reihe.

Nicht alle unendlichen Reihen sind konvergent. So sind die Reihen $1 + 2 + 3 + 4 + \cdots$ oder $2 + 4 + 8 + \cdots$ oder $1 + 1 + 1 + 1 + 1 + \cdots$, weil ihre Summen unendlich sind, und die Reihe $+1 - 1 + 1 - 1 + 1 - 1 + \cdots$, weil ihre Summe unbestimmt ist, nicht konvergent.

Kriterium der Konvergenz[1]**. Die unendliche geometrische Reihe.** — Wir betrachten nur Reihen mit positiven Gliedern. Z. B. die konvergente Reihe

$$a_1 + a_2 + a_3 + a_4 + a_5 + \cdots,$$

---

[1]) Dem Plan des Buches entsprechend soll der Leser hier nur auf die Existenz von Konvergenzkriterien aufmerksam gemacht werden. Näheres darüber s. ROTHE II. S. 85 ff.

deren Glieder immer kleiner werden und schließlich verschwinden, bei der also $\lim\limits_{n\to\infty} a_n = 0$ ist. Das Kleinerwerden und schließliche Verschwinden der Glieder ist zwar eine notwendige, aber keine hinreichende Bedingung für die konvergente Reihe, denn es gibt Reihen, bei denen zwar $\lim\limits_{n\to\infty} a_n = 0$ ist, die aber doch keine endliche Größe zur Summe haben. Z. B. die harmonische Reihe

$$1 + \frac{1}{2} + \frac{1}{3} + \frac{1}{4} + \frac{1}{5} + \frac{1}{6} + \frac{1}{7} + \frac{1}{8} + \frac{1}{9} + \cdots.$$

Vergleichen wir diese Reihe mit der folgenden, die durchsichtiger ist:

$$1 + \frac{1}{2} + \frac{1}{4} + \frac{1}{4} + \frac{1}{8} + \frac{1}{8} + \frac{1}{8} + \frac{1}{8} + \cdots.$$

Wir sehen hier statt $\frac{1}{3}$ nur $\frac{1}{4}$, das nun 2 mal vorkommt, und für die folgenden 3 Glieder statt $\frac{1}{5}, \frac{1}{6}, \frac{1}{7}$ jedesmal $\frac{1}{8}$, so daß dieses 4 mal als Summand vorkommt. Fahren wir in dieser Weise fort und setzen für die folgenden 7 Glieder jedesmal $\frac{1}{16}$, so daß $\frac{1}{16}$ im ganzen 8 mal vorkommt, für die 15 folgenden Glieder $\frac{1}{32}$, so daß es im ganzen 16 mal vorkommt usw., wobei immer größere Glieder der harmonischen Reihe durch kleinere ersetzt sind, so ergeben die uniformierten Glieder jedesmal als Summe $\frac{1}{2}$, so daß $\frac{1}{2}$ unendlich oft zu addieren ist. Wir erhalten die Reihe

$$1 + \frac{1}{2} + \frac{1}{2} + \frac{1}{2} + \frac{1}{2} + \cdots,$$

deren Summe unendlich sein muß. Da die Summe dieser uniformierten Reihe kleiner ist als die der harmonischen, muß die Summe der harmonischen ebenfalls unendlich sein. Die harmonische Reihe ist also, obwohl sie die Bedingung $\lim\limits_{n\to\infty} a_n = 0$ erfüllt, nicht konvergent. Die Bedingung $\lim\limits_{n\to\infty} a_n = 0$ ist für die Konvergenz zwar notwendig, aber nicht hinreichend.

Welche Bedingungen sind für die Konvergenz notwendig?

Um diese Bedingungen zu suchen, bringen wir zunächst einige Sätze über unendliche geometrische Reihen (S. 237). Sie werden auch der Anlaß sein, etwas für die Praxis des Zahlenrechnens Wichtiges zu erwähnen.

$$1 + \alpha + \alpha^2 + \alpha^3 + \cdots + \alpha^{n-1} \qquad\qquad \alpha < 1$$

ist eine geometrische Reihe. Ihre Summe:

$$s_n = \frac{1-\alpha^n}{1-\alpha} = \frac{1}{1-\alpha} - \frac{\alpha^n}{1-\alpha}.$$

Für $n \to \infty$ verschwindet α^n, weil $\alpha < 1$, und mit ihm der 2. Bruch. Die Summe der unendlichen geometrischen Reihe wird

$$S = \frac{1}{1-\alpha}.$$

S hat einen endlichen Wert, die geometrische Reihe mit $\alpha < 1$ ist konvergent.

Wie groß ist der Fehler, wenn die Reihe nach dem $n$ten Gliede abgebrochen und nicht ins Unendliche fortgesetzt wird?[1]

---

[1] Ähnliche Beispiele siehe bei Küster-Thiel, Logarithmische Rechentafeln (Berlin 1940), S. 192.

Diese Frage soll an einem praktisch wichtigen Beispiel behandelt werden.

Welches Volumen haben 20,00 g Wasser bei 25⁰ C?

Die Dichte des Wassers bei 25⁰ C ist 0,997. Daher ist das Volumen unter Berücksichtigung der Formel für die Summe der unendlichen geometrischen Reihe:

$$\frac{20,00}{0,997} = \frac{20,00}{1 - 0,003} = 20,00\,(1 + 0,003 + 0,003^2 + \cdots).$$

Bricht man die Reihe nach dem 2. Gliede in der Klammer ab, so ist das Wasservolumen mit Annäherung

$$20,00 \times 1,003 = 20,06.$$

Statt der unbequemen Division durch 0,997 haben wir 2 Glieder der geometrischen Reihe verwendet und alle höheren vernachlässigt. Das Resultat ist also zu klein. Um wieviel? Aus der Formel für die Summe der geometrischen Reihe können wir den Fehler σ_n entnehmen, den wir machen, wenn wir die Reihe nach dem $n$ten Gliede abbrechen. Es ist

$$\sigma_n = \frac{\alpha^n}{1 - \alpha}.$$

Bei der verwendeten geometrischen Reihe

$$1 + 0,003 + 0,003^2 + 0,003^3 + \cdots$$

ist

$$\sigma_2 = \frac{0,003^2}{0,997} = 9,027 \times 10^{-6}.$$

Der Fehler infolge Abbrechens der Reihe nach dem zweiten Glied ist also kleiner als 10^{-5}. Da wir bei Messungen der Masse durch Anschreiben von nur 2 Dezimalstellen einen Fehler von $\frac{1}{2}\,^0/_{00}$ angenommen haben, hätte eine größere Genauigkeit des anderen Faktors keinen Sinn. Wir haben also recht getan, wenn wir uns die Division durch 0,997 durch die Multiplikation mit 1,003, die man im Kopf ausführen kann, ersetzt haben. Die Näherungsformel

$$\frac{1}{1 - \alpha} \approx 1 + \alpha \qquad\qquad \alpha \ll 1,$$

die man durch Abbrechen der geometrischen Reihe nach dem zweiten Gliede erhält, bringt für ein α, das gegen 1 klein ist, eine bedeutende Erleichterung, wenn man durch Zahlen, die von 1 nur wenig verschieden sind, zu dividieren hat.

Bei der geometrischen Reihe verschwindet der Fehler

$$\sigma_n = \frac{\alpha_n}{1 - \alpha}$$

für $n \to \infty$. Dies gilt allgemein.

$$\lim_{n \to \infty} \sigma_n = 0$$

gibt die notwendige und hinreichende Bedingung für die Konvergenz einer Reihe.

Eine weitere wichtige hinreichende Bedingung für die Konvergenz ist folgende.

Gegeben sei die Reihe:

$$(1) \qquad a_1 + a_2 + a_3 + a_4 + \cdots + a_m + a_{m+1} + a_{m+2} + a_{m+3} + \cdots.$$

Wenn der Quotient zweier aufeinander folgender Glieder von einem bestimmten Index ab kleiner oder höchstens gleich α ist ($\alpha < 1$), dann muß diese Reihe konvergent sein.

Es ist also	und nach Multiplizieren mit dem Zähler des Bruches	und nach Substitution des Wertes aus der vorigen Beziehung
$\dfrac{a_{m+1}}{a_m} \leqq \alpha$	$a_{m+1} \leqq \alpha\, a_m$	
$\dfrac{a_{m+2}}{a_{m+1}} \leqq \alpha$	$a_{m+2} \leqq \alpha\, a_{m+1}$	$a_{m+2} \leqq a_m\, \alpha^2$
$\dfrac{a_{m+3}}{a_{m+2}} \leqq \alpha$	$a_{m+3} \leqq \alpha\, a_{m+2}$	$a_{m+3} \leqq a_m\, \alpha^3$
$\dfrac{a_{m+4}}{a_{m+3}} \leqq \alpha$	$a_{m+4} \leqq \alpha\, a_{m+3}$	$a_{m+4} \leqq a_m\, \alpha^4$
$\cdots\cdots$	$\cdots\cdots$	$\cdots\cdots$

Daraus folgt

$$a_{m+1} + a_{m+2} + a_{m+3} + a_{m+4} + \cdots \leqq a_m\, \alpha + a_m\, \alpha^2 + a_m\, \alpha^3 + a_m\, \alpha^4 + \cdots.$$

Durch beiderseitiges Addieren von a_m und Herausheben von a_m rechts folgt

$$a_m + a_{m+1} + a_{m+2} + a_{m+3} + \cdots \leqq a_m\, (1 + \alpha + \alpha^2 + \alpha^3 + \alpha^4 + \cdots).$$

Wegen $\alpha < 1$ ist der Klammerausdruck und daher auch die rechte Seite der Ungleichung endlich. Die linke Seite ist es um so mehr und daher auch die unendliche Reihe (1), was zu beweisen war.

Wir wenden dieses Kriterium auf die Reihe für e S. 53 an:

$$e = 1 + \frac{1}{1!} + \frac{1}{2!} + \frac{1}{3!} + \frac{1}{4!} + \cdots + \frac{1}{(m-1)!} + \frac{1}{m!} + \frac{1}{(m+1)!} + \frac{1}{(m+2)!} + \cdots.$$

Es ist

$$\frac{a_{m+1}}{a_m} = \frac{1}{m!} : \frac{1}{(m-1)!} = \frac{(m-1)!}{m!} = \frac{1}{m}.$$

Ebenso ist

$$\frac{a_{m+2}}{a_{m+1}} = \frac{1}{m+1}$$

und

$$\frac{a_{m+3}}{a_{m+2}} = \frac{1}{m+2},$$

$$\frac{a_{m+4}}{a_{m+3}} = \frac{1}{m+3}.$$

Der Quotient zweier aufeinander folgender Glieder ist $\leqq \dfrac{1}{m}$ und bleibt es auch für jedes noch so große m, somit ist die Reihe konvergent.

Die Reihe von Mac Laurin. — Die Länge L eines Metallstabes, der bei 0^0 C die Länge 1 hat, ist eine lineare Funktion der Temperatur ϑ. L kann durch

$$L = 1 + \alpha\,\vartheta$$

dargestellt werden. Die Konstante α ist die Vergrößerung der Längeneinheit bei der Erwärmung um 1^0 C, der lineare **Ausdehnungskoeffizient**.

Ist jedoch die Temperatur genügend hoch und sind die Messungen genügend genau, so kann man konstatieren, daß diese Formel die Resultate nicht mit genügender Genauigkeit wiedergibt, daß die Abhängigkeit des L von ϑ nicht linear ist. Das läßt sich durch die Annahme deuten, daß α keine Konstante, sondern selbst eine Temperaturfunktion ist. Nimmt man an, daß α eine lineare Funktion der Temperatur sei, setzt also

$$\alpha = \alpha_0 + \beta\,\vartheta, \qquad\qquad (\alpha_0,\ \beta = \text{konstant})$$

so wird

$$L = 1 + \alpha_0\,\vartheta + \beta\,\vartheta^2.$$

Bei Platin haben die Messungen $\alpha_0 = 8{,}5 \times 10^{-6}$ und $\beta = 3{,}5 \times 10^{-9}$ ergeben, β käme also nur bei hohen Temperaturen und sehr genauen Messungen in Betracht. Bei noch genaueren Messungen wäre es möglich, daß auch die Formel mit den 2 Konstanten α_0 und β die Messungen nicht mit genügender Genauigkeit wiedergäbe. Um sie weiter zu verbessern, nimmt man β als lineare Temperaturfunktion an und kommt so in analoger Weise wie früher auf die Formel

$$L = 1 + \alpha_0\,\vartheta + \beta_0\,\vartheta^2 + \gamma\,\vartheta^3.$$

Nehmen wir an, daß wir die Annäherung durch Hinzufügen weiterer Glieder mit höheren Potenzen von ϑ so weit treiben könnten, daß wir mit einer unendlichen Reihe solcher Potenzen eine vollkommene Genauigkeit erzielten! Lassen wir den Spezialfall einer Länge als Temperaturfunktion fallen und stellen uns allgemein $f(x)$ als eine unendliche Potenzreihe von x vor. Eine Funktion von x werde durch eine unendliche Potenzreihe dargestellt!

$$(1) \qquad f(x) = c_0 + c_1\,x + c_2\,x^2 + c_3\,x^3 + c_4\,x^4 + \cdots.$$

Die Koeffizienten c sind aus $f(x)$ zu bestimmen.

Aus (1) folgt:	Mit $x = 0$ folgt:
	Aus (1) $c_0 = f(0)$
$f'(x) = c_1 + 2\,c_2\,x + 3\,c_3\,x^2 + 4\,c_4\,x^3 + \cdots$	$c_1 = f'(0)$
$f''(x) = 2\,c_2 + 2\cdot3\,c_3\,x + 3\cdot4\,c_4\,x^2 + \cdots$	$f''(0) = 2\,c_2$ und daraus $c_2 = \dfrac{f''(0)}{2!}$
$f^{(3)}(x) = 2\cdot3\,c_3 + 2\cdot3\cdot4\,c_4\,x + \cdots$	$f^{(3)}(0) = 3!\,c_3$ und daraus $c_3 = \dfrac{f^{(3)}(0)}{3!}$
$f^{(4)}(x) = 4!\,c_4 + \cdots$	$f^{(4)}(0) = 4!\,c_4$ und daraus $c_4 = \dfrac{f^{(4)}(0)}{4!}$

Mit den so berechneten Werten des Koeffizienten c erhalten wir:

$$f(x) = \frac{f(0)}{0!} + \frac{f'(0)}{1!}\,x + \frac{f''(0)}{2!}\,x^2 + \frac{f^{(3)}(0)}{3!}\,x^3 + \frac{f^{(4)}(0)}{4!}\,x^4 + \cdots.$$

Diese Reihe wird Mac Laurins Reihe genannt.

Reihe für e^x. — Für

$$f(x) = e^x$$

erhalten wir wegen

$$f'(x) = f''(x) = f'''(x) = f^{(4)}(x) = \cdots = e^x$$

und ·

$$f(0) = f'(0) = f''(0) = f'''(0) = f^{(4)}(0) = \cdots = 1$$

als Sonderfall von Mac Laurins Reihe:

$$e^x = 1 + x + \frac{x^2}{2!} + \frac{x^3}{3!} + \frac{x^4}{4!} + \cdots.$$

Für welche Werte des x konvergiert diese Reihe?

Verwenden wir das S. 152 gegebene Kriterium! Das $(n+1)$te Glied ist $\frac{x^n}{n!}$, das $(n+2)$te ist $\frac{x^{n+1}}{(n+1)!}$. Somit ist der Quotient

$$\frac{x^{n+1}}{(n+1)!} : \frac{x^n}{n!} = \frac{x}{n+1}$$

bei genügend großem n für jeden Wert des x kleiner als 1 und bleibt es auch für die folgenden Glieder. Die Reihe konvergiert also für jeden Wert des x. Sie gestattet, e^x bei gegebenem Exponenten mit beliebiger Annäherung zu berechnen.

Aus der Reihe ersehen wir, daß

$$e^0 = 1$$

und

$$e^1 = 1 + \frac{1}{1!} + \frac{1}{2!} + \frac{1}{3!} + \frac{1}{4!} + \cdots$$

eben jenen Wert hat, der zur Definition von e verwendet wurde (S. 53). Weiter folgt für e^x, daß

$$\frac{de^x}{dx} = 1 + x + \frac{x^2}{2!} + \frac{x^3}{3!} + \frac{x^4}{4!} + \cdots = e^x,$$

ein Resultat, das in (7) F.S. niedergelegt ist. Für

$$f(x) = e^{-x}$$

erhalten wir für alle Differentialquotienten gerader Ordnung

$$f''(x) = f^{(4)}(x) = f^{(6)}(x) = \cdots = e^{-x}$$

und für alle Differentialquotienten ungerader Ordnung

$$f'(x) = f'''(x) = f^{(5)}(x) = \cdots = -e^{-x}$$

und daher

$$e^{-x} = 1 - x + \frac{x^2}{2!} - \frac{x^3}{3!} + \frac{x^4}{4!} - \cdots.$$

Daraus folgt

$$\frac{de^{-x}}{dx} = -1 + x - \frac{x^2}{2!} + \frac{x^3}{3!} - \cdots = -(1 - x + \frac{x^2}{2!} - \frac{x^3}{3!} + \cdots) = -e^{-x},$$

ein schon bekanntes Resultat.

Näherungswert für $\bar{\mu}$. S. **137** erhielten wir für $\bar{\mu}$, ausgedrückt durch ein einzelnes Moment, μ.

$$\frac{\bar{\mu}}{\mu} = \frac{e^x + e^{-x}}{e^x - e^{-x}} - \frac{1}{x}. \qquad \left(x = \frac{\mu F}{kT} \ll 1. \right)$$

Um eine Näherungsformel für diesen Ausdruck zu erhalten, entwickeln wir die Exponentialfunktion in Reihen und erhalten

$$\frac{\bar{\mu}}{\mu} = \frac{\left(1 + x + \frac{x^2}{2!} + \frac{x^3}{3!} + \frac{x^4}{4!} + \cdots\right) + \left(1 - x + \frac{x^2}{2!} - \frac{x^3}{3!} + \frac{x^4}{4!} - \cdots\right)}{\left(1 + x + \frac{x^2}{2!} + \frac{x^3}{3!} + \frac{x^4}{4!} + \cdots\right) - \left(1 - x + \frac{x^2}{2!} - \frac{x^3}{3!} + \frac{x^4}{4!} - \cdots\right)} - \frac{1}{x}$$

$$= \frac{2\left(1 + \frac{x^2}{2!} + \frac{x^4}{4!} \cdots\right)}{2\left(x + \frac{x^3}{3!} + \frac{x^5}{5!} \cdots\right)} - \frac{1}{x} = \frac{\left(1 + \frac{x^2}{2!} + \frac{x^4}{4!} + \cdots\right)}{\left(x + \frac{x^3}{3!} + \frac{x^5}{5!} + \cdots\right)} - \frac{1}{x}.$$

Die beiden Brüche, auf gemeinsamen Nenner gebracht, ergeben:

$$\frac{\bar{\mu}}{\mu} = \frac{1 + \frac{x^2}{2!} + \frac{x^4}{4!} + \cdots - 1 - \frac{x^2}{3!} - \frac{x^4}{5!} - \frac{x^6}{7!} - \cdots}{x\left(1 + \frac{x^2}{3!} + \frac{x^4}{5!} + \cdots\right)}$$

$$= \frac{\frac{2x^2}{3!} + \frac{4x^4}{5!} + \frac{6x^6}{7!} + \cdots}{x\left(1 + \frac{x^2}{3!} + \frac{x^4}{5!} + \cdots\right)} = \frac{\frac{x}{3} + \frac{x^3}{2 \cdot 3 \cdot 5} + \cdots}{1 + \frac{x^2}{3!} + \frac{x^4}{5!} + \cdots} \approx \frac{x}{3}.$$

Es ist also

$$\frac{\bar{\mu}}{\mu} = \frac{1}{3} \frac{\mu F}{kT}$$

und

$$\bar{\mu} = \frac{1}{3} \frac{\mu^2 F}{kT}.$$

Die nach x fortschreitenden Reihen konnten schon nach dem 1. Gliede abgebrochen werden, weil auch bei den höchsten erreichbaren Feldstärken und bei Temperaturen, die nicht abnorm tief sind, $x = \frac{\mu F}{kT} \ll 1$ ist, wie eine Ausrechnung mit den in Betracht kommenden Feldstärken und Temperaturen ergibt.

Die so erhaltene Formel von DEBYE für das mittlere elektrische Moment, das ein aus Dipolmolekeln bestehender Stoff in der Feldrichtung annimmt, zeigt auf den ersten Blick, daß das mittlere elektrische Moment gerade proportional der elektrischen Feldstärke ist, welche die Dipole in die Feldrichtung dreht, und umgekehrt proportional der absoluten Temperatur. Die Wärmebewegung der Molekeln arbeitet der Einstellung der Dipole in der Feldrichtung entgegen. Für $T \to \infty$ wäre $\bar{\mu} = 0$. Das Feld hat bei zu lebhafter Molekularbewegung keine orientierende Wirkung mehr. $\bar{\mu}$ ist proportional dem Quadrate von μ, denn bei größerem μ ist die Richtwirkung des Feldes und der Beitrag zur Polarisation größer.

Dieses Beispiel zeigt, wie man durch Reihenentwicklung zu bequemen und übersichtlichen Näherungsformeln gelangt.

Reihen für sin x und cos x.

$$f(x) = \sin x \ \Big| \ f'(x) = \cos x \ \Big| \ f''(x) = -\sin x$$
$$f(0) = 0 \ \Big| \ f'(0) = 1 \ \Big| \ f''(0) = 0$$

$$f^{(3)}(x) = -\cos x \ \Big| \ f^{(4)}(x) = \sin x \ \Big| \ f^{(5)}(x) = \cos x$$
$$f^{(3)}(0) = -1 \ \Big| \ f^{(4)}(0) = 0 \ \Big| \ f^{(5)}_{(0)}(0) = 1$$

Der 5. Differentialquotient ist gleich dem 1., daher der 6. dem 2. usw. Nach MAC LAURIN ist daher

$$\sin x = x - \frac{x^3}{3!} + \frac{x^5}{5!} - \cdots.$$

Aus dieser Formel kann man sofort ersehen, daß $\sin 0 = 0$ und daß $\sin(-x) = -\sin x$, weil nur ungerade Potenzen in der Reihe vorkommen, daß also $\sin x$ eine ungerade Funktion ist (S. 130). Man sieht auch, daß bei abnehmendem x sich $\sin x$ dem x immer mehr nähert und daß

$$\frac{\sin x}{x} = 1 - \frac{x^2}{3!} + \frac{x^4}{5!} - \cdots$$

für $x \to 0$ den Wert 1 annimmt, was S. 21 geometrisch bewiesen wurde.

$$
\begin{array}{l|l|l}
f(x) = \cos x & f'(x) = -\sin x & f''(x) = -\cos x \\
f(0) = 1 & f'(0) = 0 & f''(0) = -1
\end{array}
$$

$$
\begin{array}{l|l|l}
f^{(3)}(x) = \sin x & f^{(4)}(x) = \cos x & f^{(5)}(x) = -\sin x \\
f^{(3)}(0) = 0 & f^{(4)}(0) = 1 & f^{(5)}(0) = 0
\end{array}
$$

Wieder ist der 5. Differentialquotient dem 1. gleich, daher der 6. dem 2. usw.

$$\cos x = 1 - \frac{x^2}{2!} + \frac{x^4}{4!} - \frac{x^6}{6!} + \cdots.$$

$\cos 0 = 1$ und $\cos(-x) = \cos x$, weil nur gerade Potenzen in der Reihe vorkommen, $\cos x$ ist also eine gerade Funktion (S. 130).

Da die Reihen für $\sin x$ und $\cos x$ dieselben Glieder enthalten wie die Reihen für e^x, gelten die dort angestellten Betrachtungen bezüglich der Konvergenz auch für $\sin x$ und $\cos x$. Sie sind für jeden Wert des x konvergent und bilden ein wichtiges Hilfsmittel zu zahlenmäßigen Berechnungen dieser Winkelfunktionen. Der Winkel ist dabei im Bogenmaß (S. 275) in die Reihen einzusetzen, weil die bei ihrer Herleitung angewendeten Differentialquotienten sich auf einen im Bogenmaß gemessenen Winkel beziehen. Durch Differenzieren der Reihe für $\sin x$ folgt

$$\frac{d \sin x}{dx} = 1 - \frac{x^2}{2!} + \frac{x^4}{4!} - \cdots,$$

also die Reihe für $\cos x$, im Einklang mit (7) F.S.

$e^{ix} = \cos x + i \sin x$. **Eulersche Formel.** — Wir verwenden die Reihenentwicklung für e^x, um die Exponentialfunktion mit dem imaginären Exponenten $i\,x$ zu entwickeln.

Da (S. 226)

$$i^2 = -1, \quad i^3 = -i, \quad i^4 = 1, \quad i^5 = i, \quad i^6 = -1 \cdots,$$

ergibt sich aus der Formel für e^x:

$$e^{ix} = 1 + \frac{i\,x}{1} - \frac{x^2}{2!} - \frac{i\,x^3}{3!} + \frac{x^4}{4!} + \frac{i\,x^5}{5!} - \cdots$$

$$= 1 - \frac{x^2}{2!} + \frac{x^4}{4!} - \cdots + i\left(x - \frac{x^3}{3!} + \frac{x^5}{5!} - \cdots\right) = \cos x + i \sin x$$

Durch Anwendung der Reihen für e^x können wir einer Potenz mit imaginärem Exponenten einen Sinn zuschreiben. Sie ist eine komplexe Größe (S. 227). Wenden wir die Formel für e^{-x} auf e^{-ix} an, so folgt

$$e^{-ix} = 1 - \frac{i\,x}{1} - \frac{x^2}{2!} + \frac{i\,x^3}{3!} + \frac{x^4}{4!} - \frac{i\,x^5}{5!} + \cdots$$

$$= \left(1 - \frac{x^2}{2!} + \frac{x^4}{4!} + \cdots\right) - i\left(\frac{x}{1} - \frac{x^3}{3!} + \frac{x^5}{5!} - \cdots\right)$$

$$e^{-ix} = \cos x - i \sin x.$$

Bilden wir das Produkt $e^{ix} e^{-ix}$ einmal nach den Regeln für das Rechnen mit Potenzen, so folgt

$$e^{ix} e^{-ix} = e^{ix - ix} = e^0 = 1.$$

Bilden wir es andererseits aus den durch EULERS Formel eingeführten komplexen Größen, so folgt nach den Rechenregeln für komplexe Zahlen

$$e^{ix}\,e^{-ix} = (\cos x + i \sin x)(\cos x - i \sin x)$$
$$= \cos^2 x - i^2 \sin^2 x = \cos^2 x + \sin^2 x = 1 \,.$$

Derselbe Wert wie früher! Das ist ein Zeichen dafür, daß der Auffassung der Potenz mit imaginärem Exponenten als komplexe Größe ein tieferer Sinn zukommt. Wir werden den Satz $e^{\pm ix} = \cos x \pm i \sin x$ später (S. 208) praktisch verwerten.

Die Reihe von Taylor. — Versuchen wir $f(x) = \ln x$ nach der Reihe von MAC LAURIN zu entwickeln, so finden wir, daß weder $f(0) = \ln 0$, noch $f'(0) = \dfrac{1}{0}$, noch die höheren Differentialquotienten für $x = 0$ einen bestimmten Wert haben. Geht man aber nicht vom Wert 0 der unabhängig Veränderlichen aus wie bei der MAC LAURINschen Reihe, sondern von einem Werte a, für den die Funktion und ihr Differentialquotient bestimmte Werte annehmen, dann kann man die Funktion doch in eine unendliche Reihe entwickeln.

Man setzt für die unabhängig Veränderliche $a + \xi$ und nimmt an, daß $f(a + \xi)$ durch eine unendliche Reihe von fortschreitenden Potenzen von ξ ausgedrückt werden kann.

$$(1) \qquad f(a + \xi) = C_0 + C_1\,\xi + C_2\,\xi^2 + C_3\,\xi^3 + C_4\,\xi^4 + C_5\,\xi^5 + C_6\,\xi^6 + \cdots.$$

Gehen wir analog der Herleitung der Reihe von MAC LAURIN vor und bezeichnen die Differentialquotienten nach ξ mit f', f'', f''' usw., so folgt aus (1)

$$f'(a + \xi) = C_1 + 2\,C_2\,\xi + 3\,C_3\,\xi^2 + 4\,C_4\,\xi^3 + 5\,C_5\,\xi^4 + 6\,C_6\,\xi^5 + \cdots$$
$$f''(a + \xi) = 2\,C_2 + 2\cdot 3\,C_3\,\xi + 3\cdot 4\,C_4\,\xi^2 + 4\cdot 5\,C_5\,\xi^3 + 5\cdot 6\,C_6\,\xi^4 + \cdots$$
$$f^{(3)}(a + \xi) = 2\cdot 3\,C_3 + 2\cdot 3\cdot 4\,C_4\,\xi + 3\cdot 4\cdot 5\,C_5\,\xi^2 + 4\cdot 5\cdot 6\,C_6\,\xi^3 + \cdots$$
$$f^{(4)}(a + \xi) = 2\cdot 3\cdot 4\,C_4 + 2\cdot 3\cdot 4\cdot 5\,C_5\,\xi + 3\cdot 4\cdot 5\cdot 6\,C_6\,\xi^2 + \cdots$$

Mit $\xi = 0$ folgt:

$$f(a) = C_0 \qquad\qquad C_0 = f(a)$$
$$f'(a) = C_1 \qquad\qquad C_1 = f'(a)$$
$$f''(a) = 2\,C_2 \qquad\qquad C_2 = \frac{f''(a)}{2!}$$
$$f^{(3)}(a) = 2\cdot 3\,C_3 \qquad C_3 = \frac{f^{(3)}(a)}{3!}$$
$$f^{(4)}(a) = 2\cdot 3\cdot 4\,C_4 \qquad C_4 = \frac{f^{(4)}(a)}{4!}$$

Infolgedessen ist

$$f(a + \xi) = \frac{f(a)}{0!} + \frac{f'(a)}{1!}\,\xi + \frac{f''(a)}{2!}\,\xi^2 + \frac{f^{(3)}(a)}{3!}\,\xi^3 + \frac{f^{(4)}(a)}{4!}\,\xi^4 + \cdots.$$

Diese unendliche Reihe ist die Reihe von TAYLOR. Für $a = 0$ geht sie in die ebenfalls von TAYLOR angegebene, aber gewöhnlich nach MAC LAURIN benannte Reihe über.

Die Reihe für ln x. — Wir entwickeln die Funktion von N aus, d. h. wir setzen in der Formel für die Reihe von TAYLOR $a = N$ und führen die Werte von ln x und seinen Differentialquotienten für $x = N$ ein. Es ist

$$f(x) = \ln x \;\Big|\; f'(x) = \frac{1}{x} \;\Big|\; f''(x) = -\frac{1}{x^2} \;\Big|\; f^{(3)}(x) = \frac{1 \cdot 2}{x^3} \;\Big|\; f^{(4)}(x) = -\frac{1 \cdot 2 \cdot 3}{x^4} \cdots$$

und daher

$$f(N) = \ln N \;\Big|\; f'(N) = \frac{1}{N} \;\Big|\; f''(N) = -\frac{1}{N^2} \;\Big|\; f^{(3)}(N) = \frac{1 \cdot 2}{N^3} \;\Big|\; f^{(4)}(N) = -\frac{1 \cdot 2 \cdot 3}{N^4} \cdots.$$

Somit wird

$$(1) \qquad \ln (N + \xi) = \ln N + \frac{\xi}{N} - \frac{1}{2}\frac{\xi^2}{N^2} + \frac{1}{3}\frac{\xi^3}{N^3} - \frac{1}{4}\frac{\xi^4}{N^4} + \cdots.$$

Diese Reihe konvergiert für $\xi < N$.

Wenn wir von den natürlichen auf die für das Zahlenrechnen wichtigeren dekadischen Logarithmen übergehen (S. 53), erhalten wir

$$(2) \qquad \lg (N + \xi) = \lg N + \left(\frac{\xi}{N} - \frac{1}{2}\frac{\xi^2}{N^2} + \frac{1}{3}\frac{\xi^3}{N^3} - \frac{1}{4}\frac{\xi^4}{N^4} + \cdots \right) 0{,}4343 \cdots.$$

Ist beispielsweise $N > 10^4$ und ganzzahlig und $\xi \leq 1$, dann ist beispielsweise $\dfrac{\xi}{N} \leq 10^{-4}$ und das nächste Glied $\dfrac{1}{2}\dfrac{\xi^2}{N^2} \leq \dfrac{1}{2} 10^{-8}$. Vernachlässigt man dieses, so ist für $\xi = 1$

$$(3) \qquad \lg (N + 1) - \lg N = \frac{1}{N} 0{,}4343 \ldots$$

in Übereinstimmung mit dem S. 54 Ermittelten.

Für $|\xi| < 1$ folgt aus (2) mit großer Annäherung

$$(4) \qquad \lg (N + \xi) - \lg N = \frac{\xi}{N} 0{,}4343 \ldots$$

(4) durch (3) dividiert, gibt

$$\frac{\lg (N + \xi) - \lg N}{\lg (N + 1) - \lg N} = \xi$$

und daraus

$$(5) \qquad \lg (N + \xi) = \lg N + \xi \, [\lg (N + 1) - \lg N].$$

Diese Beziehung wird verwendet, um den Logarithmus einer Zahl zwischen N und $(N + 1)$ zu **interpolieren** (einzuschalten). Diese Art des Interpolierens wird **lineares Interpolieren** genannt, weil nach Vernachlässigung des 2. und der höheren Differentialquotienten bei Ableitung von (5) innerhalb des betreffenden Intervalls (hier $= 1$) eine lineare Abhängigkeit angenommen wird. Das lineare Interpolieren bei lg x im Intervall zwischen $x = 1$ bis $x = 2$ wird in Abb. 29 dargestellt, wenn wir durch die den Endpunkten des Intervalls entsprechenden Kurvenpunkte eine Sehne ziehen. Die Abweichung zwischen ihr und der Kurve ist sehr klein.

Das hier am praktisch wichtigsten Beispiel erläuterte lineare Interpolieren läßt sich analog bei jeder beliebigen durch eine TAYLORsche Reihe dargestellten Funktion durchführen[1]).

Ein genaueres Interpolieren erfordert die Berücksichtigung höherer Differentialquotienten.

Setzen wir in (1) $N = 1$, so folgt

$$\ln (1 + \xi) = \xi - \frac{\xi^2}{2} + \frac{\xi^3}{3} - \frac{\xi^4}{4} + \cdots.$$

---

[1]) Eine weitere Art des Interpolierens siehe S. 251.

Wie sich zeigen läßt, konvergiert diese Reihe für $\xi \leq 1$ und ermöglicht so die Berechnung der Logarithmen zwischen 1 und 2.

Für negative ξ erhalten wir die Reihe

$$\ln(1-\xi) = -\left(\xi + \frac{\xi^2}{2} + \frac{\xi^3}{3} + \frac{\xi^4}{4} + \cdots\right).$$

Auch diese Reihe konvergiert für $\xi < 1$. Sie ermöglicht die Berechnung der Logarithmen zwischen 0 und 1. Für $\xi = 1$ folgt

$$\ln 0 = -\left(1 + \frac{1}{2} + \frac{1}{3} + \frac{1}{4} + \cdots\right).$$

Das gibt $-\infty$. (Harmonische Reihe S. 151.)

Durch eine geeignete Kombination der Reihe für $\ln(1+\xi)$ und $\ln(1-\xi)$ kann man auch die Logarithmen von Zahlen > 2 berechnen.

Mit der Reihe für $\ln x$ kann man auch eine rechnerisch bequeme Näherungsformel für einen Logarithmus herleiten, dessen Logarithmand von 1 nur wenig abweicht. Die Näherungsformel für $\xi \ll 1$ erhalten wir durch Abbrechen der Reihe für $\ln(1+\xi)$ nach dem 2. Gliede. Es ist

$$\ln(1+\xi) \approx \xi - \frac{\xi^2}{2} = \xi\left(1 - \frac{\xi}{2}\right).$$

Diese Formel wenden wir auf die hypsometrische Formel (S. 73) an.

$$h = \frac{p_0}{s_0}\ln\frac{p_0}{p}.$$

h ist die Höhe über dem Meeresspiegel, p_0 der Luftdruck am Meeresspiegel, p der Luftdruck in der Höhe h. Um die Näherungsformel anwenden zu können, bringen wir den Logarithmanden auf die Form $(1+\xi)$, in unserem Fall $\left(1 + \frac{p_0-p}{p}\right)$.

$$h = \frac{p_0}{s_0}\ln\left(1 + \frac{p_0-p}{p}\right).$$

Da für nicht zu große Erhebungen über dem Meeresspiegel $\frac{p_0-p}{p} \ll 1$ ist, wenden wir die Näherungsformel für $\ln$ an und erhalten

$$h = \frac{p_0}{s_0}\frac{(p_0-p)}{p}\left(1 - \frac{p_0-p}{2\,p}\right).$$

Die binomische Reihe. — Wir entwickeln die Potenzfunktion x^n in eine unendliche Reihe nach TAYLOR, indem wir die unabhängig Veränderliche als $1+\xi$ auffassen. Es ist

$$
\begin{array}{l|l|l}
f(x) = x^n & f'(x) = n\,x^{n-1} & f''(x) = n\,(n-1)\,x^{n-2} \\
f(1) = 1 & f'(1) = n & f''(1) = n\,(n-1)
\end{array}
$$

$$
\begin{array}{l|l}
f^{(3)}(x) = n\,(n-1)\,(n-2)\,x^{n-3} & f^{(4)}(x) = n\,(n-1)\,(n-2)\,(n-3)\,x^{n-4} \\
f^{(3)}(1) = n\,(n-1)\,(n-2) & f^{(4)}(1) = n\,(n-1)\,(n-2)\,(n-3) \cdots.
\end{array}
$$

Somit wird

$$(1+\xi)^n = 1 + n\,\xi + \frac{n\,(n-1)}{1\cdot 2}\,\xi^2 + \frac{n\,(n-1)\,(n-2)}{1\cdot 2\cdot 3}\,\xi^3$$
$$+ \frac{n\,(n-1)\,(n-2)\,(n-3)}{1\cdot 2\cdot 3\cdot 4}\,\xi^4 + \cdots.$$

Diese unendliche Reihe heißt **binomische Reihe**. Setzen wir im binomischen Lehrsatz (S. 224) $a = 1$ und $b = \xi$, so kommen wir auf diese Formel. Sie gilt für jedes positive, negative und gebrochene n, weil die bei ihrer Herleitung angewendete (5) F.S. für alle diese Exponenten gilt, während der binomische

Lehrsatz nur für positives, ganzzahliges n gilt. Bei einem bestimmten Glied der binomischen Reihe mit positivem ganzen n wird im Zähler des Bruches ein Klammerausdruck gleich 0. Dasselbe gilt für alle folgenden Glieder. Dieses Abbrechen der Reihe tritt nach dem $(n+1)$-ten Gliede ein. Die binomische Reihe geht in den binomischen Lehrsatz über.

Mit negativem ξ werden in der binomischen Reihe alle ungeraden Potenzen von ξ negativ, und wir erhalten

$$(1-\xi)^n = 1 - n\xi + \frac{n(n-1)}{1\cdot 2}\xi^2 - \frac{n(n-1)(n-2)}{1\cdot 2\cdot 3}\xi^3$$
$$+ \frac{n(n-1)(n-2)(n-3)}{1\cdot 2\cdot 3\cdot 4}\xi^4 - \cdots.$$

Die binomische Reihe konvergiert für jedes $\xi < 1$.

Wir leiten einige zum Zahlenrechnen bequeme Näherungsformeln aus der binomischen Reihe her. Für ein $\alpha \ll 1$ ist in erster Annäherung

$$(1 \pm \alpha)^n \approx 1 \pm n\alpha.$$

Z. B.:

$$(1{,}002)^3 \approx 1{,}006,$$

$$\frac{1}{1-\alpha} \approx 1 + \alpha,$$

$$\frac{1}{1+\alpha} \approx 1 - \alpha,$$

$$\sqrt{1 \pm \alpha} \approx 1 \pm \frac{\alpha}{2},$$

$$\sqrt[3]{1 \pm \alpha} \approx 1 \pm \frac{\alpha}{3}.$$

$$\frac{1}{\sqrt{1 \pm \alpha}} = (1 \pm \alpha)^{-\frac{1}{2}} \approx 1 \mp \frac{\alpha}{2}.$$

Integration durch unendliche Reihen. — In vielen Fällen ist es unmöglich, bei einem vorgelegten Integral die Funktion anzugeben, die differenziert den Integranden gibt. So ist es unmöglich, für $\int \frac{e^x}{x}\,dx$ eine elementare (S. 52) Funktion anzugeben, die differenziert $\frac{e^x}{x}$ gibt. Man kann aber den Integranden $\frac{e}{x}$ in eine unendliche Reihe entwickeln und diese dann als Summe gliedweise integrieren.

Es ist

$$\frac{e^x}{x} = \frac{1}{x} + \frac{1}{1!} + \frac{x}{2!} + \frac{x^2}{3!} + \cdots + \frac{x^{n-1}}{n!} + \cdots$$

und daher

$$\int \frac{e^x}{x}\,dx = \ln x + \frac{x}{1!} + \frac{x^2}{2\cdot 2!} + \frac{x^3}{3\cdot 3!} + \cdots + \frac{x^n}{n\cdot n!} + \cdots.$$

a o wird eine neue Funktion definiert, die durch diese unendliche Reihe berechnet werden kann. Sie wird **Integrallogarithmus** genannt.

Allgemein kann man die Integration durch unendliche Reihen folgendermaßen formulieren[1]).

Wenn
$$f(x) = a_0 + a_1 x + a_2 x^2 + a_3 x^3 + \cdots \qquad (a_n \text{ konstant}),$$

---

[1]) Näheres über die Bedingungen, unter denen eine unendliche Reihe integriert werden kann, siehe bei ROTHE II, S. 118 u. 127.

so ist

$$\int f(x)\,dx = a_0\,x + a_1\,\frac{x^2}{2} + a_2\,\frac{x^3}{3} + a_3\,\frac{x^4}{4} + \cdots + C$$

$$= x\left(a_0 + a_1\,\frac{x}{2} + a_2\,\frac{x^2}{3} + a_3\,\frac{x^3}{4} + \cdots\right) + C\,.$$

Konvergiert die Reihe für $f(x)$, so konvergiert der Klammerausdruck, weil seine Glieder kleiner sind als die entsprechenden Glieder der Reihe, somit kann man den Integranden $f(x)$ durch eine unendliche konvergierende Reihe ersetzen.

Dies wenden wir an, um eine Reihe für arc tg x zu entwickeln. Einerseits ist nach (XIV) F.S.

$$\int \frac{dx}{1+x^2} = \text{arc tg } x + C\,,$$

andererseits folgt durch Reihenentwicklung des Integranden nach der binomischen Reihe (S. 160) (oder auch durch Division) und gliedweise Integration

$$\int \frac{dx}{1+x^2} = \int (1+x^2)^{-1}\,dx = \int (1 - x^2 + x^4 - x^6 + \cdots)\,dx$$

$$= x - \frac{x^3}{3} + \frac{x^5}{5} - \frac{x^7}{7} + \cdots + C\,.$$

Es ist also

$$\text{arc tg } x = x - \frac{x^3}{3} + \frac{x^5}{5} - \frac{x^7}{7} + \cdots.$$

Die Integrationskonstante ist gleich 0, weil für $x = 0$ auch arc tg $x = 0$ ist. Die Reihe konvergiert für $x \leqq 1$. Wegen der komplizierten höheren Differential-quotienten von arc tg x wäre es zu umständlich, diese Reihe nach MAC LAURIN zu entwickeln.

Sie kann einerseits zur numerischen Berechnung von π verwendet werden. Es ist

$$\text{arc tg } 1 = \frac{\pi}{4} = 1 - \frac{1}{3} + \frac{1}{5} - \frac{1}{7} + \cdots.$$

Andererseits wird sie in der Praxis des Laboratoriums angewendet, z. B. bei der Messung der Verdrehung eines Spiegels, der mit dem beweglichen Teil (Zeiger, Nadel) eines Meßinstrumentes verbunden ist. Die Verdrehung (φ) der Spiegelnormalen wird mit Fernrohr (F) und Skala (SS) gemessen. Das Fadenkreuz des Fernrohrs liegt in der Normalen des unverdrehten Spiegels, der der Skala parallel ist. Dreht sich der Spiegel um φ, so beschreibt das Bild des von ihm ins Fernrohr gespiegelten Punktes den Winkel $2\,\varphi$. Im Fadenkreuz

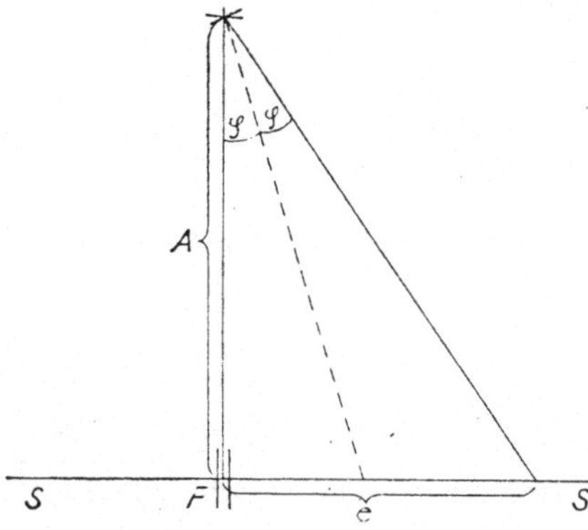

Abb. 80. Die mit dem Fernrohr F gemessene Verdrehung φ des Spiegels ist angenähert gleich $\dfrac{1}{2}\dfrac{e}{A}$.

des Fernrohrs sieht man dann einen Punkt der Skala, der vom ursprünglich gespiegelten den Abstand e hat. Ist der Abstand des Spiegels von der Skala A, so ist

$$\text{tg } 2\,\varphi = \frac{e}{A}$$

und

$$\varphi = \frac{1}{2}\,\text{arc tg } \frac{e}{A}\,.$$

Da bei derartigen Spiegelablesungen immer $\dfrac{e}{A} \leqslant 1$ ist, so geben 3 Glieder der Reihe für arc tg x eine genügende Annäherung, und wir erhalten im Bogenmaß:

$$\varphi = \frac{1}{2}\frac{e}{A}\left(1 - \frac{1}{3}\frac{e^2}{A^2} + \frac{1}{5}\frac{e^4}{A^4} - \cdots\right).$$

Begnügt man sich mit der ersten Annäherung, so wird

$$\varphi \approx \frac{1}{2}\frac{e}{A}.$$

Man nimmt also an, daß die Tangente (die Skala) mit dem Kreisbogen um den Spiegelmittelpunkt zusammenfällt.

Eine andere Anwendung der Integration durch Reihen ist die angenäherte Berechnung des Wahrscheinlichkeitsintegrales zwischen andern Grenzen als 0 und ∞. Sie wird S. 245 verwendet.

$$\int\limits_0^x e^{-x^2}\,dx = \int\limits_0^x \left(1 - x^2 + \frac{x^4}{2!} - \frac{x^6}{3!} + \frac{x^8}{4!} - \cdots\right) dx = x - \frac{x^3}{3} + \frac{x^5}{5\cdot 2!} - \frac{x^7}{7\cdot 3!} + \frac{x^9}{9\cdot 4!} - \cdots.$$

Wegen FOURIERS Reihen siehe S. 259.

Bedingungen für die Differenzierbarkeit einer Funktion

Den Funktionen, die wir bis jetzt betrachteten, wurden Eigenschaften zugeschrieben, die sie gar nicht besitzen müssen. Wir setzten sie nur stillschweigend voraus, um rasch zu praktischen Anwendungen zu kommen und die Darlegungen nicht zu abstrakt zu gestalten. Diese Eigenschaften, ihr Auftreten und Ausbleiben, werden wir nun näher behandeln. Dabei werden sich einige für die Praxis des Rechnens wichtige Folgerungen ergeben, auf die besonders hingewiesen werden soll.

Stetigkeit. — Bei der Herleitung des Differentialquotienten wurde die Funktion im Diagramm durch eine Kurve dargestellt, die nirgends abreißt, nirgends Sprungstellen aufweist (Abb. 9, Abb. 14). Doch nicht jede Kurve zeigt ein solches Bild.

Betrachten wir die Funktion $f(x) = \dfrac{1}{2 - e^{\frac{1}{x}}}$

und ermitteln den Wert von $f(x)$ für $x = 0$ auf zweifache Weise. Das eine Mal, indem wir uns ihm von seinem größeren Wert her, im Diagramm von rechts, nähern, ihm den Zuwachs $+h$ erteilen und dann $h \to 0$ werden lassen. Wir bekommen

$$\lim_{h\to 0} \frac{1}{2 - e^{\frac{1}{h}}} = 0$$

als rechten Grenzwert von $f(x)$ an der Stelle $x = 0$. Das andere Mal, indem wir uns ihm von einem kleineren Wert, im Diagramm von links her, nähern, ihm also einen Zuwachs von $-h$ erteilen und wieder $h \to 0$ werden lassen. Wir bekommen

$$\lim_{h\to 0} \frac{1}{2 - e^{-\frac{1}{h}}} = \frac{1}{2}$$

als linken Grenzwert von $f(x)$ an der Stelle $x = 0$.

Die beiden Grenzwerte der Funktion an der Stelle $x = 0$ sind verschieden, der rechte ist 0, der linke $\frac{1}{2}$. Die Kurve reißt an dieser Stelle ab, sie hat eine Sprungstelle. Man sagt, die Funktion ist an der Stelle $x = 0$ **unstetig**, sie hat an dieser Stelle eine **Unstetigkeit**.

Abb. 81. $y = \dfrac{1}{2 - e^{\frac{1}{x}}}$ ist bei $x = 0$ wegen Verschiedenheit der Grenzwerte unstetig.

11*

Ein anderes Beispiel einer Unstetigkeit ist tg x an der Stelle $x = \dfrac{\pi}{2}$. Der linke Grenzwert $\lim\limits_{h \to 0} \mathrm{tg}\left(\dfrac{\pi}{2} - h\right) = \infty$ ist größer als jede noch so große, der rechte Grenzwert $\lim\limits_{h \to 0} \mathrm{tg}\left(\dfrac{\pi}{2} + h\right) = -\infty$ ist kleiner als jede noch so kleine angebbare Zahl. Abb. 114 zeigt uns, wie dies zustande kommt. Wenn sich Punkt B längs des Umfanges des Einheitskreises dem Punkte D nähert, rückt der Schnittpunkt E über E'' nach oben in die Unendlichkeit. Nähert sich Punkt B' längs des Kreisumfanges dem Punkt D, rückt E' nach unten in die Unendlichkeit. Das Diagramm für tg x (Abb. 34) zeigt, wie die Kurve links von $\dfrac{\pi}{2}$ nach oben ins Unendliche steigt und rechts von $\dfrac{\pi}{2}$ nach unten ins Unendliche sinkt. Dieselbe Erscheinung zeigt sich bei den ungeradzahligen Vielfachen von $\dfrac{\pi}{2}$.

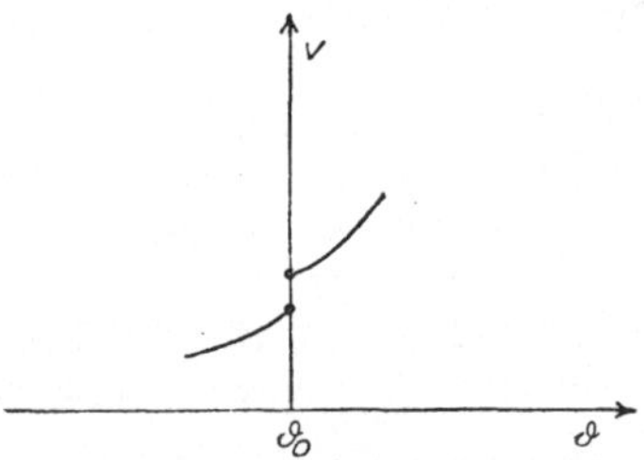

Abb. 82. Das spezifische Volumen v eines Stoffes in seiner Abhängigkeit von der Temperatur ϑ ist bei der Schmelztemperatur ϑ_0 unstetig.

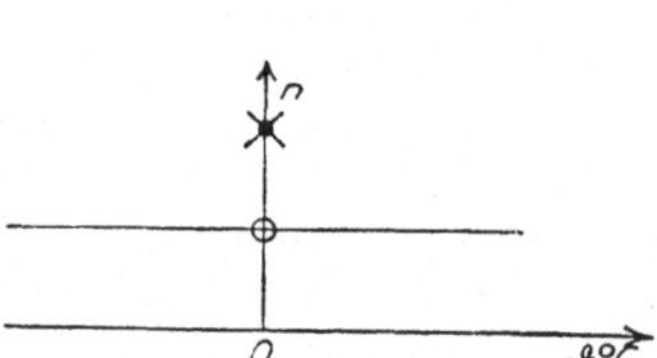

Abb. 83. Die Anzahl der Phasen von H_2O, $n = f(\vartheta)$, ist bei 0^0 C unstetig.

Die Funktion ctg x weist ähnliche Unstetigkeiten bei 0 und bei geradzahligen Vielfachen von $\dfrac{\pi}{2}$ auf (Abb. 114 u. 34).

Man könnte einwenden, das seien unnütze Spielereien, derartiges komme in der Natur nicht vor, wie schon der Satz „natura non facit saltus" (die Natur macht keine Sprünge) zeige. Das folgende Beispiel erweist die Unrichtigkeit dieser Behauptung.

Im Diagramm bedeute die Abszisse die Temperatur ϑ, die Ordinate das spezifische Volumen v, das wir in der Umgebung der Schmelztemperatur untersuchen wollen. ϑ_0 ist die Schmelztemperatur. Oberhalb der Schmelztemperatur vergrößert die flüssige, unterhalb der Schmelztemperatur die feste Masse ihr Volumen. Bei der Schmelztemperatur selbst liegt eine Unstetigkeit vor. Der linke Grenzwert, das Volumen der festen Masse bei der Schmelztemperatur, ist verschieden vom rechten, dem Volumen der flüssigen Masse bei der Schmelztemperatur.

Einen anderen einfachen Fall von Unstetigkeit[1]), der sich vom eben behandelten aber wesentlich unterscheidet, gibt die Betrachtung der Anzahl n der Phasen (hier Aggregatzustände) von H_2O als Funktion der Temperatur ϑ bei Atmosphärendruck

$$n = f(\vartheta).$$

Die Ordinaten bedeuten n, die Abszissen ϑ. Der Temperatur 0^0C entspricht 0.

Für eine Temperatur < 0 ist nur Eis existenzfähig, $n = 1$ und bleibt es auch, wenn wir uns dem Nullpunkt von links her beliebig nähern. Der linke Grenzwert ist 1. Zwischen 0^0 und 100^0 C ist nur Wasser existenzfähig, $n = 1$, und bleibt

---

[1]) J. Salpeter, Einführung i. d. höhere Mathematik. f. Naturforscher und Ärzte, 3. Aufl. (Jena 1926), S. 372, 376.

es auch, wenn wir uns der Temperatur 0^0 C von rechts her beliebig nähern. Der rechte Grenzwert ist dem linken gleich, beide sind 1.

Suchen wir die Anzahl der Phasen bei 0^0 C!

Bei 0^0 C bestehen Wasser und Eis gleichzeitig, die Anzahl der Phasen ist daher 2. Die Funktion $n = f(\vartheta)$ hat an der Stelle $\vartheta = 0^0$ C eine Unstetigkeit, obwohl die beiden Grenzwerte einander gleich sind. Die Unstetigkeit tritt ein, weil der **Funktionswert an dieser Stelle von den Grenzwerten verschieden ist.** Grenzwerte und Funktionswert an einer Stelle können also etwas ganz Verschiedenes sein!

Ein anderes Beispiel! Auf der Verbindungslinie der Mittelpunkte zweier vollkommen gleicher Himmelskörper (A und B) befinde sich ein Massenpunkt, auf den nur die Resultierende der Anziehungskräfte der beiden Himmelskörper einwirkt. Ist der Massenpunkt sich selbst überlassen, so wird er längs der Verbindungslinie auf den näheren Himmelskörper fallen und mit einer bestimmten kinetischen Energie auf seiner Oberfläche auftreffen. Die Größe der kinetischen Energie L, mit der er auftrifft, wird von dem Ort in der Verbindungslinie, von dem aus er seine Bewegung beginnt, abhängen. Verschiedene Orte haben verschiedene Werte von L. Wir wollen L graphisch darstellen.

Die Verbindungslinie stellt im Diagramm die Abszissenachse, L die Ordinate, der Mittelpunkt der Verbindungslinie den Ursprung dar. L berechnet man aus der Energie der Lage des Massenpunkts. Die Rechnungsresultate geben die Kurve. In der Nähe der Oberfläche von A und B ist L sehr klein, und an der Oberfläche selbst verschwindet es.

Die Kurve ist in bezug auf die Ordinatenachse symmetrisch. Gleiche Massenpunkte, die von symmetrisch gelegenen Punkten der Verbindungslinie ausgehend auf die Oberflächen von A bzw. B auftreffen, haben gleiches L.

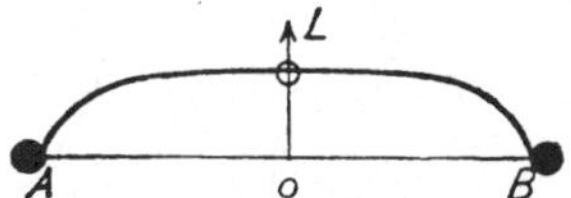

Abb. 84. Die kinetische Energie, mit der die in der Verbindungslinie der Himmelskörper A und B losgelassene Masseneinheit auf den Himmelskörper auftrifft, ist in ihrer Abhängigkeit vom Ort durch die Kurve dargestellt. Der dem Mittelpunkt 0 entsprechende Punkt der Kurve existiert nicht. Deswegen ist die Funktion bei 0 unstetig.

Nähern wir den Massenpunkt dem Ursprung von links, so nähert sich L einem bestimmten Grenzwert. Befindet sich der Massenpunkt in einer noch so kleinen Entfernung links von 0, so fällt er auf A. Nähern wir den Massenpunkt dem Ursprung rechts von 0, so nähert sich L einem Grenzwert, der dem linken gleich ist. Befindet sich der Massenpunkt in einer noch so kleinen Entfernung rechts von 0, so fällt er auf B. Es existiert ein rechter und ein linker Grenzwert, und sie sind einander gleich.

Und der Funktionswert an der Stelle 0? Wie groß ist L in 0 selbst?

Der materielle Punkt fällt auf keinen der Himmelskörper, er ist dort im labilen Gleichgewicht, es hat keinen Sinn, von der kinetischen Energie, mit der er auf einen Himmelskörper auftrifft, zu sprechen. Für $x = 0$ existiert kein Funktionswert von L! Die Funktion hat an dieser Stelle eine Unstetigkeit, und die Unstetigkeit ist durch **Nichtexistenz des Funktionswertes** verursacht!

Nachtragend sei erwähnt, daß bei dem früher gegebenen Beispiel $f(x) = \dfrac{1}{2 - e^{\frac{1}{x}}}$,

bei dem die Grenzwerte für $x = 0$ voneinander verschieden sind, der Funktionswert auch nicht existiert. Denn $\dfrac{1}{x}$, der Exponent von e, hat für $x = 0$ keinen Sinn. Man weiß nur, daß sich $\dfrac{1}{x}$ für positive x bei $x \to 0$ sehr großen und bei negativen x bei $x \to 0$ sehr kleinen Werten nähert, die man gewöhnlich durch $+ \infty$ bzw. $- \infty$ ausdrückt. Auch für das durch Abb. 82 dargestellte Beispiel können wir nachtragen, daß an der Stelle, an der das Volumen der Masse bei der Schmelztemperatur wegen Verschiedenheit der beiden Grenzwerte eine Unstetigkeit zeigt, kein Funktionswert existiert. Denn es hat keinen Sinn, vom spezifischen Volumen bei der Schmelztemperatur zu sprechen, wenn man nicht angeben kann, wieviel fest und wieviel flüssig ist. Ebensowenig hat die Funktion $\dfrac{1}{2 - e^{\frac{1}{x}}}$ für $x = 0$ einen bestimmten Wert. Auch die Brüche von

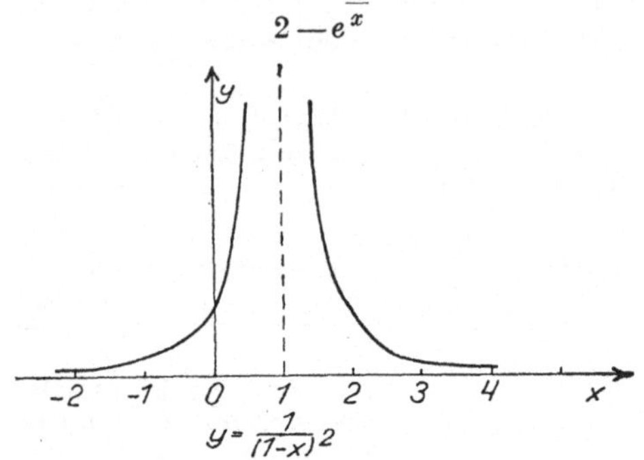

Abb. 85. $y = \dfrac{1}{(1 - x)^2}$ ist bei $x = 1$ wegen Unendlichwerdens unstetig.

der Form $\dfrac{\varphi(x)}{\psi(x)}\Big|_{x=a} = \dfrac{0}{0}$ haben an der Stelle $x = a$ keinen Funktionswert. Was S. 15 und S. 106 als ihr Wert berechnet wurde, war ihr Grenzwert für $x \to a$.

Bei Beurteilung der Unstetigkeit einer Funktion ist ihr Unbestimmtwerden gleichbedeutend mit ihrem Nichtexistieren. Wird eine Funktion für einen bestimmten Wert der unabhängig Veränderlichen größer als jede noch so große oder kleiner als jede noch so kleine angebbare Zahl, wird die Funktion also „unendlich", so hat sie an dieser Stelle keinen bestimmten Wert, der Funktionswert existiert an dieser Stelle nicht. So hat $f(x) = \dfrac{1}{(1 - x)^2}$ an der Stelle $x = 1$ keinen bestimmten Wert, der Funktionswert existiert nicht, die Funktion ist an dieser Stelle unstetig. Gerade dieser Fall von Unstetigkeit hat praktische Bedeutung (S. 167).

Unstetigkeit kann auch dadurch eintreten, daß die Funktion für gewisse Werte der unabhängig Veränderlichen keinen Grenzwert hat, so z. B. $y = sin\,\dfrac{1}{x}$ an der Stelle $x = 0$. Zur Orientierung über den Verlauf dieser Funktion berechnen wir die Werte des x, für die $y = 0$ wird, die Nullstellen der Funktion. Diese ergeben sich für

$$\frac{1}{x} = \pi,\ 2\pi,\ 3\pi,\ 4\pi,\ 5\pi,\ \ldots$$

Also für

$$x = \frac{1}{\pi},\ \frac{1}{2}\,\frac{1}{\pi},\ \frac{1}{3}\,\frac{1}{\pi},\ \frac{1}{4}\,\frac{1}{\pi},\ \frac{1}{5}\,\frac{1}{\pi},\ \ldots$$

Zwischen der 1. Nullstelle bei $\dfrac{1}{\pi}$ und dem Ursprung liegen also unendlich viele Nullstellen. Die Maxima $y = +1$ finden sich bei

$$x = \frac{2}{\pi},\ \frac{1}{5}\,\frac{2}{\pi},\ \frac{1}{9}\,\frac{2}{\pi}\ \ldots$$

und die Minima $y = -1$ bei

$$x = \frac{1}{3}\,\frac{2}{\pi},\ \frac{1}{7}\,\frac{2}{\pi},\ \frac{1}{11}\,\frac{2}{\pi}\ \ldots$$

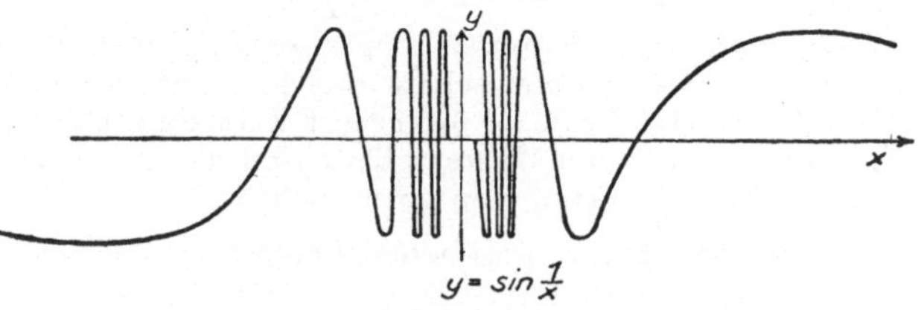

Abb. 86. $y = \sin \dfrac{1}{x}$ ist bei $x = 0$ unstetig.

Die Kurve[1]) besteht aus unendlich vielen Wellen, deren Maxima $+1$, deren Minima -1 sind und deren Wellenlänge gegen den Ursprung hin abnimmt und sich der Null nähert. Daher kann man sie nicht für

---

[1]) Die Einheiten auf der x-Achse wurden hier, um die Kurve besser darstellen zu können, größer gewählt als die Einheiten auf der y-Achse.

sehr kleine Werte des x zeichnen und angeben, wo sie die y-Achse berührt. y nähert sich für $x \to 0$ keinem bestimmten Grenzwert, es existiert kein rechter Grenzwert. Für negatives x gilt wegen $\sin \dfrac{1}{-x} = -\sin \dfrac{1}{x}$ dasselbe wie für positives x, nur mit Umkehr des Vorzeichens. Die Kurve ist punktual symmetrisch um den Ursprung, und es existiert auch kein linker Grenzwert. Der Funktionswert für $x = 0$ existiert ebenfalls nicht, weil hier $\dfrac{1}{x}$ keinen Sinn hat.

Wir fassen die einzelnen Fälle von Unstetigkeit in der Reihenfolge zusammen, in der die Beispiele für sie gebracht wurden.

1. Die beiden Grenzwerte sind verschieden: Spezifisches Volumen bei der Schmelztemperatur.

2. Die beiden Grenzwerte sind zwar einander gleich, aber der Funktionswert an der betreffenden Stelle ist ein anderer: Anzahl der Phasen von H_2O bei 0^0 C.

3. Die beiden Grenzwerte sind einander gleich, aber der Funktionswert existiert nicht: Die kinetische Energie, mit der ein Massenpunkt von einem Punkt der Verbindungslinie zweier gleicher Himmelskörper auf die Oberfläche eines derselben auftrifft, im Mittelpunkt der Verbindungslinie.

4. Der Grenzwert existiert nicht: $y = \sin \dfrac{1}{x}$ für $x = 0$.

Eine Funktion, die für jeden Wert des x stetig ist, nennt man eine stetige Funktion. Wir haben bisher alle Funktionen als stetig vorausgesetzt. Es ist klar, daß es an einer Unstetigkeitsstelle keinen Differentialquotienten gibt.

Nun können wir einen praktisch sehr wichtigen Nachtrag zur Berechnung des bestimmten Integrals bringen.

Wenn der Integrand im Integrationsbereich eine Unstetigkeit aufweist wie die Funktion $f(x)$ Abb. 87 bei $x = c$, so muß das bestimmte Integral in folgender Weise in 2 Teile zerlegt werden. Es ist

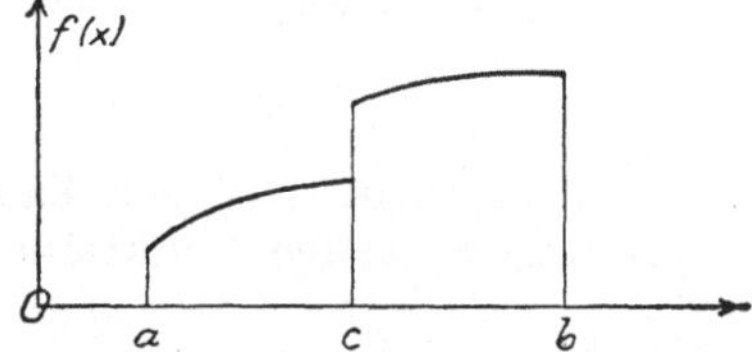

Abb. 87. Bei Berechnung eines bestimmten Integrals darf man nicht über eine Unstetigkeitsstelle weg integrieren. Es ist $\int\limits_{a}^{b} f(x)\, dx$
$= F(b) - F(a) - \left[\lim\limits_{\varepsilon \to 0} F(c + \varepsilon) - \lim\limits_{\delta \to 0} F(c + \delta)\right].$

$$F'(x) = f(x),$$

$$\int\limits_{a}^{b} f(x)\, dx = \lim\limits_{\delta \to 0} \int\limits_{a}^{c-\delta} f(x)\, dx + \lim\limits_{\varepsilon \to 0} \int\limits_{c+\varepsilon}^{b} f(x)\, dx$$

$$= \lim\limits_{\delta \to 0} F(c - \delta) - F(a) + F(b) - \lim\limits_{\varepsilon \to 0} F(c + \varepsilon)$$

$$= F(b) - F(a) + \left[\lim\limits_{\delta \to 0} F(c - \delta) - \lim\limits_{\varepsilon \to 0} F(c + \varepsilon)\right].$$

Als Beispiel berechnen wir $\int\limits_{0}^{2} \dfrac{1}{(1 - x)^2}\, dx$. Der Integrand hat eine Unstetigkeitsstelle bei $x = 1$ wegen Unendlichwerdens. Das unbestimmte Integral ist

$$\int \frac{dx}{(1 - x)^2} = \frac{1}{1 - x} + C.$$

Daraus folgt

$$\int\limits_0^2 \frac{1}{(1-x)^2}\,dx = \frac{1}{1-2} - \frac{1}{1-0} + \lim_{\delta\to 0}\frac{1}{1-(1-\delta)} - \lim_{\varepsilon\to 0}\frac{1}{1-(1+\varepsilon)}$$

$$= -2 + [+\infty + \infty] = +\infty.$$

Hätten wir über die Unstetigkeitsstelle integriert, so hätten wir —2 erhalten, ein Resultat, das — wie ein Blick auf Abb. 85 zeigt — unrichtig wäre. Denn die Integration von 0 bis +1 gibt schon +∞.

Bei der Berechnung von $\int\limits_a^b \dfrac{dx}{x}$ wurde (S. 114) die Unstetigkeitsstelle von $\dfrac{1}{x}$ dadurch ausgeschaltet, daß beide Grenzen > 0 angenommen wurden.

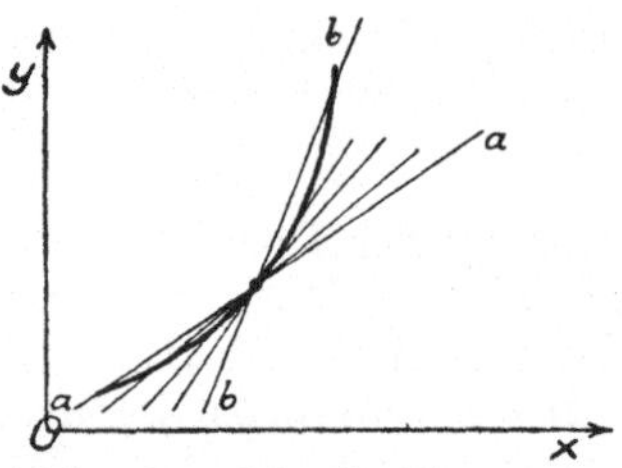

Abb. 88. Ob die Tangente als Grenzlage der Sekante a oder b erreicht wird, ist gleichgültig.

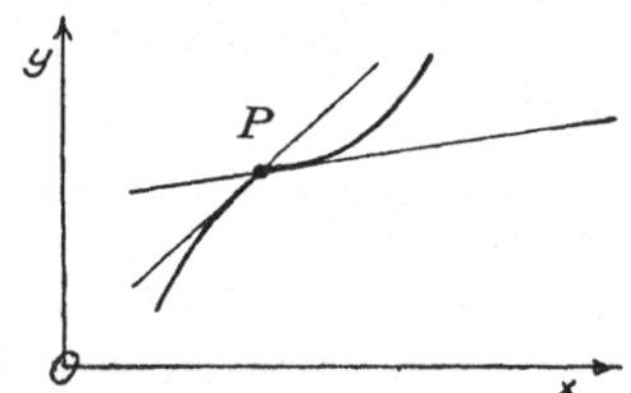

Abb. 89. Im Punkte P bekommt man zwei verschiedene Tangenten, wenn man die Grenzlage zweier verschiedener durch ihn gehender Sehnen sucht. Die Kurve hat bei P einen Knick.

Knickstellen. — Bisher hatten wir immer vorausgesetzt, daß die Differentialquotienten stetige Funktionen sind, daß

$$\lim_{\Delta x\to 0}\frac{f(x+\Delta x)-f(x)}{\Delta x} = \lim_{\Delta x\to 0}\frac{f(x-\Delta x)-f(x)}{\Delta x},$$

daß der linke gleich dem rechten Grenzwert ist. Wir haben bis jetzt überhaupt nur den rechten Grenzwert, den nach vorn genommenen Differentialquotienten, betrachtet. Er ist im allgemeinen dem linken Grenzwert, dem nach hinten genommenen Differentialquotienten, gleich. Dies sieht man an der Kurve in Abb. 88. Man erhält dieselbe Tangente von links her als Grenzlage der Sekante a wie von rechts her als Grenzlage der Sekante b. Jede glatte (knickfreie) Kurve wird dieselbe Erscheinung zeigen.

Etwas anderes ergibt sich aber, wenn die Kurve an der Stelle, an der der Differentialquotient genommen wird, einen Knick hat (Abb. 89). An diesem Punkt gibt es 2 Tangenten von verschiedener Steigung.

Auch Kurvendarstellungen von Naturvorgängen können Knicke zeigen. Betrachten wir die Dampfspannung p in Abhängigkeit von ihrer Temperatur ϑ. Die Dampfspannung eines festen Körpers steigt mit der Temperatur; sobald

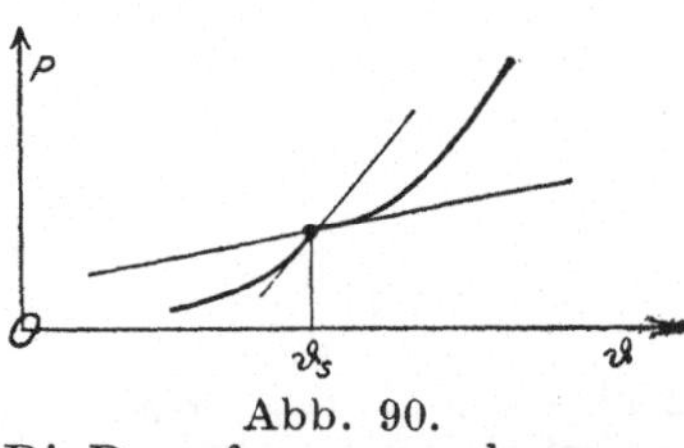

Abb. 90. Die Dampfspannungskurve von H_2O zeigt beim Tripelpunkte $\vartheta = 0{,}00748^\circ$ C einen Knick.

aber die Schmelztemperatur ϑ_s erreicht wurde, findet ein langsameres Ansteigen von p mit ϑ statt, wie die Messungen ergeben. Die Dampfspannungskurve hat daher bei ϑ_s einen Knick.

Auch die Theorie der Extremwerte wurde seinerzeit (S. 79) unter der Voraussetzung gegeben, daß der Differentialquotient stetig sei, daß die Kurve der Funktion keine Knicke habe. Unter dieser Voraussetzung ist das Nullwerden des Differentialquotienten eine notwendige Bedingung für einen Extremwert. Weist die Funktion aber Knicke auf, dann kann der Fall eintreten, daß sich die Extremwerte an den Knickstellen befinden, und dann ist der Differentialquotient nicht gleich 0. Dafür gibt Abb. 91 ein Beispiel.

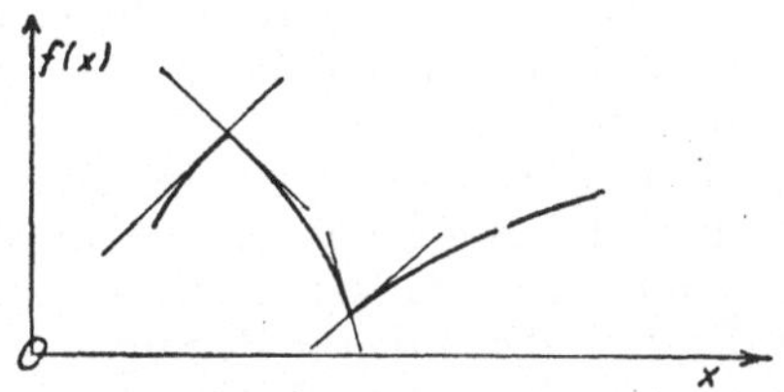

Abb. 91. Wenn ein Extremwert an einer Knickstelle liegt, versagt die Regel, daß bei einem Extremwert $f'(x) = 0$.

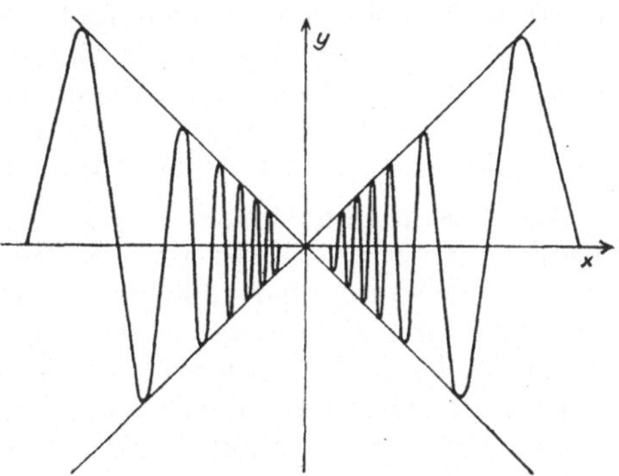

Abb. 92. $y = x \sin \dfrac{1}{x}$ $(x = 0, \; y = 0)$ ist bei $x = 0$ zwar stetig, aber nicht differenzierbar.

Differenzierbarkeit. — Die Stetigkeit einer Funktion ist zwar eine notwendige aber keine hinreichende Bedingung für ihre Differenzierbarkeit. Dies zeigt folgendes Beispiel.

Für die Funktion $y = x \sin \dfrac{1}{x}$ ist für $x \to 0$ der Grenzwert links und rechts gleich 0. Der Funktionswert für $x = 0$ existiert nicht, weil $\sin \dfrac{1}{x}$ keinen Sinn hat. Sie ist also nicht stetig. Um sie stetig zu machen, schreibt man der Funktion an der Stelle, an der der Funktionswert nicht existiert, den Wert des Grenzwertes zu, setzt also fest, daß für $x = 0$ auch $y = 0$ sein soll. Dann ist die Funktion an der Stelle $x = 0$ stetig. Die Nullstellen sind dieselben wie bei $\sin \dfrac{1}{x}$, die **Ex**tremwerte liegen auf den Geraden $y = + x$, bzw. $y = - x$. Die Kurve ist in bezug auf die y-Achse linear symmetrisch, weil

$$- x \sin \frac{1}{-x} = + x \sin \frac{1}{+x} .$$

Sie geht, ohne abzureißen, durch den Ursprung. Versucht man sich aber vorzustellen, in welcher Richtung dieser Durchgang erfolgt, so wird man keine bestimmte Richtung angeben können. Es läßt sich in diesem Punkt keine Tangente ziehen.

Dasselbe sagt auch die Rechnung. Der Differentialquotient wäre bei $x = 0$ nach (1) F.S.

$$\lim_{h \to 0} \frac{h \sin \dfrac{1}{h} - 0}{h} = \lim_{h \to 0} \sin \frac{1}{h} .$$

Da der Grenzwert auf der rechten Seite der Gleichung nicht existiert (S. 167), ist die Funktion $y = x \sin \dfrac{1}{x}$ $(x = 0, \; y = 0)$ an der Stelle $x = 0$ trotz Stetigkeit nicht differenzierbar. Wir sehen, es ist ganz allgemein notwendig, daß sich der Differenzenquotient für $\varDelta x \to 0$ einem Grenzwert nähert. Dann erst ist die Funktion an der betreffenden Stelle differenzierbar.

Den Mathematikern sind auch Funktionen bekannt, die trotz Stetigkeit an keiner Stelle differenzierbar sind[1]).

Eindeutigkeit. — Eine weitere Voraussetzung, die ebenfalls bisher immer gemacht wurde und auch im folgenden gemacht werden wird, ist die Eindeutigkeit der Funktion. Eindeutig ist eine Funktion, wenn einem Wert der unabhängig Veränderlichen ein und nur ein Wert der Funktion entspricht (S. 269).

Wegen Herausgreifens eines eindeutigen Teiles einer mehrdeutigen Funktion und wegen monotoner Funktionen siehe S. 281.

An der Knickstelle einer Kurve ist der Differentialquotient nicht eindeutig, weil dort zwei verschiedene Tangenten möglich sind.

Analytische Funktionen. — Die wichtigsten Voraussetzungen für alle bisherigen Funktionen waren also Stetigkeit, Eindeutigkeit und Existenz und Eindeutigkeit des ersten sowie aller höheren Differentialquotienten.

Nur wenn alle diese Voraussetzungen für eine Funktion gelten, kann sie in eine TAYLORsche Reihe entwickelt werden. Und doch sind dies nur notwendige, nicht aber hinreichende Bedingungen für die Darstellung einer Funktion durch eine Reihe. Denn es gibt Funktionen, für die trotz des Bestehens dieser Bedingungen der Funktionswert nicht durch die Reihe dargestellt werden kann[2]). Funktionen, die für jeden Wert des Arguments durch eine Reihe dargestellt werden können, nennt man analytische.

---

[1]) L. BIEBERBACH, Differential- und Integralrechnung, Teubners Technische Leitfäden, Bd. 4 (Leipzig u. Berlin 1917), S.. 104.

[2]) Näheres darüber bei ROTHE II, S. 104.

Zweiter Teil

Funktionen mehrerer Veränderlichen

Funktionen zweier Veränderlichen

Der partielle Differentialquotient. — Um anzuzeigen, daß z von den zwei Veränderlichen x und y abhängt, daß z eine Funktion der beiden Veränderlichen x und y ist, schreiben wir

$$z = f(x, y).$$

Beispiel: Für einen homogenen Stoff ist der Druck (p), den er auf die Gefäßwände ausübt, eine Funktion von Volumen (v) und Temperatur (T).

$$p = f(v, T).$$

Die Form der Funktion wird durch die Zustandsgleichung des betreffenden Stoffes bestimmt.

Ändert sich der Druck isochor — Änderungen des Druckes, die bei konstantem Volumen durch Änderungen der Temperatur bewirkt werden, nennt man isochor —, so kann p nach T bei konstantem v differenziert werden, wobei sich nur die eine unabhängig Veränderliche ändert.

Diesen Differentialquotienten nennt man den partiellen Differentialquotienten von p nach T. Man verwendet für ihn das Symbol

$$\frac{\partial p}{\partial T}.$$

Er unterscheidet sich durch den Operator $\frac{\partial}{\partial}$ von dem bisher betrachteten gewöhnlichen Differentialquotienten.

Ändert sich der Druck isotherm — Temperatur konstant, während sich das Volumen ändert —, so kann p nach v bei konstantem T partiell differenziert werden.

$$\frac{\partial p}{\partial v}.$$

Die für Funktionen mit einer unabhängig Veränderlichen aufgestellten Bedingungen der Stetigkeit, Differenzierbarkeit und Eindeutigkeit gelten sinngemäß auch bei Funktionen mit 2 und mehreren Veränderlichen.

Allgemein gültig ist: Wenn

$$z = f(x, y),$$

ist

$$\frac{\partial z}{\partial x} = \frac{\partial f(x, y)}{\partial x} = \lim_{\Delta x \to 0} \frac{f(x + \Delta x, y) - f(x, y)}{\Delta x}.$$

und

$$\frac{\partial z}{\partial y} = \frac{\partial f(x, y)}{\partial y} = \lim_{\Delta y \to 0} \frac{f(x, y + \Delta y) - f(x, y)}{\Delta y}.$$

Beispiele.

1.
$$\varphi = x^3 y^2,$$
$$\frac{\partial \varphi}{\partial x} = 3 x^2 y^2,$$
$$\frac{\partial \varphi}{\partial y} = 2 y x^3.$$

2.
$$z = \operatorname{arc\,tg} \frac{y}{x},$$

$$\frac{\partial z}{\partial x} = \frac{-\dfrac{y}{x^2}}{1 + \dfrac{y^2}{x^2}} = -\frac{y}{x^2 + y^2},$$

$$\frac{\partial z}{\partial y} = \frac{\dfrac{1}{x}}{1 + \dfrac{y^2}{x^2}} = \frac{x}{x^2 + y^2}$$

3. Aus der Zustandsgleichung für ideale Gase (S. 56) $p = \dfrac{RT}{V}$ folgt

$$\frac{\partial p}{\partial T} = \frac{R}{V}.$$

Die Druckzunahme je ^{0} C ist umgekehrt proportional dem Volumen. Und

$$\frac{\partial p}{\partial V} = -\frac{RT}{V^2}.$$

4. Die VAN DER WAALSsche Zustandsgleichung

$$\left(p + \frac{a}{V^2}\right)\cdot(V - b) = RT \qquad\qquad (a,\, b,\, R \text{ konstant})$$

ergibt

$$p = \frac{RT}{V - b} - \frac{a}{V^2}.$$

Daraus folgt

$$\frac{\partial p}{\partial T} = \frac{R}{V - b}.$$

Die Druckzunahme je ^{0} C ist größer als beim idealen Gase, weil $b > 0$.

$$\frac{\partial p}{\partial V} = -\frac{RT}{(V-b)^2} + \frac{2a}{V^3}.$$

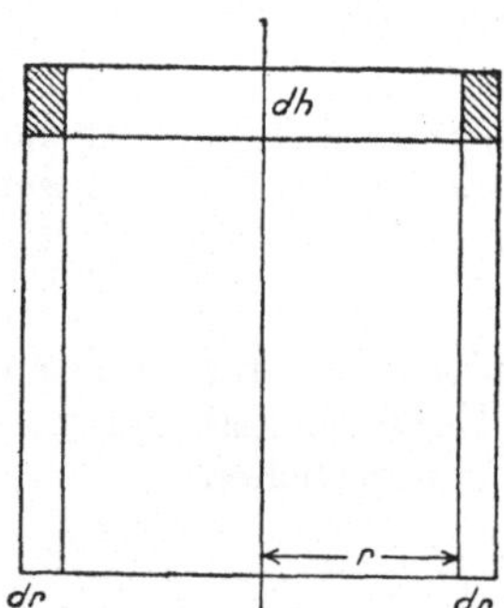

Abb. 93. Achsenschnitt durch einen Zylinder, r und h veränderlich.

5. Das Volumen eines geraden Kreiszylinders $V = r^2\pi h$ hängt vom Kreisradius r und der Höhe h ab.
Es ist

$$\frac{\partial V}{\partial h} = r^2\pi$$

die Grundfläche des Zylinders und

$$\frac{\partial V}{\partial r} = 2\,r\pi h$$

die Mantelfläche.

Bei Zuwachs des r um dr wächst das Volum um einen Hohlzylinder von der Dicke dr, dessen Volum gleich dem differentialen Kreisring (S. 33) von der Breite dr als Grundfläche mal der Höhe h ist. Nach Division durch dr folgt für $dr \to 0$ die Mantelfläche.

6.
$$z = x + c\,y \qquad\qquad (c \text{ konstant})$$

$$\frac{\partial z}{\partial x} = 1$$

$$\frac{\partial z}{\partial y} = c$$

Daraus folgt

$$\frac{\partial z}{\partial y} = c\,\frac{\partial z}{\partial x}.$$

Wir haben hier eine Beziehung zwischen zwei partiellen Differentialquotienten hergeleitet. Diese Gleichung ist ein Beispiel für eine **partielle Differentialgleichung** im Gegensatz zu der bisher (S. 27, 74, 78, 98) betrachteten **gewöhnlichen Differentialgleichung**.

Eine Gleichung zwischen endlichen Änderungen ihrer Veränderlichen nennt man eine **Lösung** der Differentialgleichung. $z = x + c\,y$ ist eine Lösung der vorliegenden Differentialgleichung. Aber auch $z = \sin(x + c\,y)$ ist eine Lösung! Es ist

$$\frac{\partial z}{\partial x} = \cos(x + c\,y),$$

$$\frac{\partial z}{\partial y} = c\cos(x + c\,y),$$

so daß wieder

$$\frac{\partial z}{\partial y} = c\,\frac{\partial z}{\partial x}.$$

Auch $z = e^{x + c\,y}$ ist eine Lösung, weil

$$\frac{\partial z}{\partial x} = e^{x + c\,y},$$

$$\frac{\partial z}{\partial y} = c\,e^{x + c\,y}.$$

Ebenso $z = \ln(x + c\,y)$.

$$\frac{\partial z}{\partial x} = \frac{1}{x + c\,y},$$

$$\frac{\partial z}{\partial y} = \frac{c}{x + c\,y}.$$

Entsprechend (2) F.S. wird, immer nach $(x + c\,y)$ differenziert und das Resultat mit $\dfrac{\partial(x + c\,y)}{\partial x} = 1$ bzw. $\dfrac{\partial(x + c\,y)}{\partial y} = c$ multipliziert. Darum muß

$$\frac{\partial z}{\partial y} = c\,\frac{\partial z}{\partial x}$$

sein. Auf die Natur der Funktion des **Argumentes** $(x + c\,y)$ — Argument nennt man manchmal die unabhängig Veränderliche und oft, wie hier, eine bestimmte Kombination zweier oder mehrerer unabhängig Veränderlichen — kommt es nicht an, denn sowohl sin wie ln wie auch andere Funktionen ergeben die Differentialgleichung $\dfrac{\partial z}{\partial y} = c\,\dfrac{\partial z}{\partial x}$.

Ist $z = f(x + c\,y)$ gegeben, wobei f eine beliebige Funktion von x und y sein kann, in der aber x und y immer in der Kombination $x + c\,y$ vorkommen müssen, dann ist, wenn

$$f' = \frac{df}{d(x + c\,y)}$$

bedeutet,

$$\frac{\partial z}{\partial x} = f',$$

$$\frac{\partial z}{\partial y} = c\,f'$$

und daher

$$\frac{\partial z}{\partial y} = c\,\frac{\partial z}{\partial x}.$$

Hier zeigt sich eine wichtige Eigenschaft der partiellen Differentialgleichungen. Ihre Lösung ist zwar eine willkürliche Funktion der unabhängig Veränderlichen, diese müssen aber in einer bestimmten Kombination in ihr vorkommen.

7. Wenn wir eine Funktion $f(r, x)$ nach der Veränderlichen x zwischen den Grenzen a und b integrieren, wobei a konstant, b veränderlich sein soll, dann ist das bestimmte Integral

$$J = \int\limits_a^b f(r, x)\, dx$$

eine Funktion von b und r. Denn wenn wir die Integration nach x zwischen a und b das eine Mal bei einem bestimmten Wert von r., das andere Mal bei einem größeren Wert $(r + \Delta r)$ durchführen, erhalten wir verschiedene Werte von J.

Es hängt J von a, b und r ab, und wir unterscheiden

$$\frac{\partial J}{\partial a} = f(r, a) \qquad\qquad \frac{\partial J}{\partial b} = f(r, b)\ (\text{S. 129}) \text{ und } \frac{\partial J}{\partial r}\,.$$

Von diesem läßt sich zeigen[1]), daß

$$\frac{\partial J}{\partial r} = \frac{\partial}{\partial r} \int\limits_a^b f(r, x)\, dx = \int\limits_a^b \frac{\partial f(r, x)}{\partial r}\, dx\,.$$

Ein bestimmtes Integral differenziert man nach einer von den Integrationsvariablen unabhängigen Veränderlichen, indem man unter dem Integralzeichen differenziert.

Partielles und totales Differential. — Wenn $z = f(x, y)$, so sind

$$\frac{\partial z}{\partial x}\, dx \qquad \text{bzw.} \qquad \frac{\partial z}{\partial y}\, dy$$

die differentialen Änderungen, die z erfährt, wenn x und y sich um dx bzw. dy ändern. Man nennt sie die partiellen Differentiale.

Ändert sich gleichzeitig x um dx und y um dy, so pflegt man in den Anwendungen der Analysis die Summe der beiden partiellen Differentiale

$$dz = \frac{\partial z}{\partial x}\, dx + \frac{\partial z}{\partial y}\, dy$$

als das totale Differentiale von z zu bezeichnen[2]).

Nach dem S. 171 für $\dfrac{\partial p}{\partial v}$ und $\dfrac{\partial p}{\partial T}$ Berechneten ist

für ein ideales Gas $\qquad\qquad dp = \dfrac{R}{V}\, dT - \dfrac{RT}{V^2}\, dV\,,$

für ein van der Waalssches Gas $\quad dp = \dfrac{R}{V-b}\, dT - \left(\dfrac{RT}{(V-b)^2} - \dfrac{2a}{V^3}\right) dV\,.$

In diesen beiden Beziehungen spricht sich das in der Formel für das totale Differential wiedergegebene Prinzip der Superposition (Überlagerung) kleiner Wirkungen besonders anschaulich aus. Die gesamte Druckänderung besteht aus der Änderung infolge Temperaturänderung vermehrt um die Änderung infolge Volumenänderung.

---

[1]) Wegen des Beweises siehe Rothe II, S. 142.
[2]) Für die eingehendere Betrachtung des Sachverhalts siehe Knopp-Mangoldt, 6. Aufl. (Leipzig 1932), S. 341 ff.

Daß dieses Prinzip für unendlich kleine Änderungen, also in der Grenze $\varDelta x \to 0$ und $\varDelta y \to 0$ gilt, sehen wir am besten an der totalen Änderung des Zylindervolumens. Sie ist (S. 172, Abb. 93)

$$d V = r^2 \pi\, d h + 2\, r \pi\, h\, d r \, .$$

Im Falle endlicher Änderungen von h und r käme noch das Volumen des im Achsenschnitt schraffiert gezeichneten Rotationskörpers hinzu.

Besonders anschaulich wird das Verhältnis des totalen Differentials zu den partiellen, wenn man die durch Grenzübergang exakt herzuleitende Formel

$$\frac{dz}{dt} = \frac{\partial z}{\partial x}\, \frac{dx}{dt} + \frac{\partial z}{\partial y}\, \frac{dy}{dt}$$

betrachtet. t stellt die Zeit dar, von der x und y abhängen, $\dfrac{dz}{dt}$ ist die sekundliche Änderung von $z = f(x, y)$. Die Formel setzt sich aus 2 Gliedern zusammen: $\dfrac{\partial z}{\partial x}$ mal der sekundlichen Änderung des x und $\dfrac{\partial z}{\partial y}$ mal der sekundlichen Änderung des y.

Einfluß von Meßfehlern auf das Resultat. — z sei eine Größe, die aus den gemessenen Größen x und y berechnet wird. Die Meßfehler sind gegen x bzw. y klein und sollen durch dx bzw. dy gegeben werden. Der durch diese Einzelfehler bewirkte Fehler des zusammengesetzten Ergebnisses ist dann annähernd durch

$$dz = \frac{\partial z}{\partial x}\, d x + \frac{\partial z}{\partial y}\, d y$$

gegeben. Erweiterung dieses Satzes auf mehrere Veränderlichen S. 194.

Beispiele. 1. So berechnet man den relativen Fehler bei der Bestimmung der Dichte[1]) eines festen Körpers nach der Auftriebmethode. Bei dieser Methode wird das Gewicht des Körpers in Luft (p) und Wasser (q) gemessen. Der Auftrieb ist $p - q$, die Dichte

$$\varrho = \frac{p}{p - q} \, .$$

Der relative Fehler S. 75 wird durch logarithmisches Differenzieren berechnet.

$$\ln \varrho = \ln p - \ln (p - q) \, ,$$

$$d \ln \varrho = \frac{d\varrho}{\varrho} = \left(\frac{1}{p} - \frac{1}{p - q} \right) d p + \frac{1}{p - q}\, d q \, .$$

2. Die Molekularrefraktion R eines Stoffes berechnet man aus seinem Lichtbrechungsindex (Brechzahl) n, seiner Dichte ϱ und seinem Molekulargewicht M nach der Formel

$$R = \frac{n^2 - 1}{n^2 + 2}\, \frac{M}{\varrho} \, .$$

Der absolute Fehler dR in Abhängigkeit von den absoluten Fehlern von n und ϱ ist gegeben durch

$$d R = \frac{2\, n\,(n^2 + 2) - 2\, n\,(n^2 - 1)}{(n^2 + 2)^2}\, \frac{M}{\varrho}\, d n - \frac{n^2 - 1}{n^2 + 2}\, \frac{M}{\varrho^2}\, d \varrho$$

$$= \frac{M}{(n^2 + 2)\varrho} \left(\frac{6\, n}{n^2 + 2}\, d n - \frac{n^2 - 1}{\varrho}\, d\varrho \right) .$$

---

[1]) Wegen Definition des als „Tauchgewichtsverhältnis" bestimmten spezifischen Gewichtes (Wichte) siehe KÜSTER-THIEL, Logarithmische Rechentafeln (Berlin 1940), S. 219.

Zu beachten ist, daß sich der größtmögliche Fehler des Resultates aus der Summe der Beträge der partiellen Fehler zusammensetzt, weil die Fehler der Einzelmessungen sowohl negativ als positiv sein können.

Unentwickeltes Differenzieren. — Eine wichtige Anwendung der Formel für das totale Differential ist das unentwickelte Differenzieren. Das folgende Beispiel diene zur Erläuterung.

Wir berechnen $\frac{\partial v}{\partial T}$ aus der Zustandsgleichung (S. 171). Der Druck

$$p = f(v, T).$$

Sein totales Differential ist

$$dp = \frac{\partial p}{\partial v}\, dv + \frac{\partial p}{\partial T}\, dT .$$

Wir setzen $dp = 0$, weil wir $\frac{\partial v}{\partial T}$ bei konstantem Druck berechnen. dv und dT sind jetzt Veränderungen, die bei konstantem Druck erfolgen. Es ist

$$(1) \qquad \frac{\partial v}{\partial T} = -\,\frac{\dfrac{\partial p}{\partial T}}{\dfrac{\partial p}{\partial v}} .$$

Auf die VAN DER WAALSsche Gleichung

$$(2) \qquad p = \frac{RT}{V-b} - \frac{a}{V^2}$$

angewendet, folgt

$$\frac{\partial V}{\partial T} = -\,\frac{R : (V-b)}{-\dfrac{RT}{(V-b)^2} + \dfrac{2a}{V^3}} = \frac{R(V-b)\,V^3}{R\,T\,V^3 - 2a\,(V-b)^2} .$$

Hätten wir die VAN DER WAALSsche Gleichung nach V gelöst und dann $V = F(p, T)$ partiell nach T differenziert, so hätten wir dasselbe Resultat, aber mit schwierigerer Rechnung erhalten, weil die Lösung nach V die Auflösung einer kubischen Gleichung erfordert.

Aus (1) folgt

$$\frac{\partial p}{\partial T} = -\,\frac{\partial v}{\partial T}\,\frac{\partial p}{\partial v} = -\,\frac{\partial v}{\partial T} : \frac{\partial v}{\partial p} .$$

Die Druckzunahme bei einer Temperaturzunahme um 1^0 C, der **Spannungs-koeffizient** $\frac{\partial p}{\partial T}$, läßt sich sehr schwer direkt messen.

Diese Gleichung setzt ihn in Beziehung zum **Ausdehnungskoeffizienten**

$$\alpha = \frac{1}{v_0}\,\frac{\partial v}{\partial T}$$

und **Kompressionskoeffizienten**

$$k = -\,\frac{1}{v_0}\,\frac{\partial v}{\partial p} .$$

Durch Division erhält man den Spannungskoeffizienten

$$\frac{\partial p}{\partial T} = \frac{\alpha}{k} .$$

Für Quecksilber z. B. ist er, da

$$\alpha = 1{,}8 \times 10^{-4} \text{ je } {}^0 \text{ C}$$

und

$$k = 3 \times 10^{-6} \text{ je Atmosphäre}$$

ist,

$$\frac{\partial p}{\partial T} = 0{,}6 \times 10^2 = 60 \text{ Atm. je } {}^0 \text{ C.}$$

Ein anderes Beispiel zur Erläuterung des unentwickelten Differenzierens. Eine Beziehung zwischen x und y ist in der Form

$$F(x, y) = C \qquad (C \text{ konstant})$$

gegeben. Damit ist y als **implizite** (eingeschlossene) Funktion von x gegeben. Die bisher betrachteten Funktionen waren **explizite** (entwickelte) Funktionen. Weil

$$\frac{\partial C}{\partial x} = 0 \quad \text{und} \quad \frac{\partial C}{\partial y} = 0,$$

ist

$$dC = \frac{\partial C}{\partial x}\, dx + \frac{\partial C}{\partial y}\, dy = 0.$$

Somit ist

$$\frac{\partial F}{\partial x}\, dx + \frac{\partial F}{\partial y}\, dy = 0$$

und infolgedessen

$$\frac{dy}{dx} = -\frac{\partial F/\partial x}{\partial F/\partial y}.$$

Beispiele. — 1. y als implizite Funktion von x ist gegeben durch

$$x^3 + y^3 - a\,x\,y = 0 \qquad (a \text{ konstant}),$$
$$\frac{dy}{dx} = -\frac{3\,x^2 - a\,y}{3\,y^2 - a\,x}.$$

Um y als $f(x)$ zu berechnen, es als explizite Funktion anzugeben, müßte man eine kubische Gleichung lösen und dann die so erhaltene Funktion differenzieren.

2. Die Achsengleichung der Ellipse lautet (S. 285)

$$\frac{x^2}{a^2} + \frac{y^2}{b^2} = 1.$$

Die Richtungskonstante ihrer Tangente ist

$$\frac{dy}{dx} = -\frac{2\,x/a^2}{2\,y/b^2} = -\frac{b^2\,x}{a^2\,y}.$$

Die höheren partiellen Differentialquotienten. — Da $\dfrac{\partial f(x,\, y)}{\partial x}$ eine Funktion von x ist, kann man sie nochmals nach x differenzieren und erhält $\dfrac{\partial^2 f(x,\, y)}{\partial x^2}$, den 2. partiellen Differentialquotienten des $f(x,\, y)$ nach x. Durch zweimaliges Differenzieren von $f(x,\, y)$ nach y erhält man $\dfrac{\partial^2 f(x,\, y)}{\partial y^2}$, den 2. partiellen Differentialquotienten des $f(x,\, y)$ nach y.

Beispiele.

1.
$$\frac{\partial^2 (x^3\, y^2)}{\partial x^2} = \frac{\partial\, 3\, x^2\, y^2}{\partial x} = 6\, x\, y^2,$$
$$\frac{\partial^2 (x^3\, y^2)}{\partial y^2} = \frac{\partial\, x^3\, 2\, y}{\partial y} = 2\, x^3.$$

2 Betrachtet man ein VAN DER WAALSsches Gas bei der kritischen Temperatur T_k, so zeigt die kritische Isotherme[1])

$$(1) \qquad p = \frac{R\, T_k}{V - b} - \frac{a}{V^2}$$

---

[1]) ULICH-JOST, S. 52.

beim kritischen Volumen V_k einen Wendepunkt mit horizontaler Wendetangente. Es ist also beim kritischen Punkt

$$(2) \qquad \frac{\partial p}{\partial V} = -\frac{R T_k}{(V-b)^2} + \frac{2a}{V^3} = 0 ,$$

$$(3) \qquad \frac{\partial^2 p}{\partial V^2} = \frac{2 R T_k}{(V-b)^3} - \frac{6a}{V^4} = 0 .$$

Aus diesen 3 Gleichungen kann man die kritischen Daten p_k, V_k, T_k durch die für das betreffende Gas charakteristischen Konstanten a, b ausdrücken.

Setzen wir die aus (2) bzw. (3) folgenden Werte für $R T_k$ einander gleich und setzen V_k für V, dann erhalten wir

$$\frac{2a}{V_k^3} (V_k - b)^2 = \frac{3a}{V_k^4} (V_k - b)^3$$

und daraus

$$V_k = \frac{3}{2} (V_k - b) ,$$

$$(4) \qquad V_k = 3\,b .$$

Aus (2) folgt

$$(5) \qquad T_k = \frac{2a}{V_k^3} \frac{(V_k - b)^2}{R}$$

$$= \frac{8 a b^2}{27 b^3 R} = \frac{8 a}{27 b R} .$$

Aus (1) folgt

$$(6) \qquad p_k = \frac{8 a}{27 b\, 2 b} - \frac{a}{9 b^2}$$

$$= \frac{4 a - 3 a}{27 b^2} = \frac{a}{27 b^2} .$$

Aus den leicht meßbaren T_k und p_k kann man a und b berechnen. Durch Division von (5) durch (6) folgt

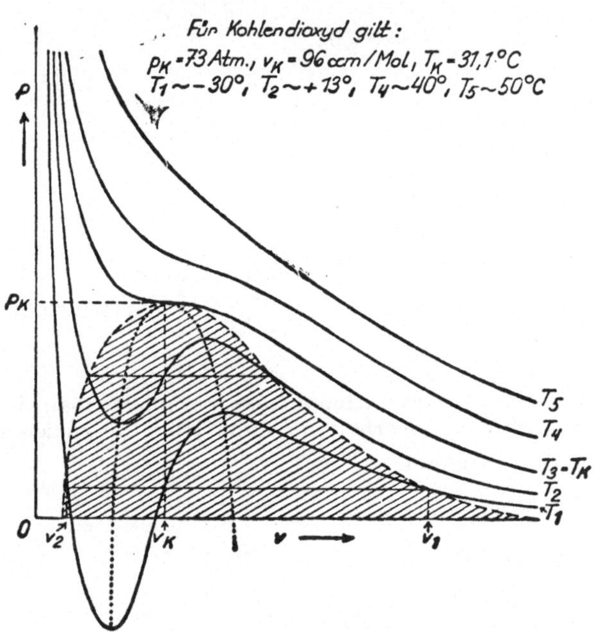

Abb. 94. Isothermen eines VAN DER WAALSschen Gases. Die kritische Isotherme zeigt einen Wendepunkt mit horizontaler Wendetangente.

$$\frac{T_k}{p_k} = \frac{8 b}{R}$$

und daraus

$$(7) \qquad b = \frac{R}{8} \frac{T_k}{p_k} .$$

Aus (5) folgt

$$a = \frac{27 b R T_k}{8}$$

und durch Einsetzen von (7)

$$a = \frac{27}{64} \frac{R^2 T_k^2}{p_k}$$

3. Die Elongation (s) einer sinusförmigen Wellenbewegung, die sich längs der x-Achse in positiver Richtung mit der Geschwindigkeit c fortpflanzt, wird dargestellt durch

$$s = a \sin (x - c\,t) .$$

Es ist

$$\frac{\partial s}{\partial x} = a \cos (x - c\,t) \qquad\qquad \frac{\partial s}{\partial t} = -\,a\,c \cos (x - c\,t),$$

$$\frac{\partial^2 s}{\partial x^2} = -\,a \sin (x - c\,t) \qquad\qquad \frac{\partial^2 s}{\partial t^2} = -\,a\,c^2 \sin (x - c\,t).$$

Daraus folgt

$$\frac{\partial^2 s}{\partial t^2} = c^2 \frac{\partial^2 s}{\partial x^2}.$$

Da diese partielle Differentialgleichung zweite Differentialquotienten enthält, nennt man sie eine **Differentialgleichung 2. Ordnung.** Sie wird auch die **Differentialgleichung der schwingenden Saite** genannt.

Aber nicht nur der Sinus des Argumentes $(x - c\,t)$ gehorcht dieser Differentialgleichung, sondern jede beliebige Funktion f dieses Arguments. Wenn

$$s = f(x - c\,t)$$

und f' bzw. f'' die Differentialquotienten nach diesem Argument bezeichnen, ist

$$\frac{\partial s}{\partial x} = f' \qquad\qquad\qquad \frac{\partial s}{\partial t} = -\,c\,f'$$

$$\frac{\partial^2 s}{\partial x^2} = f'' \qquad\qquad\qquad \frac{\partial^2 s}{\partial t^2} = c^2 f''$$

und daher

$$\frac{\partial^2 s}{\partial t^2} = c^2 \frac{\partial^2 s}{\partial x^2}.$$

Hier zeigt sich wieder die Eigenschaft der partiellen Differentialgleichungen, durch willkürliche Funktionen eines bestimmten Argumentes gelöst zu werden.

Das Argument definiert den physikalischen Charakter der Lösung: für alle Funktionen $f(x - c\,t)$ ist es charakteristisch, sich mit der Geschwindigkeit c längs der $+\,x$-Richtung fortzupflanzen. Nimmt die Zeit um T und x um $c\,T$ zu, so bleiben der Wert des Arguments $(x - c\,t)$ und der Wert von $s = f(x - c\,t)$ unverändert. Dieser Wert tritt wieder nach Ablauf einer bestimmten Zeit bei einem größeren x auf. Die Vergrößerung des x ist gleich c mal der zur Vergrößerung notwendigen Zeit. c ist die Geschwindigkeit, mit der sich die Elongation in der x-Richtung fortpflanzt. Näheres siehe S. 216.

Satz von Schwarz: $\boxed{\dfrac{\partial^2 f(x,y)}{\partial y\,\partial x} = \dfrac{\partial^2 f(x,y)}{\partial x\,\partial y}}$. — Da $\dfrac{\partial f(x,\,y)}{\partial x}$ eine Funktion von

x und y ist, kann man sie partiell nach y differenzieren und erhält

$$\boxed{\frac{\partial}{\partial y}\left(\frac{\partial f(x,\,y)}{\partial x}\right) = \frac{\partial^2 f(x,\,y)}{\partial y\,\partial x}},$$

einen gemischten 2. Differentialquotienten. Differenziert man $f(x,\,y)$ zuerst nach y und dann nach x, so erhält man $\dfrac{\partial^2 f(x,\,y)}{\partial x\,\partial y}$, einen gemischten 2. Differentialquotienten, bei dem die Reihenfolge der Differentiationen umgekehrt ist.

Wir bilden die gemischten 2. Differentialquotienten von Funktionen, die schon S. 171 ff. differenziert wurden.

1.
$$\frac{\partial^2 (x^3\,y^2)}{\partial y\,\partial x} = \frac{\partial}{\partial y}\,(y^2\,3\,x^2) = \underline{6\,x^2\,y},$$

$$\frac{\partial^2 (x^3\,y^2)}{\partial x\,\partial y} = \frac{\partial}{\partial x}\,(x^3\,2\,y) = \underline{6\,x^2\,y}.$$

2.
$$\frac{\partial^2 e^{x+cy}}{\partial y\,\partial x} = \frac{\partial}{\partial y}\,e^{x+cy} = \underline{c\,e^{x+cy}}\,,$$

$$\frac{\partial^2 e^{x+cy}}{\partial x\,\partial y} = c\,\frac{\partial e^{x+cy}}{\partial x} = \underline{c\,e^{x+cy}}\,.$$

3.
$$\frac{\partial^2 \sin(x-ct)}{\partial t\,\partial x} = \frac{\partial}{\partial t}\cos(x-ct) = \underline{c\,\sin(x-ct)}\,,$$

$$\frac{\partial^2 \sin(x-ct)}{\partial x\,\partial t} = -c\,\frac{\partial \cos(x-ct)}{\partial x} = \underline{c\,\sin(x-ct)}\,.$$

4.
$$\frac{\partial^2}{\partial y\,\partial x}\,\operatorname{arc\,tg}\frac{y}{x} = \frac{\partial}{\partial y}\left(\frac{-y/x^2}{1+\frac{y^2}{x^2}}\right) = -\frac{\partial}{\partial y}\left(\frac{y}{x^2+y^2}\right) = -\frac{x^2+y^2-y\,2y}{(x^2+y^2)^2} = \underline{\frac{y^2-x^2}{(x^2+y^2)^2}}\cdot$$

$$\frac{\partial^2}{\partial x\,\partial y}\,\operatorname{arc\,tg}\frac{y}{x} = \frac{\partial}{\partial x}\left(\frac{1/x}{1+\frac{y^2}{x^2}}\right) = \frac{\partial}{\partial x}\left(\frac{x}{x^2+y^2}\right) = \frac{x^2+y^2-x\,2x}{(x^2+y^2)^2} = \underline{\frac{y^2-x^2}{(x^2+y^2)^2}}\cdot$$

Bei allen 4 Beispielen sind die gemischten 2. Differentialquotienten unabhängig von der Reihenfolge der Differentiation einander gleich. Daß diese Gleichheit unter Voraussetzung der Existenz von $\dfrac{\partial f}{\partial x}$, $\dfrac{\partial f}{\partial y}$ und $\dfrac{\partial^2 f}{\partial y\,\partial x}$ und der Stetigkeit des letzteren allgemein gilt, läßt sich beweisen[1]).

Vollständiges und unvollständiges Differential. — Wir werden nun mathematische Begriffe behandeln, die für die Grundlagen der Thermodynamik wichtig sind[2]).

Aus dem Satz von SCHWARZ

$$\frac{\partial^2 f(x,y)}{\partial y\,\partial x} = \frac{\partial^2 f(x,y)}{\partial x\,\partial y}$$

ziehen wir eine wichtige Folgerung.

Wenn $z = f(x,y)$, dann sind im totalen Differential

(1)
$$dz = \frac{\partial z}{\partial x}\,dx + \frac{\partial z}{\partial y}\,dy = P\,dx + Q\,dy$$

$P = \dfrac{\partial z}{\partial x}$ und $Q = \dfrac{\partial z}{\partial y}$ Funktionen von x und y, für die

(2)
$$\boxed{\frac{\partial P}{\partial y} = \frac{\partial Q}{\partial x}}$$

sein muß. Wären diese beiden Differentialquotienten verschieden, dann gäbe es auch keine Funktion z von x und y, für die $\dfrac{\partial z}{\partial x} = P$ und $\dfrac{\partial z}{\partial y} = Q$ ist und deren totales Differential daher (1) ist.

(1) integrieren heißt, ein $z = f(x,y)$ finden, so daß $\dfrac{\partial z}{\partial x} = P$ und $\dfrac{\partial z}{\partial y} = Q$ ist. (2) ist eine notwendige Bedingung für die Integrierbarkeit von (1). Ist es aber auch eine hinreichende?

Wegen (2) ist

$$Q = \int\frac{\partial P}{\partial y}\,dx + K'(y)\,.$$

Die Integration von $\dfrac{\partial P}{\partial y}$, das eine Funktion von x und y ist, erfolgt nach x. Die Integrationskonstante $K'(y) = \dfrac{\partial K(y)}{\partial y}$ ist von x unabhängig, enthält aber y. $\dfrac{\partial}{\partial y}$ kann man vor das $\int$ heben (S. 174) und erhält

$$Q = \frac{\partial}{\partial y}\left[\int P\,dx + K(y) + C_1\right].$$

Das hinzugefügte C_1 ist von y unabhängig. Da $Q = \dfrac{\partial z}{\partial y}$, ist

$$z = \int P\,dx + K(y) + C\,.$$

Da $\dfrac{\partial z}{\partial x} = P$, ist $\dfrac{\partial C}{\partial x} = 0$, ein Beweis, daß bei dieser Berechnung des z aus dem Q keine weitere Funktion des x hinzugetreten sein kann. (2) ist also für die Integrierbarkeit hinreichend.

Ist (2) nicht erfüllt, so ist $P\,dx + Q\,dy$ auch eine unendlich kleine Größe, aber nicht das totale Differential einer Funktion von x und y, d. h. es gibt keine Funktion z von x und y, für die $\dfrac{\partial z}{\partial x} = P$ und $\dfrac{\partial z}{\partial y} = Q$ ist. Eine solche Größe nennt man ein **unvollständiges** oder **inexaktes** Differential im Gegensatz zum **vollständigen** oder **exakten** (totalen), das die unendlich kleine Änderung einer **Funktion** der beiden Veränderlichen x und y ist, die erfolgt, wenn x um dx und y um dy wächst.

Beispiele. — 1. Ist $dz = (2\,a\,x + 2\,b\,y + c)\,dx + (b\,x + 2\,c\,y + e)\,dy$ ein unvollständiges Differential?

$$\frac{\partial}{\partial y}(2\,a\,x + 2\,b\,y + c) \neq \frac{\partial}{\partial x}(b\,x + 2\,c\,y + e)\,.$$

Es ist ein unvollständiges Differential, man kann es nicht integrieren.

2. Ist $dz = (2\,a\,x + b\,y + c)\,dx + (b\,x + 2\,c\,y + e)\,dy$ ein vollständiges Differential?

$$\frac{\partial}{\partial y}(2\,a\,x + b\,y + c) = \frac{\partial}{\partial x}(b\,x + 2\,c\,y + e)\,.$$

Es ist ein vollständiges Differential. Wir wollen es integrieren.

$$z = \int(2\,a\,x + b\,y + c)\,dx = a\,x^2 + b\,y\,x + c\,x + K(y)\,.$$

Es muß nun $K(y)$, die von x freie Funktion von y, bestimmt werden. Nach Angabe ist

$$\frac{\partial z}{\partial y} = b\,x + 2\,c\,y + e\,.$$

Andererseits folgt aus dem Ermittelten

$$\frac{\partial z}{\partial y} = b\,x + K'(y)\,.$$

Durch Gleichsetzung (Vergleichung) der beiden Werte von $\dfrac{\partial z}{\partial y}$ folgt

$$K'(y) = 2\,c\,y + e$$

und daraus

$$K(y) = c\,y^2 + e\,y + C\,.$$

Somit ist

$$z = a\,x^2 + b\,y\,x + c\,x + c\,y^2 + e\,y + C\,.$$

3. Ist $dz = y\,dx - x\,dy$ ein vollständiges Differential? Nein, denn

$$\frac{\partial y}{\partial y} \neq \frac{\partial(-x)}{\partial x}\,.$$

4. Ist $dz = y\,dx + x\,dy$ ein vollständiges Differential? Ja, denn

$$\frac{\partial y}{\partial y} = \frac{\partial x}{\partial x}\,.$$

dz läßt sich also integrieren, und man bekommt

$$z = \int y \, dx = y \, x + K(y).$$

Daher ist

$$\frac{\partial z}{\partial y} = x + K'(y).$$

Nach dem vorgelegten Differential ist $\dfrac{\partial z}{\partial y} = x$. Durch Vergleich der beiden Werte für $\dfrac{\partial z}{\partial y}$ folgt $K'(y) = 0$, somit $K(y) = C$.

$$z = y \, x + C.$$

Bei diesen beiden Beispielen stellten wir uns die beiden Veränderlichen als voneinander unabhängig vor, daher wurde y vor das $\int$ gehoben. Denken wir uns aber x und y als Funktionen einer 3. Veränderlichen, etwa t, so erhalten wir durch (3') F.S. in diesem Beispiel unmittelbar

$$y \, dx + x \, dy = d(x \, y)$$

und daraus das vorige Resultat.

5. Ist $dz = y^2 \, dx + xy \, dy$ ein vollständiges Differential? Nein, weil

$$\frac{\partial y^2}{\partial y} \neq \frac{\partial x y}{\partial x}.$$

6. Ist $dz = y^2 \, dx + 2 \, x \, y \, dy$ ein vollständiges Differential? Ja, weil

$$\frac{\partial y^2}{\partial y} = \frac{\partial \, 2 \, x \, y}{\partial x}.$$

Es ist

$$z = \int y^2 \, dx + K(y) = y^2 \, x + K(y).$$

Aus dem vorgelegten Differential folgt

$$\frac{\partial z}{\partial y} = 2 \, x \, y.$$

Aus dem Integral folgt

$$\frac{\partial z}{\partial y} = 2 \, x \, y + K'(y),$$

$$K'(y) = 0,$$

$$K(y) = C,$$

$$z = y^2 \, x + C.$$

Das Kurvenintegral. — Mit den Differentialen in den beiden letzten Beispielen wollen wir uns eingehender beschäftigen.

Wir berechnen ein bestimmtes Integral, dessen Grenzen durch zwei Wertpaare von x, y festgelegt sind. Ein solches Wertpaar definiert in der x, y-Ebene einen Punkt. Gibt es ein z, das eine Funktion von x, y ist, so definiert es die auf der x, y-Ebene normalen Koordinaten einer Fläche. Existiert eine derartige Fläche (S. 289), dann können wir die den beiden Integrationsgrenzen entsprechenden z-Koordinaten konstruieren und diese voneinander subtrahieren.

Wir integrieren $dz = y^2 \, dx + 2 \, x \, y \, dy = d(y^2 x)$ vom Punkt (1,1) zum Punkt (3,3) der x, y-Ebene und erhalten

$$\int\limits_{\substack{x=1 \\ y=1}}^{\substack{y=3 \\ x=3}} dz = \left| y^2 \, x \right|_{\substack{x=1 \\ y=1}}^{\substack{y=3 \\ x=3}} = 27 - 1 = 26.$$

Das Resultat gibt die Differenz der z-Koordinaten in den Punkten (3,3) und (1,1).

Denken wir uns nun die Punkte (1,1) und (3,3) durch eine Kurve oder einen Linienzug in der x, y-Ebene verbunden und summieren die den einzelnen Elementen dieser Kurve entsprechenden Zuwüchse dz der z-Koordinate! Wir bilden so zwischen den beiden gegebenen Punkten, dem Anfang und Ende des Integrationsweges, das **Kurvenintegral (Linienintegral)** von dz.

Die Integration zwischen (1,1) und (3,3) nehmen wir auf 3 verschiedenen Wegen vor, die alle durch diese beiden Punkte gehen[1]):

1. Längs der Geraden $y = x$.

2. Längs des Kreises mit dem Mittelpunkt in (0,4) und dem Radius $\sqrt{10}$, dessen Gleichung $y^2 = 10 - (x - 4)^2$ ist, woraus sich $2\,y\,dy = -2\,(x-4)\,dx$ ergibt.

3. Von (1,1) bis (3,1) bei konstantem $y = 1$, dann von (3,1) bis (3,3) bei konstantem $x = 3$.

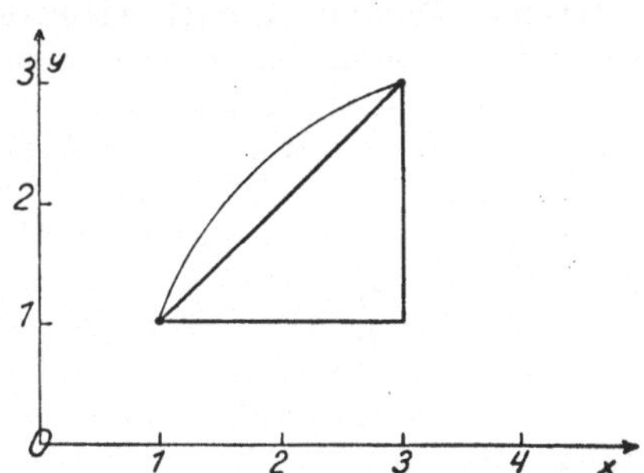

Abb. 95. Integrationswege für vollständiges bzw. unvollständiges Differential.

Ersetzen wir in dz das y durch x und integrieren nach x, führen also das Differential auf die Funktion einer Veränderlichen zurück, so erhalten wir

1. $$\int_{x=1}^{x=3} dz = \int_1^3 (x^2 + 2\,x^2)\,dx = \int_1^3 3\,x^2\,dx = \left| x^3 \right|_{x=1}^{x=3} = \underline{26}\,.$$

2. $$\int_{x=1}^{x=3} dz = \int_1^3 [10 - (x-4)^2 - 2\,x\,(x-4)]\,dx = \int_1^3 (10 - 3\,x^2 + 16\,x - 16)\,dx$$

$$= \int_1^3 (-6 + 16\,x - 3\,x^2)\,dx = \left| -6\,x + 8\,x^2 - x^3 \right|_{x=1}^{x=3}$$

$$= -18 + 6 + 72 - 8 - 27 + 1 = \underline{26}\,.$$

3. $$\int_1^3 1\,dx + \int_1^3 2 \cdot 3\,y\,dy = \left| x \right|_{x=1}^{x=3} + 3 \left| y^2 \right|_{y=1}^{y=3} = 2 + (27 - 3) = \underline{26}\,.$$

Die Summation der Differentiale zwischen denselben Endpunkten längs verschiedener Wege ergibt denselben Wert. Er stimmt mit dem überein, der aus dem unbestimmten Integral $y^2\,x + C$ folgt. Die geometrische Deutung des dz als Änderung der z-Koordinate einer Fläche über der x, y-Ebene längs eines vorgeschriebenen Integrationsweges führt unter Voraussetzung der Eindeutigkeit (S. 170) von z durch Anschauung zu dieser Erkenntnis.

Ganz allgemein gilt der Satz: **Der Wert des bestimmten Integrals eines exakten Differentials ist vom Integrationswege unabhängig und durch dessen Anfang und Ende festgelegt.**

Wenn wir von (3,3) nach (1,1) längs desselben Weges zurückintegrieren, bekommen wir das entgegengesetzt gleiche Resultat, weil jedes dz sein Vorzeichen verkehrt. (Man erkennt dies auch ohne weiteres wegen der Verkehrung der Integrationsgrenzen.) Integrieren wir von (1,1) längs eines Weges bis (3,3) und längs eines andern Weges nach (1,1) zurück, so ist das Resultat der Integration längs dieses geschlossenen Weges

$$\int dz = 0\,.$$

Geometrisch interpretiert ist es selbstverständlich, daß wir wegen der vorausgesetzten Eindeutigkeit der Funktion von x und y beim Zurückkehren auf

---

[1]) MACHE, Theorie der Wärme (Berlin 1920), S. 71.

denselben Punkt der x, y-Ebene dieselbe z-Koordinate der Fläche bekommen und sich daher die Summe aller dz aufhebt.

Dieses Resultat gilt allgemein für jeden geschlossenen Integrationsweg. Denn ein geschlossener Integrationsweg läßt sich immer durch zwei seiner Punkte in zwei Teile zerlegen, für welche die obigen Betrachtungen sinngemäß Anwendung finden. Wenn umgekehrt über jede beliebige geschlossene Kurve $\int dz = 0$, so ist dz ein vollständiges Differential[1]).

Können wir zum unvollständigen Differential $dz = y^2\,dx + x\,y\,dy$ auch kein $z = f\,(x, y)$ angeben, so können wir doch die unendlich kleinen Größen dz durch Integration längs eines vorgegebenen Weges summieren und das Linienintegral dieses unvollständigen Differentials bilden. Wir wählen dieselben Anfangs- und Endpunkte und dieselben Wege wie oben und finden durch dieselben Substitutionen:

$$1. \qquad \int_{x=1}^{x=3} dz = \int_{x=1}^{x=3} (x^2 + x^2)\,dx = \left|\frac{2\,x^3}{3}\right|_{x=1}^{x=3} = \frac{2}{3}\,(27-1) = \frac{52}{3}\,.$$

$$2. \quad \int_{x=1}^{x=3} dz = \int_{x=1}^{x=3} [10 - (x-4)^2 - x\,(x-4)]\,dx$$

$$= \int_{x=1}^{x=3} (10 - x^2 + 8x - 16 - x^2 + 4x)\,dx = \int_{1}^{3} (-6 + 12x - 2x^2)\,dx$$

$$= \left| -6x + 6x^2 - \frac{2}{3}\,x^3 \right|_{x=1}^{x=3}$$

$$= -6 \cdot 2 + 6 \cdot 8 - \frac{2}{3} \cdot 26 = 36 - \frac{52}{3} = \frac{56}{3}\,.$$

$$3. \quad \int_{1}^{3} 1\,dx + \int_{1}^{3} 3\,y\,dy = 3 - 1 + \frac{3}{2}\,(9-1) = 2 + 12 = 14\,.$$

Beim unvollständigen Differential kann die Integration nur längs eines vorgegebenen Weges durchgeführt werden. **Das Resultat ist vom Integrationswege abhängig.** Es fehlt ja die Fläche, auf der die dz zwischen gleichen Anfangs- und Endpunkten summiert dasselbe Resultat ergeben würden.

Vertauscht man die Grenzen, integriert auf **demselben** Weg von (3,3) bis (1,1), so bekommt man das entgegengesetzt gleiche Resultat, denn jedes einzelne dz verkehrt sein Vorzeichen. Integriert man aber dz längs eines **andern** Weges von (3,3) bis (1,1), dann erhält man **nicht** das entgegengesetzt gleiche Resultat. Daher ist längs eines geschlossenen Weges

$$\int dz \neq 0\,.$$

Immer, wenn diese Beziehung besteht, ist dz ein unvollständiges Differential.

Der integrierende Faktor. — Multipliziert man das unvollständige Differential $y\,dx - x\,dy$ mit $\dfrac{1}{x\,y}$, so erhält man

$$dz = \frac{1}{x}\,dx - \frac{1}{y}\,dy\,.$$

Das ist ein vollständiges Differential, weil

$$\frac{\partial}{\partial y}\left(\frac{1}{x}\right) = \frac{\partial}{\partial x}\left(-\frac{1}{y}\right) = 0$$

ist. Integriert gibt es

$$z = \ln x - \ln y + C\,.$$

---

[1]) Wegen des Beweises dieser Umkehrung siehe ROTHE II, S. 153.

Eine Funktion von x und y wie in diesem Beispiel $\dfrac{1}{xy}$, die mit einem unvollständigen Differential multipliziert ein vollständiges gibt, heißt ein **integrierender Faktor**.

Anwendung der Bedingung $\dfrac{\partial^2 f(x,y)}{\partial y\,\partial x}=\dfrac{\partial^2 f(x,y)}{\partial x\,\partial y}$ **in der Thermodynamik.** — Wir betrachten ein Gas, eine Flüssigkeit oder einen homogenen festen Körper. Druck, Volumen und Temperatur sollen sich ändern, so daß der Körper seinen Zustand ändert und vom Zustand 1 in den Zustand 2 übergeht.

Kommen nur die Energieformen Arbeit und Wärme in Betracht, so ist die Veränderung seiner inneren Energie (U) gegeben durch[1])

$$(1) \qquad \Delta U = U_2 - U_1 = A + Q .$$

A bedeutet die Arbeit, Q die Wärme, die dem Körper bei dieser Zustandsänderung zugeführt werden. Beide seien in denselben Einheiten wie U gemessen (etwa in Erg).

Zwei der Zustandsvariablen p, v, T, und zwar v und T nehmen wir als unabhängig Veränderliche an. Welche von den 3 Größen U, A und Q ist durch sie festgelegt? Bringe ich den Körper vom Zustand 1 in den Zustand 2, dann darf die Summe der ihm bei dieser Veränderung zugeführten Wärme und Arbeit vom Wege, auf dem dies geschieht, nicht abhängig sein. Denn sonst wäre der I. Hauptsatz der Thermodynamik, der Satz von der Erhaltung der Energie, verletzt[1]). Bei gegebener Anfangsenergie U_1 hängt U_2 nur von v und T im Zustand 2 ab. U ist also eine Funktion dieser beiden Veränderlichen. Der Wert von A hingegen hängt vom Wege ab, auf dem die Zustandsänderung stattfindet (S. 124). A ist daher durch die Zustandsvariablen im Zustand 2 nicht festgelegt, es ist keine Funktion von v und T. Dasselbe gilt von Q. Ist A auf verschiedenen Wegen verschieden, dann muß es auch Q sein, weil $A + Q$ nach (1) vom Wege unabhängig ist.

Betrachten wir nur unendlich kleine Änderungen von U, A und Q, so ist

$$dU = dA + dQ .$$

dU ist ein exaktes Differential einer Funktion von v und T, dA und dQ aber nicht.

Das können wir am Spezialfall eines Mols eines idealen Gases durch das Kriterium (2) S. 180 zeigen. Unter Verwendung von V und T als Zustandsvariablen ist

$$(2) \qquad dU = C_v\,dT ,$$

weil die innere Energie aus dem Wärmeinhalt allein besteht[2]).

$$dA = -\,p\,dV$$

und daher

$$(3) \qquad dQ = dU - dA = C_v\,dT + p\,dV = C_v\,dT + \frac{RT}{V}\,dV .$$

Es ist

$$\frac{\partial C_v}{\partial V} = 0 ,$$

wie Messungen ergeben haben. Hingegen ist

$$\frac{\partial}{\partial T}\left(\frac{RT}{V}\right) = \frac{R}{V} ,$$

---

[1]) Ulich-Jost, S. 11.
[2]) Ulich-Jost, S. 13.

also ist dQ unexakt. Für dQ ist $\frac{1}{T}$ ein integrierender Faktor. Multipliziert man mit ihm (3), so folgt

(4)
$$\frac{dQ}{T} = \frac{C_v}{T}\, dT + \frac{R}{V}\, dV\,.$$

Nun ist

$$\frac{\partial}{\partial V}\left(\frac{C_v}{T}\right) = \frac{\partial}{\partial T}\left(\frac{R}{V}\right) = 0\,.$$

$\frac{dQ}{T}$ ist also das Differential einer Funktion von V und T. Wir bezeichnen $\frac{dQ}{T}$ mit dS und nennen die Funktion S der Zustandsvariablen die **Entropie**. Bei dieser und den folgenden Betrachtungen setzen wir voraus, daß alle Vorgänge umkehrbar verlaufen (S. 125).

(4) integriert gibt für 1 Mol eines idealen Gases

(5)
$$S = \int \frac{dQ}{T} = \int C_v \frac{dT}{T} + K(V) = C_v \ln T + K(V)\,.$$

Nach (4) ist

$$\frac{\partial S}{\partial V} = \frac{R}{V}\,.$$

Nach (5) ist, weil C_v von V unabhängig ist,

$$\frac{\partial S}{\partial V} = K'(V)\,.$$

Es ist also

$$K(V) = \int \frac{R}{V}\, dV = R \ln V + C\,.$$

Somit ist die Entropie von 1 Mol eines idealen Gases

(6)
$$S = C_v \ln T + R \ln V + C\,.$$

Die Integrationskonstante wird durch das willkürliche 0-Niveau der Entropie festgelegt.

Betrachten wir nun einen Vorgang, bei dem die Entropie des Gases konstant bleibt.

$$C_v \ln T + R \ln V = \text{const.}$$

Setzt man (S. 92)

$$R = C_p - C_v$$

und dividiert durch C_v, so folgt mit $\varkappa = \dfrac{C_p}{C_v}$

$$\ln T + (\varkappa - 1) \ln V = \text{const}$$

und daraus

$$T\, V^{\varkappa - 1} = \text{const}\,.$$

Das ist die Gleichung der Adiabaten. Sie wurde S. 93 aus der Bedingung abgeleitet, daß die dem Gase zugeführte Arbeit ausschließlich zur Vermehrung seiner inneren Energie $U = C_v\, T$ verwendet werde.

Bei adiabater Volumenänderung bleibt die Entropie konstant. Da Wärme weder zu- noch abgeführt wird, ist $dQ = 0$ und somit $dS = 0$, daher $S = \text{const}$. Eine derartige Volumenänderung nennt man auch, weil S konstant ist, **isentrop**.

Eine adiabate Änderung ist dadurch ausgezeichnet, daß sie rückgängig gemacht werden kann, daß sie **umkehrbar** (reversibel) ist. Vergrößert sich ein Gasvolumen adiabat von V_1 auf V_2, so kann man die dabei gewonnene Arbeit verwenden, um es adiabat von V_2 auf V_1 zu komprimieren. Der Vorgang wird dadurch vollständig rückgängig gemacht. Das Gas befindet sich wieder im ursprünglichen Zustand, und auch sonst ist in der Natur keine Veränderung vor sich gegangen

Bringen wir das Gas jedoch arbeitslos vom Volumen V_1 auf das Volumen V_2, indem wir es in einen evakuierten Raum einströmen lassen, so erfolgt ein nicht umkehrbarer (irreversibler) Vorgang, wie in der Thermodynamik gezeigt wird. Die Temperatur bleibt konstant, wie der Versuch ergibt, und die Entropie wird nach (6) vergrößert.

Denn bei derselben Temperatur T wird beim Volumen V_1 bzw. V_2 die Entropie nach (6)

$$S_1 = C_v \ln T + R \ln V_1 + C$$

bzw.

$$S_2 = C_v \ln T + R \ln V_2 + C\,.$$

Es ist somit

$$S_2 - S_1 = R \ln \frac{V_2}{V_1}\,.$$

Um diesen Betrag ist also die Entropie beim Einströmen des Gases ins Vakuum vergrößert worden.

Versuchen wir diesen Vorgang umzukehren! Komprimieren wir das Gas isotherm auf V_1, so müssen wir dabei Arbeit aufwenden und deshalb die äquivalente Wärme ableiten. Das Gas ist dann zwar in seinen ursprünglichen Zustand gebracht worden, aber eine bestimmte Arbeitsmenge wurde in Wärme umgesetzt. Und dieser Vorgang kann in keiner Weise rückgängig gemacht werden. Wie die Thermodynamik lehrt, kann die Entropie eines idealen Gases nicht verkleinert werden, ohne daß im Weltall Veränderungen zurückbleiben.

Diese Beispiele zeigen, wie die Entropie bei einem umkehrbaren Vorgang konstant bleibt, bei einem nicht umkehrbaren zunimmt. Darin liegt die physikalische Bedeutung dieses Begriffes, auf die wir hier nicht weiter eingehen können.

Ist das für einen beliebigen Körper berechnete $\int \frac{dQ}{T}$ auch eine Funktion der Zustandsvariablen? Ist $\int \frac{dQ}{T}$ vom Wege abhängig?

Zur Beantwortung dieser Frage verwenden wir das Resultat, das beim CARNOTschen Kreisprozeß für ein ideales Gas (S. 127) gewonnen wurde. Wir verwenden die Gleichung, die die aufgenommenen bzw. abgegebenen Wärmemengen mit den Temperaturen, bei denen der Austausch erfolgt, in Beziehung setzt. Wenn die dem System zugeführte Wärme als positiv, die abgegebene als negativ gezählt wird, so gilt

$$(7) \qquad \frac{Q_I}{T_I} + \frac{Q_{II}}{T_{II}} = 0\,.$$

Alle Arbeitsleistungen stellt man sich in umkehrbarer Weise durchgeführt vor.

Gilt (7) nur für ideale Gase, für die es S. 127 bewiesen wurde, oder gilt es allgemein?

Die Thermodynamik behandelt diese Frage, deren Resultate wir hier nur übernehmen können[1]. Sie beweist, daß (7) nicht nur für ein ideales Gas, sondern für jeden Körper und für jedes System von Körpern gilt. Sie zeigt auch, daß (7) für jeden aus beliebig viel Isothermen und Adiabaten zusammengesetzten Kreisprozeß gilt, wenn Q die auf den Isothermen bei der Temperatur T ausgetauschten Wärmemengen ($+$ wenn zugeführt, $-$ wenn abgegeben) bedeutet und die Summation über den gesamten Prozeß erstreckt wird.

(7) auf eine beliebige Anzahl von Summanden erweitert, schreibt man

$$(8) \qquad \Sigma \frac{Q}{T} = 0\,.$$

---

[1] Siehe z. B. MACHE, Theorie der Wärme (Berlin 1920), S. 143, 152ff.

Die Thermodynamik zeigt auch, daß ein Kreisprozeß, der durch eine beliebige geschlossene Kurve dargestellt wird, durch einen aus Isothermen und Adiabaten zusammengesetzten Prozeß, der sich dem gegebenen Kreisprozeß nahe anschließt, approximiert (angenähert wiedergegeben) werden kann. Durch Grenzübergang können wir dann die Abweichungen zwischen dem vorgelegten Prozeß und dem aus Isothermen und Adiabaten zusammengesetzten beliebig klein machen. Für den Grenzfall bezeichnen wir die ausgetauschten Wärmemengen mit dQ, die Temperatur, bei der dieser Austausch erfolgt, mit T und ersetzen $\sum$ durch $\int$. Dann ist nach den Lehren der Thermodynamik für jeden beliebigen geschlossenen Weg

$$\int \frac{dQ}{T} = 0 \, .$$

Daraus folgt, daß für jedes beliebige System von Körpern

$$\int_A^B \frac{dQ}{T} = S_B - S_A$$

eine Zustandsfunktion ist und bei gegebenem Anfangszustand A nur vom Endzustand B abhängt. Die Entropie (S) eines Systems ist gerade so wie seine innere Energie (U) nur vom Zustand, nicht vom Wege, auf dem es in diesen Zustand gekommen ist, abhängig.

Aus der oberen Gleichung folgt, daß

$$dS = \frac{dQ}{T}$$

ein exaktes Differential ist, daß $\frac{1}{T}$ ganz allgemein ein integrierender Faktor des inexakten dQ ist.

Beispiele. — Von den vielen Folgerungen, die aus dieser Erkenntnis gezogen werden können, bringen wir 2 Beispiele.

1. Berechnung der Differenz der spezifischen Wärmen eines homogenen Körpers. Die spezifische Wärme eines homogenen Körpers ist bei konstantem Druck (c_p) größer als bei konstantem Volumen (c_v). Der Überschuß wird verwendet, um Arbeit gegen den äußeren Druck (p) zu leisten und — bei festen und flüssigen Körpern — außerdem und größtenteils, um die innere Energie durch Überwindung der Kohäsionskräfte zu vermehren.

Nach dem I. Hauptsatz der Thermodynamik ist nach (3) S. 185 für die Masseneinheit des Körpers

$$dQ = du + p \, dv \, .$$

du bedeutet die Energieänderung der Masseneinheit des Körpers und v sein spezifisches Volumen (Volumen der Masseneinheit).

Sind v und T die unabhängig Veränderlichen, dann wird

$$du = \frac{\partial u}{\partial T} \, dT + \frac{\partial u}{\partial v} \, dv$$

und

(9)
$$dQ = \frac{\partial u}{\partial T} \, dT + \left(\frac{\partial u}{\partial v} + p \right) dv \, .$$

Führen wir dQ bei konstantem Volumen zu, dann ist $dv = 0$ und in

$$dQ = \frac{\partial u}{\partial T} \, dT$$

ist

$$\frac{\partial u}{\partial T} = c_v \, .$$

Ändert sich aber bei der Wärmezufuhr (dQ) das Volumen des Körpers bei konstantem Druck und steigt die Temperatur um dT, dann ist

$$dQ = c_p\, dT$$

und durch dT dividiert

$$\frac{dQ}{dT} = c_p\,.$$

Es handelt sich hier nicht um eine Differentiation, weil Q keine Funktion von T ist. Dividieren wir (9) bei konstantem Druck, so folgt

$$c_p = c_v + \left(\frac{\partial u}{\partial v} + p\right)\frac{\partial v}{\partial T}\,.$$

Da v eine Funktion von T ist, bedeutet $\dfrac{\partial v}{\partial T}$ seinen partiellen Differentialquotienten bei konstantem Druck.

Die gesuchte Differenz der spezifischen Wärmen ist

$$(10) \qquad c_p - c_v = \left(\frac{\partial u}{\partial v} + p\right)\frac{\partial v}{\partial T}\,.$$

Bei einem festen oder flüssigen Körper läßt sich $\dfrac{\partial u}{\partial v}$ ebensowenig wie c_v bestimmen. Hier hilft uns das Entropiegesetz, der II. Hauptsatz der Thermodynamik. Dividieren wir (9) durch T, so erhalten wir

$$dS = \frac{dQ}{T} = \frac{1}{T}\frac{\partial u}{\partial T}\,dT + \frac{1}{T}\left(\frac{\partial u}{\partial v} + p\right)dv\,.$$

Da dS exakt ist, folgt nach (2) S. 180

$$\frac{\partial}{\partial v}\left(\frac{1}{T}\frac{\partial u}{\partial T}\right) = \frac{\partial}{\partial T}\left[\frac{1}{T}\left(\frac{\partial u}{\partial v} + p\right)\right],$$

$$\frac{1}{T}\frac{\partial^2 u}{\partial v\,\partial T} = \frac{1}{T}\frac{\partial^2 u}{\partial T\,\partial v} + \frac{1}{T}\frac{\partial p}{\partial T} - \frac{1}{T^2}\left(\frac{\partial u}{\partial v} + p\right)\,.$$

Das erste Glied rechts und links hebt sich, und es folgt

$$(11) \qquad T\frac{\partial p}{\partial T} = \frac{\partial u}{\partial v} + p\,.$$

In (10) eingesetzt

$$c_p - c_v = T\frac{\partial p}{\partial T}\frac{\partial v}{\partial T}\,.$$

Drückt man $\dfrac{\partial p}{\partial T}$ und $\dfrac{\partial v}{\partial T}$ durch den Ausdehnungskoeffizienten α und den Kompressionskoeffizienten k aus (S. 176), so folgt

$$c_p - c_v = T\,v\frac{\alpha^2}{k}\,.$$

Damit ist die Differenz der spezifischen Wärmen durch meßbare Größen ausgedrückt.

2. Die Formel von Clausius-Clapeyron[1]. — Wir haben bisher eine Masse betrachtet, die sich durchweg nur in einem Aggregatzustand befand. Nun stellen wir uns die Masseneinheit eines Stoffes vor, von dem zwei Aggregatzustände nebeneinander bestehen (koexistieren). Zunächst denken wir an die Masseneinheit eines Stoffes, der teils als Flüssigkeit, teils als gesättigter Dampf vorliegt. Der Zustand dieser Masse wird auch durch das Mengenverhältnis der beiden Aggregatzustände (Phasen) bestimmt. Dieses Mengenverhältnis ist bei gegebener Tempe-

---

[1] Näheres darüber bei MÜLLER-POUILLET, Lehrbuch der Physik, 11. Aufl., 3. Bd., 1. Hälfte (Braunschweig 1926), S. 180.

ratur (T) und gegebenem Druck (p) durch das Volumen festgelegt. Bestehen beide Phasen nebeneinander, so sind p und T voneinander abhängig, die eine Größe wird durch die andere festgelegt. (Im Sonderfall Flüssigkeit — gesättigter Dampf geschieht dies durch die Dampfspannungskurve.) Der Zustand des Systems ist also durch zwei Veränderliche etwa v, das Volumen beider Phasen, und die Temperatur T bestimmt, und wir können (9) und (11) des vorigen Beispieles auf ein Gemenge von Flüssigkeit und ihren gesättigten Dampf anwenden. p bedeutet dann die Dampfspannung, T die Siedetemperatur. Führen wir diesem Gemenge die Wärme dQ bei konstanter Temperatur ($dT = 0$) zu und bezeichnen die durch die Verdampfung bewirkte Volumenvergrößerung mit dv. Die Dampfspannung (p) ist unabhängig vom Volumen des Gemenges Flüssigkeit—Dampf. Wir können daher $\dfrac{dp}{dT}$ statt $\dfrac{\partial p}{\partial T}$ schreiben und erhalten durch Einsetzen von (11) in (9) wegen $dT = 0$

$$dQ = T \frac{dp}{dT} dv \, .$$

dQ ist die Wärmemenge, die das Volumen des Gemenges isotherm um dv vergrößert. λ, die Verdampfungswärme, ist die Wärme, die notwendig ist, um die Masseneinheit der Flüssigkeit beim Siedepunkt T vollständig in Dampf von dieser Temperatur zu verwandeln.

Um λ aus obiger Formel zu berechnen, müssen wir dQ von v_{fl}, dem spezifischen Volumen der Flüssigkeit, bis v_D, dem spezifischen Volumen des Dampfes, nach v integrieren. Dabei dürfen wir nicht vergessen, daß nicht nur die Dampfspannung, sondern auch ihr Temperaturkoeffizient $\dfrac{dp}{dT}$ vom Gesamtvolum v unabhängig ist. Es kommt daher $T \dfrac{dp}{dT}$ vor das Integralzeichen, und wir erhalten:

$$(12) \qquad \lambda = \int\limits_{v_{fl}}^{v_D} T \frac{dp}{dT} dv = T \frac{dp}{dT} (v_D - v_{fl}) \, .$$

Das ist die Formel von CLAUSIUS-CLAPEYRON.

Analoge Betrachtungen kann man auch für das Schmelzen, den isothermen Übergang eines festen Körpers in seine Schmelze, anstellen. Die dazu nötige Wärmemenge pro Masseneinheit, die Schmelzwärme λ, ist gegeben durch

$$(13) \qquad \lambda = T \frac{dp}{dT} (v_{fl} - v_f) \, .$$

v_{fl} bzw. v_f bedeutet das spezifische Volumen der Flüssigkeit bzw. des festen Körpers, T ist die Schmelztemperatur, p der Schmelzdruck, der Druck, unter dem der schmelzende Körper steht.

Aus (13) folgt

$$\frac{dT}{dp} = T \frac{(v_{fl} - v_f)}{\lambda} \, .$$

Aus dieser Formel läßt sich die Änderung der Schmelztemperatur eines Stoffes mit dem Druck berechnen.

Für Wasser ergibt sich wegen des negativen Wertes des Klammerausdruckes eine Erniedrigung der Schmelztemperatur um $0,00749^\circ$ C für die Drucksteigerung von einer Atmosphäre. Für die meisten andern Stoffe dagegen wegen des positiven Wertes des Klammerausdruckes eine Erhöhung der Schmelztemperatur mit dem Drucke.

Anwendungen der Formel von Clausius-Clapeyron. — Einige für die physikalische Chemie wichtige Anwendungen dieser Formel sollen behandelt werden.

Dampfdruckkurve. Aus der exakten Formel (12) wird eine Näherungsformel hergeleitet. Das Volumen der Flüssigkeit wird gegenüber dem Volumen des gesättigten Dampfes vernachlässigt und angenommen, daß dieses durch die Zustandsgleichung für ideale Gase ausgedrückt werden kann. Die Verdampfungswärme wird auf die Masse eines Mols bezogen und für $(V_D - V_{fl})$ als Näherung $\dfrac{R\,T}{p}$ gesetzt. Die für die molare Verdampfungswärme (L) gültige Näherungsformel ist

$$(14) \qquad L = \frac{1}{p} \frac{d\,p}{d\,T} R\,T^2 \,.$$

(6) F.S. und (2) F.S. angewendet, gibt

$$(15) \qquad L = \frac{d\ln p}{d\,T} R\,T^2 \,.$$

Mit Hilfe dieser Formel können wir die Dampfspannung p als Funktion von Verdampfungswärme und Siedetemperatur T darstellen. Es ist

$$d \ln p = L \frac{d\,T}{R\,T^2} \,.$$

Faßt man in erster Annäherung L als von der Temperatur unabhängig auf, so folgt

$$\ln p = \frac{L}{R} \int \frac{d\,T}{.\,T^2} = -\frac{L}{R} \frac{1}{T} + c$$

oder entlogarithmiert

$$p = C\, e^{-\frac{L}{R}\frac{1}{T}} \,.$$

Diese Formeln können zu einer angenäherten Berechnung sowohl der Dampfspannungskurve als auch — nach L gelöst — der Verdampfungswärme aus Dampfdruckmessungen benutzt werden. Will man eine größere Genauigkeit erreichen, so muß man eine Annahme über die Temperaturabhängigkeit von L machen[1]).

Siedepunktserhöhung. Wir berechnen aus (14) näherungsweise $d\,T$ als Zunahme der Siedetemperatur, die einem kleinen Zuwachs $d\,p$ der Dampfspannung entspricht. Es ist

$$(7) \qquad d\,T = \frac{R\,T^2}{L} \frac{d\,p}{p} \,.$$

Wächst der auf der Flüssigkeit lastende Druck um $d\,p$, so daß zum Sieden eine Erhöhung der Dampfspannung um $d\,p$ nötig ist, dann ist die dazu nötige Temperaturerhöhung durch $d\,T$ gegeben.

Löst man in der Flüssigkeit eine nicht flüchtige Substanz, so ist der Dampfdruck der Lösung niedriger als der der reinen Flüssigkeit (des Lösungsmittels). Die relative Dampfdruckerniedrigung ist nach dem ersten Gesetz von RAOULT mit Annäherung $\dfrac{\varDelta p}{p} = \dfrac{n}{n_L}$, wo n die Molzahl der gelösten Substanz, n_L die des Lösungsmittels ist. Damit die Dampfspannung der Lösung dem äußeren Drucke gleich wird, muß die Lösung auf eine um $\varDelta T$ erhöhte Temperatur gebracht werden. Dieses $\varDelta T$ ist durch (7) gegeben zu

$$(8) \qquad \varDelta T = \frac{R\,T^2}{L} \frac{n}{n_L} \,.$$

Führt man nun c, die Anzahl der Mole gelöster Substanz in 1000 g des Lösungsmittels vom Molekulargewicht M ein, so wird

$$\frac{n}{n_L} = \frac{c}{\dfrac{1000}{M}} = \frac{c\,M}{1000} \,.$$

---

[1]) ULICH-JOST, S. 122.

Das ergibt in (8) eingeführt

$$\Delta T = \frac{M R T^2 c}{1000 L} \, .$$

Die Siedepunktserhöhung ist proportional der molaren Konzentration c der Lösung. Der Proportionalitätsfaktor $\frac{M R T^2}{1000 L}$, die molare Siedepunktserhöhung, kann aus den Materialkonstanten des Lösungsmittels berechnet werden.

Auf analogem Wege kann man die Gefrierpunktserniedrigung verdünnter Lösungen ableiten[1]) und erhält so das Gesetz von VAN'T HOFF.

Funktionen von drei Veränderlichen

Kriterium für ein exaktes Differential. — Ist $u = f(x,\, y,\, z)$, so werden die partiellen Differentialquotienten $\frac{\partial u}{\partial x}, \frac{\partial u}{\partial y}, \frac{\partial u}{\partial z}$ entsprechend denen einer Funktion von zwei Veränderlichen gebildet, indem jeweils die beiden andern Veränderlichen beim Differenzieren unverändert bleiben. Sie sind im allgemeinen Funktionen von x, y und z. Analog wird auch das totale Differential du, die Änderung des u bei gleichzeitiger Änderung aller drei unabhängig Veränderlichen dx, dy, dz gebildet.

(1)
$$du = \frac{\partial u}{\partial x} dx + \frac{\partial u}{\partial y} dy + \frac{\partial u}{\partial z} dz \, .$$

Setzt man

$$\left.\begin{aligned}\frac{\partial u}{\partial x} &= P,\\[4pt]\frac{\partial u}{\partial y} &= Q,\\[4pt]\frac{\partial u}{\partial z} &= R,\end{aligned}\right\}, \text{ wo } P,\ Q,\ R \text{ voneinander verschiedene Funktionen von } x,\ y,\ z \text{ sind,}$$

so wird
(2)
$$du = P\, dx + Q\, dy + R\, dz \, .$$

Treten nun der Reihe nach Veränderungen ein, bei denen je eine der Veränderlichen konstant bleibt, dann erhält man

	Wenn	als Veränderung des u das vollständige Differential	Daher ist
	$dx = 0$	$Q\, dy + R\, dz$	$\dfrac{\partial R}{\partial y} = \dfrac{\partial Q}{\partial z}$
(3)	$dy = 0$	$P\, dx + R\, dz$	$\dfrac{\partial P}{\partial z} = \dfrac{\partial R}{\partial x}$
	$dz = 0$	$P\, dx + Q\, dy$	$\dfrac{\partial Q}{\partial x} = \dfrac{\partial P}{\partial y}$

Durch Verallgemeinerung des bei den Funktionen zweier Veränderlichen Gefundenen S. 180 ergibt sich: Ist (2) exakt, so bestehen die Gleichungen (3). Umgekehrt ist (3) ein Kriterium dafür, daß (2) ein exaktes Differential ist[2]). In diesem Falle verschwindet auch das Integral längs einer geschlossenen Kurve.

---

[1]) ULICH-JOST, S. 149.

[2]) Wegen der Umkehrung des Satzes siehe besonders ROTHE III, S. 39.

Beispiele. — 1. Wird durch elektrisch geladene ruhende Körper ein elektrisches Feld hervorgerufen, so ist sein Potential V (S. 71) als Ortsfunktion, also als Funktionen der räumlichen kartesischen Koordinaten x, y, z gegeben (S. 289).

Was bedeuten $\dfrac{\partial V}{\partial x}, \dfrac{\partial V}{\partial y}, \dfrac{\partial V}{\partial z}$, die Differentialquotienten von V, nach den Koordinatenrichtungen?

Verschiebt sich die $+$-Einheitsladung in der $+x$-Richtung um dx, so leistet sie die Arbeit $E_x\, dx$, wo E_x die x-Komponente der elektrischen Feldstärke ist. Bei dieser Verschiebung verändert sich die potentielle Energie der Einheitsladung um $-\dfrac{\partial V}{\partial x}\, dx$. Diese Abnahme der potentiellen Energie ist gleich der geleisteten Arbeit $E_x\, dx$. Durch Vergleich dieser beiden Größen und der beiden analogen Paare in der y- und z-Richtung folgt

$$-\frac{\partial V}{\partial x} = E_x,$$

(4)
$$-\frac{\partial V}{\partial y} = E_y,$$

$$-\frac{\partial V}{\partial z} = E_z.$$

Daher ist die Änderung des Potentials bei einer differentialen Verschiebung mit den Komponenten dx, dy, dz gegeben durch

$$-dV = E_x\, dx + E_y\, dy + E_z\, dz.$$

Nach (3) ist

$$\frac{\partial E_x}{\partial y} = \frac{\partial E_y}{\partial x},$$

(5)
$$\frac{\partial E_y}{\partial z} = \frac{\partial E_z}{\partial y},$$

$$\frac{\partial E_z}{\partial x} = \frac{\partial E_x}{\partial z}.$$

$\int (E_x\, dx + E_y\, dy + E_z\, dz)$ ist also vom Wege unabhängig. Das Integral längs einer geschlossenen Raumkurve ist 0.

Ein Feld, in dem das Integral längs jeder geschlossenen Kurve 0 ist, in dem also ein elektrisches Potential existiert, nennt man **elektrostatisch.**

Sind die Gleichungen (5) nicht erfüllt, so ist $(E_x\, dx + E_y\, dy + E_z\, dz)$ unexakt, und es existiert kein elektrisches Potential. In einem solchen Falle ist $\int (E_x\, dx + E_y\, dy + E_z\, dz)$ längs eines geschlossenen Weges von 0 verschieden, es kann also durch Herumführen einer elektrischen Ladung längs einer geschlossenen Kurve Arbeit gewonnen werden. Einem solchen Felde muß von außen Energie zugeführt werden. Das geschieht durch zeitliche Änderung eines Magnetfeldes. Dadurch werden elektromotorische Kräfte induziert, die eine elektrische Ladung im Kreise herumführen können (S. 217).

In einem elektrostatischen Felde, in dem sich keine elektrischen Ladungen befinden, gilt, wie besondere Überlegungen zeigen, für die Komponenten der elektrischen Feldstärke folgende nach LAPLACE benannte Beziehung[1])

$$\frac{\partial E_x}{\partial x} + \frac{\partial E_y}{\partial y} + \frac{\partial E_z}{\partial z} = 0.$$

---

[1]) Siehe z. B. ABRAHAM-BECKER, Theorie der Elektrizität, 8. Aufl. (Leipzig und Berlin 1930), S. 59.

Setzt man dafür die Ausdrücke (4) ein, so folgt

$$\frac{\partial^2 V}{\partial x^2} + \frac{\partial^2 V}{\partial y^2} + \frac{\partial^2 V}{\partial z^2} = 0 \, .$$

Die Summe der 3 zweiten partiellen Differentialquotienten nach den 3 Koordinatenrichtungen ist in einem von Ladungen freien Punkte gleich 0.

Die Summe der 3 nach den Koordinatenrichtungen genommenen 2. partiellen Differentialquotienten spielt in den Naturwissenschaften eine große Rolle. Man nennt sie die LAPLACEsche Ableitung und bezeichnet sie mit Δ, das mit dem zuerst S. 11 in anderem Sinne verwendeten Δ nicht verwechselt werden darf. Δ wird LAPLACEscher Operator genannt.

In jedem von Ladungen freien Punkt des elektrostatischen Feldes ist also $\Delta V = 0$.

Den LAPLACEschen Operator verwenden wir später wieder bei Behandlung der SCHRÖDINGERschen Gleichung (S. 219).

2. Ein anderes Beispiel für eine Funktion von drei Veränderlichen ist die Wärmemenge Q, die durch den konstanten elektrischen Strom J im Widerstande R in der Zeit t entwickelt wird. Nach JOULE ist

$$Q = C \, R \, J^2 \, t \, .$$

C ist eine von den Maßeinheiten abhängige Konstante. Nach (1) logarithmisch differenziert (S. 55) gibt es

$$\frac{dQ}{Q} = \frac{dR}{R} + 2 \, \frac{dJ}{J} + \frac{dt}{t} \, .$$

Diese Gleichung ist als Näherungsformel für kleine Änderungen von R, J und t und die daraus folgende kleine Änderung des Q zu betrachten. Wenden wir sie auf Meßfehler an! Da die Änderungen als Meßfehler klein gegen die zu messenden Größen sind, zeigen sie, wie der relative Fehler der berechneten Wärmemenge Q von den relativen Fehlern der Messungen R, J und t abhängt.

Der relative Fehler bei Q setzt sich aus dem relativen Fehler des Widerstandes, dem doppelten relativen Fehler der Stromstärke und dem relativen Fehler der Zeit zusammen.

Funktionen von n Veränderlichen

Das für drei Veränderliche Gesagte gilt sinngemäß auch für Funktionen von n Veränderlichen. Wir bezeichnen sie nicht mit verschiedenen Buchstaben des Alphabets, die nicht ausreichen würden, sondern setzen zu x verschiedene Indizes: x_1, x_2, x_3, $x_4 \cdots x_n$. Ist

$$u = f(x_1, x_2, x_3, x_4 \cdots x_n) \, ,$$

so bedeuten $\dfrac{\partial u}{\partial x_1}, \dfrac{\partial u}{\partial x_2}, \dfrac{\partial u}{\partial x_3}, \dfrac{\partial u}{\partial x_4} \cdots \dfrac{\partial u}{\partial x_n}$ die partiellen Differentialquotienten, die gebildet werden, während die andern Veränderlichen konstant bleiben. Jeder von ihnen ist im allgemeinen eine Funktion aller x. Das totale Differential ist

$$(1) \qquad du = \frac{\partial u}{\partial x_1} \, dx_1 + \frac{\partial u}{\partial x_2} \, dx_2 + \frac{\partial u}{\partial x_3} \, dx_3 + \cdots + \frac{\partial u}{\partial x_n} \, dx_n \, .$$

Superposition kleiner Wirkungen. Die durch kleine Veränderungen aller unabhängig Veränderlichen bewirkte Änderung der Funktion gibt diese Gleichung als Näherungsformel. Die Änderung der Funktion setzt sich additiv aus den Einzeländerungen zusammen. Das ist der Inhalt des Prinzips von der Superposition kleiner Wirkungen. Es spielt in den Naturwissenschaften eine große Rolle. Für zwei unabhängig Veränderliche haben wir auf S. 174 und 175 Beispiele gesehen. Insbesondere kann man sich unter $dx_1, dx_2, dx_3 \cdots dx_n$ Meßfehler und unter du den Fehler des Resultats vorstellen und so das für zwei und drei Veränderliche S. 175 und S. 194 Behandelte sinngemäß auf n Veränderliche erweitern.

Methode der kleinsten Quadrate. Wenn u ein Maximum oder Minimum in bezug auf alle Veränderlichen ist, so ist [1]

$$\frac{\partial u}{\partial x_1} = 0, \ \frac{\partial u}{\partial x_2} = 0, \ \ldots \frac{\partial u}{\partial x_n} = 0 \, .$$

Dieser Satz wird bei der Methode der kleinsten Quadrate verwendet. Mit dieser Methode berechnet man aus durch Messung gewonnenen Wertepaaren (x, y) mit einer Formel

$$y = f(x, a, b, c, \ldots) \, ,$$

durch die man den Zusammenhang der durch Versuche gewonnenen Wertepaare darstellen will, die Konstanten $a, b, c, \ldots$ unter Beachtung der Meßfehler möglichst genau. Das ist möglich, wenn mehr Wertepaare gemessen werden, als Konstante in der Formel vorkommen.

Die Ausgleichsrechnung lehrt, daß die Anpassung der Konstanten an die Meßergebnisse am besten ist, wenn die einzelnen Fehler, die Differenzen zwischen den aus der Formel berechneten Werten $f(x_i, a, b, c, \ldots)$ und dem gemessenen y_i, so verteilt sind, daß die Summe ihrer Quadrate

$$[y_1 - f(x_1, a, b, c, \ldots)]^2 + [y_2 - f(x_2, a, b, c, \ldots)]^2 + \cdots$$

$$+ [y_n - f(x_n, a, b, c, \ldots)]^2 = \sum_{i=1}^{n} [y_i - f(x_i, a, b, c, \ldots)]^2$$

ein Minimum wird. Da hier die Wertepaare $(x_1\, y_1), (x_2\, y_2), \ldots (x_n\, y_n)$ fest sind und der Wert dieses Ausdrucks vom zu wählenden Wert der „Konstanten" $a, b, c, \ldots$ abhängt, ist dieser Ausdruck eine Funktion von $a, b, c, \ldots$, und für das verlangte Minimum gilt

$$\frac{\partial}{\partial a} \sum [y_i - f(x_i, a, b, c, \ldots)]^2 = 0 \, ,$$

$$\frac{\partial}{\partial b} \sum [y_i - f(x_i, a, b, c, \ldots)]^2 = 0 \, ,$$

$$\frac{\partial}{\partial c} \sum [y_i - f(x_i, a, b, c, \ldots)]^2 = 0 \, ,$$

$$\ldots \ldots \ldots \ldots \ldots \ldots \ldots$$

$$\ldots \ldots \ldots \ldots \ldots \ldots \ldots$$

wodurch man so viele Bestimmungsgleichungen erhält[1]) wie Konstanten in der aufzustellenden Formel vorkommen.

Die partiellen molaren Eigenschaften. Das Volumen v einer Lösung, die aus n_1 Molen des Lösungsmittels vom Molvolumen V_1 und n_2 Molen der gelösten

---

[1]) LORENTZ-JOOS-KALUZA, Höhere Mathematik für den Praktiker (Leipzig, 1940) S. 129. Wegen der Ausführung in einfachen Fällen siehe KÜSTER-THIEL, Logarithmische Rechentafeln (Berlin 1940), S. 189.

Substanz besteht, kann bei konstantem Druck und konstanter Temperatur in vielen Fällen[1]) durch

$$v = n_1 V_1 + a\,n_2 + b n_2^2 + c n_2^3 \qquad (a,\,b,\,c,\ \text{konstant})$$

oder eine andere Gleichung, die höhere als erste Potenzen von n_2 enthält, dargestellt werden.

Wenn wir also n_2 um gleiche Beträge vergrößern, so wächst, wie die Gleichung zeigt, v nicht um gleiche Beträge, es ist keine lineare Funktion von n_2. Wenn man also die Volumvergrößerung berechnen will, die durch Hinzufügen eines Mols der gelösten Substanz eintritt, so muß man zwischen dem Mittelwert dieser Vergrößerung bei einem endlichen Zuwachs der gelösten Substanz, dem Differenzenquotienten $\frac{\varDelta v}{\varDelta n_2}$ und dem Differentialquotienten $\frac{\partial v}{\partial n_2} = a + 2b n_2 + 3 c n_2^2$ unterscheiden. Wird beim Differenzenquotienten von $n_2 = 0$, also vom reinen Lösungsmittel, ab gerechnet, so nennt man den so erhaltenen Differenzenquotienten $\frac{v - n_1 V_1}{n_2}$ das scheinbare Molvolumen der gelösten Substanz. Hingegen nennt man $\frac{\partial v}{\partial n_2}$, das uns den Zuwachs von v für ein Mol gelöster Substanz bei konstant gedachter Konzentration gibt, das partielle Molvolumen V_2. Es gilt also $\frac{\partial v}{\partial n_2} = V_2$. Betrachten wir eine zweite Lösung, die mit der eben betrachteten identisch ist! Das Volumen der beiden Lösungen zusammen wird dem doppelten Volumen der einen gleich sein. Was vom Volumen gilt, gilt auch von der Masse, der inneren Energie, der Entropie und vielen andern Eigenschaften der Lösung. Ihr Betrag ist der betrachteten Substanzmenge proportional. Diese Eigenschaften nennt man extensive Eigenschaften. Im Gegensatz dazu sind beispielsweise Dichte, Viskosität und Brechungsindex bei den einzelnen und den vereinigten Lösungen gleich. Solche Eigenschaften, die sich mit der betrachteten Menge des Systems nicht ändern, nennt man intensive Eigenschaften. Da sie unabhängig von der betrachteten Masse sind, bestimmen sie die charakteristischen Eigenschaften der Substanz im gegebenen Zustand und werden zur Beschreibung von Stoffen ausschließlich verwendet. Dem entsprechend sind alle Materialkonstanten intensive Eigenschaften.

Wenn w das Maß einer extensiven Eigenschaft einer Lösung von n_2 Molen in n_1 Molen des Lösungsmittels bedeutet, so nennt man in Verallgemeinerung des vom Volumen v, dieser speziellen extensiven Eigenschaft, Gesagten die Ausdrücke

$$(2) \qquad\qquad \frac{\partial w}{\partial n_1} = W_1 \quad \text{und} \quad \frac{\partial w}{\partial n_2} = W_2 ,$$

die partiellen molaren Änderungen von w. Sie sind intensive Eigenschaften. Unter Voraussetzung konstanten Druckes und konstanter Temperatur hängen sie bloß von der Zusammensetzung, von den relativen Mengen der verschiedenen Bestandteile, ab und nicht von deren Gesamtmenge.

Wir suchen nun bei dieser Lösung von n_2 Molen in n_1 Molen des Lösungsmittels nach einer Beziehung zwischen einander entsprechenden differentiellen Änderungen von W_1 und W_2 und den molaren Mengen n_1 und n_2. Dazu wenden wir auf $\frac{\partial W_2}{\partial n_1}$ und $\frac{\partial W_2}{\partial n_2}$ Formel (2) FS an, indem wir nach n_1/n_2 als Mittelfunktion differenzieren und erhalten

---

[1]) LEWIS-RANDALL, Thermodynamik (Wien 1927), S. 31.

$$\frac{\partial W_2}{\partial n_1} = \frac{\partial W_2}{\partial (n_1/n_2)} \frac{\partial (n_1/n_2)}{\partial n_1} = \frac{1}{n_2} \frac{\partial W_2}{\partial (n_1/n_2)}$$

$$\frac{\partial W_2}{\partial n_2} = \frac{\partial W_2}{\partial (n_1/n_2)} \frac{\partial (n_1/n_2)}{\partial n_2} = -\frac{n_1}{n_2^2} \frac{\partial W_2}{\partial (n_1/n_2)}.$$

Indem wir die aus diesen beiden Gleichungen folgenden Werte von $\dfrac{\partial W_2}{\partial (n_1/n_2)}$ voneinander subtrahieren, erhalten wir

$$n_2 \frac{\partial W_2}{\partial n_1} + \frac{n_2^2}{n_1} \frac{\partial W_2}{\partial n_2} = 0$$

und daraus

(3)
$$n_1 \frac{\partial W_2}{\partial n_1} + n_2 \frac{\partial W_2}{\partial n_2} = 0 .$$

In diese Gleichung führen wir $\dfrac{\partial W_1}{\partial n_2}$ statt $\dfrac{\partial W_2}{\partial n_1}$ ein, indem wir die in (2) gegebene Definition und den Satz von SCHWARZ, S. 179, anwenden.

Danach ist

$$\frac{\partial W_2}{\partial n_1} = \frac{\partial}{\partial n_1} \left(\frac{\partial w}{\partial n_2} \right) = \frac{\partial}{\partial n_2} \left(\frac{\partial w}{\partial n_1} \right) = \frac{\partial W_1}{\partial n_2} .$$

Das ergibt in (3) eingesetzt

(4)
$$n_1 \frac{\partial W_1}{\partial n_2} + n_2 \frac{\partial W_2}{\partial n_2} = 0 .$$

Daraus folgt

(5)
$$\frac{\partial W_1}{\partial n_2} : \frac{\partial W_2}{\partial n_2} = -\frac{n_2}{n_1} .$$

Wir führen nun die Molenbrüche N, das Verhältnis der Molzahlen der einzelnen Komponenten zur gesamten Molzahl, in die Gleichung ein[1]).

Es ist also

$$N_1 = \frac{n_1}{n_1 + n_2} \quad \text{und} \quad N_2 = \frac{n_2}{n_1 + n_2}$$

und daher

(6)
$$\left\{ \begin{aligned} & N_1 + N_2 = 1 \\ & dN_1 + dN_2 = 0 \\ & \frac{n_2}{n_1} = \frac{N_2}{N_1} . \end{aligned} \right.$$

Es ist zu beachten, daß dN_1 bzw. dN_2 Änderungen von N_1 bzw. N_2 sind, die einander entsprechen, d. h. durch dieselben Veränderungen einer nicht genannten unabhängig Veränderlichen hervorgebracht werden. Analoge Überlegungen werden in den Naturwissenschaften, ohne besonders hervorgehoben zu werden, häufig angewandt[2]).

Indem wir die Differentialquotienten in (5) mit N_2 als Mittelfunktion berechnen, erhalten wir

$$\frac{\partial W_1}{\partial n_2} = \frac{\partial W_1}{\partial N_2} \frac{\partial N_2}{\partial n_2} \quad \text{und} \quad \frac{\partial W_2}{\partial n_2} = \frac{\partial W_2}{\partial N_2} \frac{\partial N_2}{\partial n_2} .$$

Diese Werte ergeben in (5) eingesetzt unter Verwendung von (6)

$$\frac{\partial W_1}{\partial N_2} : \frac{\partial W_2}{\partial N_2} = -\frac{N_2}{N_1} ,$$

eine wegen Verwendung der Molenbrüche N bequem anzuwendende Gleichung[3]).

---

[1]) LEWIS-RANDALL, Thermodynamik (Wien 1927) S. 27.

[2]) MANGOLT-KNOPP, Einführung i. d. höhere Mathematik, 2. Bd., 6. Aufl. (Leipzig), S. 346.

[3]) Anwendung dieser Gleichung siehe bei LEWIS-RANDALL, a. a. O., S. 37.

Eine weitere Beziehung zwischen den partiellen molaren Änderungen erhalten wir aus (4), indem wir unter dW_1 und dW_2 Änderungen verstehen, die einer Vergrößerung des n_2 um dn_2 entsprechen.

$$(7) \qquad n_1\, dW_1 + n_2\, dW_2 = 0\,.$$

Verallgemeinerung dieses Resultates. Wir wollen nun (7) von zwei auf eine beliebige Anzahl von Stoffen in einer Lösung verallgemeinern. Dazu benötigen wir einen Satz von EULER, den wir für unsere Zwecke in folgender Weise aussprechen. Es sei

$$U = f(x_1,\, x_2,\, x_3,\, \ldots x_i)$$

gegeben durch

$$U = a_1\, x_1 + a_2\, x_2 + a_3\, x_3 + \cdots + a_i\, x_i\,.$$

Diese Funktion besteht aus einer Summe, deren jedes Glied eine und nur eine dieser i Veränderlichen mit einem konstanten Faktor a_n multipliziert enthält. Dann ist, wie leicht einzusehen

$$U = \frac{\partial U}{\partial x_1}\, x_1 + \frac{\partial U}{\partial x_2}\, x_2 + \frac{\partial U}{\partial x_3}\, x_3 + \cdots + \frac{\partial U}{\partial x_i}\, x_i\,.$$

Gegeben sei eine extensive Eigenschaft w einer Lösung von k Stoffen, die von Druck und Temperatur sowie von den Molzahlen $n_1, n_2, n_3, \ldots n_k$ dieser Stoffe abhängt. Da wir Druck und Temperatur als konstant annehmen, ist

$$(8) \qquad w = f(n_1, n_2, n_3, \ldots n_k)\,.$$

Allgemeine Betrachtungen[1]) zeigen, daß diese Funktion dargestellt werden kann durch

$$w = a_1\, n_1 + a_2\, n_2 + a_3\, n_3 + \cdots + a_k\, n_k \qquad (a_1 \cdots a_k \text{ konstant}).$$

Daraus folgt durch EULERS Satz

$$w = \frac{\partial w}{\partial n_1}\, n_1 + \frac{\partial w}{\partial n_2}\, n_2 + \frac{\partial w}{\partial n_3}\, n_3 + \cdots + \frac{\partial w}{\partial n_k}\, n_k\,.$$

Indem wir wieder

$$(9) \qquad \frac{\partial w}{\partial n_1} \equiv W_1,\ \frac{\partial w}{\partial n_2} \equiv W_2,\ \frac{\partial w}{\partial n_3} \equiv W_3, \cdots\ \frac{\partial w}{\partial n_k} \equiv W_k$$

für die partiellen molaren Änderungen einführen, erhalten wir

$$w = W_1\, n_1 + W_2\, n_2 + W_3\, n_3 + \cdots + W_k\, n_k$$

und daraus durch (3′) FS

$$(10) \qquad \begin{aligned} dw = {}& W_1\, dn_1 + W_2\, dn_2 + W_3\, dn_3 + \cdots + W_k\, dn_k + n_1\, dW_1 + n_2\, dW_2 \\ &+ n_3\, dW_3 + \cdots + n_k\, dW_k\,. \end{aligned}$$

Andererseits folgt durch Anwendung von (1) auf (8)

$$dw = \frac{\partial w}{\partial n_1}\, dn_1 + \frac{\partial w}{\partial n_2}\, dn_2 + \frac{\partial w}{\partial n_3}\, dn_3 + \cdots + \frac{\partial w}{\partial n_k}\, dn_k$$

und unter Verwendung von (9)

$$dw = W_1\, dn_1 + W_2\, dn_2 + W_3\, dn_3 + \cdots + W_k\, dn_k\,.$$

Durch Vergleich dieser Gleichung mit (10) folgt

$$n_1\, dW_1 + n_2\, dW_2 + n_3\, dW_3 + \cdots n_k\, dW_k = 0\,,$$

die Erweiterung von (7) auf eine Mischung von k Stoffen.

---

[1]) LEWIS-RANDALL, a. a. O., S. 35.

Dritter Teil

Differentialgleichungen

Einteilung. Fassen wir zusammen, was bereits über Differentialgleichungen gesagt wurde (S. 27, 74, 78, 98, 173), so ergeben sich 2 Hauptgruppen von Differentialgleichungen: die gewöhnlichen und die partiellen.

Gewöhnlich nennt man eine Differentialgleichung, wenn in ihr nur Differentialquotienten nach einer Veränderlichen vorkommen, wenn die differenzierten Funktionen nur von einer Veränderlichen abhängen. Hängen sie aber von mehreren ab, wird daher partiell differenziert, dann enthält die Differentialgleichung partielle Differentialquotienten, man nennt sie eine partielle.

Man teilt die Differentialgleichungen auch noch nach der Ordnung des höchsten in ihr vorkommenden Differentialquotienten in solche erster, zweiter und höherer Ordnung ein.

Wir beschäftigen uns nur mit den praktisch wichtigsten gewöhnlichen Differentialgleichungen erster und zweiter und den partiellen zweiter Ordnung.

Wegen simultaner Differentialgleichungen siehe S. 214.

Die Lösung der Differentialgleichung ist eine Beziehung zwischen den Veränderlichen, welche die Differentialgleichung befriedigt.

Die Lösungen[1] gewöhnlicher Differentialgleichungen (S. 78) enthalten willkürliche Konstanten, deren Anzahl bei Differentialgleichungen erster Ordnung eine, bei solchen zweiter Ordnung zwei, bei solchen n-ter Ordnung n beträgt[2]. Die Lösungen partieller Differentialgleichungen enthalten keine willkürlichen Konstanten, sondern willkürliche Funktionen, die unendlich viele Konstanten ersetzen.

Gewöhnliche Differentialgleichungen erster Ordnung.

Die exakte Differentialgleichung erster Ordnung. — Ein wichtiges Beispiel einer Differentialgleichung erster Ordnung, für die drei naturwissenschaftliche Beispiele gegeben wurden (S. 73), ist

$$\frac{dy}{dx} = - k y .$$

Vier naturwissenschaftliche Beispiele wurden für eine nicht minder wichtige Differentialgleichung erster Ordnung (S. 98), für

$$\frac{dy}{dx} = a - b y$$

gegeben. An ihr wollen wir einen wichtigen Begriff, das partikuläre Integral behandeln.

Ihre geometrische Interpretation (S. 98) zeigt, daß ihr unendlich viele Kurven entsprechen. Wir greifen eine bestimmte, die durch einen gegebenen Punkt geht, heraus. Diesen besonderen Fall verallgemeinern wir. Ist die Differentialgleichung

$$\frac{dy}{dx} = f(x, y)$$

---

[1] Zur Frage, unter welchen Bedingungen Lösungen gewöhnlicher Differentialgleichungen bestehen, siehe ROTHE III, S. 167.

[2] Wegen des Beweises siehe LORENTZ-JOOS-KALUZA, Höhere Mathematik für den Praktiker (Leipzig 1940), S. 297.

gegeben, dann ist $f(x_0, y_0)$ die Steigung der Kurve im Punkt (x_0, y_0). Ein Punkt dieser Kurve mit der Abszisse $(x_0 + h)$ hat ein y gleich $(y_0 + \Delta y)$, bei dem

$$\Delta y \approx f(x_0, y_0)\, h$$

mit um so größerer Annäherung gilt, je kleiner h ist (S. 66).

Durch Konstruktion mehrerer solcher Punkte kann man oft ein ausreichend angenähertes Bild der Kurve konstruieren. Sie wird durch ein Tangentenpolygon gegeben. (Auf S. 98 mit $\dfrac{dy}{dx} = a - b\,y$ durchgeführt.)

In vielen Fällen kann man aber auch statt dieses zeichnerischen Näherungsverfahrens durch Integration eine Gleichung $F(x, y, C) = 0$, die **Stammgleichung** oder **Lösung** der vorgelegten Differentialgleichung, finden. Die Konstante C wählt man so, daß sie den gegebenen Anfangsbedingungen entspricht. Durch die Festlegung eines bestimmten Wertes für C wird aus der Schar der durch $F(x, y, C) = 0$ gegebenen Funktionen, dem allgemeinen Integral, ein **partikuläres Integral** herausgegriffen.

Für

$$\frac{dy}{dx} = a - b\,y$$

wurde S. 98 durch Integration

(*) $$x = \int \frac{dy}{a - b\,y} = -\frac{1}{b} \ln(a - b\,y) + C$$

als allgemeines Integral gefunden.

Für die durch den Ursprung gehende Kurve ergibt sich durch die Anfangsbedingung $(x = 0,\ y = 0)$

$$y = \frac{a}{b}(1 - e^{-b\,x})$$

als partikuläres Integral.

Schreiben wir hingegen als Anfangsbedingung vor, daß für $x = 0$ das $y = Y$ sein soll, so ergibt dies in (*) eingesetzt

$$0 = -\frac{1}{b}\ln(a - b\,Y) + C\,.$$

Das ergibt von (*) subtrahiert

$$x = -\frac{1}{b}\ln\frac{a - b\,y}{a - b\,Y}\,.$$

Durch Auflösen nach y folgt:

(**) $$y = \frac{a}{b} - \left(\frac{a}{b} - Y\right) e^{-bx}\,.$$

Ist $Y \gtrless \dfrac{a}{b}$, so $\genfrac{}{}{0pt}{}{\text{sinkt}}{\text{steigt}}$ y mit zunehmendem x, um sich asymptotisch dem Wert $\dfrac{u}{b}$ zu nähern (Abb. 44, S. 98).

Ist $Y = \dfrac{a}{b}$, so verschwindet das zweite Glied in (**), und es wird für jeden Wert des x das $y = \dfrac{a}{b}$. In diesem Fall wird die Lösung der Differentialgleichung durch die der x-Achse parallele Gerade in Abb. 44 dargestellt. Daß für $Y = \dfrac{a}{b}$ das y seinen Wert nicht mehr ändern kann, folgt auch unmittelbar aus der Differentialgleichung; denn für diesen Wert des y ist $\dfrac{dy}{dx} = 0$ für jeden Wert des x.

Die S. 99ff. für diese Differentialgleichung gegebenen Beispiele lassen sich auch für die Anfangsbedingung $(x = 0,\ y = Y)$ erweitern.

Im Falle der Nacherzeugung einer radioaktiven Substanz aus der Muttersubstanz entspricht einem $Y > \dfrac{a}{b}$ ein Radongehalt der Radiumlösung größer als der stationäre Gehalt. Einen solchen erzielt man etwa durch Durchblasen von stark radonhaltiger Luft. Dieser Überschuß über den stationären Gehalt verschwindet mit der Zeit wie eine andere radioaktive Substanz. Ist der Radongehalt auf den stationären Gehalt gesunken, so ändert er sich nicht mehr. Hatte (Beispiel 2, S. 100) der elektrische Strom im Widerstand mit Selbstinduktion etwa durch eine früher größere Spannung einen höheren Wert als den Ohmschen, so sinkt er auf diesen ab. Hatte (Beispiel 3, S. 100) die Geschwindigkeit des Kügelchens einen höheren als den stationären Wert, den es unter Einfluß des scheinbaren Gewichts annimmt, so sinkt die Geschwindigkeit des Kügelchens auf den stationären Wert. Gelangt das Kügelchen mit der stationären Geschwindigkeit in die Flüssigkeit, so behält es die Geschwindigkeit bei.

Newtons Abkühlungsgesetz ist ein Näherungsgesetz, das die Temperatur eines Körpers, der eine ein wenig höhere Temperatur als die Umgebung hat, beherrscht. Ist der Temperaturüberschuß über die Umgebung klein, so daß man von der ganz andern Gesetzen folgenden Strahlung absehen kann, so gilt mit Annäherung Newtons Gesetz, nach dem die Abkühlungsgeschwindigkeit $-\dfrac{d\vartheta}{dt}$ proportional dem Temperaturüberschuß über die Umgebung ist. Ist die Temperatur des Körpers ϑ, die konstant gehaltene Temperatur der Umgebung ϑ_∞, so lautet Newtons Elementargesetz

$$-\frac{d\vartheta}{dt} = k\,(\vartheta - \vartheta_\infty). \qquad\qquad (k = \text{const})$$

Wegen

$$\frac{d\vartheta}{dt} = k\,\vartheta_\infty - k\,\vartheta$$

folgt aus (**) mit der Anfangsbedingung $t = 0,\ \vartheta = \vartheta_0$

$$\vartheta = \vartheta_\infty - (\vartheta_\infty - \vartheta_0)\,e^{-kt},$$

wodurch das „Abklingen" des Temperaturüberschusses des Körpers gegeben wird. Durch Logarithmieren folgt daraus

$$k = \frac{1}{t}\ln\frac{\vartheta_0 - \vartheta_\infty}{\vartheta - \vartheta_\infty}.$$

Diese zur experimentellen Prüfung geeignete Gleichung kann kürzer unmittelbar durch Integration der Differentialgleichung hergeleitet werden, wie bei der ebenso gebauten Differentialgleichung der unimolekularen Reaktion, S. 95, ausgeführt wurde. Auf ihre Bedeutung für kalorimetrische Messungen und ihre experimentelle Prüfung sei hier nur hingewiesen[1]). Wegen dieser Anwendung von $\dfrac{dy}{dx} = a - by$ nennt man sie gelegentlich auch die Gleichung des Abkühlungsgesetzes. Weitere Anwendungen dieser Gleichung siehe bei Roth a. a. O.

Die Differentialgleichungen S. 97, 105 für die bimolekulare, nicht umkehrbare Reaktion mit gleichen bzw. verschiedenen Anfangskonzentrationen lauten unter Verwendung von x für die Zeit und y für die Konzentration

$$\frac{dy}{dx} = k\,(a - y)^2$$

bzw.

$$\frac{dy}{dx} = k\,(a - y)\,(b - y).$$

Ebenso sind die Differentialgleichungen für die unimolekulare Reaktion mit Autokatalyse (S. 110)

$$\frac{dy}{dx} = (k + k'\,y)\,(a - y)$$

bzw.

$$\frac{dy}{dx} = (k - k'\,y)\,(a - y).$$

---

[1]) Siehe W. A. Roth, Physikalisch-Chemische Übungen, 4. Aufl. (Leipzig 1928), S. 168.

Alle bisher erwähnten Differentialgleichungen waren von der Form

$$\frac{dy}{dx} = f(y)$$

und ergaben durch Trennung der Veränderlichen das Integral

$$x = \int \frac{dy}{f(y)}\,.$$

Die Veränderlichen können in allen Fällen getrennt werden, in denen $\frac{dy}{dx}$ als Produkt zweier Faktoren dargestellt werden kann, deren einer nur x, der andere nur y enthält. Dann kann die Differentialgleichung auf die Form

(1) $$\varphi(x)\,dx + \psi(y)\,dy = 0$$

gebracht werden, wo $\varphi(x)$ eine Funktion von x allein, $\psi(y)$ eine von y allein ist. Dann ist

$$\int \varphi(x)\,dx + \int \psi(y)\,dy = \text{const.}$$

und das Integral der Differentialgleichung kann angegeben werden, wenn die Integrationen durchgeführt werden können.

Aber auch, wenn sich die Differentialgleichung nicht auf Form (1) bringen läßt, sondern nur auf die Form

(2) $$P\,dx + Q\,dy = 0\,,$$

wo P und Q Funktionen von x und y sind, kann man die Lösung berechnen wenn (2) ein vollständiges Differential ist, wenn $\frac{\partial P}{\partial y} = \frac{\partial Q}{\partial x}$. Dann ergibt das Integral von (2) konstant gesetzt die Lösung der Differentialgleichung.

Eine Gleichung, die sich auf Form (2) bringen läßt und bei der $\frac{\partial P}{\partial y} = \frac{\partial Q}{\partial x}$ ist, nennt man eine exakte Differentialgleichung.

Die nicht exakte Differentialgleichung erster Ordnung. — Ist in

(1) $$P\,dx + Q\,dy = 0$$

$$\frac{\partial P}{\partial y} \neq \frac{\partial Q}{\partial x}\,,$$

so heißt (1) eine nicht exakte Differentialgleichung. Man kann sie lösen, wenn man (1) mit einem integrierenden Faktor (S. 184) multipliziert und dann integriert.

Als einfachstes Beispiel sei die Gleichung

$$\frac{dy}{dx} + X_1\,y = X_2$$

gegeben, wo X_1 und X_2 Funktionen von x allein sind. Es ist

(2) $$(X_1\,y - X_2)\,dx + dy = 0$$

inexakt, weil

$$\frac{\partial}{\partial y}(X_1\,y - X_2) \neq \frac{\partial 1}{\partial x}\,.$$

Wir multiplizieren (2) mit φ, das eine Funktion von x allein sein soll,

(3) $$(X_1\,y - X_2)\,\varphi\,dx + \varphi\,dy = 0$$

und versuchen φ als Funktion von x durch

$$\frac{\partial}{\partial y}(X_1\,y - X_2)\,\varphi = \frac{\partial \varphi}{\partial x}$$

zu bestimmen. Es ist

$$X_1\,\varphi = \frac{\partial \varphi}{\partial x}$$

und daher

$$\int \frac{d\varphi}{\varphi} = \ln \varphi = \int X_1 \, dx \, .$$

Es ist also[1])

$$\varphi = \exp \left(\int X_1 \, dx \right)$$

eine Funktion von x allein, tatsächlich ein integrierender Faktor von (2), der in (3) eingesetzt

$$(4) \qquad (X_1 y - X_2) \exp \left(\int X_1 \, dx \right) dx + \exp \left(\int X_1 \, dx \right) dy = 0$$

ergibt.

Dieser Ausdruck ist also das totale Differential dz einer Funktion von x und y, das wir nach den S. 181 gegebenen Methoden integrieren. Es ist

$$(5) \quad z = \int (X_1 y - X_2) \exp \left(\int X_1 \, dx \right) dx = \int X_1 y \exp \left(\int X_1 \, dx \right) dx$$
$$- \int X_2 \exp \left(\int X_1 \, dx \right) dx = y \exp \left(\int X_1 \, dx \right) - \int X_2 \exp \left(\int X_1 \, dx \right) dx + K(y) \, .$$

Daraus folgt

$$\frac{\partial z}{\partial y} = \exp \left(\int X_1 \, dx \right) + K'(y)$$

Aus (4) folgt

$$\frac{\partial z}{\partial y} = \exp \left(\int X_1 \, dx \right) \, .$$

Durch Vergleich der beiden letzten Gleichungen folgt

$$K'(y) = 0 \, .$$

Es ist also $K(y) = \text{const}$ eine von x und y unabhängige Konstante. Da nach (4) $dz = 0$, also z eine Konstante ist, folgt aus (5)

$$y \exp \left(\int X_1 \, dx \right) - \int X_2 \exp \left(\int X_1 \, dx \right) dx = C \, .$$

Das gibt nach y gelöst

$$(6) \qquad y = \exp \left(- \int X_1 dx \right) \int X_2 \exp \left(\int X_1 \, dx \right) dx + C \exp \left(- \int X_1 \, dx \right) \, .$$

Beispiel. — Wenn

$$(7) \qquad \frac{dy}{dx} + \frac{y}{x} = -a \qquad\qquad (a \text{ konstant}).$$

dann ist nach (6)

$$(8) \quad y = e^{-\ln x} \int -a \, e^{\ln x} \, dx + C \, e^{-\ln x}$$
$$= -\frac{a}{x} \int x \, dx + \frac{C}{x} = \frac{C}{x} - \frac{a}{2} \, x \, .$$

Das Poiseuillesche Ausflußgesetz. — Die Differentialgleichung (7) soll zur Herleitung eines für den Chemiker wichtigen physikalischen Gesetzes, des POISEUILLEschen Ausflußgesetzes, verwendet werden. Dieses Gesetz gestattet, die Flüssigkeitsmenge, die in der Sekunde durch eine gerade horizontale Kapillare gepreßt wird, aus den Abmessungen der Kapillare, dem Druck und einer Materialkonstanten der Flüssigkeit zu berechnen.

Der Radius R des kreisförmigen Querschnittes der Kapillare soll klein sein gegen ihre Länge L ($R \ll L$). Die Flüssigkeit soll die Wand benetzen und infolgedessen an der Wand ruhen. Unter Einwirkung der an den Enden der Kapillare wirkenden Druckdifferenz $p_1 - p_2$ stellt sich ein stationärer Zustand ein, bei dem sich die Geschwindigkeit, mit der die Flüssigkeit strömt, mit der Zeit nicht mehr ändert. In diesem Zustand betrachten wir die Flüssigkeitsbewegung.

---

[1]) Wegen des Symboles exp. siehe S. 58.

Die an der Wand ruhende Flüssigkeitsschichte bremst infolge der inneren Reibung (Zähigkeit, Viskosität) die Flüssigkeitsschichte in ihrer Umgebung. Diese Schichte wirkt wieder auf die zentraler gelegene ein usw. Die dadurch eintretende Verteilung der Geschwindigkeit muß zentrischsymmetrisch sein, so daß die Geschwindigkeit nur vom Abstand des betreffenden Punktes von der Achse der Kapillare abhängt. Diese Abhängigkeit soll zunächst ermittelt werden.

Zu diesem Zwecke müssen wir das von NEWTON aufgestellte Elementargesetz für die innere Reibung erläutern.

Die Zeichnung stellt einen Vertikalschnitt durch eine über einem horizontalen Boden in der x-Richtung strömende Flüssigkeit vor. Die Geschwindigkeit der Flüssigkeit (u) nehme nach aufwärts zu. Wir denken uns in der Flüssigkeit ein ebenes Flächenstück vom Flächeninhalt F parallel zum Boden. Oberhalb desselben bewegt sich die Flüssigkeit schneller als unterhalb.

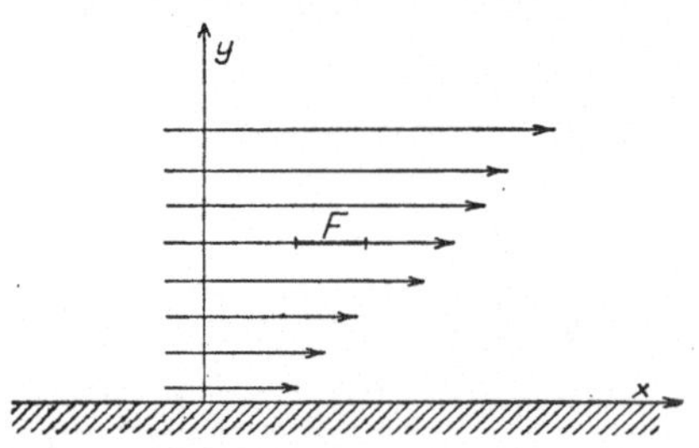

Abb. 96. Verschieden schnell aneinander vorbeigleitende Flüssigkeitsschichten üben infolge der Zähigkeit eine Kraft aufeinander aus.

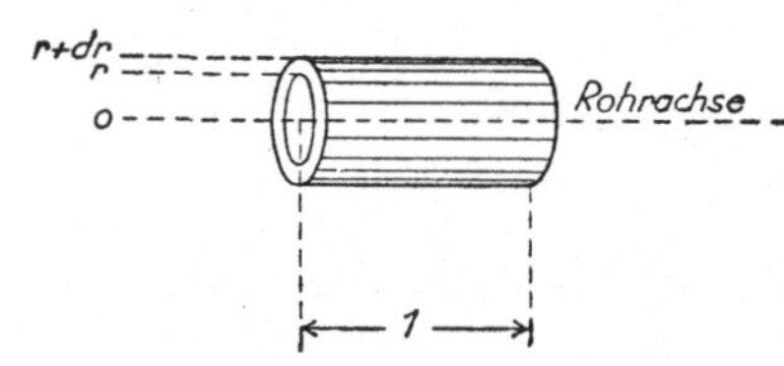

Abb. 97. Gedachte Hohlzylinder in der Flüssigkeit gleiten beim Strömen der Flüssigkeit durch eine Kapillare aneinander vorbei.

Durch die Verschiedenheit der Geschwindigkeiten der aneinander vorbeigleitenden Schichten entsteht die innere Reibung. Sie bewirkt, daß die oberhalb F befindliche Flüssigkeitsschichte auf die unterhalb befindliche beschleunigend, die untere auf die obere aber verzögernd einwirkt. Der Sitz dieser beschleunigenden bzw. verzögernden Kraft ist F. Nach NEWTON ist die an F angreifende Kraft K gegeben durch

$$(9) \qquad\qquad K = \eta\, F\, \frac{du}{dy}.$$

Sie ist proportional dem Flächeninhalt F und der normal auf F erfolgenden Änderung der Strömungsgeschwindigkeit $\frac{du}{dy}$. Der Proportionalitätsfaktor η, der Koeffizient der inneren Reibung oder kurz die Zähigkeit, ist eine wichtige Materialkonstante der betreffenden Flüssigkeit.

Wenden wir diese Kenntnisse auf die in der Kapillare stationär strömende Flüssigkeit an und betrachten den aus der strömenden Flüssigkeit herausgeschnittenen Hohlzylinder Abb. 97. Seine Achse fällt mit der Rohrachse zusammen, die Differenz zwischen innerem und äußerem Radius ist dr, alle Flüssigkeitsteilchen in ihm haben die gleiche Geschwindigkeit. Seine Länge sei 1.

Betrachten wir zunächst die auf die beiden Mantelflächen infolge der inneren Reibung ausgeübten Kräfte. Auf den Innenmantel vom Flächeninhalt $2\pi r$ wirkt in der Strömungsrichtung nach NEWTON eine Kraft

$$\eta\, 2\pi r\, \frac{du}{dr}.$$

Eine andere, die am Außenmantel angreift, zieht den Hohlzylinder gegen die Strömungsrichtung. Ihr Betrag ist um die Zunahme größer, die die Funktion von r, die Größe $\left(r\,\dfrac{du}{dr}\right)$, bei der Zunahme des r um dr erfahren hat. Da man bei der differentialen Zunahme des r um dr nur die ersten zwei Glieder der TAYLORschen Reihe zu berücksichtigen braucht, ist diese Kraft

$$-\eta\,2\pi\left[r\,\frac{du}{dr}+\frac{d}{dr}\left(r\,\frac{du}{dr}\right)dr\right].$$

Es ist daher die ganze auf den Hohlzylinder infolge der inneren Reibung angreifende Kraft

$$-\eta\,2\pi\,\frac{d}{dr}\left(r\,\frac{du}{dr}\right)dr\,.$$

Da der Zustand der Flüssigkeit stationär ist, ist die Kraft, die die Bewegung des Hohlzylinders zu hemmen sucht, dem Betrage nach gleich der Kraft, die ihn in der Rohrachse verschiebt. Diese ist durch das Druckgefälle längs der Rohrachse gegeben. Da der Druck in einer durchströmten Kapillare erfahrungsgemäß linear abnimmt, ist die Druckdifferenz an den Grundflächen $2\pi r\,dr$ des Hohlzylinders von der Länge 1 gleich

$$\frac{p_1-p_2}{L}\,,$$

somit ist die Kraft, die den Hohlzylinder vorwärtstreibt,

$$2\pi r\,dr\,\frac{p_1-p_2}{L}\,.$$

Es ist daher

$$-\eta\,2\pi\,\frac{d}{dr}\left(r\,\frac{du}{dr}\right)dr=\frac{p_1-p_2}{L}\,2\pi r\,dr\,,$$

$$\frac{d}{dr}\left(r\,\frac{du}{dr}\right)=-\frac{p_1-p_2}{L\,\eta}\,r\,,$$

$$r\,\frac{d^2u}{dr^2}+\frac{du}{dr}=-\frac{p_1-p_2}{L\,\eta}\,r\,,$$

$$\frac{d^2u}{dr^2}+\frac{1}{r}\,\frac{du}{dr}=-\frac{p_1-p_2}{L\,\eta}\,.$$

Das kann leicht auf (7) S. 203 zurückgeführt werden. Wenn man

$$\frac{du}{dr}=y$$

und

$$\frac{p_1-p_2}{L\,\eta}=a$$

setzt, erhält man

$$\frac{dy}{dr}+\frac{y}{r}=-a\,.$$

Das entspricht (7), daher ist nach (8) das Integral

$$y=\frac{C}{r}-a\,\frac{r}{2}$$

oder

$$\frac{du}{dr}=\frac{C}{r}-\frac{p_1-p_2}{L\,\eta}\,\frac{r}{2}\,.$$

Daraus folgt durch eine weitere Integration

$$u=C\ln r-\frac{p_1-p_2}{4\,\eta\,L}\,r^2+C'\,.$$

Da für $r = 0$ die Geschwindigkeit einen endlichen Wert hat, ist $C = 0$. Da die Flüssigkeit nach Voraussetzung an der Wand ruht, ist für $r = R$, $u = 0$ und somit

$$C' = \frac{p_1 - p_2}{4\,\eta\,L}\,R^2\,,$$

und daher gibt

$$u = \frac{p_1 - p_2}{4\,\eta\,L}\,(R^2 - r^2)$$

die Strömungsgeschwindigkeit in ihrer Abhängigkeit vom Abstand (r) der Schichte von der Rohrachse. Dieses u haben wir zunächst gesucht.

Mit dieser Formel kann auch das pro Sekunde durch den Querschnitt der Kapillare strömende Flüssigkeitsvolumen leicht berechnet werden.

Durch einen differentialen Kreisring mit dem Mittelpunkt in der Rohrachse, dem inneren Radius r und der Dicke dr strömt je Sekunde

$$2\,\pi\,r\,u\,dr = 2\,\pi\,\frac{p_1 - p_2}{4\,\eta\,L}\,(R^2 - r^2)\,r\,dr\,,$$

durch den gesamten Querschnitt daher je Sekunde

$$\int\limits_0^R 2\pi\,r\,u\,dr = \int\limits_0^R \frac{\pi}{2}\,\frac{p_1 - p_2}{L\,\eta}\,(R^2 - r^2)\,r\,dr = \frac{\pi}{2}\,\frac{p_1 - p_2}{L\,\eta}\int\limits_0^R (R^2 - r^2)\,r\,dr$$

$$= \frac{\pi}{2}\,\frac{p_1 - p_2}{\eta\,L}\left[R^2\,\frac{r^2}{2} - \frac{r^4}{4}\right]_{r=0}^{r=R} = \frac{\pi}{2}\,\frac{p_1 - p_2}{\eta\,L}\left(\frac{R^4}{2} - \frac{R^4}{4}\right) = \frac{\pi}{8}\,\frac{p_1 - p_2}{\eta\,L}\,R^4\,.$$

Es ist daher das in der Zeit t durch die Kapillare strömende Flüssigkeitsvolum

$$V = \frac{\pi}{8}\,\frac{p_1 - p_2}{\eta\,L}\,R^4\,t\,.$$

Diese Gleichung wird das POISEUILLEsche Gesetz genannt[1]).

Es kann verwendet werden, um bei bekannten Abmessungen der Kapillare aus dem in der Zeit t durchgepreßten Flüssigkeitsvolum die Viskosität η der Flüssigkeit zu bestimmen.

Weitere Anwendungen der Differentialgleichung $\dfrac{d\,y}{d\,x} + X_1\,y = X_2$.

Eine Masse m bewege sich in einem Mittel, dessen Widerstand proportional der Geschwindigkeit v ist, unter Einwirkung einer Kraft, die als Zeitfunktion $f\,(t)$ gegeben ist. In sinngemäßer Erweiterung des S. 100 Gegebenen ersetzt man $\dfrac{K}{m}$ durch eine Zeitfunktion und erhält

$$\frac{d\,v}{d\,t} + \frac{a}{m}\,v = f\,(t)\,.$$

Daraus folgt nach (6) auf S. 203 für die Geschwindigkeit in ihrer Abhängigkeit von der Zeit

$$v = e^{-\frac{a}{m}t}\int e^{\frac{a}{m}}\,f\,(t)\,dt + C\,e^{-\frac{a}{m}t}\,.$$

Eine andere Anwendung der hier behandelten Differentialgleichung in der chemischen Kinetik kann hier nur angedeutet werden[2]).

Ist die Konzentration (x) eines reagierenden Stoffes in ihrer Beziehung zur Zeit (t) gegeben durch

$$\dot{x} = x\,\varphi\,(t) + \psi\,(t)\,,$$

---

1) Wegen den Maßeinheiten siehe S. 257.
2) A. SKABAL, Mh. Chem. **64**, 296 (1934).

so lautet das Integral nach (6) auf S. 203

$$x = e^{\int \varphi(t)\,dt}\,[\int e^{-\int \varphi(t)\,dt}\,\psi(t)\,dt + C]\,.$$

$$\begin{array}{llll} t & \text{entspricht dem} & & x \\ x & \text{,,} & \text{,,} & y \\ -\varphi(t) & \text{,,} & \text{,,} & X_1 \\ \psi(t) & \text{..} & \text{,,} & X_2 \ \text{der behandelten Differentialgleichung} \end{array}$$

Die gewöhnliche Differentialgleichung zweiter Ordnung

$$\frac{d^2y}{dx^2} + 2\,P\,\frac{dy}{dx} + Q\,y = 0\,.$$

Lösung durch einen Ansatz. — Wir behandeln nur die praktisch außerordentlich wichtige Differentialgleichung

$$(1) \qquad \frac{d^2y}{dx^2} + 2\,P\,\frac{dy}{dx} + Q\,y = 0 \qquad (P,\ Q \ \text{Konstante})\,.$$

Da in dieser Gleichung nur erste Potenzen von y und seinen Differential-quotienten, auch keine Produkte dieser Größen auftreten, nennt man sie eine **lineare Differentialgleichung**. Man nennt sie **homogen**, weil sie kein Glied enthält, das von y oder einem Differentialquotienten von y frei ist. Die Koeffizienten P und Q, die im allgemeinen auch Funktionen von x sein können, enthalten hier kein x. (1) ist also eine lineare, homogene Differentialgleichung zweiter Ordnung mit konstanten Koeffizienten[1]).

Wir lösen sie mit Hilfe eines **Ansatzes**, d. h. wir versuchen aus einer Funktion von x, die zwei Konstante enthält und von der wir vermuten, daß aus ihr eine Lösung gewonnen werden kann, die Konstanten so zu bestimmen, daß die vorgelegte Differentialgleichung befriedigt wird. Gelingt dies, so war die Vermutung richtig, und wir haben eine Lösung bekommen.

Wir versuchen dies mit dem Ansatz

$$(2) \qquad y = C\,e^{\alpha x}\,.$$

C und α sind Konstante, die man so bestimmen muß, daß (1) befriedigt wird. In (1) eingesetzt ergibt es

$$(3) \qquad C\,e^{\alpha x}\,(\alpha^2 + 2\,P\,\alpha + Q) = 0\,.$$

Da (3) für jeden Wert von x gelten soll und C von 0 verschieden sein muß, ist die Konstante α so zu wählen, daß der Klammerausdruck verschwindet. Die quadratische Gleichung, die wir durch Nullsetzen des Klammerausdruckes erhalten, hat zwei Wurzeln α_1 und α_2.

$$(4) \qquad \begin{aligned} \alpha_1 &= -P + \sqrt{P^2 - Q} \\ \alpha_2 &= -P - \sqrt{P^2 - Q}\,. \end{aligned}$$

Da (1) durch (2) befriedigt werden kann, ist dieser Ansatz brauchbar. Da C willkürlich ist, lauten die beiden Lösungen:

$$y_1 = C_1\,e^{\alpha_1 x}\,,$$
$$y_2 = C_2\,e^{\alpha_2 x}\,,$$

wo C_1 und C_2 willkürlich und α_1, α_2 durch (4) bestimmt sind. Durch Einsetzen in (1) kann man sich überzeugen, daß auch $Y = y_1 + y_2$ eine Lösung von (1) ist, und zwar die allgemeine, wie die Theorie zeigt. y_1 und y_2 nennt man partikuläre Lösungen (partikuläre Integrale).

---

[1]) Wegen einer ebensolchen Gleichung n-ter Ordnung siehe ROTHE III, S. 194.

Bei der allgemeinen Lösung unterscheidet man 2 Fälle, je nachdem die Wurzeln α_1 und α_2 reell oder komplex sind.

1. Ist $P^2 > Q$, dann sind α_1 und α_2 reell, und es ist

$$(5) \qquad Y = C_1\, e^{\alpha_1 x} + C_2\, e^{\alpha_2 x}.$$

C_1 und C_2 können aus den Anfangsbedingungen bestimmt werden. Für $x = 0$ sei $Y = A$ und $Y' = 0$. Wegen

$$Y' = \alpha_1\, C_1\, e^{\alpha_1 x} + \alpha_2\, C_2\, e^{\alpha_2 x}$$

ist

$$\alpha_1\, C_1 + \alpha_2\, C_2 = 0 .$$

Weiter ist $A = C_1 + C_2$, und daraus folgt

$$C_1 = \frac{A\,\alpha_2}{\alpha_2 - \alpha_1}$$

und

$$C_2 = - \frac{A\,\alpha_1}{\alpha_2 - \alpha_1} .$$

In (5) eingesetzt folgt

$$(6) \qquad Y = \frac{A}{\alpha_2 - \alpha_1}\, (\alpha_2\, e^{\alpha_1 x} - \alpha_1\, e^{\alpha_2 x}) .$$

Die allgemeine Lösung Y ist reell.

2. Ist $P^2 < Q$, dann sind α_1 und α_2 komplex S. 227. Wir setzen

$$\sqrt{P^2 - Q} = i\,\omega$$

und erhalten

$$Y = C_1\, e^{(-P+i\omega)x} + C_2\, e^{(-P-i\omega)x} = e^{-Px}\,(C_1\, e^{i\omega x} + C_2\, e^{-i\omega x}).$$

Verwendet man den Satz von EULER (S. 157), so wird

$$(7) \quad Y = e^{-Px}\,[C_1\,(\cos \omega x + i \sin \omega x) + C_2\,(\cos \omega x - i \sin \omega x)]$$
$$= e^{-Px}\,[(C_1 + C_2) \cos \omega x + i\,(C_1 - C_2) \sin \omega x].$$

Die allgemeine Lösung Y ist komplex.

Wir setzen Y in (1) ein. Da i beim Differenzieren wie eine andere Konstante erhalten bleibt, zerfällt die Gleichung in einen reellen und in einen imaginären Anteil, von denen jeder für sich 0 sein muß (S. 227). Sowohl

$$e^{-Px}\,(C_1 + C_2) \cos \omega x$$

als auch

$$e^{-Px}\,(C_1 - C_2) \sin \omega x$$

sind partikuläre Lösungen von (1). Die einzelnen Summanden mit einer Konstanten zu multiplizieren erübrigt sich, weil $(C_1 + C_2)$ und $(C_1 - C_2)$ jeden beliebigen Wert annehmen können. Die allgemeine Lösung im Reellen ist

$$(8) \qquad Y = e^{-Px}\,[(C_1 + C_2) \cos \omega x + (C_1 - C_2) \sin \omega x] .$$

Um in (8) nur eine Winkelfunktion, und zwar den Sinus zu erhalten, führen wir durch

$$C_1 + C_2 = -A \sin \gamma$$

und

$$C_1 - C_2 = A \cos \gamma$$

die neuen Konstanten A und γ ein, die sich für jeden Wert der alten ermitteln lassen, und erhalten mit dem 1. Additionstheorem (S. 279):

$$(9) \qquad Y = A\, e^{-Px}\,(\sin \omega x \cos \gamma - \cos \omega x \sin \gamma) = A\, e^{-Px} \sin (\omega x - \gamma) .$$

Die Maxima bzw. Minima nehmen mit zunehmendem x dem Betrage nach ab. Ihr Ort hängt von der Phasenverschiebung (γ) ab. Je größer γ ist, um so mehr sind die einzelnen Extremwerte nach rechts verschoben.

Aus dem verwendeten

$$\sqrt{P^2 - Q} = i\,\omega$$

ergibt sich die für das Folgende wichtige Gleichung

$$(10) \qquad \omega = \sqrt{Q - P^2}\,.$$

Einen Sonderfall von (1) erhält man, wenn das Glied mit dem ersten Differentialquotienten fehlt. Setzen wir $P = 0$, so kommen wir auf die S. 78 behandelte Differentialgleichung zweiter Ordnung

$$(11) \qquad \frac{d^2 y}{dx^2} + Q\,y = 0\,.$$

Ihre Lösung erhalten wir, wenn wir in (9) $P = 0$ setzen. Das gibt

$$(12) \qquad Y = A \sin(\omega\,x - \gamma)\,.$$

Die Maxima und Minima ändern ihren Wert mit zunehmendem x nicht, sondern haben immer den Wert $+A$ bzw. $-A$. Ihre Lage hängt von der Phasenverschiebung (γ) ab. Wegen $P = 0$ ist nach (10)

$$(13) \qquad \omega = \sqrt{Q}\,.$$

Anwendungen der Differentialgleichungen (1) und (11) auf Mechanik und Elektrizitätslehre. Bei allen diesen Anwendungen tritt die Zeit (t) als unabhängig Veränderliche auf. In der Lösung (9) stellt die Zeitfunktion eine Schwingung vor, deren Amplituden mit der Zeit abnehmen, wenn P einen positiven Wert hat. Es handelt sich um **gedämpfte Schwingungen.** Deswegen heißt (1) auch die Differentialgleichung der gedämpften Schwingungen. Das Glied $P\dfrac{dy}{dx}$ wird daher oft als Dämpfungsglied und P als Dämpfungskonstante bezeichnet. Bei großer Dämpfung ($P^2 > Q$) ist die Lösung (6) keine periodische Funktion, wir haben eine aperiodische Lösung. Behalten die Amplituden aber ihren Wert unverändert bei wie die in (12) dargestellten Schwingungen, dann nennt man sie **ungedämpfte Schwingungen.** Dementsprechend nennt man (11) die Differentialgleichung der ungedämpften Schwingungen[1]).

Beispiele. — 1. Zwei gedehnte Federn, die beide dem Hookeschen Gesetz (S. 47) gehorchen, halten eine Masse (m) im Gleichgewicht. Verschiebt man m in der durch die Achse der Federn gehenden Richtung um s (nach rechts $+$, nach links $-$ gezählt), so wird m mit einer Kraft $\varepsilon\,s$ in die Ruhelage $s = 0$ zurückgezogen. Die Konstante ε ist die Steife der Federnanordnung. Diese elastische Kraft sucht die Beschleunigung $(\ddot{s})$ rechts von 0 zu verkleinern, links von 0 zu vergrößern. Es ist daher

$$m\,\ddot{s} = -\varepsilon\,s$$

oder

$$(14) \qquad \ddot{s} + \frac{\varepsilon}{m}\,s = 0\,.$$

Abb. 98. Die von zwei Federn gehaltene Masse m ist ein linearer Oszillator.

Das ist eine Differentialgleichung von der Form (11), bei der die Konstante $\dfrac{\varepsilon}{m}$ dem Q entspricht. Daher ist

$$(15) \qquad \omega = \sqrt{Q} = \sqrt{\frac{\varepsilon}{m}}$$

und wir erhalten durch (12)

$$(16) \qquad s = A \sin(\omega\,t - \gamma)\,.$$

---

[1]) Wegen der hier nicht behandelten, aber praktisch wichtigen erzwungenen Schwingungen siehe Rothe III, S. 206.

Die Masse (m) führt also unter Einwirkung der elastischen Kraft der Federn ungedämpfte Sinusschwingungen aus. Die in der Abbildung dargestellte Vorrichtung ist ein Beispiel für einen linearen harmonischen Oszillator. Die Schwingungsdauer T ist dadurch gegeben, daß einer Zunahme des Arguments des Sinus um 2π eine volle Periode entspricht (S. 64). Daraus folgt

$$\omega T = 2\pi$$

und

$$T = \frac{2\pi}{\omega}.$$

Wegen (15) ist

$$T = 2\pi\sqrt{\frac{m}{\varepsilon}}.$$

Je größer $\dfrac{\text{die bewegte Masse}}{\text{die Steife der Federnanordnung}}$, um so $\dfrac{\text{größer}}{\text{kleiner}}$ ist die Schwingungsdauer. Durch die Anfangsbedingung kann die Konstante γ festgelegt werden. Es sei $s = A$ für $t = 0$. Dann ist

$$A = A \sin(-\gamma).$$

$$\sin(-\gamma) = 1,$$

$$\gamma = -\frac{\pi}{2}.$$

In (16) eingesetzt

$$s = A \sin\left(\omega t + \frac{\pi}{2}\right) = A \cos \omega t. \qquad\qquad \text{(S. 279)}$$

Durch die Phasenverschiebung um $\dfrac{\pi}{2}$, um eine Viertelperiode, ergibt sich aus der durch (16) wiedergegebenen Schwingung eine durch Kosinus dargestellte.

Wenn wir γ allgemein aus (16) für eine Schwingung bestimmen, bei der $s = 0$ für $t = t_0$ ist, so muß für

$$0 = A \sin(\omega t_0 - \gamma),$$

$$\sin(\omega t_0 - \gamma) = 0$$

sein. Diese Bedingung wird erfüllt durch

$$\gamma = \omega t_0.$$

Für diese Anfangsbedingung wird daher

$$s = A \sin[\omega(t - t_0)].$$

In dieser Gleichung wurde statt der Phasenverschiebung γ der Zeitpunkt t_0 eingeführt, in dem m nach rechts gehend die Ruhelage passiert.

Wir verwenden dieselbe Versuchsanordnung wie früher, betten aber das Ganze in eine zähe Flüssigkeit, die die Bewegungen der Masse mit einer Widerstandskraft bremst, die proportional der Geschwindigkeit $(\dot{s})$ der Masse ist. Der Proportionalitätsfaktor, der Widerstandskoeffizient, ist a. Bewegt sich m nach rechts $(\dot{s} > 0)$, so wird $\ddot{s}$ durch den Widerstand verkleinert und umgekehrt. Der Betrag der Geschwindigkeit wird auf jeden Fall verkleinert.

$$m\ddot{s} = -\varepsilon s - a\dot{s}.$$

Von der Federkraft ist $a\dot{s}$ abzuziehen.

Die Differentialgleichung ist

$$(17) \qquad\qquad \ddot{s} + \frac{a}{m}\dot{s} + \frac{\varepsilon}{m} s = 0.$$

Sie entspricht (1) mit $P = \dfrac{a}{2m}$ und $Q = \dfrac{\varepsilon}{m}$.

Wenn $\dfrac{a^2}{4\,m^2} < \dfrac{\varepsilon}{m}$ ist, so ist die Lösung durch (9) gegeben und lautet

$$(18) \qquad\qquad s = A\,e^{-\frac{a}{2m}t}\sin(\omega\,t - \gamma). \qquad\qquad \text{(Abb. 99)}$$

Die Masse vollführt wegen der Reibungskraft gedämpfte Schwingungen. Beim Zeichnen von (18) im Koordinatensystem mit t als Abszisse und s als Ordinate ist zu beachten, daß $\sin(\omega\,t - \gamma)$ zwischen $+1$ und -1 schwankt, daß daher s zwischen den beiden Exponentialkurven $A\,e^{-\frac{a}{2m}t}$ und $-A\,e^{-\frac{a}{2m}t}$ liegen muß. Wo der Sinus gleich ± 1 ist, hat s einen Punkt mit der $\genfrac{}{}{0pt}{}{\text{oberen}}{\text{unteren}}$ Exponentialkurve gemeinsam. Man sieht leicht ein, daß in diesen Punkten auch die Tangenten an s und an die Exponentialkurven zusammenfallen. Denn aus (18) folgt

$$\dot{s} = A\,e^{-\frac{a}{2m}t}\left[\omega\cos(\omega\,t - \gamma) - \frac{a}{2m}\sin(\omega\,t - \gamma)\right].$$

Für jene Werte von t, für die der Sinus gleich ± 1 wird, wird der Kosinus gleich 0 und es wird

$$\dot{s} = \mp A\,\frac{a}{2m}\,e^{-\frac{a}{2m}t},$$

also gleich mit der Steigung der $\genfrac{}{}{0pt}{}{\text{oberen}}{\text{unteren}}$ Exponentialkurve für das betreffende t. Für die Schwingungsdauer T, die Zeit zwischen 2 Durchgängen durch die Ruhelage in derselben Richtung, folgt aus (18) wieder

$$T = \frac{2\pi}{\omega}.$$

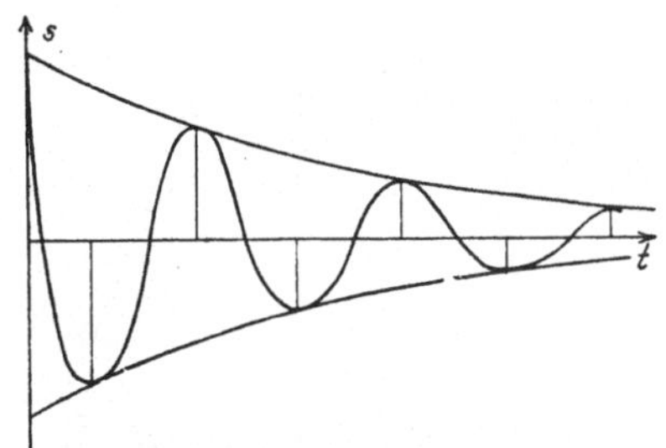

Abb. 99. Zeit-Weg-Diagramm einer gedämpften Schwingung.

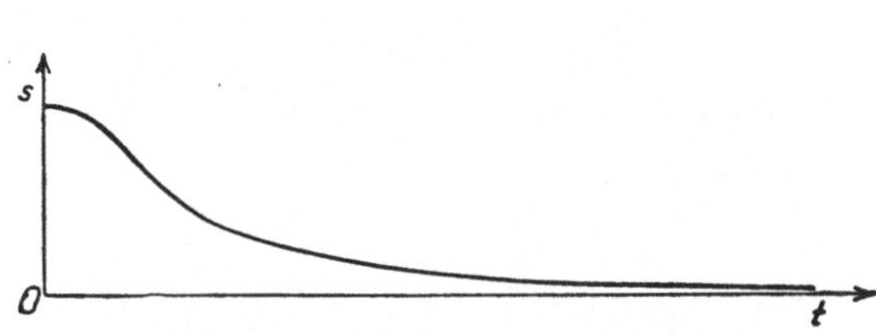

Abb. 100. Zeit-Weg-Diagramm einer aperiodischen Schwingung.

Aber hier ist nach (10)

$$\omega = \sqrt{Q - P^2} = \sqrt{\frac{\varepsilon}{m} - \frac{a^2}{4\,m^2}} = \frac{\sqrt{4\,\varepsilon\,m - a^2}}{2\,m}$$

und daher

$$T = 2\pi\,\frac{2\,m}{\sqrt{4\,\varepsilon\,m - a^2}}, \text{ also größer als bei fehlender Dämpfung } (a = 0).$$

Wenn $\dfrac{a^2}{4\,m^2} > \dfrac{\varepsilon}{m}$ ist, so ist nach (6) s eine Exponentialfunktion der Zeit. Wegen der zu großen Dämpfung kommt es überhaupt nicht zu Schwingungen, sondern die Masse kriecht in die Ruhelage zurück und erreicht sie erst für $t \to \infty$. Diese „aperiodische Schwingung" ist im Schaubild (Abb. 100) dargestellt.

2. **Torsionsschwingungen.** An einem Faden (dünnem Draht) ist ein Körper mit dem Trägheitsmoment J symmetrisch aufgehängt. Verdrillt man ihn um den Winkel φ, so übt die Aufhängung auf den Körper ein Drehmoment $D\varphi$ aus. Die Direktionskraft D ist eine Konstante. Fehlen Dämpfungskräfte, dann wird das Drehmoment ausschließlich dazu verwendet, dem Körper eine Winkelbeschleunigung $\ddot\varphi$ zu erteilen. Nach der Grundgleichung für die Drehbewegung starrer Systeme ist

$$J\,\ddot\varphi = -D\,\varphi\,.$$

Daher ist

$$\ddot\varphi + \frac{D}{J}\,\varphi = 0\,, \quad \text{was mit} \quad \frac{D}{J} = Q \text{ der Gleichung (11) entspricht.}$$

Daher ist nach (12) und (13)

$$\omega = \sqrt{\frac{D}{J}}$$

und

$$\varphi = A\,\sin\,(\omega\,t - \gamma)\,.$$

Der Körper vollführt ungedämpfte Torsionsschwingungen um die Ruhelage mit der Amplitude A und der Schwingungsdauer $T = \dfrac{2\,\pi}{\omega} = 2\,\pi\,\sqrt{\dfrac{J}{D}}$. Die Schwingungsdauer ist um so $\dfrac{\text{größer}}{\text{kleiner}}$, je größer $\dfrac{\text{das Trägheitsmoment}}{\text{die Direktionskraft}}$ ist.

Findet Dämpfung statt, d. h. bewegt sich der sich drehende Körper in einem widerstehenden Mittel, dessen Widerstand proportional der Winkelgeschwindigkeit mit dem Proportionalitätsfaktor a ist, dann kommt in der Differentialgleichung noch das Dämpfungsglied $a\,\dot\varphi$ hinzu, und man erhält

$$J\,\ddot\varphi + a\,\dot\varphi + D\,\varphi = 0$$

und daraus

$$\ddot\varphi + \frac{a}{J}\,\dot\varphi + \frac{D}{J}\,\varphi = 0\,.$$

Die Differentialgleichung entspricht (1) und hat daher für kleine Dämpfung $\dfrac{a^2}{4\,J^2} < \dfrac{D}{J}$ nach (9) die Lösung

$$\varphi = A\,e^{-\frac{a}{2J}\,t}\,\sin\,(\omega\,t - \gamma)\,.$$

Die Amplituden nehmen analog den gedämpften elastischen Schwingungen ab.

Derartige gedämpfte Schwingungen vollführt z. B. die Spule eines Drehspulengalvanometers. Um beim Galvanometer eine raschere Abnahme der Amplituden und dadurch eine kürzere Einstellzeit zu erreichen, vergrößert man häufig seine Dämpfung. Das erreicht man bequem, wenn man die Spulen-

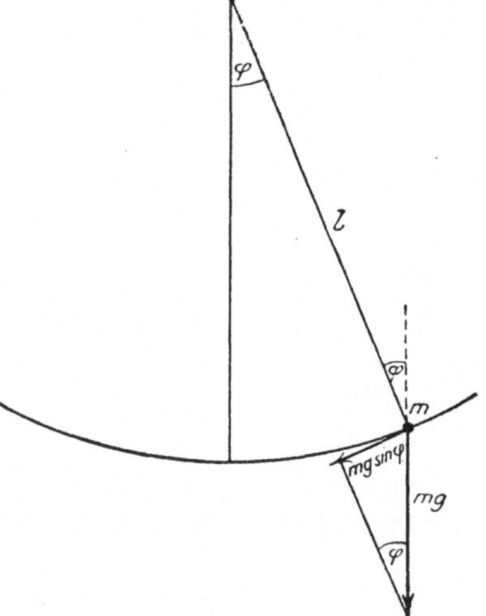

Abb. 101.
Das mathematische Pendel.

enden durch einen Leiter verbindet. Verringert man dessen Widerstand, so wächst die elektromagnetische Dämpfung. Bei entsprechend kleinem Widerstand wird $\dfrac{a^2}{4\,J^2} > \dfrac{D}{J}$, so daß nach (6) φ eine Exponentialfunktion der Zeit wird („aperiodische Schwingung"). Es entsteht die unerwünschte kriechende Einstellung des Galvanometers in die Ruhelage.

3. **Das mathematische Pendel** besteht aus einem Massenpunkt von der Masse m, der an einem gewichtslosen undehnbaren Faden von der Länge l aufgehängt ist und der Wirkung der Schwere unterliegt. Die Schwere erteilt ihm die Beschleunigung g vertikal nach abwärts und wirkt auf ihn mit der vertikal

nach abwärts gerichteten Kraft $m\,g$. Er kann sich nur auf einem Kreisbogen vom Radius l bewegen. In der Richtung dieser Bewegung wirkt eine Kraftkomponente $m\,g \sin \varphi$. Der Ausschlag des Pendels ist φ. Diese Kraftkomponente zieht das Pendel in die Ruhelage zurück und erteilt ihm eine Beschleunigung, die bei positivem φ negativ, bei negativem φ positiv ist. Da der Abstand von der Ruhelage längs des Kreisbogens vom Radius l gemessen $l\varphi$ ist, ist die lineare Beschleunigung $l\ddot{\varphi}$. Nach dem Grundgesetz der Dynamik ist

$$m\,l\,\ddot{\varphi} = -\,m\,g \sin \varphi$$

und daher

$$\ddot{\varphi} = -\frac{g}{l} \sin \varphi \,.$$

Für kleine Winkel kann man den Sinus mit dem Bogen vertauschen (S. 21) und erhält[1])

$$\ddot{\varphi} = -\frac{g}{l}\, \varphi \,.$$

Diese Differentialgleichung entspricht (11) mit $\sqrt{Q} = \omega = \sqrt{\dfrac{g}{l}}$, daher ist die Lösung

$$\varphi = A \sin (\omega\,t - \gamma) \,.$$

Das Pendel vollführt ungedämpfte Schwingungen um die Ruhelage. Die Schwingungsdauer ist

$$T = 2\,\pi \sqrt{\frac{l}{g}} \,.$$

Diese Formel wurde schon S. 75 bei einem Beispiel verwendet.

4. **Elektrische Schwingungen.** Ein Kondensator von der Kapazität C sei auf die Spannung E geladen, so daß sich auf seiner Belegung die Elektrizitätsmenge

$$(19) \qquad\qquad Q = C\,E$$

befindet (S. 6). Wir verbinden die Belegungen durch einen widerstandslosen Draht mit der großen Selbstinduktion L. Wegen $R = 0$ lautet die HELMHOLTZsche Gleichung (S. 60)

$$(20) \qquad\qquad L\,\frac{dJ}{dt} = E \,.$$

J kann man durch E ausdrücken, so daß man eine Differentialgleichung für E bekommt. Die Stromstärke J ist durch die sekundliche Abnahme der Ladung des Kondensators gegeben. Es ist daher unter Verwendung von (19)

$$J = -\frac{dQ}{dt} = -\,C\,\frac{dE}{dt} \,,$$

so daß

$$\frac{dJ}{dt} = -\,C\,\frac{d^2 E}{dt^2} \,.$$

Das ergibt in (20) eingesetzt

$$\frac{d^2 E}{dt^2} + \frac{1}{LC}\, E = 0 \,.$$

Nach (11) ist das die Differentialgleichung der ungedämpften Schwingung mit

$$\omega = \frac{1}{\sqrt{LC}} \,.$$

---

[1]) Wegen der prinzipiellen Frage, ob die Lösung einer Näherungsgleichung auch wirklich die Näherung der Lösung der genauen Gleichung ist, siehe ROTHE III, S. 178ff.

Nach (12) ist

$$E = A \sin(\omega t - \gamma).$$

Verbindet man die Belege des Kondensators leitend, dann treten ungedämpfte, elektrische Schwingungen auf, deren Schwingungsdauer

$$T = \frac{2\pi}{\omega} = 2\pi \sqrt{LC}$$

ist. Diese für die Hochfrequenz wichtige Formel wird die THOMSONsche Formel genannt.

Hat der Schließungsdraht einen Widerstand, der nicht vernachlässigt werden kann, so bleibt das Glied RJ in der HELMHOLTZschen Gleichung erhalten. Aus

$$RJ + L\frac{dJ}{dt} = E$$

erhält man durch die gleichen Substitutionen wie früher

$$-RC\frac{dE}{dt} - LC\frac{d^2E}{dt^2} = E$$

und daraus

$$\frac{d^2E}{dt^2} + \frac{R}{L}\frac{dE}{dt} + \frac{E}{CL} = 0,$$

entsprechend der Differentialgleichung für gedämpfte Schwingungen (1), wobei nach (7)

$$\omega = \sqrt{Q - P^2} = \sqrt{\frac{1}{CL} - \frac{R^2}{4L^2}} = \frac{\sqrt{4CL - C^2R^2}}{2CL}.$$

Ist $\dfrac{R^2}{4L^2} < \dfrac{1}{CL}$, so entlädt sich der Kondensator oszillatorisch, und es ist nach (9)

$$E = A\, e^{-\frac{R}{2L}t} \sin(\omega t - \gamma).$$

Die gedämpften elektrischen Schwingungen spielten in der ersten Zeit der drahtlosen Telegraphie eine wichtige Rolle.

Will man ungedämpfte elektrische Schwingungen in der Praxis erzeugen, so gelingt dies nur, wenn man dem Kondensator Elektrizität und damit Energie zuführt. Diese Energiezufuhr ersetzt die Energieverluste infolge des Widerstandes des Leiters zwischen den Kondensatorbelegungen. Die Schwingungsdauer der gedämpften Schwingungen ist durch

$$T = \frac{2\pi}{\omega},$$

daher

$$T = 2\pi\, \frac{2CL}{\sqrt{4CL - C^2R^2}}$$

gegeben, also gegenüber der der ungedämpften Schwingung vergrößert.

Ist $\dfrac{R^2}{4L^2} > \dfrac{1}{CL}$, so wird E nach (6) eine Exponentialfunktion der Zeit, der Kondensator entlädt sich ohne Schwingungen (aperiodisch).

Simultane (gleichzeitige) Differentialgleichungen

Mit diesem Namen bezeichnet man Systeme von Differentialgleichungen, die zwei oder mehrere abhängig Veränderlichen einer unabhängig Veränderlichen und Differentialquotienten nach dieser unabhängig Veränderlichen enthalten.

Beim Auflösen eines Systems simultaner Differentialgleichungen versucht man durch geeignete Kombination der vorgelegten Gleichungen eine Differentialgleichung für eine der abhängig Veränderlichen allein zu gewinnen. Die Differentialgleichungen können zu diesem Zwecke — wie beim folgenden Beispiel — weiter differenziert werden. Ein allgemeines Lösungsverfahren kann man hier ebensowenig wie bei der gewöhnlichen Differentialgleichung angeben.

Beispiel. — Der Punkt P bewege sich mit konstanter Lineargeschwindigkeit v und konstanter Winkelgeschwindigkeit $\omega = \dfrac{v}{r}$ auf einem Kreis vom Radius r, in dessen Mittelpunkt der Ursprung eines rechtwinkligen Koordinatensystems gelegt ist. Die Geschwindigkeit von P', der Projektion von P auf x, ist gleich der Projektion von v auf x. Da der Winkel zwischen v und x gleich dem bei P im rechtwinkeligen Dreieck $P\,O\,P'$ ist, weil $v \perp O\,P$, $x \perp P\,P'$, so ist

$$(1) \qquad \frac{dx}{dt} = v\,\frac{y}{r} = \omega\,y\,.$$

Analog findet man

$$(2) \qquad \frac{dy}{dt} = -\,v\,\frac{x}{r} = -\,\omega\,x\,.$$

Wir wollen diese simultanen Differentialgleichungen lösen, d. h. x und y als Funktionen von t darstellen, indem wir (1) nach t differenzieren und das dabei entstandene $\dfrac{dy}{dt}$ durch (2) eliminieren.

$$\frac{d^2x}{dt^2} = \omega\,\frac{dy}{dt}\,,$$

$$\frac{d^2x}{dt^2} = -\,\omega^2\,x\,.$$

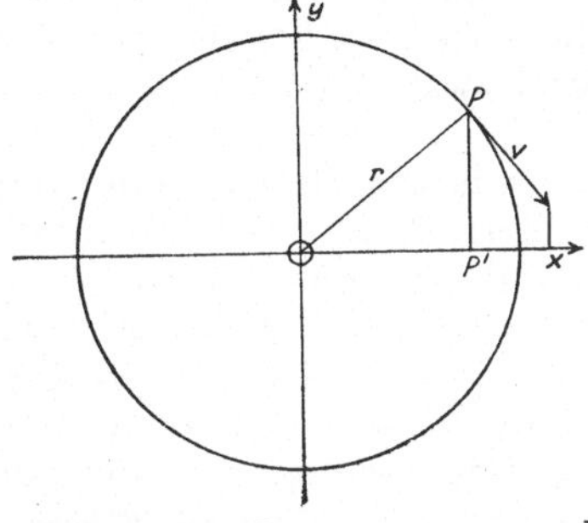

Abb. 102. Bewegung von P längs des Kreises mit konstanter Geschwindigkeit führt auf ein Paar simultaner Differentialgleichungen.

Die x-Koordinate des Punktes P vollführt ungedämpfte, sinusförmige Schwingungen (S. 209). Ihre Amplitude ist r. Dann ist

$$x = r \sin (\omega\,t - \gamma)\,.$$

Durch Einsetzen dieses Wertes in (2) folgt

$$\frac{dy}{dt} = -\,\omega\,r \sin (\omega\,t - \gamma)$$

und daraus durch Integration

$$y = r \cos (\omega\,t - \gamma)\,.$$

Die Integrationskonstante ist 0, weil $x^2 + y^2 = r^2$.

Eine Reihe interessanter, aber schwieriger Beispiele findet man unter den Gleichungssystemen, die für die Geschwindigkeit chemischer Reaktionen mit Nebenwirkungen aufgestellt wurden. Insbesondere sei auf die Betrachtungen von WEGSCHEIDER, Monatshefte für Chemie **21**, 593 (1900) und A. SKRABAL, ebendort **64**, 292 (1934) hingewiesen.

Partielle Differentialgleichungen

Die partiellen Differentialgleichungen bilden in gewisser Hinsicht das Gegenstück zu den simultanen, da eine partielle Differentialgleichung eine abhängig Veränderliche und mehrere unabhängig Veränderliche enthält.

Ordnung und Grad haben bei den partiellen Differentialgleichungen dieselbe Bedeutung wie bei den gewöhnlichen.

Die Differentialgleichung $\boxed{\dfrac{\partial^2 y}{\partial t^2} = c^2 \dfrac{\partial^2 y}{\partial x^2}}$ — Wir beschäftigen uns nur mit der S. 179 behandelten partiellen Differentialgleichung zweiter Ordnung

$$(1) \qquad \frac{\partial^2 y}{\partial t^2} = c^2 \frac{\partial^2 y}{\partial x^2} \, .$$

Sie wird durch

$$(2) \qquad y = f_1 \,(x - c\,t)$$

befriedigt. Wie man sich durch Ausrechnen überzeugt, ist auch

$$(3) \qquad y = f_2 \,(x + c\,t)$$

eine Lösung. f_1 und f_2 sind willkürliche, voneinander verschiedene Funktionen des Argumentes $(x - c\,t)$ bzw. $(x + c\,t)$. c ist die Geschwindigkeit, mit der das geänderte y in der x-Richtung fortschreitet, und zwar in der positiven bei Lösung (2), in der negativen bei Lösung (3).

Saitenschwingungen. — Zunächst deuten wir an, wie die Betrachtung von Schwingungen, die sich an einer unbegrenzten Saite fortpflanzen, auf (1) führt.

Eine Saite von der Liniendichte ϱ sei mit der Kraft P gespannt. Die Richtung der ruhenden Saite sei die Abszissenachse. Wir betrachten ein Saitenelement von der Länge dx, das die Masse $\varrho\,dx$ hat. Es wird um den kleinen Betrag y normal aus seiner Ruhelage herausgezogen. Wir sehen davon ab, daß es dabei eine Verlängerung erleidet. Das Produkt aus Masse mal Beschleunigung in der auf die Saite normalen y-Richtung ist für dieses Element gegeben durch $\varrho\,\dfrac{\partial^2 y}{\partial t^2}\,dx$. Nach dem Grundgesetz der Dynamik ist dieser Ausdruck gleich der Kraft, die dem Element die Beschleunigung $\dfrac{\partial^2 y}{\partial t^2}$ erteilt.

Die genaue Analyse des Problems[1]) zeigt, daß die das Element in die Ruhelage zurückziehende Kraft gegeben ist durch

$$P \,\frac{\partial^2 y}{\partial x^2}\,dx \, .$$

Ist die Saite an der betreffenden Stelle gerade, $\dfrac{\partial^2 y}{\partial x^2} = 0$, so sind die an seinen Enden angreifenden Kräfte entgegengesetzt gerichtet und heben sich auf. Ist sie bei Ausschlag nach oben $(y > 0)$ nach unten hohl, ist also $\dfrac{\partial^2 y}{\partial x^2} < 0$, so wird das Element heruntergezogen usw. Es ist also

$$\varrho\,\frac{\partial^2 y}{\partial t^2}\,dx = P_i\frac{\partial^2 y}{\partial x^2}\,dx \, ,$$

$$\frac{\partial^2 y}{\partial t^2} = \frac{P}{\varrho}\,\frac{\partial^2 y}{\partial x^2}$$

und mit $\dfrac{P}{\varrho} = c^2$

$$\boxed{\frac{\partial^2 y}{\partial t^2} = c^2 \,\frac{\partial^2 y}{\partial x^2}} \, .$$

So sind wir auf (1) gekommen. Man nennt diese Gleichung die Differentialgleichung der schwingenden Saite oder nach ihrem Entdecker die D'ALEMBERTsche Differentialgleichung[2]). Sie ist die wichtigste partielle Differentialgleichung der Physik.

---

[1]) Siehe z. B. K. DARROW, Elementare Einführung in die Wellenmechanik (Leipzig 1929), S. 22.

[2]) Ihre Prüfung auf Dimensionsgleichheit siehe S. 257.

Man schreibt (1) auch unter Verwendung der Lagrangeschen Bezeichnung $'$ für eine partielle Ableitung nach x und von $\,\dot{}\,$ für eine partielle Ableitung nach t

$$\ddot{y} = c^2\, y''\,.$$

$c = \sqrt{\dfrac{P}{\varrho}}$ ist die Geschwindigkeit, mit der sich eine Störung des Gleichgewichtes der gespannten Saite in der x-Richtung fortpflanzt.

Die Geschwindigkeit ist um so $\dfrac{\text{größer}}{\text{kleiner}}$, je größer die $\dfrac{\text{Saitenspannung}}{\text{Liniendichte der Saite}}$ ist.

Die Maxwellschen Gleichungen sind partielle Differentialgleichungen, die örtliche Änderungen des elektrischen Feldes mit zeitlichen des magnetischen verknüpfen und umgekehrt örtliche des magnetischen mit zeitlichen des elektrischen.

Die Komponenten der elektrischen bzw. magnetischen Feldstärken in der x-, y- und z-Richtung des kartesischen räumlichen Rechtskoordinatensystems sind E_x, E_y, E_z bzw. H_x, H_y, H_z. Für einen Isolator lauten dann die Maxwellschen Gleichungen

$$\frac{\partial E_z}{\partial y} - \frac{\partial E_y}{\partial z} = - \frac{\mu}{c}\frac{\partial H_x}{\partial t} \qquad\qquad \frac{\partial H_z}{\partial y} - \frac{\partial H_y}{\partial z} = \frac{\varepsilon}{c}\frac{\partial E_x}{\partial t}$$

$$\frac{\partial E_x}{\partial z} - \frac{\partial E_z}{\partial x} = - \frac{\mu}{c}\frac{\partial H_y}{\partial t} \qquad\qquad \frac{\partial H_x}{\partial z} - \frac{\partial H_z}{\partial x} = \frac{\varepsilon}{c}\frac{\partial E_y}{\partial t}$$

$$\frac{\partial E_y}{\partial x} - \frac{\partial E_x}{\partial y} = - \frac{\mu}{c}\frac{\partial H_z}{\partial t} \qquad\qquad \frac{\partial H_y}{\partial x} - \frac{\partial H_x}{\partial y} = \frac{\varepsilon}{c}\frac{\partial E_z}{\partial t}$$

ε ist die Dielektrizitätskonstante, μ die magnetische Permeabilität des Isolators, c eine Konstante, die vom Maßsystem für E und H abhängt.

An einer bestimmten Stelle des Raumes bestehe ein elektrisches Feld von der Stärke E in der y-Richtung. Dann ist $E_y = E$, $E_x = E_z = 0$. Hört die Ursache, die das Feld erregt, plötzlich auf, so bricht es zusammen und erregt dadurch ein Magnetfeld, das durch sein Entstehen und Vergehen wieder ein elektrisches Feld erregt, so daß das elektrische Feld sich räumlich ausbreitet. Das magnetische Feld liegt in der z-Richtung, so daß $H_z = H$, $H_x = H_y = 0$ ist. Wir nehmen an, daß in jeder Ebene normal auf die x-Achse E und H sich bis in die Unendlichkeit unverändert erstrecken, daß also alle Differentialquotienten nach y und z verschwinden. Daher vereinfachen sich die Maxwellschen Gleichungen auf

$$(4) \qquad \frac{\partial E}{\partial x} = - \frac{\mu}{c}\frac{\partial H}{\partial t}\,.$$

$$(5) \qquad \frac{\partial H}{\partial x} = - \frac{\varepsilon}{c}\frac{\partial E}{\partial t}\,.$$

Das ist ein Paar von simultanen partiellen Differentialgleichungen.

Um für E als Funktion von x und t eine partielle Differentialgleichung zu bekommen, eliminieren wir H. Wir differenzieren (4) nach x und (5) nach t und erhalten

$$(6) \qquad \frac{\partial^2 E}{\partial x^2} = - \frac{\mu}{c}\frac{\partial^2 H}{\partial x\,\partial t}$$

und

$$(7) \qquad \frac{\partial^2 H}{\partial t\,\partial x} = - \frac{\varepsilon}{c}\frac{\partial^2 E}{\partial t^2}\,.$$

Wir setzen (7) in (6) ein und erhalten

$$\frac{\partial^2 E}{\partial x^2} = \frac{\varepsilon\,\mu}{c^2}\,\frac{\partial^2 E}{\partial t^2}\,.$$

und daraus

$$\frac{\partial^2 E}{\partial t^2} = \frac{c^2}{\varepsilon\,\mu}\,\frac{\partial^2 E}{\partial x^2}\,,$$

eine D'ALEMBERTsche Gleichung für E. Ein Vergleich mit (1) zeigt, daß sich E mit der Geschwindigkeit $\dfrac{c}{\sqrt{\varepsilon\,\mu}}$ in der x-Richtung verbreitet, und zwar in positiver Richtung, wenn wir die Lösung (2), in negativer, wenn wir die Lösung (3) annehmen. Für das Vakuum $\varepsilon = \mu = 1$ ist diese Geschwindigkeit c. Diese in MAXWELLs Gleichungen enthaltene Konstante wird aus elektrischen Messungen berechnet, sie ist gleich der Lichtgeschwindigkeit. Störungen des elektrischen Feldes pflanzen sich also im leeren Raume mit Lichtgeschwindigkeit fort. Das haben die Messungen von HERTZ bestätigt. In einem Isolator von der Dielektrizitätskonstante ε und der Permeabilität $\mu = 1$ ist die Geschwindigkeit nur $\dfrac{c}{\sqrt{\varepsilon}}$, ein Ergebnis, das die Messungen von DRUDE bestätigt haben.

Die an zwei Punkten geklemmte Saite. Eigenwerte. Eigenfunktion. — Um die Elongation y für jeden Punkt der Saite zu jeder Zeit berechnen zu können, verwenden wir die D'ALEMBERTsche Differentialgleichung für den Fall, daß eine Saite von der Länge L an den Enden eingespannt ist. Für $x = 0$ und für $x = L$ muß jederzeit $y = 0$ sein. Wir versuchen die Differentialgleichung durch den Ansatz

$$(8) \qquad\qquad y = f(x)\,g(t)\,,$$

bei dem also y das Produkt einer Funktion von x allein mit einer Funktion von t allein ist, zu lösen. Es ist

$$\ddot{y} = f(x)\,\ddot{g}(t)$$

und

$$y'' = f''(x)\,g(t)\,.$$

Das ergibt in D'ALEMBERTs Gleichung eingesetzt, wenn man statt c die Konstante u verwendet,

$$f(x)\,\ddot{g}(t) = u^2 f''(x)\,g(t)\,.$$

Trennung der Veränderlichen ergibt

$$\frac{\ddot{g}(t)}{u^2\,g(t)} = \frac{f''(x)}{f(x)}\,.$$

Links steht eine Größe, die nur t, rechts eine, die nur x enthält. Diese Größen können nur dann — wie es die Gleichung verlangt — einander gleich sein, wenn beide Seiten der Gleichung ein und derselben Konstanten gleich sind. Aus Rücksicht für das Folgende setzen wir sie $-m^2$, wobei m eine vorläufig noch unbestimmte Größe ist, und erhalten

$$\frac{f''(x)}{f(x)} = -m^2$$

und daraus

$$f''(x) = -m^2 f(x)\,,$$

was nach S. 78 Beispiel 5 gibt:

$$f(x) = A \sin m\,x + B \cos m\,x\,.$$

Ferner

$$\frac{\ddot{g}\,(t)}{u^2\,g\,(t)} = -\,m^2$$

und daraus

$$\ddot{g}\,(t) = -\,(m\,u)^2\,g\,(t)\,,$$

was nach S. 78 Beispiel 5 gibt

$$g\,(t) = C\,\sin m\,u\,t + D\cos m\,u\,t\,.$$

A, B, C, D sind Konstanten, über die wir ebenso wie über m noch verfügen können. Deshalb war der Ansatz (8) richtig. Die **Randbedingungen**, daß für $x = 0$ und $x = L$ zu jeder Zeit $y = 0$ sein soll, können nur befriedigt werden, wenn $f\,(x)$ für diese Werte des x verschwindet. Das ist mit $B = 0$ und einem m möglich, das bewirkt, daß $A\,\sin\,m\,x$ auch für $x = L$ verschwindet. Das ist nur der Fall, wenn $m\,L$ ein ganzzahliges Vielfaches von π ist. Es muß daher $m = \dfrac{k\pi}{L}$ sein, mit k als positiver, ganzer Zahl. Bemerkenswert ist, daß nur bestimmte diskrete (unzusammenhängende) Werte von k, die **Eigenwerte**, die Randbedingung erfüllen.

Wie man leicht einsieht, entfällt auf die Saitenlänge L eine ganze Zahl von halben Sinuswellen. $k = 1$ entspricht dem Grundton der Saite, $k = 2$ der Oktave usw. Bei dieser Wellenbewegung erreichen alle Punkte gleichzeitig die Amplitude, gehen gleichzeitig durch die Ruhelage usw., kurz alle haben die gleiche **Phase**. Die Saite schwingt in stehenden Wellen. Der Lösung (2) und (3) S. 216 hingegen entsprechen fortschreitende Wellen.

Durch die Eigenwerte wird die Wellenlänge der Saitenschwingungen und auch deren **Frequenz**, die Zahl der Schwingungen in der Sekunde, festgelegt. Nach den Gesetzen der Schwingungslehre ist die Frequenz, wenn die S aite als Ganzes (im Grundton) schwingt, $\dfrac{u}{2\,L}$, wenn sie in k Halbwellen schwingt, $\dfrac{k\,u}{2\,L}$. Man nennt diese durch die Saitenlänge L, die Spannung P und die Liniendichte ϱ festgelegten Frequenzen (Tonhöhen) die **Eigenfrequenzen** der Saite.

Führt man $m = \dfrac{k\,\pi}{L}$ in (8) ein, so erhält man die Eigenfunktionen y_k, die den Randbedingungen entsprechen.

$$y_k = \sin\frac{k\pi}{L}\,x\left(C_k\sin\frac{k\pi u}{L}\,t + D_k\cos\frac{k\pi u}{L}\,t\right).$$

Das ist die Gleichung der stehenden Welle.

Nach der Theorie der Differentialgleichungen ist in bestimmten Fällen die Möglichkeit vorhanden, eine überall eindeutige, endliche und stetige Lösung bei festgesetzten Randbedingungen für besondere Werte der in der Gleichung vorkommenden Konstanten (Parameter) zu bekommen. Diese bestimmten Werte werden als die **Eigenwerte** der Differentialgleichung bezeichnet.

Eigenfunktionen sind Lösungen der Differentialgleichung, die ihren Eigenwerten entsprechen.

Schrödingers Gleichung. — Die Differentialgleichung der schwingenden Saite

$$\ddot{y} = c^2\,y''$$

ist einer Verallgemeinerung in den drei Koordinatenrichtungen fähig.

ψ sei eine Größe, die vom Ort im dreidimensionalen Raume, also von x, y und z des kartesischen Koordinatensystems und von der Zeit t abhängt. $\dfrac{\partial^2\psi}{\partial t^2}$ ist dann ebenfalls von x, y, z abhängig. $\dfrac{\partial^2 \psi}{\partial t^2}$ ist im allgemeinen nicht dem $\dfrac{\partial^2 \psi}{\partial x^2}$ proportional, sondern $\Delta\psi$, der LAPLACEschen Ableitung des ψ. In der Beziehung

$$\frac{\partial^2 \psi}{\partial t^2} = u^2\, \Delta\psi$$

bedeutet u wieder die Geschwindigkeit der Ausbreitung von ψ (S. 216).

Vollführt ψ Sinusschwingungen mit der Kreisfrequenz ω, der Frequenz $\nu = \dfrac{1}{T}$, so ist (S. 78) Beispiel 5

$$\frac{\partial^2 \psi}{\partial t^2} = -\omega^2 \psi = -4\pi^2\, \nu^2 \psi\,.$$

Setzen wir dies in die obere Gleichung ein, so erhalten wir

$$\Delta\psi + \frac{4\,\pi^2\,\nu^2}{u^2}\,\psi = 0\,.$$

In SCHRÖDINGERs wellenmechanischer Auffassung wird unter Hinzuziehung einer von DE BROGLIE gegebenen Beziehung zwischen Länge der Materienwellen und Bewegungsgröße $m\,v$ eines bewegten Massenpunktes diese Gleichung transformiert in

$$\Delta\psi + \frac{8\,\pi^2\,m}{h^2}\,(E - V)\psi = 0\,.$$

Diese Gleichung ist wegen des LAPLACE-Operators eine partielle Differentialgleichung zweiter Ordnung. Da sie von SCHRÖDINGER aus den Vorstellungen der Materiewellen hergeleitet wurde, wird sie SCHRÖDINGERs Wellengleichung genannt. In ihr bedeutet m die Masse eines Partikels, etwa eines Elektrons, E seine Gesamtenergie, die sich aus seiner potentiellen (V) und seiner kinetischen zusammensetzt. Während V sich ändert, wenn das Elektron sich in einem elektrischen Felde bewegt, bleibt E konstant, solange nicht eine Änderung der Gesamtenergie des betrachteten Gebildes erfolgt. m, die Masse des Partikels, ändert sich bei den betrachteten Vorgängen nicht, h ist eine universelle Konstante, das elementare Wirkungsquantum. Wenn wir in einem speziellen Falle eine den gegebenen Randbedingungen gehorchende, physikalisch brauchbare, d. h. stetige, endliche und eindeutige Lösung von SCHRÖDINGERs Gleichung haben wollen, so muß E einen bestimmten Wert, den den Bedingungen des Problems angepaßten Eigenwert haben. Das Partikel kann nur bestimmte, unzusammenhängende, sich sprunghaft ändernde diskrete Werte der Energie besitzen.

Seit Beginn dieses Jahrhunderts hat es Schwierigkeiten gemacht, den Atomen und ihren Bestandteilen, den Elektronen, bestimmte diskrete Energiewerte auf Grund der Vorstellungen der klassischen Mechanik zuzuweisen, wie es PLANCKs Quantentheorie erforderte. Durch SCHRÖDINGER wurde dieses physikalische Problem der Quantelung der Energie auf ein rein mathematisches zurückgeführt, nämlich auf die Ermittlung von Eigenwerten einer Differentialgleichung. Für den Fall eines linearen harmonischen Oszillators (S. 210), den das sich in einem elektrischen Felde bewegende Elektron darstellen kann, folgt aus der entsprechenden Differentialgleichung für die Energie des Oszillators ein ungerades Vielfaches von $\dfrac{h\,\nu}{2}$, also $\dfrac{3\,h\,\nu}{2}$, $\dfrac{5\,h\,\nu}{2}$, $\dfrac{7\,h\,\nu}{2}$ $\cdots$

Für die nähere Ausführung des hier Angedeuteten sei auf die einschlägige Literatur verwiesen[1]).

---

[1]) Siehe etwa DÄNZER. Grundlagen d. Quantenmechanik (Dresden u. Leipzig 1935); FLÜGGE u. KREBS, Experimentelle Grundlagen der Wellenmechanik (Dresden u. Leipzig 1936).

Anhang

Algebra

Die Gleichheit zweier Größen bezeichnet man mit $=$, die angenäherte Gleichheit mit $\approx$ (häufig auch $\cong$, $\simeq$, $\doteq$, $-$), Näherungsformeln S. 250.

Identitätszeichen $\equiv$. Es bürgert sich in den Naturwissenschaften der Gebrauch ein, $\equiv$ anzuwenden, wenn eine Größe zur Abkürzung für einen komplizierteren Ausdruck eingeführt wird.

Die Verschiedenheit zweier Größen wird mit $\neq$ bezeichnet.

Entgegengesetzt gleich nennt man Größen gleichen Betrages, aber entgegengesetzten Vorzeichens.

Allgemeine Rechenregeln

Ist

$$a = b$$

und

$$c = b,$$

so folgt durch Vergleichung

$$a = c.$$

Sind zwei Größen einer dritten gleich, so sind sie auch untereinander gleich.

Mit Gleichem gleiche Operationen ausgeführt gibt Gleiches.

Für das Folgende werden nur positive Größen zugelassen.

$$a \overset{>}{\underset{<}{}} b \text{ bedeutet } a \text{ ist } \overset{\text{größer}}{\underset{\text{kleiner}}{}} \text{ als } b.$$

$$a \gtrless b \text{ bedeutet } a \text{ ist größer oder mindestens gleich } b.$$

1. Wenn

$$a \overset{>}{\underset{<}{}} b$$

und

$$m = n,$$

so ist

$$ma \overset{>}{\underset{<}{}} n b$$

und

$$\frac{a}{m} \overset{>}{\underset{<}{}} \frac{b}{n},$$

d. h. Ungleiches mit Gleichem multipliziert oder dividiert gibt Ungleiches mit demselben Ungleichheitszeichen.

2. Wenn

$$m = n$$

und

$$a \overset{>}{\underset{<}{}} b,$$

so ist

$$\frac{m}{a} \overset{<}{\underset{>}{}} \frac{n}{b},$$

d. h. Gleiches durch Ungleiches dividiert gibt Ungleiches mit entgegengesetztem Ungleichheitszeichen.

Es ist daher für

$$a \overset{>}{\underset{<}{}} b$$

$$\frac{1}{a} \overset{<}{\underset{>}{}} \frac{1}{b},$$

d. h. reziproke Werte (Kehrwerte) ungleicher Größen sind ungleich mit entgegengesetztem Ungleichheitszeichen.

Werden sowohl positive wie negative Größen zugelassen, dann wird die Ungleichheit, wenn nichts anderes bemerkt, im algebraischen Sinn verstanden, d. h. man nennt $a < b$, wenn man zu a eine positive Größe hinzufügen muß, damit es gleich b wird.

Beispiel.

$$-5 < -3,$$

weil

$$-5 + 2 = -3.$$

$$\text{Jede } \genfrac{}{}{0pt}{}{\text{positive}}{\text{negative}} \text{ Größe ist } \genfrac{}{}{0pt}{}{>}{<} 0.$$

$+\infty$ (lies plus unendlich) bedeutet größer als jede noch so große Zahl,

$-\infty$ (lies minus unendlich) bedeutet kleiner als jede noch so kleine Zahl.

$|a|$ bedeutet den absoluten Betrag von a.

Z. B.:

$$|-2| = 2.$$

Das Zeichen $\ll$ ist trotz ungenauer Definition für das praktische Rechnen sehr wichtig. Es wird gelesen „klein gegen".

$$a \ll b$$

bedeutet, daß $\left|\dfrac{a}{b}\right|$ viel kleiner ist als 1, etwa $\dfrac{1}{100}$ oder $\dfrac{1}{1000}$ usw.

Spezielle Rechenregeln

Sind die Größen

$$a_1,\ a_2,\ a_3,\ a_4 \cdots a_n$$

gegeben, so bedeutet

$$\sum_1^n a_i = a_1 + a_2 + a_3 + a_4 + \cdots + a_n.$$

Gelesen: Summe aller a von 1 bis n oder Sigma aller a.

Teilt man diese Summe durch n, die Anzahl der Summanden, so erhält man das arithmetische Mittel

$$M = \frac{\Sigma a_i}{n}.$$

Haben einzelne a-Größen negatives Vorzeichen (z. B. Verschiebungen nach links, wenn Verschiebungen nach rechts als positiv gezählt werden), dann sind sie mit negativem Vorzeichen in die Summe einzuführen. Eine derartige Summe nennt man algebraische Summe. Die einzelnen Ausdrücke, die durch +- oder —-Zeichen miteinander verbunden sind, nennt man Glieder (Terme).

$$a + (\mp b \mp c \mp d \mp \cdots) = a \mp b \mp c \mp d \mp \cdots,$$
$$a - (\mp b \mp c \mp d \mp \cdots) = a \pm b \pm c \pm d \pm \cdots.$$
$$(+a)(+b) = +ab,$$
$$(+a)(-b) = -ab,$$
$$(-a)(+b) = -ab,$$
$$(-a)(-b) = +ab.$$
$$a(b + c + d + \cdots) = ab + ac + ad + \cdots,$$
$$(a + b)(c + d) = a(c + d) + b(c + d) = c(a + b) + d(a + b).$$

Von den Brüchen.

$$\frac{+a}{+b} = +\frac{a}{b},$$
$$\frac{+a}{-b} = -\frac{a}{b},$$
$$\frac{-a}{+b} = -\frac{a}{b},$$

$$\frac{-a}{-b} = +\frac{a}{b},$$

$$c\,\frac{a}{b} = \frac{c\,a}{b}$$

$$\frac{a}{b} : c = \frac{a}{b\,c},$$

$$c : \frac{a}{b} = \frac{c\,b}{a},$$

$$\frac{a+b}{c} = \frac{a}{c} + \frac{b}{c},$$

$$\frac{a+b}{c+d} = \frac{a}{c+d} + \frac{b}{c+d},$$

$$\frac{a}{b} \pm \frac{c}{d} = \frac{ad \pm cb}{bd}.$$

Kürzen eines Bruches.

$$\frac{m\,a}{m\,b} = \frac{a}{b}.$$

Teilerfremd nennt man zwei ganze Zahlen, die nicht durch dieselbe Zahl teilbar sind.

Von den Proportionen (Verhältnissen).

Die Proportion

$$a : b = c : d$$

ergibt, aufgelöst nach den Außengliedern

$$a = \frac{b\,c}{d} \ \text{bzw.} \ d = \frac{b\,c}{a},$$

nach den Innengliedern

$$b = \frac{a\,d}{c} \ \text{bzw.} \ c = \frac{a\,d}{b}.$$

Aus der Proportion folgt

$$a : c = b : d,$$
$$d : b = c : a,$$

d. h. man kann in einer Proportion die Außen- und Innenglieder miteinander vertauschen.

Von den Potenzen.

Das Produkt

$$a\,a = a^2$$

nennt man das Quadrat von a.

a nennt man die Basis, 2 den Exponenten. Das Quadrat einer negativen Größe ist positiv.

Z. B. $$(-2)^2 = +4.$$

Das Quadrat eines Binoms (zweigliedrigen Ausdruckes), z. B. $(a \pm b)$ ist

$$(a \pm b)^2 = a^2 \pm 2\,a\,b + b^2.$$

Es ist

$$a^2 - b^2 = (a + b)\,(a - b).$$

Das Produkt

$$a\,a\,a = a^3$$

nennt man den Kubus oder die dritte Potenz von a.

$$(a \pm b)^3 = a^3 \pm 3\,a^2\,b + 3\,a\,b^2 \pm b^3.$$

Durch Quadrieren, Kubieren usw. entstehen Polynome (vielgliedrige Ausdrücke). Allgemein nennt man das Produkt

$$\overset{\leftarrow \text{—— n mal } \rightarrow}{a\,a\,a \cdots a = a^n} \qquad\qquad (\text{gelesen } a \text{ hoch } n)$$

die $n$te Potenz von a.

Die $n$te Potenz eines Binoms wird durch den binomischen Lehrsatz gegeben als

$$(a + b)^n = a^n + \frac{n}{1} a^{n-1} b + \frac{n(n-1)}{1 \cdot 2} a^{n-2} b^2 + \frac{n(n-1)(n-2)}{1 \cdot 2 \cdot 3} a^{n-3} b^3 +$$

$$\cdots + \frac{n}{1} a\, b^{n-1} + b^n .$$

Er ist die Verallgemeinerung der Formeln für das Quadrat und den Kubus eines Binoms. Der Beweis erfolgt durch Berechnung, wie oft die einzelnen Produkte der Potenzen von a und b vorkommen. Die so ermittelten Koeffizienten der Produkte der Potenzen von a und b werden Binomialkoeffizienten genannt. Für sie verwendet man oft besondere Symbole, z. B. $\binom{n}{3} = \dfrac{n(n-1)(n-2)}{1 \cdot 2 \cdot 3}$, die EULERschen Symbole. Wegen der binomischen Reihe siehe S. 160.

Beispiele.

$$10^3 = 1000$$
$$10^6 = 1000000 = \text{eine Million.}$$
$$1 \text{ Joule} = 10^7 \text{ Erg.}$$
$$\text{Die Lichtgeschwindigkeit} = 3 \cdot 10^{10} \text{ cm/sek.}$$

Multiplikation und Division von Potenzen gleicher Basis.

$$a^n\, a^m = a^{n+m} .$$
$$a^n : a^m = a^{n-m} .$$

Nimmt man diese Regel für $n = m$ gültig an, so folgt

$$a^0 = 1 .$$

Nimmt man sie für $m > n$ gültig an, so folgt mit $(m - n) = p$

$$a^{n-m} = a^{-p} .$$

Andererseits ist

$$a^{n-m} = \frac{a^n}{a^m} = \frac{1}{\dfrac{a^m}{a^n}} = \frac{1}{a^{m-n}} = \frac{1}{a^p} .$$

Durch Vergleich mit der vorigen Gleichung folgt

$$a^{-p} = \frac{1}{a^p} .$$

Dadurch werden Potenzen mit negativen Exponenten erklärt.

Beispiele.

$$10^{-3} = 0{,}001 ,$$
$$10^{-6} = 0{,}000001 .$$

Die Längeneinheit μ (gelesen Mikron) ist definiert durch

$$1\ \mu = 10^{-3} \text{ mm} = 10^{-4} \text{ cm} = 10^{-6} \text{ m.}$$

Die Längeneinheit $m\mu$ (gelesen Millimikron) ist definiert durch

$$1\ m\mu = 10^{-3}\ \mu = 10^{-6} \text{ mm} = 10^{-7} \text{ cm.}$$

Die Längeneinheit Å (gelesen Ångström) ist definiert durch

$$1 \text{ Å} = 10^{-10} \text{ m} = 10^{-8} \text{ cm} = 10^{-4} \, \mu \, .$$

Die Längeneinheit XE (gelesen X-Einheit) ist definiert durch

$$1 \; XE = 10^{-13} \text{ m} = 10^{-11} \text{ cm} \, .$$

Die Masseneinheit μg (gelesen Mikrogramm) ist definiert durch

$$1 \; \mu\text{g} = 10^{-3} \text{ mg} = 10^{-9} \text{ kg} \, , \text{ das bisher } \gamma \text{ (Gamma) genannt wurde.}$$

$$(a\,b)^p = a^p\,b^p \, ,$$

Potenzieren eines Bruches: $\qquad \left(\dfrac{a}{b}\right)^p = \dfrac{a^p}{b^p} \, .$

Potenzieren einer Potenz: $\qquad (a^p)^q = a^{pq} \, .$

$\sqrt[p]{a}$ (gelesen $p$te Wurzel aus a) ist definiert durch

$$(\sqrt[p]{a})^p = a \, .$$

p heißt Wurzelexponent, a Radikand. Das Berechnen der Wurzel wird Wurzelziehen (Radizieren) genannt.

Die zweite Wurzel wird Quadratwurzel genannt und unter Weglassung des Wurzelexponenten $\sqrt{a}$ geschrieben.

Die Quadratwurzel aus einer positiven Größe hat zwei entgegengesetzt gleiche Werte.

Z. B. $\qquad\qquad\qquad\qquad \sqrt{4} = \pm 2 \, .$

Es ist

$$\sqrt[p]{a}\, \sqrt[p]{b} = \sqrt[p]{a\,b} \, ,$$

$$\sqrt[p]{a} : \sqrt[p]{b} = \sqrt[p]{\dfrac{a}{b}} \, .$$

Gebrochene Potenzexponenten.

Mit $\qquad\qquad\qquad\qquad u = \dfrac{p}{q} \qquad\qquad\qquad\qquad$ (p und q teilerfremd)

wird

$$a^u = a^{\frac{p}{q}}$$

dadurch definiert, daß

$$(a^u)^q = a^p \, ,$$

also

$$a^u = a^{\frac{p}{q}} = \sqrt[q]{a^p} \, .$$

Beispiele.

$$\sqrt[n]{a} = a^{\frac{1}{n}} \, ,$$

$$\sqrt{a} = a^{\frac{1}{2}} \, ,$$

$$\sqrt[3]{10} = 10^{\frac{1}{3}} \, .$$

Die Quadratwurzel aus einer Zahl, die nicht das Quadrat einer ganzen Zahl ist, z. B. $\sqrt{2}$, liegt zwischen zwei ganzen Zahlen. Z. B. $\sqrt{2}$ zwischen 1 und 2. Sie kann aber durch keinen Bruch genau wiedergegeben werden[1]).

Z. B.
$$1,4 < \sqrt{2} < 1,5,$$
$$1,41 < \sqrt{2} < 1,42$$

usw.

Eine derartige Quadratwurzel ist ein Beispiel für eine irrationale Zahl.
Andere Beispiele.

$$\pi = 3,14159\cdots \qquad\qquad \text{S. 162}$$
$$e = 2,71828\cdots \qquad\qquad \text{S. 53}$$

Rationalmachen des Nenners.

$$\frac{z}{\sqrt{a}} = \frac{z\sqrt{a}}{a}.$$

Imaginäre und komplexe Zahlen

Die Wurzel aus einer negativen Zahl kann durch keine positive oder negative ganze, gebrochene oder irrationale Zahl dargestellt werden. Man nennt sie eine imaginäre Zahl. Faßt man den Radikanden als Produkt der entsprechenden positiven Zahl mit -1 auf, so kommt man auf den Begriff der imaginären Einheit.

Z. B.
$$\sqrt{-5} = \sqrt{5}\,\sqrt{-1}.$$

$\sqrt{-1}$ ist die imaginäre Einheit i. Wendet man auf

$$i = \sqrt{-1}$$

die Regeln für das Potenzrechnen an, so folgt

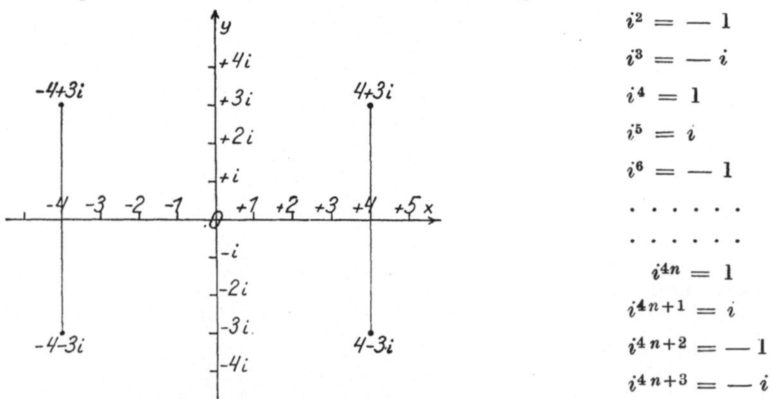

Abb. 103. Die Ebene der komplexen Zahlen. Der Ausdruck $\pm 4 \pm 3i$ gibt vier Punkte in der Ebene.

$$i^2 = -1$$
$$i^3 = -i$$
$$i^4 = 1$$
$$i^5 = i$$
$$i^6 = -1$$
$$\cdots\cdots\cdots$$
$$\cdots\cdots\cdots$$
$$i^{4n} = 1$$
$$i^{4n+1} = i$$
$$i^{4n+2} = -1$$
$$i^{4n+3} = -i$$
$$\cdots\cdots\cdots$$
$$\cdots\cdots\cdots$$

wo n eine positive, ganze Zahl ist.

Das kann man folgendermaßen graphisch interpretieren. Trägt man im kartesischen Koordinatensystem auf der x-Achse vom Ursprung nach rechts die positiven Zahlen auf, so liegen die negativen Zahlen auf der x-Achse links vom Ur-

---

[1]) Siehe z. B. ROTHE I 9.

sprung. Der Übergang von einer positiven zur entsprechenden negativen Zahl, der rechnerisch durch Multiplikation mit —1 erfolgt, kann zeichnerisch durchgeführt werden, wenn man die Strecke, die die positive Größe darstellt, um den Ursprung im Gegenuhrzeigersinn um zwei rechte Winkel dreht. Einer Drehung um einen rechten Winkel im Gegenuhrzeigersinn entspricht also eine Multiplikation mit i, einer Drehung um zwei rechte Winkel im Gegenuhrzeigersinn eine Multiplikation mit $i^2 = -1$, einer Drehung um drei rechte Winkel im Gegenuhrzeigersinn eine Multiplikation mit $i^3 = -i$, einer Drehung um vier rechte Winkel im Gegenuhrzeigersinn, die die Strecke wieder in die alte Lage zurückführt, eine Multiplikation mit $i^4 = 1$. Die y-Achse wird so zur Achse der imaginären Zahlen, während die x-Achse die Achse der reellen Zahlen bleibt. Der positiven y-Achse entsprechen die positiven, der negativen die negativen imaginären Zahlen. Man kann nun jedem Punkte der xy-Ebene, der Zahlenebene, eine Bedeutung zuschreiben, indem man seine Abszisse als reell, seine Ordinate als imaginäre Zahl deutet und beide durch ein $+$-Zeichen zu einem komplexen Ausdruck verbindet. Reelles und Imaginäres kann zwar nicht summiert werden, aber es gibt für diese Art der Vereinigung eine Begründung. Bei Rechenoperationen mit dem komplexen Ausdruck können wir uns — unter Hinzuziehung des über die Potenzen von i Gesagten — der Rechenregeln der Algebra bedienen, ohne zu einem widersprechenden Resultat zu gelangen.

Zwei komplexe Zahlen, die sich nur durch das Vorzeichen des imaginären Anteiles unterscheiden, nennt man konjugiert komplex. Z. B. $5 + 2i$ und $5 - 2i$. Sie liegen symmetrisch zur x-Achse.

Wir nennen zwei komplexe Zahlen gleich, wenn die durch sie dargestellten Punkte in der Zahlenebene zusammenfallen, wenn sie gleichen reellen und imaginären Anteil haben. Eine Gleichung zwischen komplexen Größen entspricht also zwei Gleichungen, deren eine zwischen den reellen, deren andere zwischen den imaginären Anteilen besteht. Z. B.:

$$a + bi = c + gi$$

ist gleichbedeutend mit

$$a = c,$$
$$b = g.$$

Daraus folgt, daß auch

$$a - bi = c - gi.$$

Wenn also zwei komplexe Zahlen gleich sind, sind auch die konjugiert komplexen gleich. Man kann daher in jeder Gleichung zwischen komplexen Zahlen $+i$ durch $-i$ ersetzen und erhält wieder eine richtige Gleichung. Da man die 0 als komplexe Zahl durch

$$0 = 0 + 0i$$

auffassen kann, folgt, daß einem $a + bi \equiv 0$ immer ein $a - bi \equiv 0$ entspricht.

Die Addition und Subtraktion komplexer Größen erfolgt durch Addition und Subtraktion der reellen bzw. imaginären Anteile.

$$(a + bi) + (c + di) = (a + c) + i(b + d).$$

Ebenso entsprechend die Multiplikation

$$(a + bi)(c + di) = ac - db + i(cb + ad).$$

Die reelle Größe $a^2 + b^2$ läßt sich nach diesen Regeln in zwei konjugiert komplexe Faktoren zerlegen.

$$a^2 + b^2 = (a + bi)(a - bi).$$

Mit Hilfe dieser Beziehung kann auch die Division einer komplexen Größe durch eine andere durchgeführt werden.

$$\frac{a + bi}{c + di} = \frac{(a + bi)(c - di)}{(c + di)(c - di)} = \frac{ac - bd}{c^2 + d^2} + i\,\frac{(bc - ad)}{c^2 + d^2}.$$

15*

Wie man sich leicht überzeugt, ergeben die konjugiert komplexen Größen

$$\varepsilon_1 \equiv \frac{-1 + i\sqrt{3}}{2}$$

und

$$\varepsilon_2 \equiv \frac{-1 - i\sqrt{3}}{2}$$

zur dritten Potenz erhoben $+1$, so daß $\sqrt[3]{1}$ drei Werte hat: den reellen $+1$ und die konjugiert komplexen ε_1 und ε_2. Infolgedessen hat auch eine Kubikwurzel aus einer reellen Größe drei Werte, z. B. $\sqrt[3]{a^3} = a,\ a\,\varepsilon_1,\ a\,\varepsilon_2$.

Wegen des Satzes von EULER S. 157.

Bestimmungsgleichungen

Eine Gleichung, in der die Unbekannte x nur in der 1. Potenz vorkommt nennt man eine lineare Gleichung. Eine Gleichung, in der x in der 2. und keiner höheren Potenz vorkommt, nennt man quadratische Gleichung oder Gleichung zweiten Grades. Man kann sie immer auf die Normalform

$$x^2 + a\,x + b = 0$$

bringen. Sie hat zwei Lösungen (Wurzeln): x_1 und x_2.

$$x_1 = -\frac{a}{2} + \sqrt{\frac{a^2}{4} - b}\,,$$

$$x_2 = -\frac{a}{2} - \sqrt{\frac{a^2}{4} - b}\,.$$

Wenn $b > \dfrac{a^2}{4}$ ist, so sind x_1 und x_2 konjugiert komplexe Größen (S. 227).

Eine Gleichung, in der x in der dritten und keiner höheren Potenz vorkommt, nennt man kubische Gleichung oder Gleichung dritten Grades. Z. B. die nach Potenzen von V geordnete VAN DER WAALSsche Gleichung S. 172.

$$V^3 - \left\{b + \frac{RT}{p}\right\} V^2 + \frac{a}{p} V - \frac{a\,b}{p} = 0\,.$$

Eine kubische Gleichung hat drei Wurzeln.

Eine kubische Gleichung, in der das Glied y^2 fehlt, kann immer auf folgende Form gebracht werden

$$(1) \qquad\qquad y^3 + ay = b\,. \qquad\qquad (a,\ b\ \text{reell})$$

Um sie zu lösen, setzen wir für die Wurzel

$$(2) \qquad\qquad y = u + v\,,$$

wo u und v Funktionen von a und b sind. Wir führen (2) in (1) ein und bestimmen aus der so erhaltenen Gleichung (3) u und v als Funktionen von a und b so, daß (1) befriedigt wird. Da

$$y^3 = u^3 + 3\,u^2 v + 3\,u\,v^2 + v^3 = u^3 + v^3 + 3\,u\,v(u + v)\,,$$

folgt aus (1) durch Einsetzen

$$(3) \qquad\qquad u^3 + v^3 + (u + v)(3\,u\,v + a) = b\,.$$

Diese Gleichung wird befriedigt, wenn

$$(4) \qquad\qquad 3\,u\,v = -a$$

und

$$(5) \qquad\qquad u^3 + v^3 = b\,.$$

Diese beiden Gleichungen können wir nach u und v auflösen. Aus (4) folgt

$$(6) \qquad\qquad 4\,u^3 v^3 = -\frac{4\,a^3}{27}\,.$$

Aus (5) folgt

$$(7) \qquad (u^3)^2 + 2\,u^3\,v^3 + (v^3)^2 = b^2\,.$$

Subtrahiert man (6) von (7) und zieht dann die Wurzel, so erhält man

$$(8) \qquad u^3 - v^3 = \sqrt{b^2 + \frac{4\,a^3}{27}}\,.$$

Bis auf weiteres wird vorausgesetzt, daß die Quadratwurzel reell ist.

Aus (8) und (5) folgt durch Addition bzw. Subtraktion und Kubikwurzelziehen

$$(9) \qquad
\begin{aligned}
u^* &= \sqrt[3]{\frac{b}{2} + \frac{1}{2}\sqrt{b^2 + \frac{4\,a^3}{27}}} = \sqrt[3]{\frac{b}{2} + \sqrt{\frac{b^2}{4} + \frac{a^3}{27}}} \\[2ex]
v^* &= \sqrt[3]{\frac{b}{2} - \frac{1}{2}\sqrt{b^2 + \frac{4\,a^3}{27}}} = \sqrt[3]{\frac{b}{2} - \sqrt{\frac{b^2}{4} + \frac{a^3}{27}}}\,.
\end{aligned}$$

Mit u^* und v^* werden die reellen Werte der Kubikwurzel bezeichnet. Diese Werte in (2) eingesetzt ergeben

$$(10) \qquad y_1 = u^* + v^*\,,$$

die sogenannte CARDANIsche Formel zur Lösung kubischer Gleichungen. Sie gibt y_1, die einzige reelle Wurzel von (1).

Die Kubikwurzeln in (9) haben aber noch die komplexen Werte $u^*\,\varepsilon_1$, $u^*\,\varepsilon_2$ bzw. $v^*\,\varepsilon_1$, $v^*\,\varepsilon_2$ (wegen Bedeutung von ε_1 und ε_2 siehe S. 228). Es entsteht nun die Frage, welche Kombinationen der Werte der beiden Kubikwurzeln zum Einsetzen in (2) verwendet werden können. Die Kombination $(u^*,\,v^*\,\varepsilon_1)$, $(u^*,\,v^*\,\varepsilon_2)$, $(u^*\,\varepsilon_1,\,v^*)$, $(u^*\,\varepsilon_2,\,v^*)$, $(u^*\,\varepsilon_1,\,v^*\,\varepsilon_1)$ und $(u^*\,\varepsilon_2,\,v^*\,\varepsilon_2)$ können nicht als Wurzeln von (1) verwendet werden, weil sie nicht (4) entsprechen, wonach $u\,v$ reell sein muß. Es bleiben nur

$$(11) \qquad
\begin{aligned}
y_2 &= u^*\,\varepsilon_1 + v^*\,\varepsilon_2 = u^*\,\frac{-1 + i\sqrt{3}}{2} + v^*\,\frac{-1 - i\sqrt{3}}{2} = -\frac{u^* + v^*}{2} + \frac{\sqrt{3}}{2}(u^* - v^*)\,i, \\[2ex]
y_3 &= u^*\,\varepsilon_2 + v^*\,\varepsilon_1 = u^*\,\frac{-1 - i\sqrt{3}}{2} + v^*\,\frac{-1 + i\sqrt{3}}{2} = -\frac{u^* + v^*}{2} - \frac{\sqrt{3}}{2}(u^* - v^*)\,i,
\end{aligned}$$

die beiden konjugiert komplexen Wurzeln von (1), die wegen $\varepsilon_1\,\varepsilon_2 = 1$ der Bedingung (4) entsprechen.

Bisher wurde vorausgesetzt, daß die Quadratwurzeln in (9) reell sind. Wenn dies nicht der Fall ist, wenn

$$(12) \qquad
\begin{gathered}
a < 0 \\[1ex]
\left|\frac{b^2}{4}\right| < \left|\frac{a^3}{27}\right|,
\end{gathered}$$

so versagt die vorige Methode zum Auffinden einer Wurzel, und man muß für diesen irreduziblen Fall die folgende goniometrische Methode anwenden.

Indem man in (1) die neue Unbekannte $z = h\,y$, wo h ein unbestimmter Faktor ist, einführt, folgt

$$(13) \qquad z^3 + a\,h^2\,z = b\,h^3\,.$$

Da $a < 0$, kann h immer so als reelle Größe bestimmt werden, daß

$$(14) \qquad
\begin{aligned}
a\,h^2 &= -\,3\,, \\
b\,h^3 &= 2\cos\vartheta\,.
\end{aligned}$$

Aus diesen nun vorgeschriebenen Bedingungen folgt

$$h = \sqrt{\frac{-3}{a}}$$

$$\cos\vartheta = \frac{b\,h^3}{2} = \frac{b}{2}\sqrt{-\frac{-27}{a^3}} = \sqrt{\frac{b^2}{4} : \frac{-a^3}{27}}\,.$$

Wegen (12) ist die Wurzel im Ausdruck für $\cos\vartheta$ immer < 1 und der Radikand im Ausdruck für h immer positiv, so daß diese Größen durch a und b zu bestimmen sind.

Durch Einführung von (14) in (13) folgt

$$(15) \qquad\qquad z^3 - 3\,z = 2\cos\vartheta\,.$$

Diese Gleichung hat eine Wurzel

$$z_1 = 2\cos\frac{\vartheta}{3}\,,$$

wie wir uns durch Einsetzen in (15) überzeugen wollen. Wir erhalten

$$8\cos^3\frac{\vartheta}{3} - 6\cos\frac{\vartheta}{3} = 2\cos\vartheta\,.$$

Die linke Seite dieser Gleichung ist in der Tat $2\cos\vartheta$, wie aus der S. 279 gebrachten goniometrischen Formel (*) hervorgeht.

Da $\cos\vartheta$ unverändert bleibt, wenn ϑ um $2\,\pi$ vermehrt oder vermindert wird, hat (15) noch die beiden Wurzeln

$$z_2 = 2\cos\frac{\vartheta + 2\,\pi}{3}$$

und

$$z_3 = 2\cos\frac{\vartheta - 2\,\pi}{3}\,.$$

Führen wir zur rechnerischen Verwendung der Formeln in Graden gemessene Winkel ein, so wird das Argument des Kosinus $\frac{\vartheta}{3} + 120^0$ bzw. $\frac{\vartheta}{3} - 120^0$. Durch Anwendung der S. 279 gegebenen Formeln für $\cos(x \pm \pi)$ erhalten wir

$$\cos\left(\frac{\vartheta}{3} + 120^0\right) = \cos\left[180^0 + \left(\frac{\vartheta}{3} - 60^0\right)\right] = -\cos\left(60^0 - \frac{\vartheta}{3}\right)$$

und

$$\cos\left(\frac{\vartheta}{3} - 120^0\right) = \cos\left[\left(\frac{\vartheta}{3} + 60^0\right) - 180^0\right] = -\cos\left(60^0 + \frac{\vartheta}{3}\right)\,.$$

Damit wird nun

$$z_2 = -2\cos\left(60^0 - \frac{\vartheta}{3}\right)$$

und

$$z_3 = -2\cos\left(60^0 + \frac{\vartheta}{3}\right)\,.$$

Aus diesen 3 Wurzeln von (13) erhält man durch Wiedereinführung von $y = \dfrac{z}{h}$ und Verwendung von $h = \sqrt{\dfrac{-3}{a}}$

$$y_1 = 2\sqrt{\frac{-a}{3}}\cos\frac{\vartheta}{3}\,,$$

$$(16) \qquad y_2 = -2\sqrt{\frac{-a}{3}}\cos\left(60^0 - \frac{\vartheta}{3}\right)\,,$$

$$y_3 = -2\sqrt{\frac{-a}{3}}\cos\left(60^0 + \frac{\vartheta}{3}\right)\,,$$

die drei reellen Wurzeln von (1) unter der Bedingung (12).

Weil ein Glied mit y^2 fehlt, ist (1) nicht die allgemeine Form einer kubischen Gleichung, sondern diese ist

$$(17) \qquad\qquad x^3 + \alpha\,x^2 + \beta\,x + \gamma = 0\,. \qquad\qquad (\alpha,\ \beta,\ \gamma\ \text{reell})$$

Man kann sie durch die Substitution

$$(18) \qquad x = y - \frac{\alpha}{3}$$

auf (1) zurückführen. Denn

$$\left(y - \frac{\alpha}{3}\right)^3 + \alpha \left(y - \frac{\alpha}{3}\right)^2 + \beta \left(y - \frac{\alpha}{3}\right) + \gamma = 0 \,.$$

Durch Kubieren, Quadrieren und Ausmultiplizieren der Klammern folgt:

$$y^3 - y^2 \alpha + y \frac{\alpha^2}{3} - \frac{\alpha^3}{27} + \alpha y^2 - \frac{2}{3} y \alpha^2 + \frac{\alpha^3}{9} + \beta y - \frac{\alpha \beta}{3} + \gamma = 0 \,.$$

Durch Zusammenfassen gleicher Potenzen von y und Vereinigung der beiden Brüche von α^3 folgt:

$$y^3 + \left(\beta + \frac{\alpha^2}{3}\right) y - \frac{\alpha \beta}{3} + \frac{2 \alpha^3}{27} + \gamma = 0 \,.$$

Setzt man

$$(19) \qquad \begin{cases} \beta + \dfrac{\alpha^2}{3} = a \\[2mm] \text{und} \\[2mm] \dfrac{\alpha \beta}{3} - \gamma - \dfrac{2 \alpha^3}{27} = b \,, \end{cases}$$

so geht (17) über in (1)

$$y^3 + a y = b,$$

das wir schon gelöst haben. Wenn daher (17) gegeben ist, werden wir aus ihren Koeffizienten α, β, γ durch (19) zunächst a und b berechnen. Damit berechnen wir durch (9) oder bei Gültigkeit von (12) durch (15) und (16) drei Größen y_1, y_2, y_3. Aus ihnen werden durch (18) x_1, x_2, x_3, die drei Wurzeln von (17), berechnet. Sie sind entweder alle drei reell oder eine der Wurzeln ist reell, die beiden andern sind komplex[1]).

Algebraische Gleichungen. Wird eine ganze Funktion (S. 52) gleich 0 gesetzt, so entsteht eine algebraische Gleichung. Befreit man die höchste Potenz der Unbekannten von ihrem Koeffizienten, so kann sie auf die Normalform

$$(20) \qquad x^n + a_1 x^{n-1} + a_2 x^{n-2} + \cdots + a_{n-2} x^2 + a_{n-1} x + a_n = 0$$

gebracht werden. n gibt den Grad der Gleichung an. Sie ist $n$ten Grades. Von den Koeffizienten a setzen wir in den folgenden Betrachtungen voraus, daß sie reell seien. Einen besonderen Wert von x, der (20) befriedigt, x_1, nennen wir eine Wurzel der Gleichung.

Hauptsatz (Fundamentalsatz) der Algebra. Jede algebraische Gleichung muß eine Wurzel haben. Diesen Kern des Hauptsatzes der Algebra hat man beweisen können[2]). Nun soll gezeigt werden, daß eine algebraische Gleichung $n$ten Grades n Wurzeln haben muß.

Die linke Seite von (20) wird mit $f(x)$ bezeichnet. Es ist also

$$(21) \qquad f(x) = x^n + a_1 x^{n-1} + a_2 x^{n-2} + \cdots + a_{n-2} x^2 + a_{n-1} x + a_n \,.$$

Da x_1 eine Wurzel von (20) ist, wird $f(x_1) = 0$ oder ausführlich

$$(22) \qquad x_1{}^n + a_1 x_1{}^{n-1} + a_2 x_1{}^{n-2} + \cdots + a_{n-} x_1{}^2 + a_{n-1} x + a_n = 0 \,.$$

Wenn man (22) von (21) abzieht, folgt

$$(23) \qquad \begin{aligned} f(x) &= (x^n - x_1{}^n) + a_1 (x^{n-1} - x_1{}^{n-1}) + a_2 (x^{n-2} - x_1{}^{n-2}) + \cdots \\ &\quad + a_{n-2} (x^n - x_1{}^n) + a_{n-1} (x - x_1) \,. \end{aligned}$$

---

[1]) Wegen Anwendung kubischer Gleichungen in der chemischen Kinetik siehe A. SKRABAL, Mh. Chem. **66**, 265 (1935); A. SKRABAL und A. BERGER, Mh. Chem. **70**, 172, 188 (1937); A. MUSIL, Mh. Chem. **53** und **54**, 372 (1935).

[2]) ROTHE I, S. 187.

Nun ist nach (*) S. 238

$$x^n - x_1{}^n = (x - x_1)\{x^{n-1} + x_1 x^{n-2} + \cdots + x_1{}^{n-2} x + x_1{}^{n-1}\}$$
$$x^{n-1} - x_1{}^{n-1} = (x - x_1)\{x^{n-2} + x_1 x^{n-3} + \cdots + x_1{}^{n-3} x + x_1{}^{n-2}\}\,.$$

Die Binome in (23) lassen sich so als Produkte des gemeinsamen Faktors $(x - x_1)$ und verschiedener ganzer Funktionen von x darstellen. Hebt man $(x - x_1)$ aus den einzelnen Gliedern von (23) heraus, so folgt

$$(24) \qquad\qquad f(x) = (x - x_1) f_1(x)\,.$$

$f_1(x)$ bedeutet hier jene ganze rationelle Funktion $(n\text{-}1)$ten Grades von x, die durch die Summation aller mit a_i multiplizierten $\{\ \}$ entstanden ist. In (24) scheint der Wurzelfaktor $(x - x_1)$ aus dem Gleichungspolynom (20) herausgehoben. (24) gibt eine Darstellung von $f(x)$ durch x_1, die Wurzel der Bestimmungsgleichung (20). Es wird $f_1(x)$ bestimmt durch die Gleichung

$$(25) \qquad f_1(x) = x^{n-1} + b_1 x^{n-2} + b_2 x^{n-3} + \cdots + b_{n-3} x^2 + b_{n-2} x + b_{n-1}\,,$$

in der sich die Koeffizienten b leicht durch x_1 und a_1 ausdrücken lassen. Die Gleichung $f_1(x) = 0$ hat eine Wurzel x_2. Man kann daher aus dem Polynom (25) den Wurzelfaktor $(x - x_2)$ herausheben, indem man analog wie beim Polynom $f(x)$ vorgeht und erhält

$$(26) \qquad\qquad f_1(x) = (x - x_2) f_2(x)\,.$$

$f_2(x)$ ist eine ganze Funktion $(n\text{-}2)$ten Grades mit dem von Koeffizienten freien Gliede x^{n-2}. Setzen wir diesen Wert von $f_1(x)$ in (24) ein, folgt

$$(27) \qquad\qquad f(x) = (x - x_1)\,(x - x_2) f_2(x)\,.$$

Analog fortschreitend kann man $f_2(x)$ in den Wurzelfaktor $(x - x_3)$ und die ganze Funktion $(n\text{-}3)$ten Grades $f_3(x)$ zerlegen, so daß man

$$f(x) = (x - x_1)\,(x - x_2)\,(x - x_3) f_3(x)$$

erhält. In dieser Weise kann man weiterschreiten, man erhält bei jedem Schritt einen weiteren Wurzelfaktor und erniedrigt den Grad der mit ihnen multiplizierten Funktion um eins. Nach $(n\text{-}1)$ Schritten kommt man auf

$$(28) \qquad f(x) = (x - x_1)\,(x - x_2)\,(x - x_3)\,(x - x_4) \cdots (x - x_{n-1})\,(x - x_n)\,.$$

Dieser Ausdruck soll nach (20) gleich 0 sein. Das kann nur geschehen, wenn einer der Klammerausdrücke 0 wird. Somit sind die mit x_1, x_2, $x_3 \cdots x_n$ bezeichneten Werte die n Wurzeln der Gleichung (20). Es muß also jede algebraische Gleichung $n$ten Grades mindestens n Wurzeln haben. Sie kann aber auch nur n Wurzeln haben. Denn gäbe es eine $(n + 1)$te Wurzel x_{n+1}, die von den n in (28) gegebenen Wurzeln verschieden ist, so gäbe sie in (28) eingesetzt nach (20)

$$(x_{n+1} - x_1)\,(x_{n+1} - x_2)\,(x_{n+1} - x_3)\,(x_{n+1} - x_4) \cdots (x_{n+1} - x_{n-1})\,(x_{n+1} - x_n) = 0\,.$$

Es müßte also einer der Klammerausdrücke gleich 0 sein. Das ist aber unmöglich, weil x_{n+1} von allen x_1, $x_2 \cdots x_n$ verschieden sein soll.

Sollten von den Wurzelfaktoren in (28) zwei oder mehrere identisch sein, so ändert das an den Überlegungen nichts, sie müssen aber bei Beurteilung der Anzahl der Wurzeln auch so oft gezählt werden als sie als Faktoren vorkommen.

Auch bei reellen Koeffizienten von (20) können die Wurzeln x komplex sein, wie wir dies schon bei quadratischen und kubischen Gleichungen gesehen haben. Bezüglich dieser komplexen Wurzeln gilt Folgendes: Angenommen $(\lambda + i\,\mu)$ $(\lambda, \mu$ reell) ist eine Wurzel von (20). Dann ist auch $(\lambda - i\,\mu)$ eine solche, denn in jeder Gleichung, in der komplexe Größen auftreten, kann man $+ i$ durch $- i$ ersetzen. Es kommen also die komplexen Lösungen paarweise vor und sind zueinander konjugiert. So waren bei quadratischen Gleichungen die beiden Wurzeln entweder reell oder konjugiert komplex, und bei kubischen mußte mindestens eine reell und die übrigen zwei konnten konjugiert komplex sein. Die Anzahl der komplexen Wurzeln einer algebraischen Gleichung muß immer gerade sein, und eine Gleichung ungeraden Grades muß mindestens eine reelle Wurzel haben. Bei Gleichungen geraden Grades ist die Anzahl der reellen Wurzeln, wenn solche vorhanden sind, immer eine gerade.

Wenn uns die Wurzeln der Gleichung (20) bekannt sind, können wir die ganze Funktion (21), durch deren Nullsetzung die Gleichung entstanden ist, in n Wurzelfaktoren zerlegen, wie (28) angibt. Die konjugiert komplexen Wurzelfaktoren können dann zu reellen quadratischen Faktoren zusammengezogen werden, denn nach S. 227 ist

$$[x - (\lambda + i\mu)]\,[x - (\lambda - i\mu)] = [(x - \lambda) - i\mu]\,[(x - \lambda) + i\mu] = (x - \lambda)^2 + \mu^2.$$

Die Zerlegung einer ganzen Funktion in ein Produkt von reellen linearen und quadratischen Faktoren wird verwendet zur Durchführung der Partialbruchzerlegung (S. 103), wenn der Nenner des Integranden nicht wie bei den dort gegebenen Beispielen als Produkt linearer und eventuell auch quadratischer Faktoren gegeben ist, sondern als eine nach Potenzen geordnete ganze Funktion der Integrationsvariablen. Ist sie fünften oder höheren Grades, so muß die entsprechende Gleichung gelöst werden. Dafür aber gibt es keine den Methoden für quadratische oder kubische Gleichungen analoge Methode, sondern man muß systematisch probieren. So ergeben die Schnittpunkte der Kurve von (21) mit der x-Achse des kartesischen Koordinatensystems die reellen Wurzeln der Gleichung. Von dieser und ähnlichen graphischen Methoden wird beim Auflösen höherer Gleichungen häufig Gebrauch gemacht. Es müssen dabei die Koeffizienten a von (20) bestimmte numerisch gegebene Zahlen sein.

Bei der Auflösung von höheren Gleichungen gewährt die Formel (24) oft eine wichtige Hilfe. Kennt man eine Wurzel x_1 von (20), so folgt aus ihr $\dfrac{f(x)}{x - x_1} = 0$, eine neue um einen Grad niedrigere Gleichung, deren Wurzeln die übrigen $(n - 1)$ Wurzeln von (20) sind.

Transzendente Gleichungen sind Gleichungen, die transzendente Funktionen der Unbekannten enthalten. Zu ihrer Lösung werden ähnliche Methoden wie zur Lösung höherer algebraischer Gleichungen angewandt.

Logarithmen

Hat man durch Potenzieren der Basis b mit dem Potenzexponenten n die Potenz P erhalten,

$$P = b^n,$$

so kann man bei bekanntem n die Basis b aus P zurückerhalten, wenn man die $n$te Wurzel aus P zieht.

$$b = \sqrt[n]{P}.$$

Man kann aber auch bei bekanntem b aus P den Potenzexponenten berechnen. So weiß man z. B., daß für $P = 100$ und $b = 10$ $n = 2$ ist, denn $10^2 = 100$. Man nennt n den Logarithmus von P zur Basis b und schreibt

$$n = {}^b\!\log P.$$

P wird der Logarithmand oder Numerus — gekürzt num —, b die Basis des Logarithmus genannt.

Aus den Formeln für das Multiplizieren, Dividieren, Potenzieren und Radizieren (Wurzelziehen) von Potenzen folgt

$$^b\!\log (p\,q) = {}^b\!\log p + {}^b\!\log q.$$

$$^b\!\log \frac{p}{q} = {}^b\!\log p - {}^b\!\log q$$

$$^b\!\log a^n = n\, {}^b\!\log a,$$

$$^b\!\log \sqrt[n]{a} = \frac{1}{n}\, {}^b\!\log a.$$

Diese für die Praxis des Zahlenrechnens wichtigen Formeln sind die Grundformeln des Logarithmenrechnens. Man verwendet dabei Logarithmen mit der Basis 10, die sog. dekadischen (BRIGGSschen, gemeinen, Zehner-) Logarithmen. Sie haben den Vorteil, daß man die Logarithmen der ganzzahligen Potenzen von 10, der dekadischen Zahlen, sofort angeben kann. $\log_{10}$ wird lg geschrieben. Es ist z. B.

$$\lg 1000 = 3,$$
$$\lg 100 = 2,$$
$$\lg 1 = 0,$$
$$\lg 0{,}1 = -1,$$
$$\lg 0{,}01 = -2.$$

Ist der Numerus keine dekadische Zahl, so gibt die Tafel eine Dezimalzahl. Die ganze Zahl des Logarithmus wird Kennziffer (Charakteristik), die Dezimalen Mantisse genannt. Beim Aufschlagen der Logarithmen aus der Tafel wird die Mantisse der Tafel entnommen, als Kennziffer der Logarithmus der nächstkleineren dekadischen Zahl hingeschrieben. Z. B.

$$\lg 30 = 1{,}47712,$$
$$\lg 300 = 2{,}47712,$$
$$\lg 0{,}3 = 0{,}47712 - 1,$$
$$\lg 0{,}03 = 0{,}47712 - 2.$$

Beim Entlogarithmieren, dem Aufsuchen (Aufschlagen) des Numerus, beachte man: Ist die Kennziffer $+n$, so hat der Logarithmus $(n+1)$ Stellen vor dem Komma (Dezimalpunkt). Ist die Kennziffer $-n$, so hat der Numerus n Nullen vor der ersten geltenden Ziffer. Hinter der ersten Null steht das Komma.

Das Interpolieren [Einschalten].

Gesucht sei
$$\lg \pi = \lg 3{,}1416.$$
In der 5stelligen Logarithmentafel findet sich
$$\lg 3{,}141 = 0{,}49707,$$
$$\lg 3{,}142 = 0{,}49721.$$

Der gesuchte Logarithmus liegt zwischen diesen beiden. Wir führen eine lineare Interpolation (S. 159) durch. Wenn der Numerus um eine Einheit der 4. Stelle (hier der 3. Dezimalstelle) oder um 10 Einheiten der 5. Stelle (hier der 4. Dezimalstelle) wächst, so wächst der Logarithmus um 0,00014. Also wächst er für eine Einheit der 5. Stelle (der 4. Dezimalstelle) um 0,000014, daher für 6 Einheiten dieser Stelle um

$$6 \times 0{,}000014 = 0{,}000084$$

oder abgekürzt um

$$0{,}00008.$$

Daher ist
$$\lg 3{,}1416 = 0{,}49715.$$

Gesucht sei der Numerus zu 2,65784. Im folgenden schreiben wir für
$$10^{\lg x} = \operatorname{num} \lg x.$$
Man findet aus der Tafel
$$\operatorname{num} \lg 2{,}65782 = 454{,}80$$
$$\operatorname{num} \lg 2{,}65792 = 454{,}90$$

Die ganze Differenz der Logarithmen ist 0,00010, also entspricht einem Zuwachs des Logarithmus um 10 Einheiten der 5. Mantissenstelle ein Zuwachs von 1 Einheit der 4. Numerusstelle. Daher entspricht einem Zuwachs des Logarithmus um je 1 Einheit der 5. Mantissenstelle ein Zuwachs von 1 Einheit der 5. Numerusstelle, einem Zuwachs von 2 Einheiten der 5. Mantissenstelle ein Zuwachs von 2 Einheiten der 5. Stelle des Numerus. Es ist

$$\text{num lg } 2,65784 = 454,82\,.$$

Beim Entlogarithmieren ist zu beachten, daß die Logarithmentafeln keine negativen Mantissen enthalten. Negative Logarithmen müssen daher zuerst in positive Mantissen mit negativen Kennziffern verwandelt werden. So wird $-2,60206$ zuerst in $0,39794 - 3$ verwandelt. Wegen der Kennziffer $-n$ siehe die Bemerkung auf S. 234.

$$\text{Beispiele zum Logarithmenrechnen.}$$

1.
$$x = 3 \times 5$$
$$\lg x = \lg 3 + \lg 5$$
$$= 0,47712$$
$$+ 0,69897$$
$$\lg x = 1,17609 = \lg 15,00$$
$$x = 15\,.$$

2.
$$x = 290,2 \times 0,0037$$
$$\lg x = \lg 290,2 \cdots 2,46270$$
$$+ \lg 0,0037 \cdots 0,56820 - 3$$
$$0,03090 = \lg 1,0732$$
$$x = 1,0732\,.$$

3.
$$x = \frac{20,00}{0,997}\,.$$

Wegen der Näherungsformel S. 152
$$\lg x = \lg 20,00 \cdots \qquad 1,30103$$
$$- \lg \ 0,997 \cdots - (0,99870 - 1)$$
$$= 1,30233 = \lg 20,06\,.$$

4.
$$x = \frac{34,5}{6,06 \times 10^{23}}$$
$$\lg x = \ 1,53782 \cdots \qquad 24,53782 - 23$$
$$- 23,78247 \cdots - 23,78247$$
$$= \qquad 0,75535 - 23 = \lg 5,6931 \times 10^{-23}$$
$$x = 5,6931 \times 10^{-23}\,.$$

Die letzte Stelle wurde durch Interpolation gewonnen, sie ist daher unsicher. Wir haben hier 34,5 durch die LOSCHMIDTsche Zahl $6,06 \times 10^{23}$ dividiert. Da die Unsicherheit der LOSCHMIDTschen Zahl relativ größer ist, kommt die durch logarithmische Berechnung bewirkte gar nicht in Betracht. Wegen der Ungenauigkeit der LOSCHMIDTschen Zahl hat es hier keinen Sinn, überhaupt mehr als zwei Dezimalen anzugeben, so daß $x = 5.69 \times 10^{-23}$ als Resultat anzugeben ist.

5.
$$x = \frac{1,5 \times 2,7 \times 3,6}{17,6 \times 15,9 \times 10}$$

$$
\begin{aligned}
\lg x = {}& + \lg \ 1,5 && \cdots 0,17609 \\
& + \lg \ 2,7 && \cdots 0,43136 \\
& + \lg \ 3,6 && \cdots 0,55630 \\
& - \lg 17,6 \cdots - 1,24551 = {}& 0,75449 - 2 \\
& - \lg 15,9 \cdots - 1,20385 = {}& 0,79615 - 2 \\
& - \lg 10 \ \cdots - 1 && = \qquad - 1 \\
\end{aligned}
$$

$$= 2,71439 - 5 = 0,71439 - 3 = \lg 0,0051812$$

$$x = 0,0051812 \, .$$

Die letzte Stelle wurde interpoliert.

6.
$$x = \sqrt{0,7563}$$

$$\lg x = \frac{1}{2} \lg \ 0,7563 = \frac{1}{2} (0,87869 - 1) \, .$$

Die Kennziffer wird durch 2 teilbar gemacht.

$$\lg x = \frac{1}{2} (1,87869 - 2)$$

$$= 0,93934 - 1 = \lg 0,86964$$

$$x = 0,86964$$

Die letzte Stelle wurde interpoliert.

Alle diese Rechnungen hätten auch mit dem logarithmischen Rechenschieber ausgeführt werden können. Dieses praktische wichtige Rechenhilfsmittel beruht auf den Sätzen für das Logarithmenrechnen. Seine Genauigkeit ist, wie die der vierstelligen Logarithmen, für die meisten Zwecke des Chemikers ausreichend[1]).

Verwandeln von Logarithmen verschiedener Basis.

Wie kann ich den Logarithmus zur Basis β berechnen, wenn ich den Logarithmus zur Basis b kenne?

Gegeben sei
$$p = {}^b\!\log N$$

infolgedessen ist
$$N = b^p \, .$$

Gesucht wird
$$q = {}^\beta\!\log N \, .$$

Infolgedessen ist
$$N = \beta^q$$
$$\beta^q = b^p \, .$$

Zur Basis β logarithmiert folgt
$$q = p \, {}^\beta\!\log b \, .$$

Es ist daher
$${}^\beta\!\log N = {}^\beta\!\log b \times {}^b\!\log N \, .$$

Man erhält den Logarithmus im neuen System, wenn man den Logarithmus im alten System mit dem Logarithmus der alten Basis im neuen System multipliziert.

---

[1]) Näheres über den Rechenschieber und andere Hilfsmittel für das Zahlenrechnen siehe bei WERKMEISTER, Praktisches Zahlenrechnen, Sammlung Göschen 405 (Berlin und Leipzig 1945).

Eine Darstellung des Prinzips des Rechenschiebers siehe bei NIKLITSCHEK ‚Im Zaubergarten der Mathematik' (Berlin 1939), der auch auf viele moderne, hier nicht erwähnte Probleme der Mathematik wie Mengenlehre, mehrdimensionale Geometrie u. a. aufmerksam macht.

Stöchiometrische Aufgaben mit Lösungen siehe bei NYLÉN-WIGREN, Einführung in die Stöchiometrie, 3./4. Aufl. (Dresden und Leipzig 1945).

Praktisch wichtig ist der Übergang von dekadischen auf natürliche Logarithmen (S. 53). Diese haben die Basis $e = 2{,}71828 \ldots$ Sie treten bei der Integration von $\dfrac{dx}{x}$ auf durch (VI) F.S. und spielen in den Naturwissenschaften eine wichtige Rolle.

Nach obiger Formel ist
$$\lg N = \lg e \times \ln N\,,$$
$$\lg e = \lg 2{,}71828 \ldots = 0{,}43429 \ldots = M\,.$$

Man nennt M den Modulus der dekadischen Logarithmen.

Die Formel $\lg N = M \ln N$ verwendet man z. B., um die natürlichen Logarithmen, die durch die S. 159 erwähnten Reihenentwicklungen berechnet wurden, in dekadische umzurechnen. Umgekehrt berechnet man natürliche Logarithmen, die in Naturgesetzen auftreten, durch die gebräuchlicheren dekadischen durch die Formel

$$\ln N = \frac{1}{M}\lg N = 2{,}302585 \cdots \lg N\,.$$

Z. B. in der S. 125 gegebenen Formel für die Arbeit bei der isothermen Kompression eines idealen Gases

$$A = R T \ln \frac{V_1}{V_2} = R T\, 2{,}303 \lg \frac{V_1}{V_2}\,.$$

Reihen

Wenn in der Reihe

$$a_1 + a_2 + a_3 + a_4 + a_5 + a_6 + a_7 + a_8 + \cdots + a_n$$

die Differenz zweier aufeinanderfolgender Glieder

$$a_2 - a_1 = a_3 - a_2 = a_4 - a_3 = a_5 - a_4 = \cdots = d$$

konstant ist, so nennt man die Reihe eine **arithmetische.**

Das $n$te Glied a_n ist gegeben durch

$$a_n = a_1 + (n-1)\,d\,.$$

Die Summe von n Gliedern ist

$$S_n = \frac{n}{2}\left[2\,a_1 + (n-1)\,d\right].$$

Wenn in der Reihe

$$a_1 + a_2 + a_3 + a_4 + a_5 + a_6 + a_7 + a_8 + a_9 + \cdots + a_n$$

der Quotient zweier aufeinander folgender Glieder

$$\frac{a_2}{a_1} = \frac{a_3}{a_2} = \frac{a_5}{a_4} = \frac{a_6}{a_5} = \cdots = \frac{a_n}{a_{n-1}} = \alpha$$

einen konstanten Wert hat, so nennt man die Reihe eine **geometrische.** Das $n$te Glied a_n ist

$$a_n = a_1\,\alpha^{n-1}\,.$$

Die Summe der Glieder

$$s_n = a_1 + a_2 + a_3 + a_4 + a_5 + a_6 + \cdots + a_n$$

läßt sich leicht berechnen, wenn man die Gleichung mit α, dem Quotienten zweier aufeinanderfolgender Glieder, multipliziert.

$$s_n\,\alpha = a_2 + a_3 + a_4 + a_5 + a_6 + \cdots + a_{n+1}\,.$$

Durch Subtraktion dieser Gleichung von der oberen erhält man

$$s_n\,(1 - \alpha) = a_1\,(1 - \alpha^n)$$

und hieraus

$$s_n = a_1\,\frac{1 - \alpha^n}{1 - \alpha} = \frac{a_1}{1 - \alpha} - \frac{a_1\,\alpha^n}{1 - \alpha}\,.$$

Wenn das erste Glied der geometrischen Reihe $a_1 = 1$, so folgt:

$$1 + \alpha + \alpha^2 + \cdots + \alpha^{n-1} = \frac{1 - \alpha^n}{1 - \alpha}\,.$$

Mit $\alpha = \dfrac{c}{d}$ wird dies

$$1 + \frac{c}{d} + \frac{c^2}{d^2} + \cdots + \frac{c^{n-1}}{d^{n-1}} = \frac{1 - \dfrac{c^n}{d^n}}{1 - \dfrac{c}{d}}.$$

Durch Multiplikation mit d^{n-1} folgt daraus

$$d^{n-1}\,\frac{1 - \dfrac{c^n}{d^n}}{1 - \dfrac{c}{d}} = d^{n-1}\left(1 + \frac{c}{d} + \frac{c^2}{d^2} + \cdots + \frac{c^{n-1}}{d^{n-1}}\right)$$

und durch Ausführung der Multiplikation:

$$\frac{d^n - c^n}{d - c} = d^{n-1} + c\,d^{n-2} + c^2\,d^{n-3} + \cdots + c^{n-1}.$$

Daraus folgt die für die Theorie der Gleichungen wichtige Zerlegung der Differenz von zwei Potenzen mit gleichem Exponenten

$$(*) \qquad d^n - c^n = (d - c)\,(d^{n-1} + c\,d^{n-2} + c^2\,d^{n-3} + \cdots + c^{n-1}).$$

Über unendliche Reihen S. 150.

Wahrscheinlichkeitsrechnung

Die Wahrscheinlichkeitsrechnung sucht Ereignisse zu berechnen, die vom Zufall abzuhängen scheinen, deren Gesetzmäßigkeit wir nicht kennen, wie z. B. das Herausziehen einer Kugel bestimmter Farbe aus einer Urne mit Kugeln verschiedener Farben, die Einstellung einer Dipolachse in eine bestimmte Richtung, das Vorkommen einer bestimmten Geschwindigkeit bei Gasmolekeln. Je größer die Zahl der Fälle ist, desto mehr pflegen die tatsächlichen Verhältnisse dem Verhalten der mathematischen Formeln zu entsprechen. Das ist der Inhalt des Gesetzes der großen Zahlen, aufgestellt von BERNOULLI, bestätigt durch die Erfahrung.

Bei diskreten (unzusammenhängenden) Mannigfaltigkeiten, wie z. B. beim Herausziehen einer weißen oder schwarzen Kugel aus einer Urne mit weißen und schwarzen Kugeln, ist die Wahrscheinlichkeit durch einen echten Bruch definiert. Im Zähler steht die Anzahl der günstigen, im Nenner die Anzahl der möglichen Fälle[1]).

Sind z. B. in einer Urne w weiße, b blaue, s schwarze und r rote Kugeln vorhanden, so ist die Wahrscheinlichkeit, eine Kugel bestimmter Farbe zu ziehen gleich der Zahl der Kugeln der betreffenden Farbe, geteilt durch die Zahl aller Kugeln. Es ist also die Wahrscheinlichkeit für den Zug einer

weißen Kugel $p_w = \dfrac{w}{w + b + s + r}$, $\qquad$ blauen Kugel $p_b = \dfrac{b}{w + b + s + r}$,

roten $\quad$,, $\quad p_r = \dfrac{r}{w + b + s + r}$, $\qquad$ schwarzen ,, $\quad p_s = \dfrac{s}{w + b + s + r}$.

Die Wahrscheinlichkeit eine Kugel zu ziehen, die nicht in der Urne ist, entartet zu

$$\frac{0}{w + b + s + r} = 0 \qquad \text{(Unmöglichkeit)}.$$

Die Wahrscheinlichkeit eine Kugel zu ziehen, die weiß, blau, schwarz oder rot ist, entartet zu $\quad \dfrac{w + b + s + r}{w + b + s + r} = 1 \qquad$ (Gewißheit).

Die Wahrscheinlichkeit entweder eine weiße oder eine schwarze Kugel zu ziehen, p_{w+s}, die Wahrscheinlichkeit des Entweder — Oder, ist

$$p = \frac{w + s}{w + b + s + r} = p_w + p_s \qquad \text{(Additionsgesetz)}.$$

Wir betrachten jetzt zwei Urnen: I enthält w weiße und s schwarze Kugeln, II b

---

[1]) Wegen einer jetzt von Mathematikern bevorzugten Auffassung des Wahrscheinlichkeitsbegriffes siehe R. VON MISES: Wahrscheinlichkeitsrechnung und ihre Anwendung, Wien 1931. Über neuere Definitionen des Begriffes siehe E. VIETORIS, Monatshefte für Mathematik **52**, 55 (1948), wo auch weitere Literatur über seine Definition zu finden ist.

blaue und r rote. Wie groß ist die Wahrscheinlichkeit p_{wr} aus I eine weiße und gleichzeitig aus II eine rote Kugel zu ziehen? Günstig sind wr, möglich sind $(w + s)\,(b + r)$-Fälle. Somit ist

$$p_{wr} = \frac{wr}{(w + s)\,(b + r)}.$$

Es sind $\dfrac{w}{w + s} = p'_w$ und $\dfrac{r}{b + r} = p'_r$ die Wahrscheinlichkeit aus I eine weiße, bzw. aus II eine rote Kugel zu ziehen. Somit wird die Wahrscheinlichkeit des Sowohl — Als auch $\qquad p_{wr} = p_w\,p'_r \qquad$ (Multiplikationsgesetz).
Es ist die Wahrscheinlichkeit des Sowohl — Als auch das Produkt der einzelnen Wahrscheinlichkeiten.

Wir betrachten jetzt das eben behandelte Beispiel von einem anderen Gesichtspunkt aus. Wir ziehen nun aus I und II hintereinander je eine Kugel und fragen nach der Wahrscheinlichkeit P, aus I eine weiße und dann aus II eine rote Kugel zu ziehen. Wenn wir die Wahrscheinlichkeit, aus II eine rote Kugel zu ziehen unter der Bedingung, daß aus I eine weiße gezogen wurde, wenn wir diese bedingte Wahrscheinlichkeit mit $_wp_r$ bezeichnen, so ist nach dem Multiplikationssatz

$$P = p_w \cdot {}_wp_r.$$

Andererseits ist P identisch mit p_{wr}, denn die Wahrscheinlichkeit wird nicht dadurch beeinflußt, ob wir die Ziehungen gleichzeitig oder hintereinander durchführen. Es ist also $\qquad p_{wr} = p_w \cdot {}_wp_r$,

und man kann die bedingte Wahrscheinlichkeit $\qquad {}_wp_r = \dfrac{p_{wr}}{p_w}$

durch Wahrscheinlichkeitsteilung berechnen.

Wir verallgemeinern nun das an den Urnenbeispielen Behandelte und setzen statt des Ziehens von Kugeln bestimmter Farbe allgemein Ereignisse E_i, die unter einer Zahl m von möglichen Fällen in einer Zahl g_i von Fällen eintreten. Es hat dann E_i die Wahrscheinlichkeit $p = \dfrac{g_i}{m}$ $(m > g_i)$. Durch Verallgemeinerung des am Urnenbeispiele nur für zwei Ereignisse Gegebenen kommen wir zu folgenden Gesetzen:

Wird das Ereignis E verwirklicht durch das Eintreffen eines einzelnen der einander ausschließenden Ereignisse $E_1, E_2, \ldots, E_r$ und ist g_i die Zahl der für E_i günstigen Fälle, so ist die Zahl der für E günstigen Fälle

$$g = g_1 + g_2 + \cdots + g_r.$$

Ist die Zahl der im ganzen möglichen Fälle m $(m > g)$, so folgt aus

$$\frac{g}{m} = \frac{g_1}{m} + \frac{g_2}{m} + \frac{g_2}{m} + \cdots + \frac{g_r}{m}$$

für die Wahrscheinlichkeit von E

$$p_{1 + 2 + \cdots + r} = p_1 + p_2 + \cdots + p_r \quad \text{(Additionsgesetz)}.$$

Wird E verwirklicht, wenn jedes der Ereignisse $E_1, E_2, \ldots, E_r$ stattgefunden hat und sind g_i bzw. m_i die Zahlen der günstigen bzw. möglichen Fälle für E_i und g bzw. m die entsprechenden Zahlen für E, so ist

$$g = g_1\,g_2 \ldots\ldots g_r \qquad \text{und} \qquad m = m_1\,m_2 \ldots\ldots m_r.$$

Infolgedessen ist die Wahrscheinlichkeit von E

$$p_{1,\,2\,\ldots\ldots\,r} = p_1\,p_2 \ldots\ldots p_r \quad \text{(Multiplikationsgesetz für r Einzelereignisse)}.$$

Aus diesem Satz folgt für das gleichzeitige Eintreffen von E_A und E_B mit den Einzelwahrscheinlichkeiten p_A und p_B die Beziehung $p_{AB} = p_A \cdot p_B$.

Diese Wahrscheinlichkeit kann auch aufgefaßt werden als die Wahrscheinlichkeit dafür, daß zuerst E_A eintritt und dann E_B. Für dieses besteht also die bedingte Wahrscheinlichkeit $_Ap_B$ für das Eintreffen von E_B nach Eintreffen von E_A. Somit ist die Wahrscheinlichkeit, daß zuerst E_A und dann E_B eintritt nach dem Multiplikationssatz $p_A \cdot {}_Ap_B$. Sie muß gleich sein $p_{AB} = p_A \cdot p_B$.

Daraus folgt für die bedingte Wahrscheinlichkeit

$$_Ap_B = \frac{p_A\,p_B}{p_A} \qquad \text{(Wahrscheinlichkeitsteilung)}.$$

Schwieriger liegen die Fälle bei einer **kontinuierlichen Mannigfaltigkeit.**
Wir betrachten dazu folgendes Beispiel. Oberhalb des Mittelpunkts einer geraden
Strecke, die sich in der x-Achse von x_0 bis x_1 erstreckt, werden kleine Körper
fallen gelassen. Durch unregelmäßig und in unbekannter Weise verteilte Hindernisse werden sie zwar beim Fallen abgelenkt, jedoch so, daß sie in der Vertikal-
ebene durch die x-Achse und im Bereich der vorgegebenen Strecke bleiben.

Es soll eine Formel angegeben werden, mit der man die Wahrscheinlichkeit
des Auftreffens eines Körpers auf ein gegebenes Intervall angeben kann. Wir
teilen die ganze Strecke in n gleiche Teilintervalle $\varDelta x$, die wir trotz ihrer gleichen
Längen durch Indizes unterscheiden müssen, weil die Wahrscheinlichkeit dafür,
daß der Körper in ein bestimmtes Teilintervall $\varDelta x$ hineinfällt, von der Lage
des Teilintervalls abhängt.

Beobachtet man bei einer großen Zahl N von Versuchen, daß der Körper
ν_i mal in das Teilintervall $\varDelta x_i$ hineinfällt, dann ist offenbar

$$\nu_1 + \nu_2 + \nu_3 + \cdots + \nu_n = N \, .$$

Ist v_i die dem Teilintervall $\varDelta x_i$ zugehörige Wahrscheinlichkeit, d. h. die Wahrscheinlichkeit dafür, daß der Körper bei irgendeinem Versuch gerade auf $\varDelta x$
fällt, so hat man nach der bei diskreten Mannigfaltigkeiten gegebenen Definition

$$v_i = \frac{\nu_i}{N}$$

und daher auch

$$v_1 + v_2 + v_3 + \cdots + v_n = 1$$

die Gewißheit für das Auffallen des Körpers auf die Gesamtstrecke. Analog wie
man früher für das Ziehen einer weißen, blauen, schwarzen oder roten Kugel die
Gewißheit hatte.

Geht man zur Differentialzerlegung über, denkt man sich also die Strecke in
unendlich kleine Intervalle dx geteilt, so wird die einem jeden dx zukommende
Wahrscheinlichkeit ebenfalls eine differentiale Größe dv sein. dv wird von der
Lage von dx abhängen, es wird eine Funktion von x sein und jedenfalls die Form

$$(1) \qquad\qquad dv = f(x)\,dx$$

haben. $f(x)$ hängt von der uns unbekannten Anordnung der Hindernisse ab.

Die Wahrscheinlichkeit für das Auftreffen des Körpers auf das Intervall zwischen
den Punkten $x = a$ und $x = b$ wird durch

$$\int_a^b f(x)\,dx$$

gegeben, die Wahrscheinlichkeit des Auftreffens auf die gesamte dem Auffallen
zugängliche Strecke durch

$$\int_{x_0}^{x_1} f(x)\,dx = 1 \, ,$$

entsprechend der vorausgesetzten Gewißheit des Auftreffens.

Analoge Überlegungen wie beim Auftreffen regellos abgelenkter Kügelchen
auf eine bestimmte Strecke sind immer dort anzustellen, wo nicht eine Anzahl
günstiger Fälle mit jener der möglichen verglichen wird, sondern wo stetig zu-
sammenhängende Bereiche, innerhalb deren die günstigen und die möglichen
Fälle liegen, in Betracht kommen. Eine durch eine Gleichung der Form (1) bestimmte Wahrscheinlichkeit nennt man eine **geometrische Wahrscheinlichkeit.**

$f(x)$ ist die **Verteilungsfunktion** des betreffenden statistischen Gesetzes.

Verteilungsfunktionen spielen bei allen atomistischen Betrachtungen eine
wichtige Rolle, so beim MAXWELLschen Geschwindigkeitsverteilungsgesetz S. 147
und beim Gesetz, das die Lage der Dipolachsen im elektrischen Felde regelt
S. 134 usw.

Fehlerverteilungsgesetz[1]). Die Theorie der Beobachtungsfehler bildet eine sehr wichtige Anwendung der Wahrscheinlichkeitsrechnung und dient dazu, das Ergebnis der Messungen zu beurteilen und den Grad ihrer Genauigkeit festzustellen. Wir nehmen vorläufig an, daß die zu messende Größe genau definiert und ihr Wert konstant sei, eine Annahme, die z. B. bei Produkten der Massenfabrikation oder bei Größen, die an lebenden Objekten gemessen werden, nicht erfüllt ist. Weiter nehmen wir an, daß die Ursachen der Fehler sich von einer Beobachtung zur andern ändern und mit der Beobachtung selbst in keinem nachweisbaren Zusammenhang stehen. Diese hier ausschließlich betrachteten Fehler nennt man zufällige (unregelmäßige), Fehler, bei denen diese Voraussetzung nicht erfüllt ist, sogenannte systematische (regelmäßige) Fehler sollen aus der Beobachtung eliminiert (entfernt) werden. So wird die Frage nach der Verteilung der einzelnen Meßfehler auf die Beobachtungen Gegenstand der Wahrscheinlichkeitsrechnung. Die Wahrscheinlichkeit eines Meßfehlers hängt vom Intervall dx, innerhalb dem er liegt, und von seiner Größe x ab.

Man kann ohne weiteres einsehen, daß die Wahrscheinlichkeit für unendlich kleine Intervalle dx proportional dem dx sein wird und für gleich große dx von der Größe des Fehlers abhängt. Es ist also die Wahrscheinlichkeit dv, daß ein Meßfehler zwischen x und $(x + dx)$ liegt

$$dv = f(x)\, dx\,.$$

Analog wie in (1) ist hier $f(x)$ die Verteilungsfunktion (Verteilungsdichte) der Meßfehler.

Macht man die plausiblen Annahmen, daß positive und negative Fehler gleichen Betrages gleich wahrscheinlich sind, daß die Wahrscheinlichkeit eines Fehlers mit seinem Betrag abnimmt und daß das arithmetische Mittel aus einer Anzahl von Beobachtungen sich dem wahren Wert der Größe um so mehr nähert, je größer die Anzahl der Beobachtungen ist, so führen Überlegungen und Diskussionen von möglichst ausgedehnten Beobachtungsreihen zu folgender von GAUSS angegebenen Form für die Verteilungsfunktion $f(x)$

$$(2) \qquad\qquad f(x) = u_0\, e^{-h^2 x^2}\,. \qquad\qquad (u_0,\, h \text{ const})$$

Da $f(x)$ eine gerade Funktion von x ist (S. 130), folgt die gleiche Wahrscheinlichkeit von positiven und negativen Fehlern. Da $f(x)$ bei $x = 0$ ein Maximum u_0 hat, folgt daraus die größte Wahrscheinlichkeit für die kleinsten Fehler. Die GAUSS'sche Fehlerverteilungsfunktion wird in Abb. 103a in ihrer Abhängigkeit von der Fehlergröße für zwei verschiedene Werte von h und u_0 durch die ausgezogene und die punktierte Kurve dargestellt. Man sieht an der ausgezogenen Kurve, wie die Wahrscheinlichkeit eines Fehlers mit zunehmendem Betrag des Fehlers abnimmt und sich asymptotisch der 0 nähert. Da $u_0\, e^{-h^2 x^2}\, dx$ die Wahrscheinlichkeit eines Fehlers zwischen x und $x + dx$ (das horizontal schraffierte Flächenelement)

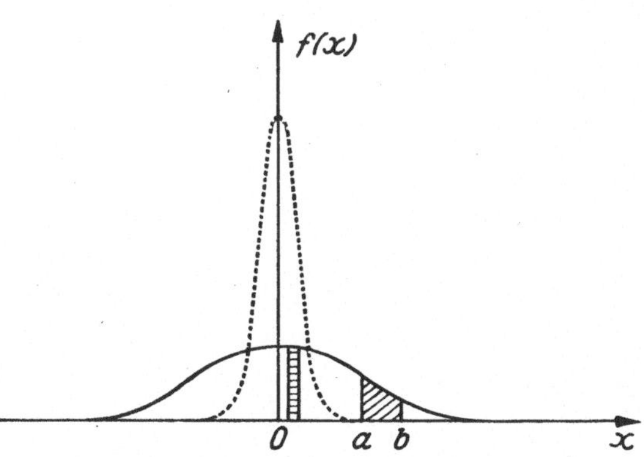

Abb. 103a. Zwei Fehlerverteilungskurven
$$f(x) = \frac{h}{\sqrt{\pi}} e^{-h^2 x^2} \text{ für zwei Werte von } h.$$

[1]) Ausführliches über seine praktische Anwendung bei Messungen im physikalischen Unterricht siehe bei W. WESTPHAL, Physikalisches Praktikum, 2. Aufl. (Braunschweig 1941), S. 10.

ist, so ist $\int_a^b u_0\, e^{-h^2 x^2}\, dx$ die Wahrscheinlichkeit eines Fehlers zwischen a und b (die schräg schraffierte Fläche) und schließlich $\int_{-\infty}^{+\infty} u_0\, e^{-h^2 x^2}\, dx$ die Wahrscheinlichkeit eines Fehlers beliebiger Größe. Diese Wahrscheinlichkeit ist Gewißheit und hat daher den Wert 1. Mithin hat auch die sich links und rechts ins Unendliche erstreckende Fläche zwischen Kurve und x-Achse den Inhalt 1. Aus

$$\int_{-\infty}^{+\infty} u_0\, e^{-h^2 x^2}\, dx = 1$$

können wir u_0 durch h ausdrücken. Das Integral läßt sich auf das S. 146 ermittelte Wahrscheinlichkeitsintegral

$$\int_0^\infty e^{-x^2}\, dx = \frac{\sqrt{\pi}}{2}$$

zurückführen. Es ist

$$\int_0^\infty e^{-h^2 x^2}\, dx = \frac{1}{h} \int_{hx=0}^{hx=\infty} e^{-h^2 x^2}\, d(hx) = \frac{1}{h}\frac{\sqrt{\pi}}{2}.$$

Daher ist nach dem über die Integration gerader Funktionen (S. 129) Gesagten

$$\int_{-\infty}^{+\infty} u_0\, e^{-h^2 x^2}\, dx = \frac{u_0 \sqrt{\pi}}{h}.$$

Da dieses Integral gleich 1 ist, folgt

$$\frac{u_0}{h} \sqrt{\pi} = 1$$

und

$$u_0 = \frac{h}{\sqrt{\pi}}.$$

Das gibt in (2) eingesetzt

$$(3) \qquad f(x) = \frac{h}{\sqrt{\pi}}\, e^{-h^2 x^2}$$

für die GAUSSsche Fehlerverteilungsfunktion.

Daraus berechnen wir die Werte des x, die den Wendepunkten (S. 80) der Wahrscheinlichkeitskurve entsprechen.

Nach (3) ist

$$f'(x) = -\frac{2\,h^3}{\sqrt{\pi}}\, x\, e^{-h^2 x^2}$$

und

$$f''(x) = -\frac{2\,h^3}{\sqrt{\pi}}\,[e^{-h^2 x^2} - 2\,h^2\, x^2\, e^{-h^2 x^2}] = -\frac{2\,h^3}{\sqrt{\pi}}\, e^{-h^2 x^2}\,[1 - 2\,h^2\, x^2].$$

Für endliche Werte des x kann $f''(x)$ nur durch Verschwinden des Klammerausdruckes 0 werden.

Aus

$$1 - 2\,h^2\, x^2 = 0$$

folgt

$$(4) \qquad x = \pm \sqrt{\frac{1}{2\,h^2}} = \pm \frac{1}{h\sqrt{2}}.$$

Es ist also die Abszisse der Wendepunkte durch h allein bestimmt. Bei einem großen h ist die Wahrscheinlichkeit kleiner Fehler gegenüber einer Kurve mit kleinerem h vergrößert, weil der Wendepunkt zu kleinerem x verschoben ist (siehe punktierte Kurve in Abb. 103a) und weil für $x = 0$ die Ordinate $\dfrac{h}{\sqrt{\pi}}$ größer ist. Der Flächeninhalt 1 der punktierten Kurve liegt wegen des großen h größtenteils in der Nähe der Ordinatenachse, kleine Fehler sind bei ihr häufiger, sie entspricht einer größeren Präzision der Messungen. h ist also ein Maß für die **Präzision** (Genauigkeit) der Beobachtungen, wie sich auch aus der folgenden Berechnung der Meßfehler ergeben wird.

Durchschnittlicher Fehler. Wenn wir ein Urteil über die Zuverlässigkeit der verwendeten Meßmethoden zu gewinnen suchen, werden wir die Resultate der Einzelmessungen miteinander vergleichen und ihre Abweichungen vom arithmetischen Mittelwert, den wir als richtig annehmen, die **Beobachtungs-fehler** x berechnen. Die algebraische Summe dieser Fehler ist selbstverständlich gleich 0. Wenn man aber die Fehler nur ihrem Betrage x nach addiert und diese Summe durch n, die **Anzahl der Beobachtungen**, teilt, so erhält man eine von 0 verschiedene Größe, den **durchschnittlichen Fehler**

$$\eta = \frac{\Sigma\,|x|}{n}.$$

Diesen durchschnittlichen Fehler können wir auch aus der Annahme der Gültigkeit einer GAUSSschen Verteilung berechnen. Dabei setzen wir voraus, daß die Beobachtungen und daher auch die Beobachtungsfehler eine kontinuierliche Mannigfaltigkeit bilden. Da nach (3) ein Fehler zwischen x und $x + dx$ die Wahrscheinlichkeit $\dfrac{h}{\sqrt{\pi}}\,e^{-h^2 x^2}\,dx$ hat, ist $\dfrac{h}{\sqrt{\pi}}\,|x|\,e^{-h^2 x^2}\,dx$ das Produkt aus Fehler-betrag $|x|$ mal der Anzahl Fälle, in der dieser Fehler zwischen x und $x + dx$ auftritt, geteilt durch die Anzahl aller Beobachtungen. Dieser Durchschnitts-wert entspricht nur Fehlern, die auf einer unendlich kleinen Spanne zwischen x und $x + dx$ liegen. Soll dieser Durchschnittswert über eine größere Spanne genommen werden, so muß der Differentialausdruck über diese Spanne integriert werden. Integriert über alle möglichen Fälle, also von $-\infty$ bis $+\infty$, so erhält man den durchschnittlichen Fehler

$$\eta = \int_{-\infty}^{+\infty} \frac{h}{\sqrt{\pi}}\,|x|\,e^{-h^2 x^2}\,dx.$$

Da $|-x| = |+x|$ ist, ist der Integrand eine gerade Funktion von x und daher nach der S. 129 gegebenen Rechenregel

$$(5)\quad \eta = 2\int_0^{\infty} \frac{h}{\sqrt{\pi}}\,x\,e^{-h^2 x^2}\,dx = \frac{2}{h\sqrt{\pi}}\int_{hx=0}^{hx=\infty} h\,x\,e^{-h^2 x^2}\,d(h\,x) = \frac{2}{h\sqrt{\pi}}\frac{1}{2} = \frac{1}{h\sqrt{\pi}} = \frac{0{,}5642}{h}$$

zu integrieren, wobei für das bestimmte Integral der in (5) S. 146 angegebene Wert verwendet wird. Der durchschnittliche Fehler ermöglicht uns ein Urteil über die Genauigkeit der Beobachtungen. Er ist der Größe h umgekehrt proportional. h wird daher die Präzision der betreffenden Fehlerverteilung genannt.

Mittlere Abweichung. Eine andere wichtige Größe zur Beurteilung der Zuverlässigkeit von Beobachtungen erhält man, indem man die Summe der Fehlerquadrate durch die Anzahl der Beobachtungen n dividiert. Man erhält σ^2, den Mittelwert der Fehlerquadrate. Wegen $(-x)^2 = +x^2$ kommt das Vorzeichen der Fehler nicht in Betracht. Es ist also

$$\sigma^2 = \frac{\Sigma x^2}{n}$$

und

$$(6)\qquad \sigma = \pm\sqrt{\frac{\Sigma x^2}{n}}.$$

Diese Größe σ wird die **mittlere Abweichung** genannt und bildet ein wichtiges Hilfsmittel zur Beurteilung der Verläßlichkeit einer Einzelbeobachtung.

16*

Nehmen wir wieder das GAUSSsche Fehlerverteilungsgesetz als gültig an, so können wir bei Berechnung der mittleren Abweichung analog vorgehen wie bei Berechnung des durchschnittlichen Fehlers. Das Produkt $\dfrac{h}{\sqrt{\pi}}\, x^2\, e^{-h^2 x^2}\, d x$ ist der Mittelwert der Fehlerquadrate für Fehler zwischen x und $x + d x$. Nach x von $-\infty$ bis $+\infty$ integriert, gibt es den Mittelwert aller Fehlerquadrate über alle möglichen Fehler, das Quadrat der mittleren Abweichung σ^2. Es ist also

$$\sigma^2 = \int_{-\infty}^{+\infty} \frac{h}{\sqrt{\pi}}\, x^2\, e^{-h^2 x^2}\, d x \; .$$

Da der Integrand eine gerade Funktion von x ist, finden wir in ähnlicher Rechnung wie beim durchschnittlichen Fehler

$$\sigma^2 = \frac{h}{\sqrt{\pi}}\, 2 \int_0^\infty x^2\, e^{-h^2 x^2}\, d x = \frac{2}{h^2 \sqrt{\pi}} \int_{hx=0}^{hx=\infty} (h\,x)^2\, e^{-h^2 x^2}\, d\,(h\,x) = \frac{2}{h^2 \sqrt{\pi}} \frac{\sqrt{\pi}}{4} = \frac{1}{2\,h^2}\,,$$

wobei für das bestimmte Integral der in (6) S. 146 verwendete Wert verwendet wurde. Es ist also die mittlere Abweichung

$$(7) \qquad\qquad \sigma = \pm \frac{1}{h\,\sqrt{2}} = \pm \frac{0{,}7071}{h} \; .$$

Die mittlere Abweichung ist ebenso wie der durchschnittliche Fehler umgekehrt proportional dem h und dem Betrage nach gleich der Abszisse des Wendepunktes der Fehlerverteilungskurve, wie (4) zeigt. σ gibt an, wie weit im Mittel die Einzelbeobachtungen von ihrem arithmetischen Mittel abweichen.

Mittlerer Fehler. — Neben der mittleren Abweichung $\sqrt{\dfrac{\Sigma x^2}{n}}$ wird auch der mittlere Fehler m zur Beurteilung der Präzision einer Einzelmessung verwendet. Er ist gegeben durch

$$(8) \qquad\qquad m = \pm \sqrt{\frac{\Sigma x^2}{n-1}}$$

und gibt die Abweichungen vom Mittelwert ebenso wie σ die Abweichungen vom wahren Wert ergibt.

Es wird also hier die Summe der Fehlerquadrate durch die **um 1 verminderte Anzahl der Beobachtungen** geteilt. Dadurch wird der Tatsache Rechnung getragen, daß bei unbekanntem Wert der zu messenden Größe eine Beobachtung noch keinen Fehler ergibt. Der mittlere Fehler m hat, wie die Fehlertheorie zeigt, für den uns unbekannten wahren Wert der zu messenden Größe dieselbe Bedeutung wie die mittlere Abweichung für das arithmetische Mittel M über alle Beobachtungen. m nähert sich für eine große Zahl (n) von Beobachtungen dem σ. Durch Division von (8) durch (6) folgt

$$\frac{m}{\sigma} = \sqrt{\frac{n}{n-1}} = \sqrt{\frac{1}{1-\dfrac{1}{n}}} = \left(1 - \frac{1}{n}\right)^{-\frac{1}{2}} \; .$$

Für große n also $\dfrac{1}{n} \ll 1$ ist nach (6) S. 250 mit Annäherung

$$\frac{m}{\sigma} \approx 1 + \frac{1}{2\,n} \; .$$

m ist also bei $\dfrac{10}{100}$ Beobachtungen um $\dfrac{5}{\frac{1}{2}}\%$ größer als σ.

Derartig kleine prozentuale Abweichungen kommen bei der geringen relativen Genauigkeit, mit der Fehler bestimmt werden können, meist nicht in Betracht.

Wahrscheinlicher Fehler. Eine weitere Größe zur Beurteilung der Genauigkeit einer Einzelbeobachtung ist der wahrscheinliche Fehler w. Diese Größe hat die Beschaffenheit, daß ein Fehler x dem Betrage nach mit derselben Wahrscheinlichkeit unterhalb oder oberhalb w liegt. Da die Wahrscheinlichkeit für einen Fehler beliebiger Größe gleich 1 ist, muß die Wahrscheinlichkeit, daß ein Fehler zwischen $-w$ und $+w$ liegt, gleich $\frac{1}{2}$ sein. Es ist somit

$$\int_{-w}^{+w} \frac{h}{\sqrt{\pi}}\, e^{-h^2 x^2}\, dx = \frac{1}{2}\,.$$

Wegen dem S. 129 über gerade Funktionen Gesagten gilt

$$\frac{2}{\sqrt{\pi}} \int_0^{hw} e^{-h^2 x^2}\, d\,(h\,x) = \frac{1}{2}\,.$$

Für das Integral hat man mit der auf S. 163 gegebenen Näherungsformel Tabellen ausgerechnet[1]). Aus ihnen entnimmt man den Wert des Argumentes $h\,w$, bei dem der Wert des Ausdruckes gleich $\frac{1}{2}$ ist. So erhält man

$$(9) \qquad\qquad w = \frac{0,4769}{h}\,.$$

Aus (5), (7) und (9) ergeben sich folgende Proportionalitäten zwischen den Präzisionsmaßen für Einzelbeobachtungen

$$\sigma = 1,2533\,\eta$$
$$(10) \qquad w = 0,8453\,\eta$$
$$w = 0,6745\,\sigma \approx \frac{2}{3}\,\sigma\,.$$

Mittlerer Fehler des Mittelwertes. Bisher wurde nur die Genauigkeit von Einzelbeobachtungen betrachtet. Wichtiger ist die Genauigkeit des aus vielen Einzelbeobachtungen berechneten Mittelwertes. Es ist zu erwarten, daß seine Genauigkeit mit der der Einzelbeobachtungen und mit ihrer Anzahl zunehmen wird. Um zu einer Formel für die mittlere Abweichung des Mittelwertes der Einzelbeobachtungen zu gelangen, müssen wir die Frage behandeln, wie sich die mittlere Abweichung der Summe von beobachteten Größen aus der mittleren Abweichung der Summanden zusammensetzt.

Angenommen, es liegen zwei Gruppen von Messungen einer Größe vor. Der Mittelwert der $\genfrac{}{}{0pt}{}{\text{einen}}{\text{anderen}}$ Gruppe ist $\genfrac{}{}{0pt}{}{M_1}{M_2}$ und wurde gewonnen aus $\genfrac{}{}{0pt}{}{n}{N}$ Bestimmungen mit den Fehlern

$$x_1,\, x_2,\, \ldots\ldots\ldots\ldots\ldots x_n$$
$$y_1,\, y_2,\, \ldots\ldots\ldots\ldots\ldots y_N\,.$$

Wie groß ist die mittlere Abweichung von $(M_1 + M_2)$? Offenbar ist der Einzelfehler der Summe gleich der Summe aus den Einzelfehlern von M_1 und dem Einzelfehler von M_2. Man hat bei Bildung dieser Summe die Möglichkeit, jeden der n-Fehler x_i zu jedem der N-Fehler y_k zu addieren und erhält auf diese Art $n\,N$ verschiedene Fehler für $(M_1 + M_2)$, wie man aus folgendem Schema ersieht:

$$(x_1 + y_1),\ (x_1 + y_2),\ (x_1 + y_3)\ \ldots\ (x_1 + y_N)$$
$$(x_2 + y_1),\ (x_2 + y_2),\ (x_2 + y_3)\ \ldots\ (x_2 + y_N)$$
$$(x_3 + y_1),\ (x_3 + y_2),\ (x_3 + y_3)\ \ldots\ (x_3 + y_N)$$
$$\cdot\qquad\quad\cdot\qquad\quad\cdot\qquad\quad\cdot$$
$$\cdot\qquad\quad\cdot\qquad\quad\cdot\qquad\quad\cdot$$
$$(x_n + y_1),\ (x_n + y_2),\ (x_n + y_3)\ \ldots\ (x_n + y_N)\,.$$

---

[1]) Siehe z. B. Czuber, Theorie der Beobachtungsfehler (Leipzig 1891), S. 411.

Um die mittlere Abweichung der Summe $(M_1 + M_2)$ zu berechnen, muß man die Summe ihrer Fehlerquadrate, also die Summe der Quadrate der hier angegebenen Binome $(x_i + y_k)$ bilden. Jedes dieser Quadrate enthält $2\,x_i\,y_k$. In der Summe der Quadrate tritt daher als Summand das Produkt $2\sum_1^n x_i \sum_1^N y_k$ auf. Als algebraische Summe über sämtliche Fehler einer Messung ist $\sum_1^n x_i = 0$ und $\sum_1^N y_k = 0$. Es verschwindet dieses Glied also aus der Summe der Quadrate der Binome $(x_i + y_k)$, und es bleiben nur die Summen der Quadrate der beiden Glieder x_i und y_k. Aus dem Schema ersieht man, es entsteht in jeder $\begin{matrix}\text{Spalte } \sum_1^n x_i^2\\ \text{Zeile } \sum_1^N y_k^2\end{matrix}$, also tritt diese Summe $\dfrac{N}{n}$ mal auf, und die Summe aller Quadrate der Binome $(x_i + y_k)$ beträgt

$$N \sum_1^n x_i + n \sum_1^N y_k^2 \,.$$

Da die Anzahl der quadrierten Binome $n\,N$ beträgt, ist das Mittel aus diesem Ausdruck σ_S^2, das Quadrat der mittleren Abweichung von $(M_1 + M_2)$, gegeben durch

$$\sigma_S^2 = \frac{\sum_1^n x_i}{n} + \frac{\sum_1^N y_k}{N} \,.$$

Nach (4) sind die beiden Summanden die Quadrate der mittleren Abweichung von x bzw. y, die wir mit σ_x bzw. σ_y bezeichnen. Also ist

$$\sigma_S^2 = \sigma_x^2 + \sigma_y^2 \,,$$
$$\sigma_S = \pm \sqrt{\sigma_x^2 + \sigma_y^2} \,.$$

Es ist leicht einzusehen, daß sich dieser Satz auf eine beliebige Anzahl von Summanden, von denen jeder seine mittlere Abweichung σ_λ hat, erweitern läßt, so daß σ_S, die mittlere Abweichung des Mittelwertes der Summe, gegeben ist durch

$$(11) \qquad\qquad \sigma_S = \pm \sqrt{\sum \sigma_\lambda^2} \,.$$

Man kann nun einen Mittelwert M aus n Beobachtungen in bezug auf seine mittlere Abweichung als eine Summe von n gleichen Einzelwerten $\dfrac{M}{n}$ auffassen. Jeder dieser Einzelwerte hat die mittlere Abweichung $\dfrac{\sigma}{h}$. Nach dem obigen Satz ist dann die mittlere Abweichung des Mittelwertes

$$\sigma_M = \pm \sqrt{n\left(\frac{\sigma}{n}\right)^2} = \pm \frac{\sigma}{\sqrt{n}} \,.$$

Es verkleinert sich also die mittlere Abweichung des Mittelwertes einer gemessenen Größe umgekehrt wie die Wurzel aus der Anzahl der Beobachtungen.

Analoge Betrachtungen wie für die mittlere Abweichung gelten auch für den mittleren Fehler des Mittelwertes m_M. Es ist also

$$(12) \qquad\qquad m_M = \frac{m}{\sqrt{n}} = \frac{1}{\sqrt{n}} \sqrt{\frac{\sum x^2}{n-1}} = \pm \sqrt{\frac{\sum x^2}{n\,(n-1)}} \,.$$

Diese Formel wird meist zur Beurteilung der Genauigkeit einer gemessenen Größe benützt. Die Ergebnisse von Fehlerrechnungen sind nie exakt, weil sie nur auf Wahrscheinlichkeitsannahmen beruhen. Es gibt daher der mittlere Fehler nur ein der Größenordnung nach zutreffendes Urteil über die Zuverlässigkeit des

Mittelwertes. Seine Bedeutung ist nach (10) folgende: Die Wahrscheinlichkeit dafür, daß der Wert einer neuen unter gleichen Bedingungen angestellten Bestimmung der zu messenden Größe innerhalb der Grenzen liegt, die durch den mittleren Fehler festgelegt werden, ist rund $^2/_3$. Es ist also zu erwarten, daß von drei in derselben Weise angestellten Bestimmungen zwei einen Fehler im Intervall $\pm 1\,m$ haben. Die Wahrscheinlichkeit für größere Fehler ist viel kleiner und nimmt rasch mit dem steigenden Vielfachen des mittleren Fehlers ab.

Der mittlere Fehler soll uns bei Angabe des Zahlenwertes des Mittels vor unkritischer Genauigkeit bewahren. Es ist üblich, außer der auf Grund der Fehlerrechnung als zuverlässig erkannten Stellen, noch die erste unsichere Stelle anzugeben. Was darüber wäre, würde eine nicht vorhandene Genauigkeit vortäuschen. Man pflegt bei Mitteilung des Beobachtungsergebnisses mehrerer Messungen den mittleren Fehler durch $\pm$ anzufügen. Es bedeutet dementsprechend $M \pm m$, daß der Wert der Größe mit der erwähnten Wahrscheinlichkeit zwischen $M - m$ und $M + m$ liegt. So ergibt z. B. der Mittelwert von 29 Bestimmungen von CAVENDISH für die mittlere Dichte der Erde $5{,}45 \pm 0{,}041$.

Bei Berechnung eines aus verschiedenen Größen zusammengesetzten Ergebnisses (S. 194 und 195) wird dessen mittlerer Fehler aus dem mittleren Fehler der einzelnen Größen durch Anwendung von (11) berechnet, das in diesem Zusammenhang als GAUSSsches Fehlerfortpflanzungsgesetz bezeichnet wird [1]. Um die Güte einer Messung zu beurteilen, muß man aus dem bisher betrachteten **absoluten** mittleren Fehler durch Division mit dem Resultat der Messung den **relativen** mittleren Fehler berechnen [2]. Er beträgt bei dem Beispiel über die mittlere Dichte der Erde $\dfrac{0{,}041}{5{,}45} = 0{,}75\,\%$.

Mathematische Statistik (Großzahlforschung). Bisher haben wir angenommen, daß die zu messende Größe konstant ist und daß daher die Meßfehler allein die Abweichungen der Einzelmessungen bewirken. Machen wir vorläufig die Annahme, daß die Messungen fehlerfrei seien und daß die zu messende Größe selbst innerhalb einer gewissen Spanne jeden Wert annehmen könne, daß sie also zufällige Schwankungen zeige. Derartige **Streuungen** der zu messenden Größe beobachtet man z. B. bei den Materialkonstanten einer nicht homogenen Substanz, etwa einer erstarrten Schmelze, an Eigenschaften der Produkte einer Massenfabrikation, bei Messungen von Größen an lebenden Objekten, bei den Bestimmungen der meteorologischen Elemente usw. Dementsprechend sind Meteorologie [3], Biologie [4] und Betriebswissenschaft [5] die wichtigsten Anwendungsgebiete der statistischen Methoden.

Die Begriffe Mittelwert, mittlerer Fehler usw., die früher für voneinander abweichende Einzelmessungen am selben konstanten Objekt definiert wurden,

---

[1] Siehe z. B. W. WESTPHAL, Physikalisches Praktikum, 2. Aufl. (Braunschweig 1941), S. 15 u. 17. — G. KORTÜM, Kolorimetrie und Spektralphotometrie (Berlin 1942), S. 12.

[2] WESTPHAL, a. a. O., S. 15.

[3] F. EXNER, Meteorologische Z. **27**, 263—266 (1910).

[4] Wegen Einführung in die biologischen Anwendungen siehe z. B. E. WEBER, Grundriß der biologischen Statistik für Naturwissenschaftler und Mediziner (Jena 1948). Wegen Durchführung dabei auftretender Zahlenrechnung ohne Formelrechnung siehe auch S. KOLLER, Graphische Tafeln zur Beurteilung statistischer Zahlen, 3. Aufl. (Darmstadt 1953).

[5] Wegen der Anwendung in der Fabrikation siehe K. DAEVES und A. BECKEL, Auswertung durch Großzahlforschung (Berlin 1942), wo eine Methodik zur Vermeidung von Ausschuß und zur Verbesserung der Qualität gegeben wird. Die Anwendungen der Methode auf Beispiele aus der Glühlampenfabrikation geben E. BECKER, H. PLAIT und I. RUNGE, Anwendungen der Statistik auf Probleme der Massenfabrikation (Berlin 1927).

werden nun sinngemäß auf die voneinander abweichenden Werte einer streuenden Größe angewandt. Statt mittlerer Abweichung wird hier meist der Ausdruck „Streuung" gebraucht. Oft bezeichnet man aber auch den mittleren Fehler mit dem Ausdruck „Streuung". Die Streuung hat ihren Grund im Objekte selbst und beschränkt daher die Genauigkeit, mit der Zahlenangaben über derartige Objekte mit Berechtigung gemacht werden können[1]). In der Fabrikation wird ein jeweils vereinbartes bestimmtes Vielfaches der Streuung einer wesentlichen Eigenschaft des Produktes als Toleranz bezeichnet. Alle Fabrikate mit größeren Abweichungen vom Mittelwert als die Toleranz werden als Ausschuß angesehen.

Wir lassen nun die Annahme, daß unsere Messungen fehlerfrei seien, fallen und berücksichtigen, daß die Messungen an streuenden Objekten jedenfalls auch mit Meßfehlern behaftet sind. Es müssen dabei die systematischen Meßfehler, die sogenannten instrumentellen Fehler, durch gesonderte Betrachtungen und eventuell durch Blindversuche ermittelt werden. Diese Kritik der Meßmethoden muß ermitteln, ob die Abweichungen der Einzelwerte nicht etwa durch die Meßfehler erklärt werden können, oder ob man dazu auch eine Streuung, die in den Schwankungen des Objekts ihren Grund hat, annehmen muß. Handelt es sich z. B. um die Bestimmung einer Größe durch Titration, so wird man den Ablesefehler an der Bürette zweimal begehen und außerdem einen Fehler infolge der Unsicherheit bei Beurteilung des Endpunktes der Titration machen. Alle diese drei Fehler lagern sich nach Formel (11) übereinander. Ist der so berechnete mittlere Fehler ebenso groß oder gar größer als der des untersuchten Objektes, so können wir über die Streuung des Objektes aus unseren Messungen nichts aussagen. Streuungen anzugeben, die kleiner sind als die Meßfehler, hat keinen Sinn.

Abgrenzung des Zufallsbereichs. Bei Messungen an streuenden Objekten liegt es in unserer Willkür, Grenzen festzusetzen, außerhalb welcher Abweichungen nicht mehr durch Streuung bedingt sind. Als weitverbreitete Konvention hat sich im deutschen Schrifttum als diese Grenze das Dreifache der mittleren Abweichung durchgesetzt, die dort oft in etwas anderer Bezeichnung als hier verwendet als $3\,\sigma$ - Regel bezeichnet wird[2]).

Korrelation. Oft liegt eine große Zahl n von Messungen einander entsprechender Werte zweier Größen X und Y vor. Man vermutet, daß einer Änderung des X eine Änderung des Y entspräche. Es sei z. B. die Körperlänge eines Menschen X und sein Gewicht Y. Man kann als selbstverständlich annehmen, daß einem größeren X ein größeres Y entspricht. Dabei handelt es sich aber nicht um eine Abhängigkeit im Sinne einer mathematischen Funktion. Denn es wird Menschen geben, die bei demselben X ein Y haben, das innerhalb gewisser Grenzen alle möglichen Werte annehmen kann, so daß man keine bestimmte Aussage über das einem X entsprechende Y machen kann. Eine derartige Abhängigkeit nennt man wahrscheinlichkeitstheoretisch oder stochastisch. Die Korrelationsrechnung hat die Aufgabe, eine solche Abhängigkeit exakt zu formulieren. Der Grad des Zusammenhanges zwischen verschiedenen Paaren von stochastisch abhängigen Größen wird verschieden sein. So wird z. B. der Zusammenhang zwischen der Länge des Mittelfingers der rechten Hand mit der Länge des Mittelfingers der linken Hand stärker sein als der Zusammenhang der Länge des Mittelfingers der rechten Hand mit der eines bestimmten Verwandten. Der Grad, die Strammheit des Zusammenhanges, die Größe der Korrelation wird durch den Korrelationskoeffizienten festgelegt. Er wird folgendermaßen definiert: Angenommen, es sind n einander entsprechende Wertpaare X_i, Y_i gegeben. Man bildet

---

[1]) A. PÜTTER, Die Auswertung zahlenmäßiger Beobachtungen in der Biologie (Berlin und Leipzig 1929).

[2]) KOLLER, Handbuch, a. a. O., S. 140.

das arithmetische Mittel über alle Werte von X, also $\dfrac{\Sigma X_i}{n}$, und ebenso das arithmetische Mittel über alle Werte von Y, also $\dfrac{\Sigma Y_i}{n}$. Die Abweichungen der Einzelwerte von diesen arithmetischen Mitteln nennen wir x_i bzw. y_i. Es ist also

$$(13) \qquad \begin{aligned} x_i &= X_i - \frac{\Sigma X_i}{n} \\ y_i &= Y_i - \frac{\Sigma Y_i}{n}. \end{aligned}$$

Die Summe der mit Rücksicht auf das Vorzeichen gebildeten Produkte einander entsprechender Werte von x und y, also $\Sigma\,(x_i\,y_i)$ ermöglicht schon eine Beurteilung der Größe der Korrelation. Die Summation Σ ist ebenso wie im folgenden über alle n Werte zu erstrecken. Wenn kein Zusammenhang zwischen X und Y besteht, wenn also die einzelnen Werte von x und y nur vom Zufall abhängen, werden sowohl $+$- wie $-$-Werte für das Produkt $x_i\,y_i$ vorkommen. Für eine sehr große Anzahl von Wertepaaren wird der Mittelwert $\dfrac{(\Sigma\,x_i\,y_i)}{n}$ nach den Gesetzen der großen Zahlen sehr klein und im Grenzfall $n \to \infty$ gleich 0 sein. Um ein von den Maßzahlen von X und Y unabhängiges Maß für die Korrelation zu erhalten, muß man diesen Mittelwert noch durch σ_x und σ_y, die Streuung von X bzw. Y, dividieren. Man definiert daher

$$(14) \qquad r = \frac{(\Sigma\,x_i\,y_i)}{n\,\sigma_x\,\sigma_y} = \frac{(\Sigma\,x_i\,y_i)}{\sqrt{\Sigma x_i}\,\sqrt{\Sigma y_i}}$$

als Korrelationskoeffizienten. Hier sind σ_x und σ_y und daher auch die Wurzeln, die durch Einführung der durch (6) S. 243 gegebenen Werte dieser Größen entstanden sind, mit dem positiven Vorzeichen zu nehmen, so daß das Vorzeichen von r nur vom Vorzeichen von $\Sigma\,(x_i\,y_i)$ bestimmt wird. Nehmen mit zunehmendem X die Werte von Y im Durchschnitt zu, so ist $r > 0$, es besteht positive Korrelation, nehmen mit zunehmendem X die Werte des Y im Durchschnitt ab, so wird $r < 0$, es besteht negative Korrelation. Bei genügend großer Anzahl von Beobachtungen kann man daher im 0-werden von r das Fehlen einer Korrelation erblicken. Im Gegensatz zu diesem Fehlen einer Korrelation betrachten wir jetzt den entgegengesetzten Grenzfall und nehmen an, X und Y seien nicht stochastisch verbunden, sondern es sei Y eine eindeutige Funktion von X. Wir nehmen hier und im folgenden an, daß dieser Zusammenhang linear sei, und reichen mit dieser Annahme für die meisten praktisch wichtigen Fälle aus. Es ist also

$$Y = \pm\,b\,X + c. \qquad\qquad (b,\,c\ \text{const}).$$

Daher ist nach (13)

$$x_i = X_i - \frac{\Sigma X_i}{n},$$

$$y_i = Y_i - \frac{\Sigma Y_i}{n} = \pm\,b\,X_i + c - \frac{\pm\,b\,\Sigma X_i + nc}{n} = \pm\,b\left(X_i - \frac{\Sigma X_i}{n}\right) = \pm\,b\,x_i.$$

Daraus folgt nach (14)

$$r = \pm\,\frac{b\,\Sigma x_i}{\sqrt{\Sigma x_i}\,b\,\sqrt{\Sigma x_i}} = \pm\,1.$$

Es bedeutet also $r = \pm\,1$ die denkbar stärkste Korrelation und damit den denkbar größten Betrag von r. Ein Betrag zwischen 0 und 1 entspricht einer mehr oder weniger großen Korrelation, und zwar positiven Werten des r eine gleichsinnige Beziehung von X und Y, negativen Werten eine gegensinnige.

Regressionskoeffizient. Wenn uns der Korrelationskoeffizient wahrscheinlich gemacht hat, daß ein stochastischer Zusammenhang zwischen X und Y besteht, kann man versuchen, eine lineare Beziehung für diese Größen als ihre wahrscheinliche Abhängigkeit anzugeben. Diese sei gegeben durch

$$Y = b\,x + c\,.$$

Es handelt sich um die Berechnung des Regressionskoeffizienten b. Die Korrelationsrechnung lehrt, daß

$$(15) \qquad b = r\,\frac{\sigma_y}{\sigma_x} = r\,\frac{\sqrt{\Sigma y_i^2}}{\sqrt{\Sigma x^2}} \qquad \text{(beide Wurzeln +).}$$

Wir verifizieren (15) für den Fall, daß eine vollständige Korrelation zwischen X und Y stattfindet, daß also kein stochastischer, sondern ein exakter Zusammenhang zwischen X und Y vorliegt, daß also $r = 1$ ist. Wir gehen von einem Y aus, von dem wir im vorhinein wissen, daß es von X nach Gleichung

$$Y = \beta\,X + c$$

abhängt und berechnen β aus n Wertepaaren X_i, Y_i. Aus obiger Gleichung folgt

$$y_i = Y_i - \frac{\Sigma Y_i}{n} = \beta X_i + c - \frac{\Sigma \beta X_i + n\,e}{n} = \beta X_i - \frac{\Sigma \beta X_i}{n} = \beta X_i - \beta\,\frac{\Sigma X_i}{n} = \beta\,x\,.$$

Mit $r = 1$ folgt in der Tat aus (15) für b

$$b = \frac{\sqrt{\Sigma y_i^2}}{\sqrt{\Sigma x}} = \frac{\sqrt{\beta\,x_i^2}}{\sqrt{x_i^2}} = \beta\,.$$

Für Anwendungen und ein tieferes Eindringen in alle einschlägigen Fragen sei auf das S. 247 angegebene Schrifttum verwiesen.

Näherungsformeln.

Für die Zahlenrechnung lassen sich Ausdrücke, in denen einzelne Glieder gegen andere klein sind, oft durch die folgenden Näherungsformeln mit hinreichender Genauigkeit bequem berechnen.

Man bringt den Ausdruck in eine Form, die die kleine Größe nur in einem zu 1 addierten Gliede enthält, und wendet zur Herleitung die ersten zwei Glieder einer Reihenentwicklung an (S. 150f.).

1. $\quad (1 + \alpha)^m = 1 + m\,\alpha \qquad\qquad (1 - \alpha)^m = 1 - m\,\alpha \qquad (\alpha \ll 1),$

2. $\quad (1 + \alpha)^2 = 1 + 2\,\alpha \qquad\qquad (1 - \alpha)^2 = 1 - 2\,\alpha,$

3. $\quad \sqrt{1 + \alpha} = 1 + \dfrac{1}{2}\,\alpha \qquad\qquad \sqrt{1 - \alpha} = 1 - \dfrac{1}{2}\,\alpha,$

4. $\quad \dfrac{1}{1 + \alpha} = 1 - \alpha \qquad\qquad\quad \dfrac{1}{1 - \alpha} = 1 + \alpha,$

5. $\quad \dfrac{1}{(1 + \alpha)^2} = 1 - 2\,\alpha \qquad\qquad \dfrac{1}{(1 - \alpha)^2} = 1 + 2\,\alpha,$

6. $\quad \dfrac{1}{\sqrt{1 + \alpha}} = 1 - \dfrac{1}{2}\,\alpha \qquad\qquad \dfrac{1}{\sqrt{1 - \alpha}} = 1 + \dfrac{1}{2}\,\alpha,$

7. $\quad \dfrac{(1 \pm \alpha)(1 \pm \beta)\cdots}{(1 \pm \varepsilon)(1 \pm \eta)\cdots} = 1 \pm \alpha \pm \beta \pm \cdots \mp \varepsilon \mp \eta \cdots (\alpha, \beta, \varepsilon, \eta \ll 1).$

Der Winkel ist beim Gebrauch der folgenden Formeln im Bogenmaß zu messen (S. 275).

8. $\quad \sin \alpha = \alpha\left(1 - \dfrac{1}{6}\,\alpha^2\right),$

9. $\quad \cos \alpha = 1 - \dfrac{1}{2}\,\alpha^2,$

10[1]). $\quad \operatorname{tg} \alpha = \alpha\left(1 + \dfrac{1}{3}\,\alpha^2\right).$

11. $\quad \ln(1 + \alpha) = \alpha - \dfrac{1}{2}\,\alpha^2.$

---

[1]) Wegen Entwicklung von $\operatorname{tg} x$ in eine Reihe siehe ROTHE II, 107.

Interpolation und Extrapolation.

Mit Hilfe der TAYLORschen Reihe wurde ln x in eine Reihe entwickelt (S. 159). Verwendet man nur die **zwei ersten** Glieder dieser Reihe, so führt sie uns auf die Interpolation, wie sie beim Logarithmenaufschlagen gebräuchlich ist. Geometrisch wird sie dargestellt, indem man die Funktion innerhalb der Werte, zwischen denen interpoliert wird, längs der Sehne ansteigen läßt (siehe Abb. 29, S. 54). Man vernachlässigt also den Unterschied zwischen Kurve und Sehne.

Dieses Verfahren nennt man das **lineare Interpolieren** (Einschalten längs einer geraden Linie!).

Verwendet man mehr als zwei Glieder von TAYLORS Reihe, dann entspricht dies geometrisch der Berücksichtigung der jeweiligen Steigungsänderung der Funktionskurve. Es läßt sich also die lineare Interpolation nicht mehr verwenden, die Funktion müßte durch eine Formel gegeben sein. Hat man z. B. durch Versuche eine Anzahl von Wertpaaren der unabhängig Veränderlichen x und der Funktion y bestimmt, dann muß man, um diese empirische Funktion interpolieren zu können, erst im Besitz einer Formel sein, der die gemessenen Wertpaare entsprechen. Man müßte also aus den Messungen eine **empirische Formel** abgeleitet haben.

Da die Ermittlung dieser Formel oft umständlich ist, hilft man sich auf andere Weise. Gestützt auf Messungen von Wertpaaren (x_1, y_1), (x_2, y_2), $(x_3, y_3) \ldots$ ist es möglich, für x-Werte zwischen x_1 und x_2 oder x_2 und x_3 usw. auch ohne Kenntnis der Form von $f(x)$ die zugehörigen Werte von y zu **interpolieren**. Dafür gibt es verschiedene Interpolationsformeln.

Wir behandeln im folgenden nur NEWTONS Interpolationsformel[1]) und setzen voraus, daß bei den Versuchen die Aufeinanderfolge der Werte von x so gewählt wurde, daß sich die Werte von x stets um den gleichen Betrag h unterscheiden, daß es sich um **gleichabständige** (äquidistante) Werte handelt. So sei beispielsweise

$$\begin{aligned}
x_1 &= a & y_1 &= f(a) \\
x_2 &= a + h & y_2 &= f(a + h) \\
x_3 &= a + 2h & y_3 &= f(a + 2h) \\
x_4 &= a + 3h & y_4 &= f(a + 3h) \\
x_5 &= a + 4h & y_5 &= f(a + 4h).
\end{aligned}$$

Wir bilden zunächst die Differenzen Δ zwischen je zwei aufeinanderfolgenden y-Werten.

$$\begin{aligned}
\Delta_a &= y_2 - y_1 = f(a + h) - f(a) \\
\Delta_{a+h} &= y_3 - y_2 = f(a + 2h) - f(a + h) \\
\Delta_{a+2h} &= y_4 - y_3 = f(a + 3h) - f(a + 2h) \\
\Delta_{a+3h} &= y_5 - y_4 = f(a + 4h) - f(a + 3h).
\end{aligned}$$

Diese Differenzen nennen wir zur Unterscheidung von den folgenden die **ersten Differenzen**.

Die **zweiten Differenzen** Δ^2 bilden wir in folgender Weise:

$$\begin{aligned}
\Delta_a^2 &= \Delta_{a+h} - \Delta_a \\
\Delta_{a+h}^2 &= \Delta_{a+2h} - \Delta_{a+h} \\
\Delta_{a+2h}^2 &= \Delta_{a+3h} - \Delta_{a+2h}
\end{aligned}$$

Analog dem Vorschreiten von den ersten zu den zweiten Differenzen gelangen wir von den zweiten zu den **dritten**

$$\begin{aligned}
\Delta_a^3 &= \Delta_{a+h}^2 - \Delta_a^2 \\
\Delta_{a+h}^3 &= \Delta_{a+2h}^2 - \Delta_{a+h}^2
\end{aligned}$$

und analog zu der **vierten** Differenz

$$\Delta_a^4 = \Delta_{a+h}^3 - \Delta_a^3$$

usw.

---

[1]) Weiteres über Interpolation und andere Interpolationsformeln siehe L. SCHRUTKA, Leitfaden der Interpolation (Wien 1941).

Wir stellen diese Differenzen mit ihren Funktionswerten und Argumenten in folgender Tabelle zusammen. In den ersten zwei Spalten stehen Arguments- und Funktionswert nebeneinander, in der nächsten Spalte, und zwar in der Zwischenzeile die ersten Differenzen, in der nächsten Spalte, wieder in der Zwischenzeile, also in derselben Zeile wie die Funktionswerte, die zweiten Differenzen usw. Diese Tabelle nennt man Differenzenspiegel (Differenzenschema).

$$
\begin{array}{llll}
x_1 & f(a) & & \\
 & & \Delta_a & \\
x_2 & f(a+h) & & \Delta_a^2 \\
 & & \Delta_{a+h} & & \Delta_a^3 \\
x_3 & f(a+2h) & & \Delta_{a+h}^2 \\
 & & \Delta_{a+2h} & & \Delta_{a+h}^3 \\
x_4 & f(a+3h) & & \Delta_{a+2h}^2 \\
 & & \Delta_{a+3h} & \\
x_5 & f(a+4h) & &
\end{array}
$$

Daraus folgt:

$$f(a+h) \;= f(a) + \Delta_a$$
$$f(a+2h) = f(a+h) \;+ \Delta_{a+h} = f(a) + \Delta_a + \Delta_a + \Delta_a^2 = f(a) + 2\,\Delta_a + \Delta_a^2$$
$$f(a+3h) = f(a+2h) + \Delta_{a+2h} = f(a) + 2\,\Delta_a + \Delta_a^2 + \Delta_{a+2h} = f(a) + 2\,\Delta_a$$
$$+ \Delta_a^2 + \Delta_{a+h} + \Delta_{a+h}^2$$
$$= f(a) + 2\,\Delta_a + \Delta_a^2 + \Delta_a + \Delta_a^2 + \Delta_a^2 + \Delta_a^3$$
$$= f(a) + 3\,\Delta_a + 3\,\Delta_a^2 + \Delta_a^3$$

Aus der letzten Gleichung folgt durch Addition von Δ_{a+3h} und seinem Ersatz durch Δ_a, Δ_a^2, Δ_a^3 und Δ_a^4

$$f(a+4h) = f(a) + 4\,\Delta_a + 6\,\Delta_a^2 + 4\,\Delta_a^3 + \Delta_a^4.$$

In dieser Weise bis zum Argument $a + n\,h$ (n positiv ganzzahlig) vorschreitend gelangen wir zur Näherungsformel

$$f(a+nh) = f(a) + n\,\Delta_a + \frac{n(n-1)}{1\cdot 2}\,\Delta_a^2 + \frac{n(n-1)(n-2)}{1\cdot 2\cdot 3}\,\Delta_a^3$$
$$+ \frac{n(n-1)(n-2)(n-3)}{1\cdot 2\cdot 3\cdot 4}\,\Delta_a^4 \cdots$$

Die Koeffizienten verschiedener Ordnung der Differenzen entsprechen den Binomialkoeffizienten (S. 223).

Nennen wir den Zuwachs des Arguments $n\,h = \xi$ und daher $n = \dfrac{\xi}{h}$, wo $0 < n < 1$, so geht obige Gleichung über in

$$f(a+\xi) = f(a) + \frac{\xi}{h}\,\Delta_a + \frac{\xi(\xi-h)}{h^2}\frac{\Delta_a^2}{2!} + \frac{\xi(\xi-h)(\xi-2h)}{h^3}\frac{\Delta_a^3}{3!}$$
$$+ \frac{\xi(\xi-h)(\xi-2h)(\xi-3h)}{h^4}\frac{\Delta_a^4}{4!} + \cdots$$

Diese Näherungsformel ist NEWTONS Interpolationsformel[1]).

---

[1]) Wegen Herleitung dieser Formel sowie wegen des Restgliedes, durch das diese Näherungsformel erst zu einer exakten wird, siehe das oben angeführte Werk von SCHRUTKA.

Für $h \to 0$ bei festem ξ geht

$$\frac{\Delta_a}{h} \text{ in } f'(a),$$

$$\frac{\Delta_a^2}{h^2} \text{ in } f''(a) \quad \text{und} \quad \xi(\xi - h) \text{ in } \xi^2,$$

$$\frac{\Delta_a^3}{h^3} \text{ in } f^{(3)}(a) \quad ,, \quad \xi(\xi - h)(\xi - 2h) \text{ in } \xi^3,$$

$$\frac{\Delta_a^4}{h^4} \text{ in } f^{(4)}(a) \quad ,, \quad \xi(\xi - h)(\xi - 2h)(\xi - 3h) \text{ in } \xi^4 \text{ über,}$$

so daß NEWTONS Formel in TAYLORS Reihe übergeht.

Das folgende Beispiel, das der physikalischen Chemie entnommen ist, soll die Verwendung von NEWTONS Interpolationsformel klarmachen.

Nach den Messungen von SLOTTE[1]) wird die Viskosität η des Wassers (gemessen in Poise S. 257) in ihrer Abhängigkeit von der Temperatur durch folgende Tabelle gegeben. η ist eine abnehmende Funktion der Temperatur. Temperatur und η bilden die ersten zwei Spalten des Differenzenspiegels.

Temperatur in ^{0} C	η	Δ	Δ^2	Δ^3	Δ^4	Δ^5
0	0,01808					
		− 0,00494				
10	0,01314		+ 0,00188			
		− 0,00306		− 0,00087		
20	0,01008		+ 0,00101		+ 0,00045	
		− 0,00205		− 0,00042		− 0,00020
30	0,00803		+ 0,00059		+ 0,00025	
		− 0,00146		− 0,00017		− 0,00027
40	0,00657		+ 0,00042		− 0,00002	
		− 0,00104		− 0,00019		+ 0,00015
50	0,00553		+ 0,00023		+ 0,00013	
		− 0,00081		− 0,00006		− 0,00010
60	0,00472		+ 0,00017		+ 0,00003	
		− 0,00064		− 0,00003		− 0,00004
70	0,00408		+ 0,00014		− 0,00001	
		− 0,00050		− 0,00004		+ 0,00002
80	0,00358		+ 0,00010		+ 0,00001	
		− 0,00040		− 0,00003		
90	0,00318		+ 0,00007			
		− 0,00033				
100	0,00285					

Die Viskosität ist von zehn zu zehn Grad angegeben. Wir berechnen nun mit NEWTONS Interpolationsformel die Viskosität für 45^0 C. Es ist $a = 40$, $\xi = 5$, $h = 10$.

$$\eta_{45} = f(45) = f(40 + 5) = f(40) + 5\frac{\Delta_{40}}{10} + \frac{5(-5)}{2!}\frac{\Delta_{40}^2}{100} + \frac{5(-5)(-15)}{3!}\frac{\Delta_{40}^3}{1000} + \cdots$$

$$= f(40) + \frac{1}{2}\Delta_{40} - \frac{1}{8}\Delta_{40}^2 + \frac{1}{16}\Delta_{40}^3 + \cdots$$

$$= f(40) - \frac{1}{2}\,0,00104 - \frac{1}{8}\,0,00023 - \frac{1}{16}\,0,00006$$

$$= 0,00657 - 0,00052 - 0,00003.$$

Man sieht, das 4. Glied kommt nicht mehr als Korrektur in Betracht.

---

[1]) LANDOLT-BÖRNSTEIN, Physikalisch-Chemische Tabellen. V. Aufl. 1. Band (Berlin 1923), S. 136.

Die Summe der ersten zwei Glieder entspräche der linearen Interpolation, das Resultat von NEWTONS Interpolationsformel ist um 3 Einheiten der letzten geltenden Stelle kleiner.

Wir erhalten so

$$\eta_{45} = 0,00602 \ .$$

Das Verfahren, Werte einer Funktion zu berechnen, die außerhalb des Bereiches der gemessenen Werte liegen, nennt man Extrapolation. Dieses Verfahren erfordert besondere Vorsichtsmaßregeln[1]).

Maße und Dimensionen

Zur Angabe eines Maßes brauchen wir eine Maßeinheit und eine Maßzahl. Das Produkt beider ist die gemessene Größe. Hätten wir für eine Größe z. B. für die Länge nur eine Maßeinheit zur Verfügung, etwa den Meter, so kämen wir in vielen Fällen zu unbequem großen oder kleinen Maßzahlen, wenn wir etwa einmal die Entfernung zweier Städte, ein andermal die Größe von Bakterien angeben sollten. Daher ist es praktisch, mehrere Einheiten zur Verfügung zu haben. Für bequeme Umrechnung und Einprägsamkeit ist es günstig, wenn die Einheiten für eine Größe sich zueinander verhalten wie die Potenzen von 10, wenn die Grundeinheit dekadisch unterteilt ist. Bei der Bildung der größeren Einheiten benützt man beim Übergang von der Grundeinheit zur 10-, 10^2-, 10^3-, 10^6-, 10^9- und 10^{12}-fachen die Vorsilben deka-, hekto-, kilo-, mega-, giga- und tera- und bei der Bildung von kleineren Einheiten für die 10^{-1}, 10^{-2}, 10^{-3}, 10^{-6}, 10^{-9} und 10^{-12} die Vorsilben dezi-, zenti-, milli-, mikro-, nano- und pico-.

Zeiteinheit. Nicht dekadisch unterteilt ist unser Zeitmaß. Der Tag, der mittlere Sonnentag (d) ist in 24 Stunden, die Stunde (h) in 60 Minuten, die Minute (min oder ') in 60 Sekunden (sek oder '') unterteilt. Da in der Reaktionskinetik und Radioaktivität das Zeitmaß verwendet wird, sind auf diesen Gebieten Umrechnungen oft unbequem.

Längeneinheit. Die Grundeinheit ist das Meter. Diese Einheit sollte 10^{-7} Erdmeridianquadrant gleich sein. Genauere Messungen ergaben jedoch, daß dies nicht vollkommen genau erreicht wurde. Trotzdem wird die einmal festgesetzte, an einem Platin-Iridium-Stab realisierte Länge des Meters international beibehalten.

Die ursprünglich kleinste dekadische (metrische) Einheit, das Millimeter (mm), war für Zwecke der Wellenoptik und gar der Röntgenoptik noch zu groß. Da das lateinische Zahlwort nicht über 1000 hinausgeht, konnte man das oben gegebene Prinzip nicht verwenden und mußte noch kleinere Einheiten in anderer Weise bilden und führte μ, mμ, Å und XE ein (Zahlenangaben auf S. 224/225). Das Ångström Å wird in der theoretischen Chemie zur Angabe molekularer Dimensionen angewendet.

Die Flächeneinheit. An und für sich wäre es zulässig, für die Flächenmessung eine Einheit zu wählen, die mit der verwendeten Längeneinheit nicht im Zusammenhang steht, etwa einen Quadratfuß. Dann müßte man aber bei allen Rechnungen, bei denen man von Längen auf Flächen schließt, berücksichtigen, wie viel Quadratmeter auf einen Quadratfuß gehen. Wenn G und H Grundlinie und Höhe (in m gemessen) eines Rechtecks sind, dann ist sein Flächeninhalt in Quadratfuß

$$F = c\,GH \ .$$

---

[1]) Wegen einer wichtigen Anwendung, bei der eine Reaktionskonstante diese Temperaturfunktion ist (S. 143), siehe A. SKRABAL, Monatshefte für Chemie **63**, 23 (1933), und bezüglich analoger Anwendungen auf Aktivitätskoeffizienten nicht elektrolytischer Gemische A. MUSIL, Österr. Chemiker Ztg. **42**, 371, 395 (1939); **44**, 125 (1941).

c gibt an, wieviel Quadratfuß auf einen Quadratmeter gehen. Wenn man aber als Einheit für das Flächenmaß den Quadratmeter (m²) verwendet und so die Flächeneinheit auf die Längeneinheit zurückführt, vermeidet man c, das dann den Wert 1 annimmt. Im metrischen Maßsystem leitet man die Flächeneinheit aus der Längeneinheit ab.

Diese Art der Ableitung neuer Einheiten auf Grund von mathematischen oder physikalischen Gesetzen spielt in der Physik eine grundlegende Rolle. Dieses Verfahren erspart, wie an diesem Beispiel gezeigt wurde, die Verwendung lästiger Zahlfaktoren.

Die Volumeneinheit. Auch das Volumenmaß (Hohlmaß) läßt sich auf das Längenmaß zurückführen, wenn man als Volumeneinheit einen Würfel mit der Längeneinheit als Kante verwendet. Man erhält so m³, dm³, cm³ usw. Wegen der Bequemlichkeit im täglichen Gebrauch nannte man einen dm³ einen Liter, mit den kleineren Einheiten Deziliter (dl), Zentiliter (cl) und Milliliter (ml). Das Zentiliter ist nicht in Gebrauch. Eine größere Einheit ist der Hektoliter (hl). Ein Kiloliter für 1 m³ hat sich nicht eingebürgert.

Die Masseneinheit (Gewichtseinheit). Im „metrischen Maß- und Gewichtssystem" wird die Masseneinheit auf die Längeneinheit zurückgeführt. Die Einheit ist das Gramm (g). Es sollte gleich der Masse von 1 cm³ Wasser bei größter Dichte sein. Aus praktischen Gründen suchte man das 10^3fache dieser Masse, also die Masse von 1 Liter Wasser, in Form eines Platin-Iridium-Stückes als Urnormale herzustellen. Genaue Messungen ergaben jedoch, daß dies nicht vollkommen genau erreicht wurde. Trotzdem behielt man das so hergestellte Normale bei und bezeichnet 10^{-3} der Masse dieses Normales als Gramm (g). Von größeren Einheiten ist das Dekagramm (vulgo Deka) und das Kilogramm (kg) gebräuchlich. Dieses ist für viele Zwecke noch zu klein. Größere Einheiten sind der Meterzentner $= 10^2$ kg und die Tonne (t) $= 10^3$ kg. Von Einheiten kleiner als 1 g ist das Milligramm (mg) für Zwecke der Mikrochemie noch zu groß. Ähnlich wie beim Längenmaß führte man eine tausendmal kleinere Einheit, das Mikrogramm $\mu g = 10^{-6}$ g ein, bisher immer als γ (Gamma) bezeichnet.

Einheiten der Geschwindigkeit und deren Umrechnung. Wir haben bisher zwei Grundgrößen, Länge und Zeit, betrachtet. Beide Größen gehen in die Geschwindigkeit ein. Für die Umrechnung der Einheiten faßt man die Geschwindigkeit als Quotienten Länge/Zeit auf. Als Einheit für die Geschwindigkeit wird man jene Geschwindigkeit verwenden, bei der die Längeneinheit in der Zeiteinheit zurückgelegt wird. In der Physik wird häufig die Geschwindigkeit, mit der 1 cm in der Sekunde zurückgelegt wird, unter dem Namen 1 Cel als Einheit verwendet. Für andere Zwecke, z. B. zur Angabe der Geschwindigkeit von Fahrzeugen, wird die Einheit 1 km/h bequem sein. Diese neue Einheit rechnet man in die alte Einheit, das Cel, um, indem man die neuen Einheiten für Länge und Zeit durch die entsprechenden alten ersetzt, und findet so

$$1 \text{ km/h} = \frac{10^5 \text{ cm}}{3600 \text{ sek}} = 27,\dot{7} \text{ Cel}.$$

Dimensionen. Verallgemeinern wir dieses Beispiel! Wir wollen eine neue Geschwindigkeitseinheit $[C]$ durch die alte $[c]$ ausdrücken. Dazu müssen wir die Beziehungen zwischen der neuen Längeneinheit $[L]$ und der alten $[l]$ sowie zwischen der neuen Zeiteinheit $[T]$ und der alten $[t]$ kennen. Sie sind

(*) $\qquad\qquad [L] = \lambda\,[l] \qquad$ und $\qquad [T] = \tau\,[t]$.

Die Symbole in [ ] bedeuten Einheiten und nicht veränderliche Größen, also kann z. B. $[T]$ oder $[t]$ etwa 1 Tag oder 1 Sekunde bedeuten.

Definitionsgemäß ist

$$[c] = \frac{[l]}{[t]}$$

und wegen (*)

$$[C] = \frac{[L]}{[T]} = \frac{\lambda\,[l]}{\tau\,[t]} = \lambda\,\tau^{-1}\,[c].$$

Der Faktor $\lambda\,\tau^{-1}$ zeigt, daß sich die Geschwindigkeitseinheit mit der Zeiteinheit umgekehrt proportional ändert.

Drücken wir nun eine neue Beschleunigungseinheit $[B]$ durch eine alte $[b]$ aus! Wir fassen hier[1]) $\dfrac{dv}{dt}$ als Quotienten auf und wissen, daß dem b ein Zuwachs von v um die Einheit, also um $[c]$ in der Zeiteinheit t entspricht. Es ist also

$$[b] = \frac{[c]}{[t]}$$

und daher

$$[B] = \frac{[C]}{[T]} = \frac{\lambda\,\tau^{-1}}{\tau}\,\frac{c}{t} = \lambda\,\tau^{-2}\,[b].$$

Der Faktor $\lambda\,\tau^{-2}$ zeigt, daß mit zunehmender Zeiteinheit die Beschleunigungseinheit im umgekehrt quadratischen Verhältnis abnimmt.

Verallgemeinern wir das für die Einheiten der Geschwindigkeit und Beschleunigung Durchgeführte auf die Einheit irgendeiner physikalischen Größe, in die im allgemeinen auch die Grundgröße der Masse eingeht, deren neue und alte Einheiten $[M]$ bzw. $[m]$ durch

$$[M] = \mu\,[m]$$

verbunden sind.

Die Anwendung der in der Physik gegebenen Definitionen der betreffenden Größe ermöglicht es, die neue Einheit in alten Einheiten auszudrücken. Es ergibt sich so

$$\text{Neue Einheit} = \mu^a\,\lambda^b\,\tau^c \text{ alte Einheit.}$$

Bei Änderung der Masseneinheit ändert sich die Einheit der Größe wie die a. Pot.
  „   „   „ Längeneinheit „   „   „   „   „   „   „   „ b. „
  „   „   „ Zeiteinheit   „   „   „   „   „   „   „   „ c. „

Man sagt: Die Größe ist in bezug auf m von der a., auf l von der b., auf t von der c. Dimension bestimmt und bezeichnet $m^a\,l^b\,t^c$ als die Dimension der betreffenden Größe. Die Dimensionen gestatten die Zusammensetzung der Größe aus den Grundgrößen sowie die zugrunde gelegten Maßeinheiten zu erkennen. Sie sind ein wichtiges Hilfsmittel zur Kontrolle der Richtigkeit der Rechnung sowie zur Herleitung neuer Gesetzmäßigkeiten.

Bei Dimensionsberechnungen faßt man einen Differentialquotienten als Bruch, ein Integral als Produkt aus Integranden mal Integrationsvariable auf. Im folgenden bedeutet [ ], daß es sich nicht um die betreffende Größe, sondern um ihre Dimension handelt. Unbenannte Zahlen ändern ihren Wert nicht bei Änderung der Einheiten, sie sind dimensionslos (von der 0-Dimension), z. B.

$$\left[\frac{\pi}{8}\right] = \mathrm{m}^0\,\mathrm{l}^0\,\mathrm{t}^0 \qquad\qquad [6\,\pi] = \mathrm{m}^0\,\mathrm{l}^0\,\mathrm{t}^0.$$

Da ein Potenzexponent dimensionslos ist, ist auch ein Logarithmus dimensionslos, z. B. $[\ln \text{Konzentration}] = \mathrm{m}^0\,\mathrm{l}^0\,\mathrm{t}^0$.

Beispiele. Nach dem bereits Mitgeteilten ist
     die Dimension einer Geschwindigkeit $[v] = l\,t^{-1}$
     „   „   „ Beschleunigung $[b] = l\,t^{-2}$.

Verwendet man wie bisher meist in der Physik als Längeneinheit den Zentimeter, als Zeiteinheit die Sekunde, so erhält man die Beschleunigungseinheit 1 gal, die einer Geschwindigkeitszunahme von 1 Cel/sec entspricht.

Die Dimension einer Kraft ist $[K] = m\,l\,t^{-2}$ (S. 91). Verwendet man wieder für Länge und Zeit cm und sec und für die Masseneinheit das g, gebraucht man also das Zentimeter-Gramm-Sekunden-System (CGS-System), so ist die Krafteinheit jene Kraft, die einem g die Beschleunigung von 1 gal erteilt. Sie wird ein Dyn genannt und ist dimensionsmäßig 1 cm g sec^{-2}. In dem jetzt gesetz-

---

[1]) Siehe S. 26.

lich festgelegten Meter-Kilogramm-Sekunden-System ist die Einheit der Kraft jene Kraft, die einem Kilogramm die Beschleunigung von 1 m je Sekunde in einer Sekunde erteilt. Sie wird 1 Newton genannt. 1 Newton $= 10^5$ Dyn.

Die Dimension der Arbeit ist (S. 47)

$$[A] = [K]l = m\, l^2\, t^{-2}\,.$$

Im CGS-System ist die Arbeitseinheit die Arbeit, die 1 Dyn auf dem Weg 1 cm leistet. Sie wird ein Erg genannt und ist dimensionsmäßig 1 cm² g sec^{-2}.

Im Meter-Kilogramm-Sekunden-System ist die Arbeitseinheit die Arbeit, die 1 Newton auf dem Wege von 1 m leistet. Sie wird 1 Joule genannt. 1 Joule $= 10^7$ erg.

Beim Arbeiten mit Dimensionen ist zu beachten, daß Größen, die addiert oder subtrahiert werden, notwendig dimensionsgleich sein müssen.

Dimensionsvergleichung. Da wir nur Größen gleicher Art vergleichen können, muß jede Gleichung auf beiden Seiten dieselben Dimensionen haben. Wir prüfen die Dimensionsgleichheit an

$$A = \frac{m}{2}\, v^2\,. \tag{S. 92}$$

Es ist

$$[A] = m\, l^2\, t^{-2}$$

und

$$\left[\frac{m}{2}\, v^2\right] = m\, [l\, t^{-1}]^2 = m\, l^2\, t^{-2}\,.$$

Die Prüfung der Dimensionsgleichheit ist eine wichtige Rechenkontrolle.

Prüfung der Dimensionsgleichheit von D'ALEMBERTS Gleichung S. 216.

In $\quad \dfrac{\partial^2 y}{\partial t^2} = c^2\, \dfrac{\partial^2 y}{\partial x^2}\,,$ wo $[c^2] = l^2\, t^{-2}$

hat die linke Seite die Dimension $[y]\, t^{-2}$,

„ rechte „ „ „ $[y]\, \dfrac{l^2\, t^{-2}}{l^2} = [y]\, t^{-2}\,.$

Dimension der Viskosität η. Zu ihrer Bestimmung benützen wir (9) auf S. 204. Aus ihr folgt

$$\eta = \frac{K}{F\, \dfrac{du}{dy}}\,.$$

Die Änderung der Strömungsgeschwindigkeit mit der Länge $\dfrac{du}{dy}$ hat die Dimension $l\, t^{-1}\, l^{-1} = t^{-1}$. Da $F = l^2$ ist, ist

$$[\eta] = \frac{[K]}{[F]\left[\dfrac{du}{dy}\right]} = \frac{m\, l\, t^{-2}}{l^2\, t^{-1}} = m\, l^{-1}\, t^{-1}\,.$$

Im CGS-System hat die Einheit von η eine Flüssigkeit, bei der mit dem Geschwindigkeitsgefälle von 1 Cel/cm aneinander vorbeigleitende Schichten eine Kraft von 1 Dyn je cm² aufeinander ausüben. η ist dementsprechend durch cm^{-1} g sec^{-1} charakterisiert. Diese Einheit wird ein Poise genannt. Sie wurde in der Tabelle S. 253 verwendet.

Prüfung von POISEUILLES Gesetz, S. 206. Nach ihm ist das in der Zeit t von der Druckdifferenz $p_1 - p_2$ durchgepreßte Flüssigkeitsvolumen

$$V = \frac{\pi}{8}\, \frac{p_1 - p_2}{\eta\, L}\, R^4\, t\,,$$

wo η die Viskosität der Flüssigkeit, R der Radius, L die Länge der Kapillare bedeutet. Die linke Seite der Gleichung hat als Volumen die Dimension l^3. Zur Berechnung der Dimensionen rechts beachten wir, daß ein Druck und daher auch eine Druckdifferenz die Dimension einer Kraft/Fläche hat. Es ist daher

$$[p_1 - p_2] = \frac{ml\,t^{-2}}{l^2} = ml^{-1}\,t^{-2}\,.$$

Daraus folgt für die Dimension rechts

$$\frac{ml^{-1}\,t^{-2}}{l\,ml^{-1}\,t^{-1}}\,l^4\,t = l^3\,m^0\,t^0\,,$$

also Dimensionsgleichheit.

Herleitung des Stokes-Satzes. Wir erläutern am folgenden Beispiel eine wichtige Art der Dimensionsbetrachtung, wobei wir das eben berechnete $[\eta]$ verwenden. Wir versuchen Stokes-Gesetz, nach dem innerhalb gewisser Grenzen die Kraft K, die notwendig ist, um ein Kügelchen vom Radius r in einer Flüssigkeit von der Viskosität η mit der stationären Geschwindigkeit v zu bewegen (schleppen), gegeben ist durch

$$K = 6\,\pi\,r\,\eta\,v\,,$$

durch Dimensionsbetrachtung herzuleiten.

Wir wissen nur aus Erfahrung, daß K verschwindet, wenn r oder η oder v verschwindet und vermuten daher, daß

$$K = \mathfrak{z}\,r^x\,\eta^y\,v^z\,,$$

wo $\mathfrak{z}$ ein dimensionsloser Zahlfaktor ist. Aus der Bedingung der Dimensionsgleichheit folgt, daß

$$[K] = [r^x]\,[\eta^y]\,[v^z]$$

und daraus durch Einsetzen von $[r]$, $[\eta]$, $[v]$ und $[K]$

$$ml\,t^{-2} = l^x\,[ml^{-1}\,t^{-1}]^y\,[l\,t^{-1}]^z = m^y\,l^{x-y+z}\,t^{-y-z}\,.$$

Aus der Dimensionsgleichheit folgt, daß links und rechts die Exponenten von l, t und m einander gleich sein müssen.

Es ist daher

als Exponent von $m \ldots 1 = y$			$x = 1$
„ „ „ $l \ldots 1 = x - y + z$	daraus folgt		$y = 1$
„ „ „ $t \ldots -2 = -y - z$			$z = 1$

Es gilt also für die Kraft

$$K = \mathfrak{z}\,r\,\eta\,v\,.$$

Bis auf den dimensionslosen Faktor $\mathfrak{z}$ wurde also durch Dimensionsbetrachtungen Stokes' Satz gefunden. Die Hydrodynamik[1]) zeigt, daß $\mathfrak{z} = 6\,\pi$ ist.

Dimension der molaren Gaskonstante R. Da $RT = pV$ ist (S. 56), geht in die Dimensionsberechnung die Temperatur ein. Wir fassen sie als neue Grundgröße ϑ auf, die zu m, l und t hinzutritt. Es ist

$$(*) \qquad\qquad [R] = [pV]\,\vartheta^{-1}\,.$$

$[pV]$ wird dadurch gegeben, daß V sich auf ein Mol bezieht und daher $[V] = l^3\,m^{-1}$ ist. Infolgedessen ist

$$[pV] = [p]\,l^3\,m^{-1} = m\,l^{-1}\,t^{-2}\,l^3\,m^{-1} = l^2\,t^{-2}\,.$$

Es ist

$$[pV] = \frac{[A]}{m}\,\text{die Dimension einer Arbeit je Masseneinheit.}$$

Das Produkt aus Druck mal Volumen wurde allgemein (S. 56) als Arbeit berechnet und bezieht sich hier auf das Molvolumen, also auf die Masse eines Mols.

---

[1]) G. Joos, Lehrbuch d. theoret. Physik. 3. Aufl. (Leipzig 1939), S. 192.

Wie aus (*) folgt, ist

$$[R] = [A]\, m^{-1}\, \vartheta^{-1}$$

und dementsprechend wird R in Energieeinheiten je Mol und Celsiusgrad angegeben. Als Energieeinheit kann man das Erg oder die kleine Kalorie (cal) verwenden. Mit letzterer ist $R \approx 2$. Genauer ist

$$R = 1{,}986 \text{ cal grad}^{-1} \text{ Mol}^{-1}\,.$$

Nun können wir

$$C_p - C_v = R \tag{S. 92}$$

auf Dimensionsgleichheit prüfen. C_p und C_v sind Molwärmen, also Wärmemengen je Mol und Grad. Da wir einer Wärmemenge als einer Energie die Dimension einer Arbeit zuschreiben, ist die Dimension der linken Seite wie die der
rechten $[A]\, m\, \vartheta^{-1}$.

Dimensionen der Reaktionskonstanten[1]). Die Reaktionskonstante der
unimolekularen Reaktion ist definiert durch

$$\frac{dx}{dt} = k\,(a - x)\,, \tag{S. 94}$$

wo x und $(a - x)$ Konzentrationen sind. Es ist daher

$$[k] = \left[\frac{1}{a - x}\,\frac{dx}{dt}\right] = \frac{1}{[a - x]}\,\frac{[x]}{t} = t^{-1}\,.$$

Bei einer Reaktion zweiter Ordnung ist

$$\frac{dx}{dt} = k\,(a - x)^2\,, \tag{S. 98}$$

wo x und $(a - x)$ Konzentrationen sind. Daher ist

$$[k] = \left[\frac{dx}{(a - x)^2}\right] t^{-1} = \frac{t^{-1}}{[a - x]}\,.$$

Da

$$[a - x] = m\, l^{-3}\,,$$

ist bei der bimolekularen Reaktion

$$[k] = m^{-1}\, l^3\, t^{-1}\,.$$

Einiges über FOURIERs Reihen

Wir haben gesehen, daß $\sin x$ und $\cos x$ periodische Funktionen mit der Periodenlänge 2π sind (S. 278), d. h. ihr Wert und ihr Differentialquotient wiederholt
sich, wenn x um 2π zunimmt (Abb. 33). Dasselbe gilt für $\sin 2x$ (Abb. 104), doch
ist hier die Periodenlänge nur die Hälfte der von $\sin x$ und ebenso ist es mit $\sin 3x$
(Abb. 104) mit einer Periodenlänge von $\dfrac{2\pi}{3}$ und allgemein mit $\sin nx$ (n ganzzahlig) mit der n mal kleineren Periodenlänge $\dfrac{2\pi}{n}$. Alle diese Funktionen haben
auch bei $x = 0$ und $x = 2\pi$ Nullstellen. Ihre Extremwerte sind $+1$ und -1.
Wollen wir diese Amplituden verändern, so müssen wir den Sinus mit einer Kon-
stanten a multiplizieren, wobei auch alle Elongationen (Ordinaten) im gleichen
Verhältnis geändert werden. Die Nullstellen bleiben dabei unverändert. Alle diese
Funktionen $a_n \sin nx$ sind ungerade Funktionen (S. 130). Analoges gilt von den
Funktionen $b_p \cos px$ ($b = \text{const.}$ p ganzzahlig), welche gerade Funktionen sind.

---

[1]) Weiteres über die Dimensionen von Reaktionskonstanten siehe A. SKRABAL,
Homogenkinetik (Dresden und Leipzig 1941), S. 19, 32, 108.

Wir wollen nun zwei verschiedene Funktionen von der Form $a_n \sin nx$ addieren (Abb. 105) und die resultierende Funktion y betrachten.

$$y = \sin x + \frac{1}{2} \sin 2x.$$

Sie ist wieder eine periodische Funktion mit der Periodenlänge 2π und wir sehen schon, daß wir durch Vermehrung der Glieder der hier mit zwei Gliedern begon-

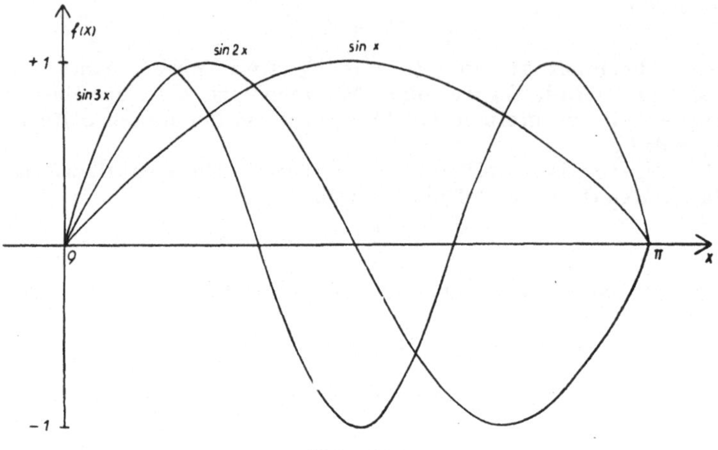

Abb. 104.

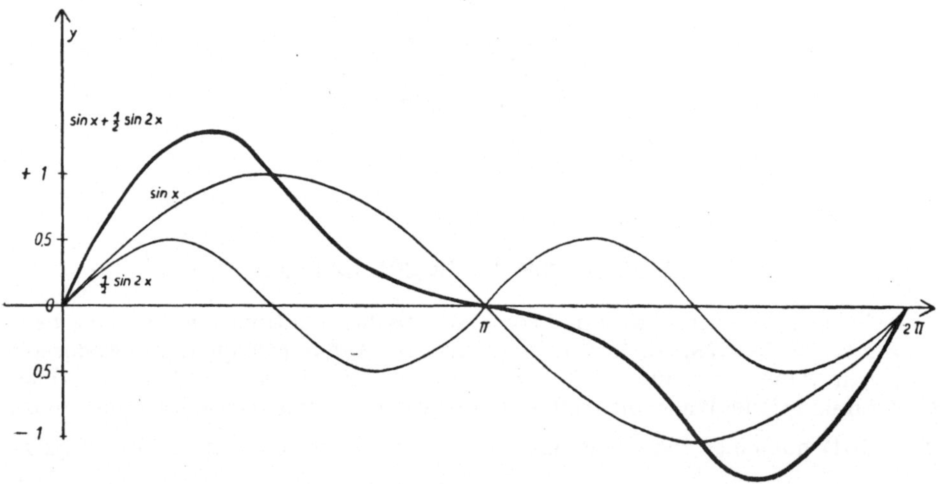

Abb. 105.

nenen nach ganzzahligen Vielfachen von x fortschreitenden Reihe eine ungeheure Mannigfaltigkeit von ungeraden periodischen Funktionen der Periodenlänge 2π mit Nullstellen bei 0 und π erhalten werden. Es liegt die Vermutung nahe, daß wir jede beliebige ungerade Funktion der Periodenlänge 2π und den Nullstellen bei 0 und π durch eine unendliche Reihe der Form

$$a_1 \sin x + a_2 \sin 2x + a_3 \sin 3x + \cdots + a_n \sin nx + \cdots \quad (n \text{ ganzzahlig})$$

darstellen können.

Analog kann man von geraden periodischen Funktionen der Periodenlänge 2π und den Nullstellen bei $-\frac{\pi}{2}$ und $+\frac{\pi}{2}$ erwarten, daß sie durch die unendliche Reihe

$$c + b_1 \cos x + b_2 \cos 2x + b_3 \cos 3x + \cdots + b_p \cos px + \cdots \quad b = \text{const.} \quad p \text{ ganz}$$

dargestellt werden kann. Die Konstante c wurde hier hinzugefügt, um die Kurve für $x = 0$ nicht an den Wert $b_1 + b_2 + b_3 - \cdots + b_p + \cdots$ zu binden, sondern jeden Schnittpunkt mit der Abszissenachse zu ermöglichen.

Nun läßt sich jede beliebige Funktion $\varphi(x)$ als Summe aus einer geraden und ungeraden Funktion auffassen:

$$\varphi(x) = \frac{\varphi(x) + \varphi(-x)}{2} + \frac{\varphi(x) - \varphi(-x)}{2}.$$

Wie man sieht, ist das erste Glied eine gerade, das zweite eine ungerade Funktion von x. Wir können daher vermuten, daß jede beliebige periodische Funktion $f(x)$ der Periodenlänge 2π sich durch

$$\begin{aligned}
(1) \quad f(x) &= a_1 \sin x + a_2 \sin 2x + a_3 \sin 3x + \cdots + a_n \sin nx + \cdots \\
&\quad + c + b_1 \cos x + b_2 \cos 2x + b_3 \cos 3x + \cdots + b_p \cos px + \cdots
\end{aligned}$$

darstellen läßt. Dabei sind n und p ganzzahlig. Die a und b sind von x unabhängige Zahlenwerte, die durch die Form der Funktion $f(x)$ bestimmt sind.

Um sie zu berechnen, gehen wir ähnlich vor wie bei Berechnung der Koeffizienten von Taylors Reihe (S. 154 und 158). Dort haben wir vermutet, daß sich die betreffende Funktion durch eine Potenzreihe darstellen läßt und haben dann die einzelnen Koeffizienten, die von der Form der Funktion abhängen müssen, durch Differentiation ermittelt. Hier, wo wir eine periodische Funktion der Periodenlänge 2π durch (1) darstellen wollen, werden wir durch Integrationen zwischen $-\pi$ und $+\pi$ alle Koeffizienten bis auf den zu bestimmenden eliminieren.

Um c zu bestimmen, integrieren wir (1) zwischen $-\pi$ und $+\pi$

$$\int_{-\pi}^{+\pi} f(x)\,dx = a_1 \int_{-\pi}^{+\pi} \sin x\,dx + a_2 \int_{-\pi}^{+\pi} \sin 2x\,dx + a_3 \int_{-\pi}^{+\pi} \sin 3x\,dx + \cdots$$

$$+ a_n \int_{-\pi}^{+\pi} \sin nx\,dx + \cdots + c\,2\pi + b_1 \int_{-\pi}^{+\pi} \cos x\,dx + b_2 \int_{-\pi}^{+\pi} \cos 2x\,dx$$

$$+ b_3 \int_{-\pi}^{+\pi} \cos 3x\,dx + \cdots + b_p \int_{-\pi}^{+\pi} \cos px\,dx + \cdots$$

Dabei wurde für $\int_{-\pi}^{+\pi} dx = 2\pi$ eingeführt. Die übrigen Integrale auf der rechten Seite verschwinden alle.

Da $\sin nx$ eine ungerade Funktion ist, verschwinden alle zwischen $-\pi$ und $+\pi$ über die Sinusfunktionen genommenen Integrale (S. 130) Die Integrale über die Cosinusfunktion verschwinden, wie wir am allgemeinen Glied zeigen, wobei wir von dem S. 129 erwähnten Satz über ein bestimmtes Integral einer geraden Funktion Gebrauch machen

$$\int_{-\pi}^{+\pi} \cos px\,dx = \frac{2}{p} \left| \sin px \right|_0^{\pi} = \frac{2}{p} \sin p\pi = 0,$$

weil der sinus jedes ganzzahligen Vielfachen von π gleich 0 ist.

Es folgt also aus obiger Gleichung für $\int\limits_{-\pi}^{+\pi} f(x)\,dx$

$$(2)\qquad c = \frac{1}{2\pi}\int\limits_{-\pi}^{+\pi} f(x)\,dx$$

der Mittelwert von $f(x)$ zwischen $-\pi$ und $+\pi$ (S. 131).

Um die Koeffizienten a der Sinusfunktion zu bestimmen, führen wir die Rechnung am allgemeinen Glied $a_n \sin nx$ durch. Wir multiplizieren (1) mit $\sin nx$ und integrieren dann zwischen $-\pi$ und $+\pi$

$$(3)\qquad \int\limits_{-\pi}^{+\pi} f(x)\sin nx\,dx = a_1 \int\limits_{-\pi}^{+\pi} \sin x \sin nx\,dx + a_2 \int\limits_{-\pi}^{+\pi} \sin 2x \sin nx\,dx$$

$$+ \cdots + a_n \int\limits_{-\pi}^{+\pi} \sin^2 nx\,dx + \cdots$$

$$c \int\limits_{-\pi}^{+\pi} \sin nx\,dx + b_1 \int\limits_{-\pi}^{+\pi} \cos x \sin nx\,dx + b_2 \int\limits_{-\pi}^{+\pi} \cos 2x \sin nx\,dx$$

$$+ \cdots + b_p \int\limits_{-\pi}^{+\pi} \cos px \sin nx\,dx + \cdots$$

Wir berechnen zunächst $\int\limits_{-\pi}^{+\pi} \sin^2 nx\,dx$ unbestimmt (siehe S. 97 und 113) und finden

$$\int \sin^2 nx\,dx = \frac{1}{n}\int \sin^2 nx\,d(nx) = \frac{1}{n}\left[\frac{nx}{2} - \frac{\sin nx \cos nx}{2}\right] + C$$

und erhalten durch Einsetzen der Grenzen und Berücksichtigung, daß der Integrand eine gerade Funktion ist

$$\int\limits_{-\pi}^{+\pi} \sin^2 nx\,dx = 2\int\limits_{0}^{+\pi} \sin^2 nx\,dx = 2\left|\frac{x}{2}\right|_0^{\pi} - 2\left|\frac{\sin nx \cos nx}{n}\right|_0^{\pi} = \pi\,.$$

Die übrigen Integrale auf der rechten Seite von (3) verschwinden alle. $\int\limits_{-\pi}^{+\pi} \sin nx\,dx$, weil der Integrand eine ungerade Funktion ist. Die Integrale über die Produkte zweier verschiedener Sinuse berechnen wir durch das allgemeine Glied

$$\int\limits_{-\pi}^{+\pi} \sin gx \sin nx\,dx\,,$$

wo g ganzzahlig und verschieden von n. Wir setzen nach (4) auf S. 280

$$\sin gx \sin nx = \frac{1}{2}\left[\cos (g-n)x - \cos (g+n)x\right]$$

und erhalten

$$\int\limits_{-\pi}^{+\pi} \sin gx \sin nx\,dx = \frac{1}{2}\left[\int\limits_{-\pi}^{+\pi} \cos (g-n)x\,dx - \int\limits_{-\pi}^{+\pi} \cos (g+n)x\,dx\right]$$

$$= \frac{1}{2}\left[\frac{\sin (g-n)x}{g-n} - \frac{\sin (g+n)x}{g+n}\right]_{-\pi}^{\pi} = \frac{1}{2}\left[\frac{\sin (g-n)\pi + \sin (g-n)\pi}{g-n}\right.$$

$$\left. - \frac{\sin (g+n)\pi + \sin (g+n)\pi}{g+n}\right] = 0\,,$$

weil sowohl $(g-n)$ wie $(g+n)$ ganzzahlig sind.

Wir berechnen nun die Integrale in (3), bei denen ein Produkt aus sinus und cosinus unter dem Integralzeichen vorkommt und betrachten das allgemeine Glied

$$\int\limits_{-\pi}^{+\pi} \cos p\,x \sin n\,x\,d\,x\,.$$

Da das Produkt aus einer geraden und einer ungeraden Funktion eine ungerade Funktion ist, ist dieses zwischen $-\pi$ und $+\pi$ genommene Integral $= 0$.

Aus (3) folgt nun

$$\int\limits_{-\pi}^{+\pi} f(x) \sin n\,x\,d\,x = a_n \int\limits_{-\pi}^{+\pi} \sin^2 n\,x\,d\,x = a_n\,\pi$$

und

$$(4) \qquad a_n = \frac{1}{\pi} \int\limits_{-\pi}^{+\pi} f(x) \sin n\,x\,d\,x\,.$$

Wenn $f(x)$ eine gerade Funktion ist, ist der Integrand $f(x) \sin n\,x$ eine ungerade Funktion und es verschwinden alle a_n.

Wir berechnen nun die Koeffizienten b in (1) und führen die Rechnung am allgemeinen Glied $b_p \cos p\,x$ durch, indem wir (1) mit $\cos p\,x$ multiplizieren und dann zwischen $-\pi$ und $+\pi$ integrieren

$$(5) \qquad \int\limits_{-\pi}^{+\pi} f(x) \cos p\,x\,d\,x = a_1 \int\limits_{-\pi}^{+\pi} \sin x \cos p\,x\,d\,x + a_2 \int\limits_{-\pi}^{+\pi} \sin 2\,x \cos p\,x\,d\,x$$

$$+ a_3 \int\limits_{-\pi}^{+\pi} \sin 3\,x \cos p\,x\,d\,x + \cdots + a_n \int\limits_{-\pi}^{+\pi} \sin n\,x \cos p\,x\,d\,x + \cdots$$

$$+ c \int\limits_{-\pi}^{+\pi} \cos p\,x\,d\,x + b_1 \int\limits_{-\pi}^{+\pi} \cos x \cos p\,x\,d\,x + b_2 \int\limits_{-\pi}^{+\pi} \cos 2\,x \cos p\,x\,d\,x$$

$$+ b_3 \int\limits_{-\pi}^{+\pi} \cos 3\,x \cos p\,x\,d\,x + \cdots + b_p \int\limits_{-\pi}^{+\pi} \cos^2 p\,x\,d\,x + \cdots\,.$$

Wir sehen, daß alle Integrale, die mit den Koeffizienten a multipliziert sind, verschwinden, weil die zwischen $-\pi$ und $+\pi$ integrierten Funktionen als Produkte von sinus und cosinus ungerade sind.

Ferner ist

$$\int\limits_{-\pi}^{+\pi} \cos p\,x\,d\,x = \frac{1}{p}\,\Big|\sin p\,x\,\Big|_{-\pi}^{+\pi} = 0\,.$$

Von den folgenden Integralen von der allgemeinen Form

$$\int\limits_{-\pi}^{+\pi} \cos q\,x \cos p\,x\,d\,x \cdots (q\ \text{ganzzahlig})$$

verschwinden alle, bei denen $q \neq p$.

Wir setzen im Integranden nach Formel (4) S. 280

$$\cos q\,x \cos p\,x = \frac{1}{2}\left[\cos (p+q)\,x + \cos (p-q)\,x\right]$$

und erhalten

$$\int\limits_{-\pi}^{+\pi} \cos qx \cos px\, dx = \frac{1}{2}\left[\int\limits_{-\pi}^{+\pi} \cos (p+q)\, x\, dx + \int\limits_{-\pi}^{+\pi} \cos (p-q)\, x\, dx\right]$$

$$= \frac{1}{2}\left[\frac{\sin (p+q)\, x}{p+q} + \frac{\sin (p-q)\, x}{p-q}\right]_{x=-\pi}^{x=+\pi} = 0,$$

weil $(p+q)$ und $(p-q)$ ganzzahlig.

Für jenes Glied, bei dem $q = p$ erhalten wir $\int\limits_{-\pi}^{+\pi} \cos^2 px\, dx$.

Wir integrieren unter Verwendung des S. 97 gegebenen $\int \cos^2 x\, dx$

$$\int\limits_{-\pi}^{+\pi} \cos^2 px\, dx = \frac{1}{p}\left[\frac{px}{2} + \frac{\sin px \cos px}{2}\right]_{-\pi}^{+\pi} = \frac{1}{p}\left[\frac{p\pi}{2} - \frac{p(-\pi)}{2}\right] = \pi.$$

Das ergibt in (5) eingesetzt $\int\limits_{-\pi}^{+\pi} f(x) \cos px = b_p\, \pi$.

Daraus folgt

(6)
$$b_p = \frac{1}{\pi}\int\limits_{-\pi}^{+\pi} f(x) \cos px\, dx.$$

Wenn $f(x)$ eine ungerade Funktion ist, ist es auch der Integrand und es verschwinden alle b_p.

Wenn wir also (1), (2), (4), (6) zusammenstellen, können wir $f(x)$ zwischen $-\pi$ und $+\pi$ in eine Fourierreihe entwickeln durch

(7) $\quad f(x) = a_1 \sin x + a_2 \sin 2x + a_3 \sin 3x + \cdots + a_n \sin nx + \cdots$

$$\qquad\qquad + c + b_1 \cos x + b_2 \cos 2x + b_3 \cos 3x + \cdots + b_p \cos px + \cdots$$

mit

$$c = \frac{1}{2\pi}\int\limits_{-\pi}^{+\pi} f(x)\, dx, \quad a_n = \frac{1}{\pi}\int\limits_{-\pi}^{+\pi} f(x) \sin nx\, dx, \quad b_n = \frac{1}{\pi}\int\limits_{-\pi}^{+\pi} f(x) \cos nx\, dx,$$

wobei der jetzt nicht mehr nötige Unterschied zwischen den Indices p und n fallen gelassen wurde.

Unter Verwendung des Summenzeichens Σ (S. 222) schreibt man FOURIERS Reihe auch folgendermaßen:

$$f(x) = c + \sum_{n=1}^{\infty} a_n \sin nx + \sum_{n=1}^{\infty} b_n \cos nx = c + \sum_{n=1}^{\infty} (a_n \sin nx + b_n \cos nx).$$

Für FOURIERS Reihe wird auch die Bezeichnung *trigonometrische Reihe* gebraucht.

Während die Reihen von TAYLOR nur auf eine bestimmte Gruppe von Funktionen, die *analytischen*, angewandt werden können, (S. 170), gelten diese Beschränkungen für FOURIERS Reihen nicht. Mit ihnen können sogar unstetige Funktionen oder Funktionen, die in verschiedenen Abschnitten verschiedenen analytischen Gesetzen gehorchen, durch unendliche Reihen dargestellt werden. Wie besondere Untersuchungen ergeben haben[1]), sind die einzigen Bedingungen, die eine Funktion erfüllen muß, damit die in eine FOURIERS Reihe entwickelt werden kann, daß sie nirgends unendlich wird und nicht unendlich viele Unstetigkeiten oder Extrem-

---

[1]) Siehe MISES, Die Differential- und Integralgleichungen der Mechanik und Physik. Braunschweig 1925. Bd. I, S. 159.

werte besitzt. Diese Bedingungen wird jede Funktion erfüllen, bei der man in der Praxis auf den Gedanken kommen kann, Fouriers Reihenentwicklung anzuwenden.

Setzt man in die Reihe Werte von x ein, die außerhalb der Spanne liegen, auf welche sich die Entwicklung bezog (in unserem Falle von $-\pi$ bis $+\pi$) so wiederholt sich ihr Verlauf periodisch, wie man aus der Formel ohne weiteres ersieht. Sind die Werte der Funktion an den beiden Enden der Periode nicht einander gleich, so ergeben sich an ihren Enden Sprungstellen, wie wir am folgenden Beispiel sehen werden, welches auch eine Sprungstelle im Innern des Intervalls vorgegeben enthält.

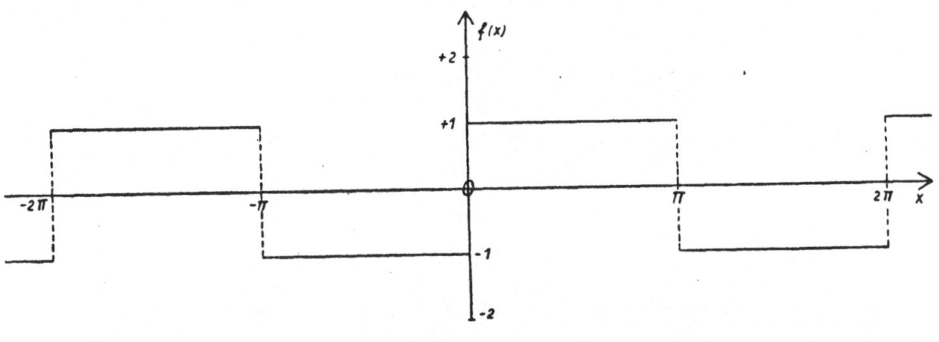

Abb. 106.

1. Beispiel: Die Funktion sei gegeben durch

$$f(x) = -1 \qquad \text{für } -\pi < x < 0$$
$$f(x) = +1 \qquad \text{für } 0 < x < \pi \qquad \text{Siehe Abb. 106.}$$

$f(x)$ ist eine ungerade Funktion. Daher verschwinden c und die Koeffizienten b.

Der Integrand von a_n ist als Produkt der ungeraden Funktion $f(x)$ und der ungeraden Funktion $\sin nx$ eine gerade Funktion. Wir können daher bei der Integration zwischen $-\pi$ und $+\pi$ den S. 130 gegebenen Satz anwenden.

$$a_n = \frac{1}{\pi} \int_{-\pi}^{+\pi} f(x) \sin nx\, dx = \frac{2}{\pi} \int_0^{\pi} (+1) \sin nx\, dx = -\frac{2}{\pi} \left| \frac{\cos nx}{n} \right|_0^{\pi}$$

$$= -\frac{2}{n\pi} (\cos n\pi - 1) = \frac{2}{n\pi} (1 - \cos n\pi).$$

Für alle geraden n wird $\cos n\pi = 1$ und $a_n = 0$.

Für alle ungeraden n wird $\cos n\pi = -1$ und $a_n = \frac{4}{\pi} \cdot \frac{1}{n}$.

In einer für alle n gültigen Darstellung wird

$$a_n = [1 - (-1)^n] \frac{2}{\pi} \cdot \frac{1}{n}.$$

Damit erhalten wir $f(x)$ die Reihe

$$f(x) = \frac{4}{\pi} \left(\sin x + \frac{\sin 3x}{3} + \frac{\sin 5x}{5} + \frac{\sin 7x}{7} + \frac{\sin 9x}{9} + \frac{\sin 11x}{11} + \cdots \right).$$

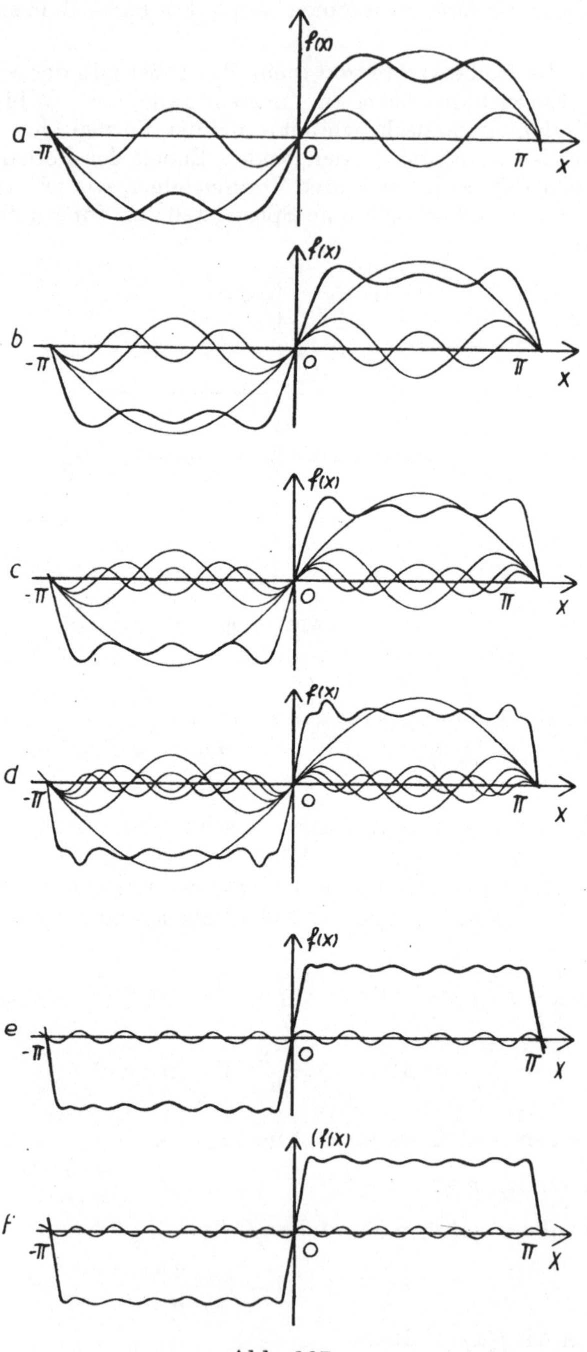

Abb. 107.

(Nach A. Mach, Prinzipien der Wärmelehre. Leipzig 1923).

In Abb. 107 sind die entstehenden Summenkurven bei Addition der einzelnen Summanden gegeben, so daß bei unendlich vielen Gliedern zwischen $-\pi$ und 0 ein -1 und zwischen 0 und $+\pi$ ein $+1$ entsteht.

Bei a sind die ersten beiden Summanden addiert. Die dickere Summenkurve zeigt schon die ersten Andeutungen einer Abflachung der beiden Extremwerte von $\frac{4}{\pi}\sin x$. Das verstärkt sich bei Hinzufügen des dritten Summanden $\frac{4}{\pi}\frac{\sin 5x}{5}$ (Bild b). Gleichzeitig bemerken wir schon ein steileres Abfallen der Summenkurve bei $-\pi$, 0 und $+\pi$. Bei Hinzufügen des vierten und fünften Summanden (Bild c und d) verstärkt sich dieses steilere Abfallen und die Verflachung der Extremwerte. Beim nächsten Bilde e konnte nur mehr der letzte Summand mit seinen 11 Halbwellen auf der Länge π und die Summenkurve gezeichnet werden. Ebenso beim Bilde f mit 13 Halbwellen auf π. Bei diesen beiden Bildern sieht man schon eine weitgehende Annäherung an die Abb. 106 gegebene Funktion. An den Sprungstellen wird die Funktion nicht wiedergegeben. Die Reihe ergibt da den Wert 0, das Mittel aus den beiden Werten an der Sprungstelle. Das war ein Beispiel für die Darstellung einer unstetigen Funktion durch eine Fourierreihe.

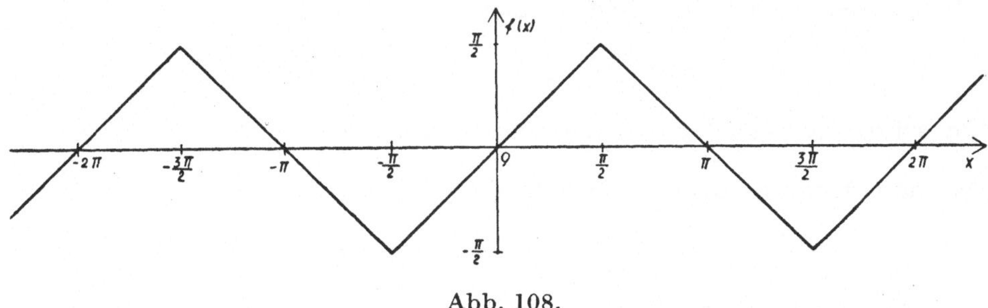

Abb. 108.

2. Beispiel sei ein geknickter Linienzug, eine Funktion, die in verschiedenen Abschnitten durch verschiedene analytische Gesetze wiedergegeben wird. Es soll die durch den geknickten Linienzug (Abb. 108) dargestellte Funktion in eine Fourierreihe entwickelt werden. Sie ist gegeben durch

$$f(x) = -\pi - x \qquad \text{für } -\pi < x < -\frac{\pi}{2}$$

$$f(x) = x \qquad \text{für } -\frac{\pi}{2} < x < +\frac{\pi}{2}$$

$$f(x) = \pi - x \qquad \text{für } \frac{\pi}{2} < x < \pi .$$

Wie man sieht, ist $f(x)$ eine ungerade Funktion. Wir brauchen daher nur die a_n zu berechnen. In $a_n = \frac{1}{\pi}\int_{-\pi}^{+\pi} f(x)\sin nx\,dx$ ist der Integrand als Produkt zweier ungerader Funktionen eine gerade Funktion und daher führen wir nach dem S. 129 gegebenem Satz für das Integral von $-\pi$ bis $+\pi$ das doppelte Integral von 0 bis $+\pi$ ein

$$a_n = \frac{2}{\pi}\int_{0}^{\pi} f(x)\sin nx\,dx .$$

Um das bestimmte Integral leichter zu berechnen, betrachten wir die Symmetrieverhältnisse der beiden Faktoren des Integranden in bezug auf die durch $x = \frac{\pi}{2}$ gehende Ordinate.

$f(x)$ ist symmetrisch in bezug auf $\frac{\pi}{2}$, das heißt

$$f\left(\frac{\pi}{2} - \xi\right) = f\left(\frac{\pi}{2} + \xi\right).$$

Wir untersuchen nun diesbezüglich mit dem 1. Additionstheorem S. 279 den andern Faktor im Integranden nämlich $\sin n\,x$

$$\sin n\left(\frac{\pi}{2} - \xi\right) = \sin\left(n\,\frac{\pi}{2} - n\,\xi\right) = \sin n\,\frac{\pi}{2}\cos n\,\xi - \cos n\,\frac{\pi}{2}\sin n\,\xi \cdots \quad \text{A}$$

$$\sin n\left(\frac{\pi}{2} + \xi\right) = \sin\left(n\,\frac{\pi}{2} + n\,\xi\right) = \sin n\,\frac{\pi}{2}\cos n\,\xi + \cos n\,\frac{\pi}{2}\sin n\,\xi \cdots \quad \text{B}$$

Bei Untersuchung der Gleichheit von A und B müssen wir gerades n und ungerades n getrennt behandeln.

Bei geradem n ist $\sin n\,\frac{\pi}{2} = 0$ und daher

$$\sin n\left(\frac{\pi}{2} - \xi\right) = -\sin n\left(\frac{\pi}{2} + \xi\right),$$

d. h. $\sin n\,x$ ist schief (punktual) symmetrisch bezüglich $\frac{\pi}{2}$.

Bei ungeradem n ist $\cos n\,\frac{\pi}{2} = 0$ und daher

$$\sin n\left(\frac{\pi}{2} - \xi\right) = \sin n\left(\frac{\pi}{2} + \xi\right),$$

d. h. $\sin n\,x$ ist symmetrisch bezüglich $\frac{\pi}{2}$.

Daher ist der Integrand, das Produkt $f(x)\sin n\,x$, bezüglich $\frac{\pi}{2}$

symmetrisch, wenn n ungerade
schiefsymmetrisch, wenn n gerade.

Daher folgt durch eine analoge Betrachtung, wie sie S. 129 für gerade und ungerade Funktionen angestellt wurde, für ein bestimmtes Integral über eine zu $\frac{\pi}{2}$ symmetrische Spanne folgendes: Es verschwindet bei geradem n und ist bei ungeradem n gleich dem Doppelten des über die eine Hälfte dieser Spanne genommenen Integrals. Bei geradem n ist also

$$\int_0^\pi f(x)\sin n\,x\,dx = 0.$$

Bei ungeradem n ist

$$\int_0^\pi f(x)\sin n\,x\,dx = 2\int_0^{\pi/2} f(x)\sin n\,x\,dx.$$

Für ungerades n berechnen wir

$$\int_0^{\pi/2} f(x)\sin n\,x\,dx.$$

Auf dieser Spanne ist $f(x) = x$. Es ist also

$$\int_0^{\pi/2} f(x)\sin n\,x\,dx = \int_0^{\pi/2} x\sin n\,x\,dx.$$

Wir integrieren zunächst unbestimmt unter Verwendung von III (F. S.)

$$\int x \sin n\,x\,dx = \frac{1}{n^2} \int n\,x \sin n\,x\,d(n\,x) = -\frac{1}{n^2}\left[n\,x \cos n\,x - \int \cos n\,x\,d(n\,x)\right]$$

$$= -\frac{1}{n^2}\left[n\,x \cos n\,x - \sin n\,x\right] + C\,.$$

Also ist

$$\int_0^{\pi/2} x \sin n\,x\,dx = -\frac{1}{n}\left| x \cos n\,x\right._0^{\pi/2} + \frac{1}{n^2}\left| \sin n\,x\right._0^{\pi/2} = \frac{\sin n\frac{\pi}{2}}{n^2}\,,$$

weil bei ungeradem n das erste Glied auch in der oberen Grenze verschwindet.

Es ist also

$$a_n = \frac{1}{\pi}\int_{-\pi}^{+\pi} f(x) \sin n\,x\,dx = \frac{4}{\pi}\int_0^{\pi/2} x \sin n\,x\,dx = \frac{4}{\pi}\frac{1}{n^2} \sin n\frac{\pi}{2}\,.$$

$$\text{Es ist } \sin n\frac{\pi}{2} = \begin{cases} +1 \text{ für } n = 1, 5, 9, \cdots \\ -1 \text{ für } n = 3, 7, 11, \cdots \end{cases}$$

Es ist daher

$$a_n = +\frac{4}{\pi}\cdot\frac{1}{n^2} \text{ für } n = 1\,,\,5\,,\,9\,,\cdots$$

$$a_n = -\frac{4}{\pi}\cdot\frac{1}{n^2} \text{ für } n = 3\,,\,7\,,\,11\,,\cdots$$

Die die Abb. 108 darstellende Reihe ist daher

$$f(x) = \frac{4}{\pi}\left(\sin x - \frac{\sin 3x}{9} + \frac{\sin 5x}{25} - \frac{\sin 7x}{49} + \frac{\sin 9x}{81}\cdots\right).$$

In Abb. 109 ist dieses Ergebnis zwischen 0 und π gezeichnet. Vorher wurde die Gleichung durch $\frac{4}{\pi}$ dividiert, so daß $f(x)$ mit $\frac{\pi}{4}$ multipliziert in geknicktem Linien-

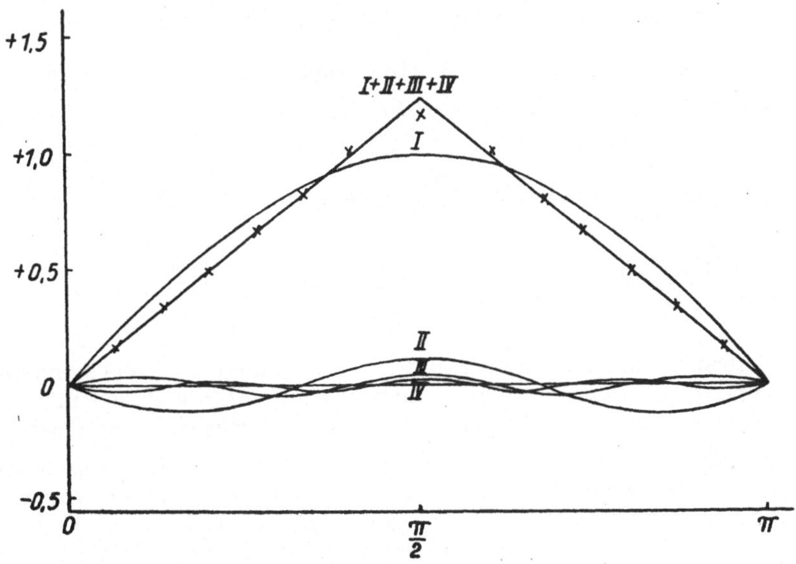

Abb. 109.

(Nach F. AUERBACH, Methoden der theoretischen Physik. Leipzig 1925).

zug dargestellt ist. Die ersten 4 Glieder des Klammerausdrucks wurden gezeichnet und die Summe ihrer Ordinaten zur Zeichnung von 13 Punkten (durch Kreuze bezeichnet) verwendet. Wie man sieht, erreicht man hier schon mit 4 Gliedern eine sehr weitgehende Annäherung an die vorgegebene Funktion. Das ist dadurch bedingt, daß das erste Glied der Reihe, sin x, sich schon weitgehend der Funktion anschließt, im Gegensatz zum vorigen Beispiel.

Verallgemeinerung der Periodenlänge und ihres Mittelpunktes

Bisher haben wir angenommen, daß unsere Funktion eine um den Nullpunkt symmetrisch liegende Periodenlänge 2π hat. Um uns von dieser Beschränkung zu befreien, führen wir in die Funktion $F(x)$, die eine um den Nullpunkt symmetrische Periodenlänge $2l$ habe, eine neue Variable z ein, die um π zunimmt, wenn x um l wächst, nämlich

$$z = \pi \frac{x}{l}.$$

Wenn wir den daraus folgenden Wert $x = \frac{l}{\pi} z$ in $F(x)$ einsetzen, erhalten wir eine Funktion $f(z)$ mit der symmetrisch um 0 gelegenen Periodenlänge 2π die wir nach Formel (7) in eine Fourierreihe entwickeln können.

$$F(x) = F\left(\frac{l}{\pi} z\right) = f(z) = c + \sum_{n=1}^{\infty} a_n \sin n z + \sum_{n=1}^{\infty} b_n \cos n z$$

$$c = \frac{1}{2\pi} \int_{-\pi}^{\pi} f(z)\, dz, \qquad a_n = \frac{1}{\pi} \int_{-\pi}^{\pi} f(z) \sin nz\, dz, \qquad b_n = \frac{1}{\pi} \int_{-\pi}^{\pi} f(z) \cos nz\, dz.$$

Um die Reihe bequem anwenden zu können, führen wir wieder $z = \pi \frac{x}{l}$ und $dz = \frac{\pi}{l} dx$ ein und beachten das S. 115 bezüglich der Grenzen eines bestimmten Integrals bei Einführung einer neuen Variablen Gesagte. Wir erhalten so

$$(8) \quad F(x) = c + \sum_{n=1}^{\infty} a_n \sin n \frac{\pi}{l} x + \sum_{n=1}^{\infty} b_n \cos n \frac{\pi}{l} x$$

$$c = \frac{1}{2l} \int_{-l}^{+l} F(x)\, dx, \quad a_n = \frac{1}{l} \int_{-l}^{+l} F(x) \sin n \frac{\pi}{l} x\, dx, \quad b_n = \frac{1}{l} \int_{-l}^{+l} F(x) \cos n \frac{\pi}{l} x\, dx.$$

Bisher haben wir angenommen, daß die Periodenlänge von $f(x)$ symmetrisch um den Nullpunkt gelegen ist. Jetzt nehmen wir an, daß die Periodenlänge symmetrisch um einen Punkt im Abstand q vom Nullpunkt gelegen ist mit einer Länge 2π.

Da sich die Werte von $f(x)$, sin nx, cos nx und ihrer Produkte nach 2π wiederholen, ist ihr bestimmtes Integral von $-\pi$ bis $q-\pi$ gleich dem von π bis $q+\pi$ und daher auch das Integral von $q-\pi$ bis $q+\pi$ gleich dem Integral von $-\pi$ bis $+\pi$. Es gelten also die Formeln unverändert. Dasselbe gilt auch, wie leicht einzusehen, für periodische Funktionen anderer Periodenlänge bezüglich der Formel (8).

Praktische Anwendungen von FOURIERS Reihe.

Wir haben S. 132 den sinusförmigen Wechselstrom kennengelernt. Er wird durch $I = I_0 \sin \omega t$ dargestellt, also durch eine Sinuskurve mit der Amplitude I_0 und der Periodenlänge $\frac{2\pi}{\omega}$. Der technische Wechselstrom ist zwar eine periodische Funktion der Zeit, aber gehorcht nicht diesem Gesetz, er ist nicht sinusförmig, kann aber durch Anwendung von FOURIERS Reihe als Summe von sinusförmigen Wechselströmen dargestellt werden, mit der sich dann viele Rechnungen leichter ausführen lassen. Diese Darstellung nennt man *harmonische Analyse*. Die Summanden mit höheren Frequenzen nennt man die höheren Harmonischen. Der Ausdruck wurde der Akustik entnommen, welche die periodischen Luftschwingungen, die das Ohr als Klang wahrnimmt, in einzelne Töne zerlegt. Derartige Zerlegungen kann man auch mechanisch mit Apparaten, den *harmonischen Analysatoren*, durchführen. In der Meteorologie werden die harmonischen Analysen verwendet, um aus Beobachtung der meteorologischen Variabeln, wie Temperatur, Druck und Feuchtigkeit der Luft den Einfluß der einzelnen Ursachen zu isolieren, z. B. die 24stündige Periode des Tages und die 365tägige des Jahres.

Geometrie

Formeln zur Planimetrie

1. Winkel.

Zwei Gerade, die aufeinander normal ($\perp$) stehen, schließen einen rechten Winkel, $R = 90^0$, ein. Ein gestreckter Winkel hat $2\,R$, ein voller $4\,R$.

Komplement heißt die Ergänzung eines Winkels zu einem rechten. Wenn $\alpha + \beta = R$, dann sind α und β komplementär.

Supplement heißt die Ergänzung eines Winkels zu einem gestreckten. Sind $\gamma + \delta = 2\,R$, so sind γ und δ supplementär.

$$\left.\begin{array}{l} \alpha = \beta \\ \gamma = \delta \end{array}\right\} \text{Scheitelwinkel,}$$

$$\left.\begin{array}{l} \alpha + \gamma = 2\,R \\ \beta + \delta = 2\,R \end{array}\right\} \text{Nebenwinkel.}$$

(Abb. 111)

Werden zwei parallele ($\parallel$) Gerade von einer dritten geschnitten, dann ist

$$\left.\begin{array}{l} \alpha = \vartheta \\ \varepsilon = \delta \\ \beta = \eta \\ \gamma = \zeta \end{array}\right\} \text{Wechselwinkel,}$$

(Abb. 112)

$$\left.\begin{array}{l} \alpha = \gamma \\ \beta = \delta \\ \eta = \varepsilon \\ \zeta = \vartheta \end{array}\right\} \text{Gegenwinkel,}$$

$$\left.\begin{array}{l} \alpha + \delta = 2\,R \\ \beta + \gamma = 2\,R \\ \varepsilon + \vartheta = 2\,R \\ \zeta + \eta = 2\,R \end{array}\right\} \text{konjugierte Winkel.}$$

Abb. 110.
Rechter Winkel.

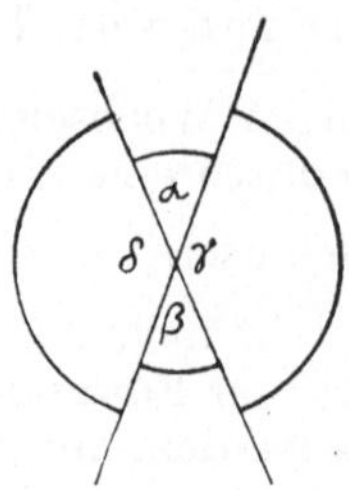

Abb. 111. Neben-
winkel, Scheitelwinkel.

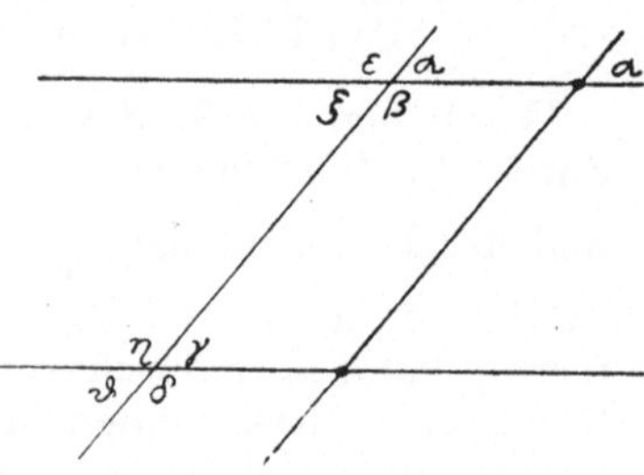

Abb. 112.
Winkel bei Parallelen.

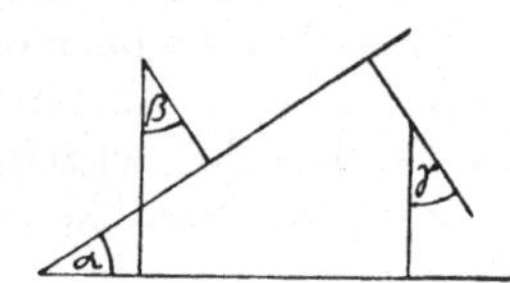

Abb. 113. Normalwinkel.

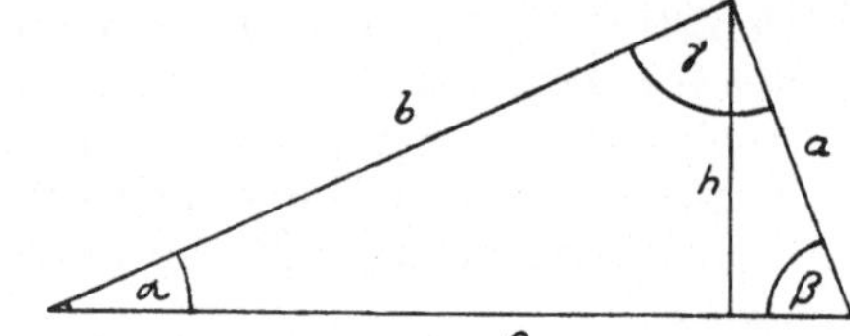

Abb. 114. Schiefwinkliges Dreieck.

Winkel, deren Schenkel parallel sind, sind einander gleich.

$$\alpha = \alpha' = \gamma.$$

Winkel, deren Schenkel aufeinander normal stehen, sind einander gleich.

$$\alpha = \beta, \qquad\qquad \text{(Abb. 113)}$$

$$\alpha = \gamma.$$

2. Dreieck.

In jedem Dreieck ist

$$\alpha + \beta + \gamma = 2R.$$

Zwei Dreiecke können zur Deckung gebracht werden, sind **kongruent** ($\cong$), wenn sie

1. in zwei Seiten und dem eingeschlossenen Winkel,
2. in einer Seite und den anliegenden Winkeln,
3. in allen drei Seiten,
4. in zwei Seiten und dem der größeren Seite gegenüberliegenden Winkel

übereinstimmen.

Zwei Dreiecke sind **ähnlich** ($\sim$), wenn sie in den Winkeln übereinstimmen.

Liegt in zwei ähnlichen Dreiecken

dem Winkel α die Seite a bzw. a',

„   „ β „   „ b „ b',

„   „ γ „   „ c „ c' gegenüber,

so gilt

$$a : a' = b : b' = c : c',$$

daher

$$a : b = a' : b',$$

$$b : c = b' : c'.$$

3. Flächeninhalte (F) und Umfang (U).

Quadrat: Seitenlänge a.

$$F = a^2,$$
$$U = 4\,a.$$

Parallelogramm (Abb. 115): Grundlinie g, Höhe h.

$$F = g\,h,$$

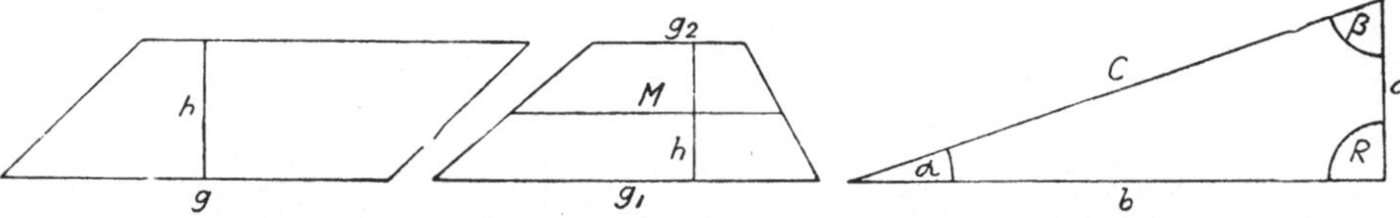

Abb. 115. Parallelo-
gramm. Rhomboid.

Abb. 116. Trapez.

Abb. 117.
Rechtwinkliges Dreieck.

Trapez (Abb. 116): $g_1 \,\|\, g_2$, Mittellinie $M = \dfrac{g_1 + g_2}{2}$, Höhe h.

$$F = \frac{g_1 + g_2}{2}\,h.$$

Dreieck (Abb. 114): Grundlinie c, Höhe h.

$$F = \frac{c\,h}{2},$$
$$U = a + b + c.$$

Rechtwinkliges Dreieck (Abb. 117):

$$F = \frac{a\,b}{2}.$$

Pythagoreischer Lehrsatz (Pythagoras): Im rechtwinkligen Dreieck gilt

$$a^2 + b^2 = c^2.$$

a, b sind die Katheten, c ist die Hypotenuse.

4. Kreis.

Halbmesser (Radius) r, Umfang U.

$$U = 2\,r\,\pi,$$
$$F = r^2\,\pi,$$
$$\pi = 3{,}14159 \ldots$$

ist die Ludolphsche Zahl (S. 162).

Der Kreissektor (Kreisausschnitt) AOB (Abb. 118) wird von zwei Halbmessern und dem von ihnen eingeschlossenen Bogen b begrenzt. φ (im Bogenmaße) ist der Winkel zwischen den Halbmessern.

$$F = \frac{r\,b}{2} = \frac{1}{2}\,r^2\,\varphi.$$

Formeln zur Stereometrie

Oberfläche (O) und Rauminhalt (V) von Körpern.

Das Einheitsvolumen ist das Volumen eines Würfels von der Kantenlänge 1.

$$V = 1.$$

Für die Kantenlänge a ist

$$V = a^3,$$
$$O = 6\,a^2.$$

Für den rechtwinkligen Quader (Parallelepiped) von den Kantenlängen a, b, c ist die Grundfläche

$$F = a\,b,$$
$$V = (a\,b)\,c = a\,b\,c,$$
$$O = 2\,(a\,b + a\,c + b\,c).$$

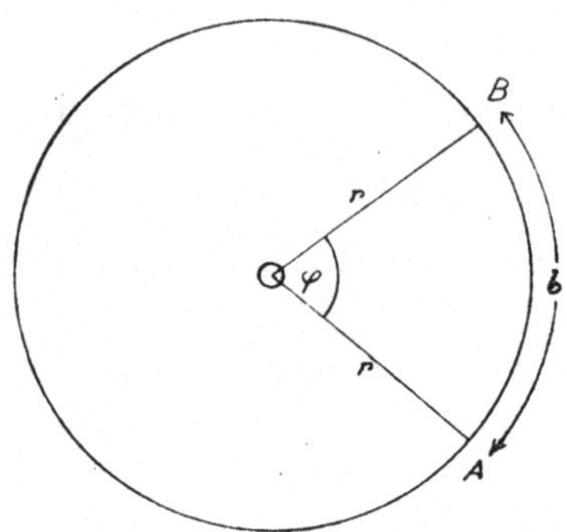

Abb. 118. Kreissektor.

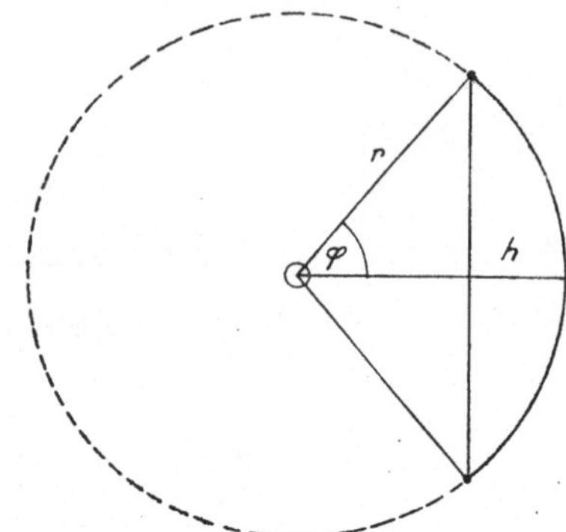

Abb. 119. Kalotte (Kugelhaube).

Der gerade Kreiszylinder: Halbmesser r, Höhe h, Mantelfläche M.

$$O = 2\,\pi\,r\,(h + r),$$
$$M = 2\,\pi\,r\,h,$$
$$V = r^2\,\pi\,h.$$

Der gerade Kreiskegel: Halbmesser der Grundfläche r, Höhe h, Seitenkante s.

$$O = \pi\,r\,(r + s),$$
$$M = r\,\pi\,s,$$
$$V = \frac{\pi\,h}{3}\,r^2.$$

Kugel: Halbmesser r.

$$O = 4\,\pi\,r^2,$$
$$V = \frac{4\,\pi}{3}\,r^3.$$

Kugelkalotte (Kugelhaube): Höhe h.

$$O = 2\,\pi\,r\,h.$$

Ein Raumwinkel entsteht durch Rotation eines Winkels (φ) um einen seiner Schenkel; er mißt also den bei der Rotation überstrichenen Raum. Legt man um seinen Scheitelpunkt eine Kugel mit dem Radius eins (Einheitskugel), so kann der Raumwinkel durch den von ihm herausgeschnittenen Teil der Kugeloberfläche (d. i. eine Kugelkalotte) gemessen werden.

In die Formel für die Kalotte ist also

$$r = 1$$

und

$$h = 1 - \cos\varphi$$

zu setzen. Nach den Halbwinkelsätzen S. 279 ist

$$h = 2\sin^2\frac{\varphi}{2}.$$

Es ist daher der Raumwinkel

$$W = 4\,\pi\sin^2\frac{\varphi}{2}.$$

Wächst φ um $d\varphi$, so wächst W um dW.

$$dW = 4\pi\left(2\sin\frac{\varphi}{2}\cos\frac{\varphi}{2}\frac{1}{2}\right)d\varphi = 2\pi\sin\varphi\,d\varphi,$$

wie sich aus (8′) F.S. ergibt.

Diese Formel läßt sich auch unmittelbar einsehen, wenn man den Flächeninhalt des differentialen Streifens von der Breite $d\varphi$ (Kugelzone) betrachtet der auf der Oberfläche der Einheitskugel entsteht, wenn φ um $d\varphi$ wächst. Er ist gleich dem Flächeninhalt eines Rechteckes von der Grundlinie $2\pi r\sin\varphi$ und der Höhe $d\varphi$.

Winkelfunktionen

Die wichtigsten Winkelfunktionen (goniometrischen Funktionen) sind Sinus (sin), Kosinus (cos), Tangens (tg), Kotangens (ctg).

Zunächst werden die von der Schule her bekannten Definitionen am rechtwinkligen Dreieck (Abb. 117) wiederholt.

$$\sin\alpha = \frac{a}{c},$$

$$\cos\alpha = \frac{b}{c},$$

$$\operatorname{tg}\alpha = \frac{a}{b},$$

$$\operatorname{ctg}\alpha = \frac{b}{a}.$$

In der höheren Mathematik mißt man die Winkel nicht im Gradmaß, sondern im Bogenmaß folgenderweise. Es sei AOB ein beliebiger Winkel x. Wir zeichnen um O einen Kreis, dessen Halbmesser (Abb. 118)

$$OA = OB = 1$$

ist, d. h. wir nehmen seinen Halbmesser als Einheit an. Der Winkel AOB schneidet auf diesem Einheitskreis einen Bogen $AB = x$ ab, dessen Länge die Größe des Winkels eindeutig festlegt. Wir können daher die Länge dieses Bogens als Maß des Winkels betrachten.

Die Tafel gibt Wertpaare für einige Winkel im Grad- und Bogenmaß.

Gradmaß		Bogenmaß
360°	. . . .	$2\pi \approx 6{,}283$
180°	. . . .	$\pi \approx 3{,}142$
90°	. . . .	$\dfrac{\pi}{2} \approx 1{,}571$
57° 17′ 45″	. . . .	1
45°	. . . .	$\dfrac{\pi}{4} \approx 0{,}785$
30°	. . . .	$\dfrac{\pi}{6} \approx 0{,}524$
1°	. . . .	1745×10^{-5}

Wir fassen nun die Winkelfunktionen als Funktionen des Bogens am Einheits-
kreise auf. Sie können dann anschaulich als Strecken dargestellt werden.

Da im rechtwinkligen
Dreieck BOC die Hypo-
tenuse OB gleich 1 ist,

ist

$$\sin x = BC$$

und

$$\cos x = OC.$$

Man kann an diesem
Dreieck auch ablesen,
daß $\sin^2 x + \cos^2 x = 1$.
Goniometrischer Pytha-
goras. [Man schreibt
$\sin^2 x$ für $(\sin x)^2$ und
ebenso $\cos^2 x$, $\mathrm{tg}^2 x$,
$\mathrm{ctg}^2 x$ für $(\cos x)^2$, $(\mathrm{tg}\, x)^2$.
$(\mathrm{ctg}\, x)^2$.]

$$\cos x = \sin\left(\frac{\pi}{2} - x\right),$$

$$\sin x = \cos\left(\frac{\pi}{2} - x\right).$$

Errichten wir in A
eine Tangente an den
Einheitskreis und brin-
gen sie mit der Ver-

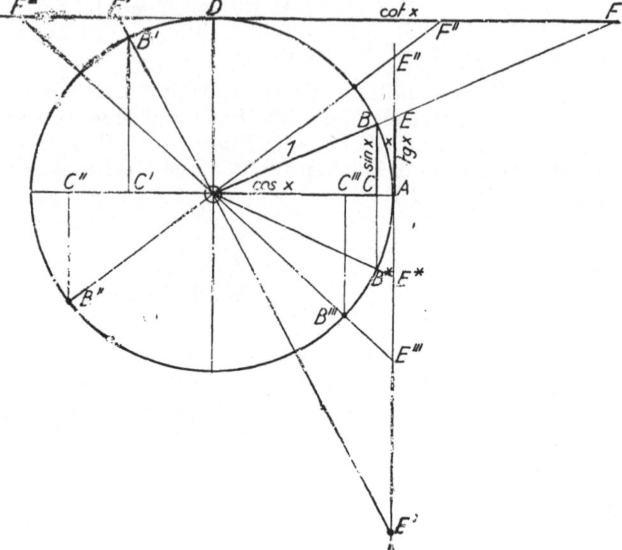

Abb. 120.
Definition der Winkelfunktionen am Einheitskreis.

längerung von OB zum Schnitt, so ist im rechtwinkligen Dreieck OAE die
Kathete $OA = 1$ und daher $AE = \mathrm{tg}\, x$.

Da

ist

$$BC \parallel EA,$$

und da

$$\Delta OBC \sim \Delta OEA,$$

gilt

$$OA = 1,$$

$$\mathrm{tg}\, x : 1 = \sin x : \cos x.$$

Daher

$$\mathrm{tg}\, x = \frac{\sin x}{\cos x}.$$

Zieht man $OD \perp OA$ und errichtet in D eine Tangente an den Einheitskreis, die
man bei F mit der Verlängerung des Halbmessers OB zum Schnitt bringt, so
entsteht das rechtwinklige Dreieck ODF.

Da $DF \parallel OA$ ist, so ist $\sphericalangle DFO = \sphericalangle BOA$ und $\Delta DFO \sim \Delta OBC$. Daher

$$DF : OD = OC : BC.$$

Da

ist

$$OD = 1,$$

$$DF = \frac{OC}{BC} = \mathrm{ctg}\, x.$$

Aus ΔOCB sieht man

$$\mathrm{ctg}\, x = \frac{\cos x}{\sin x}.$$

Es ist also

$$\mathrm{ctg}\, x = \frac{1}{\mathrm{tg}\, x}.$$

Wie man aus dem rechtwinkligen Dreieck ODF ersieht, ist

$$DF = \operatorname{tg} \sphericalangle DOB\,.$$

Da $DO \perp OA$ ist, ist

$$\sphericalangle DOB = \frac{\pi}{2} - x\,.$$

Es ist also

$$\operatorname{ctg} x = \operatorname{tg}\left(\frac{\pi}{2} - x\right).$$

Die bisher gegebenen, auf das rechtwinklige Dreieck bezogenen Definitionen für die Winkelfunktionen sind nur für Winkel zwischen 0 und $\frac{\pi}{2}$ brauchbar. Abb. 120 ermöglicht aber eine Erweiterung der Definition auf alle möglichen Winkel.

Wir stellen uns den Halbmesser OA als fest, den Halbmesser OB als um O drehbar vor. Drehen wir ihn im entgegengesetzten Sinn des Uhrzeigers, so wächst der Bogen x und der Punkt B kommt in die Lagen B', B'', B'''. Sind C, C', C'', C''' die Fußpunkte der auf OA gefällten Normalen, so ist

$$\begin{aligned}
\sin AB &= BC\,,\\
\sin AB' &= B'C'\,,\\
\sin AB'' &= B''C''\,,\\
\sin AB''' &= B'''C'''\,,\\
\cos AB &= OC\,,\\
\cos AB' &= OC'\,,\\
\cos AB'' &= OC''\,,\\
\cos AB''' &= OC'''\,.
\end{aligned}$$

Ist E der Schnittpunkt des verlängerten Halbmessers OB mit der Kreistangente in A und F der Schnittpunkt desselben mit der Kreistangente in D, dann ist

$$\begin{aligned}
\operatorname{tg} AB &= AE\,,\\
\operatorname{tg} AB' &= AE'\,,\\
\operatorname{tg} AB'' &= AE''\,,\\
\operatorname{tg} AB''' &= AE'''\,,\\
\operatorname{ctg} AB &= DF\,,\\
\operatorname{ctg} AB' &= DF'\,,\\
\operatorname{ctg} AB'' &= DF''\,,\\
\operatorname{ctg} AB''' &= DF'''\,.
\end{aligned}$$

Die vertikalen Strecken oberhalb OA sind positiv, unterhalb OA negativ, die horizontalen rechts von OD positiv, links von OD negativ zu zählen.

Da die Quadrate negativer Größen positiv sind, gilt die früher für Winkel $x < \frac{\pi}{2}$ abgeleitete Beziehung

$$\sin^2 x + \cos^2 x = 1$$

für jeden Winkel, ebenso die aus dieser Gleichung durch Division mit $\sin^2 x$ bzw. $\cos^2 x$ abgeleiteten Beziehungen

$$\operatorname{tg}^2 x + 1 = \frac{1}{\cos^2 x}\,,$$

$$\operatorname{ctg}^2 x + 1 = \frac{1}{\sin^2 x}\,.$$

Das Vorzeichen der verschiedenen Winkelfunktionen für die verschiedenen Quadranten (Viertelkreise, S. 7) ist in folgender Tabelle zusammengestellt.

	$0 \ldots \dfrac{\pi}{2}$	$\dfrac{\pi}{2} \ldots \pi$	$\pi \ldots \dfrac{3\pi}{2}$	$\dfrac{3\pi}{2} \ldots 2\pi$
sin	$+$	$+$	$-$	$-$
cos	$+$	$-$	$-$	$+$
tg	$+$	$-$	$+$	$-$
ctg	$+$	$-$	$+$	$-$

In Abb. 114 kann man auch den Verlauf der Winkelfunktionen mit der Änderung des Bogens x überblicken. Man sieht, daß für $x = 0$ der Sinus gleich 0 ist, für zunehmendes x steigt, bei $\dfrac{\pi}{2}$ das Maximum von $+1$ erreicht, dann abnimmt, über den Wert 0 bei $x = \pi$ ein Minimum von -1 bei $x = \dfrac{3\pi}{2}$ erreicht und bei Zunahme des Bogens auf 2π wieder auf 0 ansteigt. Damit hat der bewegliche Schenkel einen vollen Umlauf zurückgelegt. Bei nochmaligem Umlauf würden sich alle Werte von sin x wiederholen. Darum nennt man den Sinus eine **periodische Funktion** (deutsch: Umlauffunktion). Die Periodenlänge beträgt 2π. Bei einem dritten, vierten, $\ldots n$ ten Umlauf hätten wir wieder dieselben Verhältnisse

$$\sin (x + 2n\pi) = \sin x \qquad (n \text{ ganzzahlig})$$

cos x hat bei 0 den Wert $+1$, fällt mit zunehmendem x über 0 bei $x = \dfrac{\pi}{2}$ zum Minimum -1 bei $x = \pi$, nimmt dann über den Wert 0 bei $x = \dfrac{3\pi}{2}$ auf den maximalen Wert $+1$ bei $x = 2\pi$ zu. Der Kosinus ist eine periodische Funktion mit der Periodenlänge 2π.

$$\cos (x + 2n\pi) = \cos x \qquad (n \text{ ganzzahlig})$$

Die Periodizität von Sinus und Kosinus wird am besten im Schaubilde Abb. 33 S. 62 überblickt.

tg x hat für $x = 0$ den Wert 0 und nimmt mit x zu (S. 63). tg x ist eine periodische Funktion von x, die Periodenlänge beträgt aber nur π (Abb. 34).

$$\operatorname{tg} (x + n\pi) = \operatorname{tg} x \qquad (n \text{ ganzzahlig})$$

Analoges zeigt Abb. 34 für ctg x.

$$\operatorname{ctg} (x + n\pi) = \operatorname{ctg} x. \qquad (n \text{ ganzzahlig})$$

Durch Drehung des beweglichen Schenkels OB von der Nullstellung OA aus im Uhrzeigersinn kann man negative Winkel erzeugen. Da der absolute Betrag des Bogens AB gleich AB^* ist, so ist (Abb. 120)

$$\sin (-x) = -\sin x,$$
$$\cos (-x) = +\cos x,$$
$$\operatorname{tg} (-x) = -\operatorname{tg} x,$$
$$\operatorname{ctg} (-x) = -\operatorname{ctg} x.$$

Unter Ergänzung fehlender Strecken entnimmt man Abb. 120

$$\sin (\pi - x) = + \sin x , \qquad \cos (x \pm \pi) = - \cos x ,$$
$$\sin (x \pm \pi) = - \sin x , \qquad \operatorname{tg} (\pi - x) = - \operatorname{tg} x,$$
$$\cos (\pi - x) = - \cos x , \qquad \operatorname{ctg} (\pi - x) = - \operatorname{ctg} x .$$

Die folgende Tabelle ermöglicht eine der vier Winkelfunktionen durch irgendeine andere auszudrücken. Die in ihr enthaltenen Formeln lassen sich leicht aus den bisher angegebenen Beziehungen zwischen den Winkelfunktionen einsehen.

	$\sin \alpha$	$\cos \alpha$	$\operatorname{tg} \alpha$	$\operatorname{ctg} \alpha$
$\sin \alpha =$		$\sqrt{1 - \cos^2 \alpha}$	$\dfrac{\operatorname{tg} \alpha}{\sqrt{1 + \operatorname{tg}^2 \alpha}}$	$\dfrac{1}{\sqrt{1 + \operatorname{ctg}^2 \alpha}}$
$\cos \alpha =$	$\sqrt{1 - \sin^2 \alpha}$		$\dfrac{1}{\sqrt{1 + \operatorname{tg}^2 \alpha}}$	$\dfrac{\operatorname{ctg} \alpha}{\sqrt{1 + \operatorname{ctg}^2 \alpha}}$
$\operatorname{tg} \alpha =$	$\dfrac{\sin \alpha}{\sqrt{1 - \sin^2 \alpha}}$	$\dfrac{\sqrt{1 - \cos^2 \alpha}}{\cos \alpha}$		$\dfrac{1}{\operatorname{ctg} \alpha}$
$\operatorname{ctg} \alpha =$	$\dfrac{\sqrt{1 - \sin^2 \alpha}}{\sin \alpha}$	$\dfrac{\cos \alpha}{\sqrt{1 - \cos^2 \alpha}}$	$\dfrac{1}{\operatorname{tg} \alpha}$	

Funktionen zusammengesetzter Winkel.

Durch einfache geometrische Betrachtungen beweist man das erste Additionstheorem:

$$(1) \qquad \begin{aligned} \sin (\alpha \pm \beta) &= \sin \alpha \cos \beta \pm \cos \alpha \sin \beta , \\ \cos (\alpha \pm \beta) &= \cos \alpha \cos \beta \mp \sin \alpha \sin \beta . \end{aligned}$$

Aus diesen Gleichungen folgt

$$\sin \left(\alpha \pm \frac{\pi}{2} \right) = \cos \alpha .$$

$$\sin 2\alpha = 2 \sin \alpha \cos \alpha \qquad \text{und} \qquad \sin \alpha = 2 \sin \frac{\alpha}{2} \cos \frac{\alpha}{2} ,$$

$$\cos 2\alpha = \cos^2 \alpha - \sin^2 \alpha \qquad \text{und} \qquad \cos \alpha = \cos^2 \frac{\alpha}{2} - \sin^2 \frac{\alpha}{2} .$$

Aus der Formel für $\cos (\alpha + \beta)$ folgt

$$\cos 3\alpha = \cos (2\alpha + \alpha) = \cos 2\alpha \cos \alpha - \sin 2\alpha \sin \alpha$$
$$= \cos^3 \alpha - \sin^2 \alpha \cos \alpha - 2 \sin^2 \alpha \cos \alpha = \cos^3 \alpha - 3 \sin^2 \alpha \cos \alpha .$$

Ersetzt man $\sin^2 \alpha$ mit dem goniometrischen Pythagoras durch $\cos^2 \alpha$, so folgt

$$\cos 3\alpha = 4 \cos^3 \alpha - 3 \cos \alpha$$

oder mit $3\alpha = \vartheta$

$$(*) \qquad \cos \vartheta = 4 \cos^3 \frac{\vartheta}{3} - 3 \cos \frac{\vartheta}{3} ,$$

eine Beziehung, die zur Lösung kubischer Gleichungen (S. 229) verwendet wird. Aus den Gleichungen für $\cos 2\alpha$ bzw. $\cos \alpha$ und dem goniometrischen Pythagoras folgen die Halbwinkelsätze:

$$1 + \cos 2\alpha = 2 \cos^2 \alpha \qquad \text{und} \qquad 1 + \cos \alpha = 2 \cos^2 \frac{\alpha}{2} ,$$

$$1 - \cos 2\alpha = 2 \sin^2 \alpha \qquad \text{und} \qquad 1 - \cos \alpha = 2 \sin^2 \frac{\alpha}{2} .$$

Durch Division der Gleichungen (1) und Kürzen des Bruches mit $\cos \alpha \cos \beta$ folgt

$$(2) \qquad \operatorname{tg} (\alpha \pm \beta) = \frac{\operatorname{tg} \alpha \pm \operatorname{tg} \beta}{1 \mp \operatorname{tg} \alpha \operatorname{tg} \beta} .$$

Aus dem ersten Additionstheorem leitet man das **zweite Additionstheorem** ab. Es lautet

$$\sin \alpha + \sin \beta = 2 \sin \frac{\alpha + \beta}{2} \cos \frac{\alpha - \beta}{2},$$

$$\sin \alpha - \sin \beta = 2 \cos \frac{\alpha + \beta}{2} \sin \frac{\alpha - \beta}{2}.$$

(3)

$$\cos \alpha + \cos \beta = 2 \cos \frac{\alpha + \beta}{2} \cos \frac{\alpha - \beta}{2},$$

$$\cos \alpha - \cos \beta = - 2 \sin \frac{\alpha + \beta}{2} \sin \frac{\alpha - \beta}{2}.$$

Setzt man
$$\frac{a + \beta}{2} = \varphi, \qquad \frac{a - \beta}{2} = \psi,$$

so folgt: $\alpha = \varphi + \psi$, $\beta = \varphi - \psi$. Das gibt in (3) eingesetzt infolge (1)

$$\sin (\varphi + \psi) + \sin (\varphi - \psi) = 2 \sin \varphi \cos \psi$$
$$\sin (\varphi + \psi) - \sin (\varphi - \psi) = 2 \cos \varphi \sin \psi$$
$$\cos (\varphi + \psi) + \cos (\varphi - \psi) = 2 \cos \varphi \cos \psi$$
$$\cos (\varphi + \psi) - \cos (\varphi - \psi) = - 2 \sin \varphi \sin \psi.$$

Aus diesen vier Gleichungen folgt:

$$\sin \varphi \cos \psi = \frac{1}{2} \left[\sin (\varphi + \psi) + \sin (\varphi - \psi) \right]$$

$$\cos \varphi \sin \psi = \frac{1}{2} \left[\sin (\varphi + \psi) - \sin (\varphi - \psi) \right]$$

(4)

$$\cos \varphi \cos \psi = \frac{1}{2} \left[\cos (\varphi + \psi) + \cos (\varphi - \psi) \right]$$

$$\sin \varphi \sin \psi = - \frac{1}{2} \left[\cos (\varphi + \psi) - \cos (\varphi - \psi) \right]$$

woraus durch Wiedereinführung von α und β die Behauptung (3) folgt.

Einige besondere Werte der Winkelfunktionen.

	0	$\dfrac{\pi}{6}$	$\dfrac{\pi}{4}$	$\dfrac{\pi}{3}$	$\dfrac{\pi}{2}$
sin	0	$\dfrac{1}{2}$	$\dfrac{1}{2}\sqrt{2}$	$\dfrac{1}{2}\sqrt{3}$	1
cos	1	$\dfrac{1}{2}\sqrt{3}$	$\dfrac{1}{2}\sqrt{2}$	$\dfrac{1}{2}$	0
tg	0	$\dfrac{1}{3}\sqrt{3}$	1	$\sqrt{3}$	∞
ctg	∞	$\sqrt{3}$	1	$\dfrac{1}{3}\sqrt{3}$	0

Zyklometrische Funktionen, Umkehrfunktionen, Monotonie, Eindeutigkeit

Sucht man zu einem gegebenen Sinus den dazugehörigen Bogen, sucht man also zum Sinus als unabhängig Veränderliche den dazugehörigen Bogen als Funktion, so kommt man zur Funktion

$$y = \text{arc sin } x \qquad \text{(gelesen } y \text{ ist Arkus Sinus } x\text{)}.$$

y ist der Bogen, dessen Sinus gleich x ist. Unabhängig Veränderliche und Funktion sind vertauscht, es entsteht eine neue Funktion. Eine solche Funktion nennt man die **Umkehrfunktion** (inverse Funktion) der ursprünglichen.

Als Beispiel sei gegeben

$$\sin \frac{\pi}{6} = \frac{1}{2}$$

und seine Umkehrfunktion

$$\text{arc sin } \frac{1}{2} = \frac{\pi}{6}.$$

In Abb. 33 wird im Abstand $+\frac{1}{2}$ parallel zur Abszissenachse eine Gerade gelegt. Jeder Schnittpunkt dieser Geraden mit der Sinuskurve hat als Abszisse einen Bogen, dessen Sinus $\frac{1}{2}$ ist. Sucht man an der Sinuskurve den Bogen, der einem Sinus $\frac{1}{2}$ entspricht, so findet man, daß nicht nur ein Bogen, sondern unendlich viele dieser Forderung entsprechen. Es gibt unendlich viele Schnittpunkte, weil allgemein

$$\sin x = \sin (x + 2\,n\,\pi) \qquad (n \text{ ganzzahlig}).$$

Die Funktion arc sin x ist daher unendlich vieldeutig, d. h. einem Wert der unabhängig Veränderlichen entsprechen unendlich viele Werte der Funktion. Das ist der Fall, weil die Funktion sin x nicht monoton ist. Monoton ist eine Funktion, die beständig steigt oder fällt. Monotone Funktionen kann man in eindeutiger Weise umkehren, nicht monotone nicht. Z. B. ist die Funktion

$$y = x^2$$

nicht monoton, weil zwei verschiedene Werte von x, nämlich $+x$ und $-x$, dasselbe Quadrat haben. Daher ist die Umkehrfunktion

$$y = \sqrt{x}$$

nicht eindeutig, sondern zweideutig, nämlich $\pm \sqrt{x}$.

Eindeutig nennt man eine Funktion, bei der einem Wert der unabhängig Veränderlichen ein und nur ein Wert der Funktion entspricht.

Wenn man ein **monotones** Stück der umzukehrenden Funktion herausgreift, kann man von ihr eine eindeutige Umkehrfunktion erhalten. So wählt man z. B. bei Umkehrung der Sinusfunktion Werte des Bogens zwischen $-\frac{\pi}{2}$ und $+\frac{\pi}{2}$, innerhalb welchem Intervall die Sinusfunktion monoton ist, wie Abb. 33 zeigt. Dadurch wird der dem Sinus entsprechende, dem Betrage nach kleinste Bogen herausgegriffen.

Bei allen Betrachtungen in diesem Buche wird vorausgesetzt, daß man es mit eindeutigen Funktionen zu tun hat.

Die Kurve für

$$y = \text{arc sin } x$$

erhält man, wie leicht einzusehen, aus der Kurve für

$$y = \sin x\,,$$

indem man die positive $\dfrac{\text{Abszissenachse}}{\text{Ordinatenachse}}$ der Sinuskurve mit der positiven $\dfrac{\text{Ordinatenachse}}{\text{Abszissenachse}}$ der Kurve für arc sin x vertauscht. So wurde das Diagramm Abb. 121 gewonnen, bei dem der eindeutige Teil besonders hervorgehoben wurde. Wie man sieht, gibt es keinen arc sin x für $x < -1$ und $x > +1$. Die Funktion ist nur im Bereich $-1 \leqq x \leqq +1$ definiert. Das ist der **Definitionsbereich** der Funktion arc sin x.

Im Prinzip müßte bei jeder Funktion der Definitionsbereich angegeben werden. So hat z. B. der Logarithmus nur einen Sinn für positive Zahlen, wenn man für ihn nur reelle Werte zuläßt.

Analog $y = \sin x$ kann man auch die drei übrigen Winkelfunktionen unter geeigneten Festsetzungen für die Eindeutigkeit umkehren und erhält

$$y = \text{arc cos } x\,,$$
$$y = \text{arc tg } x\,,$$
$$y = \text{arc ctg } x\,.$$

Bei arc tg x wird bei Umkehrung der Tangensfunktion dasselbe Intervall des Bogens gewählt wie bei arc sin x. Bei arc cos x und arc ctg x wird das Intervall des Bogens zwischen 0 und π gewählt.

Beispiele:

$$\text{arc sin}\,(-\,x) = -\,\text{arc sin}\,x,$$
$$\text{arc cos}\,(-\,x) = \text{arc cos}\,x,$$
$$\text{arc tg}\,(-\,x) = -\,\text{arc tg}\,x,$$
$$\text{arc ctg}\,(-\,x) = -\,\text{arc ctg}\,x,$$
$$\text{arc sin}\,0 = 0\,,$$
$$\text{arc sin}\,\frac{1}{2} = \frac{\pi}{6}\,,$$
$$\text{arc sin}\,\left(-\frac{1}{2}\right) = -\,\frac{\pi}{6}\,,$$
$$\text{arc sin}\,1 = \frac{\pi}{2}\,,$$
$$\text{arc sin}\,(-\,1) = -\,\frac{\pi}{2}\,,$$
$$\text{arc cos}\,1 = 0\,,$$
$$\text{arc cos}\,(-\,1) = \pi\,,$$
$$\text{arc cos}\,0 = \frac{\pi}{2}\,,$$
$$\text{arc tg}\,0 = 0\,,$$
$$\text{arc tg}\,(+\,1) = \frac{\pi}{4}\,,$$
$$\text{arc tg}\,(-\,1) = -\,\frac{\pi}{4}\,,$$
$$\text{arc ctg}\,1 = \frac{\pi}{4}\,.$$

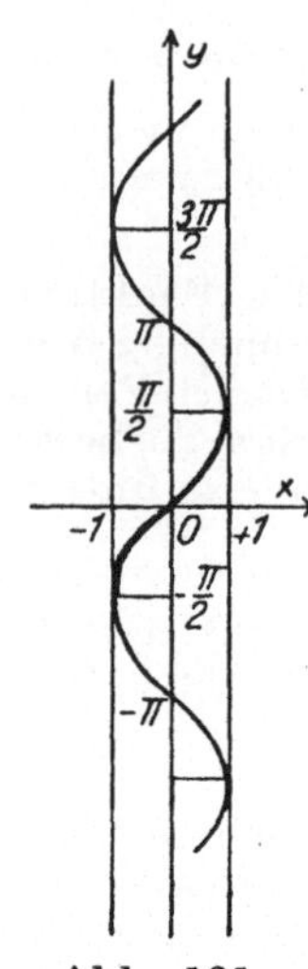

Abb. 121.
$y = \text{arc sin}\,x.$

Die den vier betrachteten Winkelfunktionen entsprechenden Arkusfunktionen nennt man oft auch **zyklometrische (Kreis-) Funktionen**.

$$\text{arc sin}\,x + \text{arc cos}\,x = \frac{\pi}{2}\,.$$

$x = BC$ sei die unabhängig Veränderliche, in den um 0 geschlagenen Einheitskreis ist x der Sinus des Bogens BA. Es ist

$$\text{Bogen } BA = \text{arc sin}\,x\,.$$

$OE \perp OA$, $BD \perp OE$. Daher ist

$$OD = x = \cos \text{Bogen } EB\,.$$

Es ist also

$$\text{Bogen } EB = \text{arc cos}\,x\,.$$

Nach Konstruktion ist

$$\text{Bogen } AB + \text{Bogen } EB = \frac{\pi}{2}\,.$$

Es ist also

$$\text{arc sin}\,x + \text{arc cos}\,x = \frac{\pi}{2}\,.$$

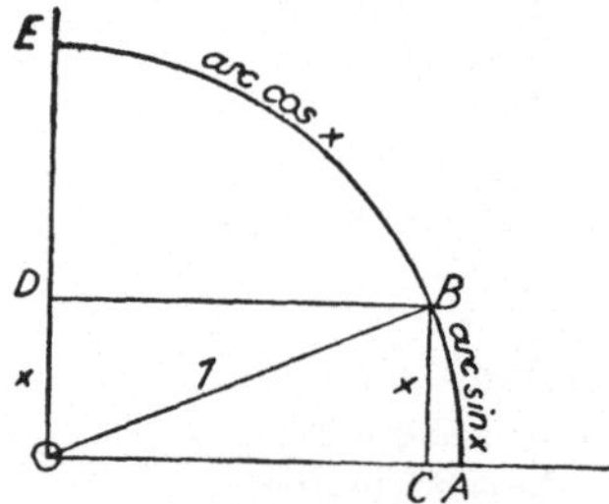

Abb. 122.
$\text{arc sin}\,x + \text{arc cos}\,x = \frac{\pi}{2}.$

$$\text{arc tg}\,x + \text{arc ctg}\,x = \frac{\pi}{2}\,.$$

Die unabhängig Veränderliche ist

$$x = AC = \text{tg Bogen } AB\,.$$

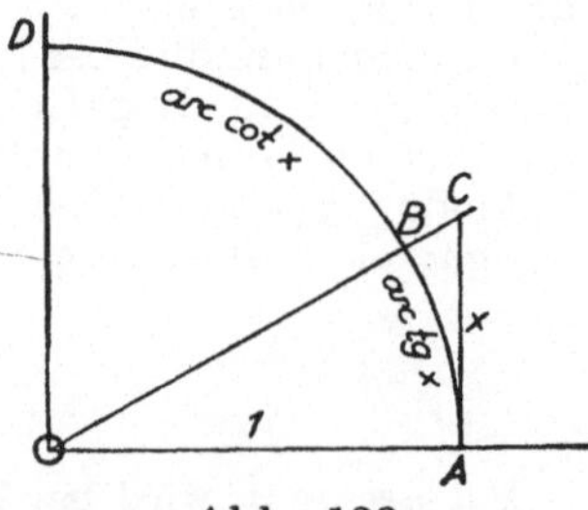

Abb. 123.
$\text{arc tg}\,x + \text{arc ctg}\,x = \frac{\pi}{2}.$

Es ist also
$$\text{Bogen } AB = \operatorname{arc tg} x.$$

Da $OD \perp OA$, ist
$$\text{Bogen } BD = \frac{\pi}{2} - \text{Bogen } AB$$

und
$$\operatorname{ctg} DB = AC = x.$$

Daher ist
$$DB = \operatorname{arc ctg} x.$$

Da
$$\text{Bogen } DB + \text{Bogen } AB = \frac{\pi}{2},$$

so ist
$$\operatorname{arc tg} x + \operatorname{arc ctg} x = \frac{\pi}{2}.$$

Aus der auf S. 268 erwähnten Formel
$$\operatorname{tg}(\alpha \pm \beta) = \frac{\operatorname{tg}\alpha \pm \operatorname{tg}\beta}{1 \mp \operatorname{tg}\alpha\operatorname{tg}\beta}$$

folgt durch Anwendung der Definition von arc tg auf
$$\operatorname{tg}\alpha = x \quad \text{und} \quad \operatorname{tg}\beta = y$$

$$\operatorname{tg}(\operatorname{arc tg} x \pm \operatorname{arc tg} y) = \frac{x \pm y}{1 \mp xy}.$$

Daraus folgt wieder durch Definition von arc tg
$$\operatorname{arc tg} x \pm \operatorname{arc tg} y = \operatorname{arc tg} \frac{x \pm y}{1 \mp xy}.$$

Diese Formel wird bei gewissen Integrationen angewandt[1]).

Hyperbelfunktionen

Man definiert als

Hyperbelsinus   von $x = \sin\operatorname{hyp} x = \dfrac{e^x - e^{-x}}{2}$,

Hyperbelkosinus   von $x = \cos\operatorname{hyp} x = \dfrac{e^x + e^{-x}}{2}$,

Hyperbeltangens   von $x = \dfrac{\sin\operatorname{hyp} x}{\cos\operatorname{hyp} x} = \operatorname{tg}\operatorname{hyp} x = \dfrac{e^x - e^{-x}}{e^x + e^{-x}}$,

Hyperbelkotangens von $x = \dfrac{\cos\operatorname{hyp} x}{\sin\operatorname{hyp} x} = \operatorname{ctg}\operatorname{hyp} x = \dfrac{e^x + e^{-x}}{e^x - e^{-x}}$.

Diese vier Funktionen nennt man **Hyperbelfunktionen.** Dementsprechend kann man z. B. LANGEVINS Funktion, S. 137, definieren als
$$L(x) = \cot\operatorname{hyp} x - \frac{1}{x}.$$

Analytische Geometrie

Die Punkte in der Ebene werden durch kartesische Koordinaten (S. 7) festgelegt.

Bei Angabe der Koordinaten eines Punktes bedeutet die erste Zahl immer die Abszisse, die zweite die Ordinate.

---

[1]) A. SKRABAL, Homogenkinetik (Dresden und Leipzig 1941), S. 60.

Der Abstand zweier Punkte $(x_1,\, y_1)$ und $(x_2,\, y_2)$ ergibt sich aus der Figur unter Anwendung des Pythagoras zu

$$D = \sqrt{(x_2 - x_1)^2 + (y_2 - y_1)^2}\,.$$

Wegen der Gleichung der Geraden S. 9.

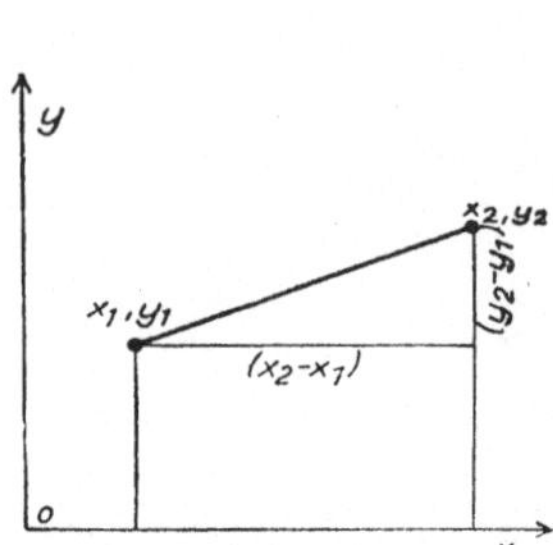

Abb. 124. Abstand
zweier Punkte D.

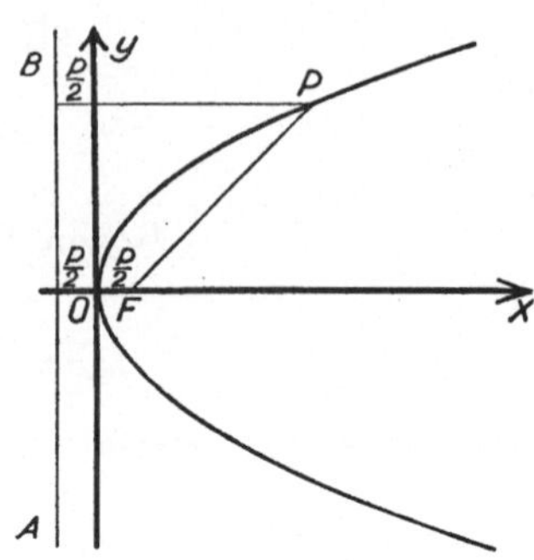

Abb. 125. Parabel.
Die x-Achse ist Figurenachse.

Parabel.

Jeder Punkt P der Parabel hat von einem gegebenen Punkt, dem Brennpunkt F, und einer gegebenen Geraden, der Leitlinie (Directrix) AB, den gleichen Abstand. Die Parabel halbiert die Normale von F auf AB, den Parameter p. Im Halbierungspunkt ist der Scheitel der Parabel.

In den Scheitel legen wir den Ursprung des Koordinatensystems und lassen die x-Achse durch den Brennpunkt gehen. Die Beziehung, die für jeden Parabelpunkt durch die Definition gegeben ist, drücken wir durch seine Koordinaten aus und erhalten, weil das Quadrat von PF und das des Abstandes P von AB gleich sind,

$$\left(x - \frac{p}{2}\right)^2 + y^2 = \left(x + \frac{p}{2}\right)^2,$$

und daraus

$$y^2 = 2\,p\,x\,,$$
$$y = \sqrt{2\,p\,x}\,.$$

Vertauschen wir die x- und y-Achse, verlegen also den Brennpunkt in die y-Achse (Abb. 126), so lautet die Gleichung

$$x = \sqrt{2\,p\,y}\,.$$

Daher ist

$$y = \frac{1}{2\,p}\,x^2\,.$$

Die Ordinaten sind proportional den Quadraten der Abszissen (S. 16). Der Proportionalitätsfaktor ist umgekehrt proportional dem Parameter.

Wird die gleichförmig beschleunigte Bewegung $s = k\,t^2$ mit t als Abszissen- und s als Ordinatenachse im Zeit-Weg-Diagramm dargestellt, so ist der Weg in der ersten Sekunde

$$s = k = \frac{1}{2\,p}\,,$$

umgekehrt proportional dem Parameter der Parabel.

Flächeninhalt des Parabelsegmentes S. 121.

Vollführt die Parabel eine halbe Umdrehung um die y-Achse, so deckt sich die rechte Hälfte mit der linken und umgekehrt. Die Parabel ist in bezug auf die y-Achse linearsymmetrisch.

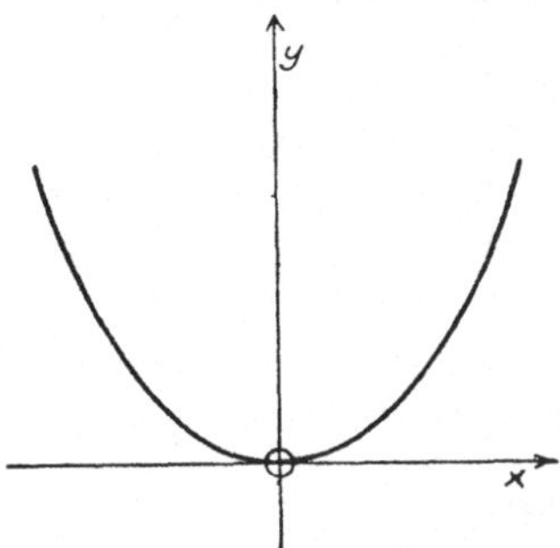

Abb. 126. Parabel.
Die y-Achse ist Figurenachse.

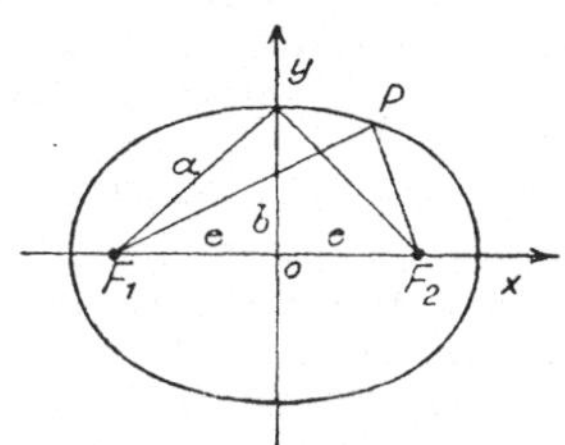

Abb. 127. Ellipse.

Allgemein heißen Gebilde oder Teile von Kurven in bezug auf eine Gerade die Symmetrieachse, linear (axial) symmetrisch, wenn sie sich nach einer halben Umdrehung der einen Halbebene um diese Achse decken.

Ellipse.

Die Summe der Abstände irgendeines Punktes P einer Ellipse von zwei gegebenen Punkten, den Brennpunkten F_1 und F_2, ist gleich der großen Achse der Ellipse $2\,a$. Der Abstand der Brennpunkte ist $2\,e$ (lineare Exzentrizität). Die kleine Achse $2\,b$ hängt mit a und e durch

$$e^2 + b^2 = a^2$$

zusammen.

Der Mittelpunkt der Ellipse liegt in der Mitte von $F_1 F_2$. In diesen Punkt legen wir den Ursprung des Koordinatensystems. Seine x-Achse falle mit der großen, seine y-Achse mit der kleinen Ellipsenachse zusammen. Daher folgt aus

$$PF_1 + PF_2 = 2\,a$$
$$\sqrt{(x+e)^2 + y^2} + \sqrt{(x-e)^2 + y^2} = 2\,a\,.$$

Diese Beziehung ist schon die Gleichung der Ellipse. Um sie einfacher darzustellen, schreiben wir

$$\sqrt{(x-e)^2 + y^2} = 2\,a - \sqrt{(x+e)^2 + y^2}$$

und erhalten durch quadrieren

$$x^2 - 2\,e\,x + e^2 + y^2 = 4\,a^2 - 4\,a\sqrt{(x+e)^2 + y^2} + x^2 + 2\,e\,x + e^2 + y^2$$

und nach durchgeführter Kürzung

$$a\sqrt{(x+e)^2 + y^2} = a^2 + e\,x\,.$$

Quadrieren wir diese Gleichung abermals, so ist

$$a^2 x^2 + 2\,a^2 e\,x + a^2 e^2 + a^2 y^2 = a^4 + 2\,a^2 e\,x + e^2 x^2$$

und, daraus

$$(a^2 - e^2)\,x^2 + a^2 y^2 = a^2\,(a^2 - e^2)\,,$$

und, da

$$a^2 - e^2 = b^2\,,$$

erhalten wir

$$b^2 x^2 + a^2 y^2 = a^2 b^2$$

oder auch

$$\frac{x^2}{a^2} + \frac{y^2}{b^2} = 1\,.$$

Wegen der Lage des Koordinatensystems heißt diese Gleichung die **Achsengleichung** der Ellipse.

Die Ellipse ist um ihre große und um ihre kleine Achse symmetrisch. Außerdem zeigt sie noch eine andere Art von Symmetrie. Dreht man sie um den Mittelpunkt in ihrer Ebene um π, so deckt sie sich mit sich selbst, sie ist **zentrisch symmetrisch**.

Allgemein heißen Gebilde zentrisch (punktual, schief) symmetrisch, wenn sie sich nach einer halben Umdrehung in ihrer Ebene um einen Punkt derselben wieder mit sich selbst decken. Dieser Punkt wird **Symmetriezentrum** genannt.

Die Symmetrie der Ellipse um die große Achse gibt sich in der **Achsengleichung** zu erkennen. Jedem Punkte mit einem $+ y$ entspricht einer mit einem $- y$. Analoges gilt bezüglich der kleinen Achse.

Flächeninhalt S. 121.

Setzen wir in der Achsengleichung der Ellipse

$$a = b = r \,,$$

machen also die Exzentrizität $2e$ gleich 0, dann geht die Ellipse in einen Kreis um den Ursprung mit dem Radius r über. Seine Gleichung ist

$$x^2 + y^2 = r^2 \,,$$

die **Mittelpunktsgleichung**. Wegen der allgemeinen Kreisgleichung S. 276, Flächeninhalt des Kreises S. 120.

Hyperbel.

Der Unterschied der Abstände jedes Punktes P einer Hyperbel von zwei gegebenen Punkten F_1 und F_2, den Brennpunkten, ist gleich $2\,a$, der **Hauptachse** der Hyperbel. Die Entfernung der Brennpunkte beträgt $2\,e$.

Wir legen den Ursprung des Koordinatensystems in den Mittelpunkt der Verbindungslinie $F_1 F_2$ und die x-Achse durch die Brennpunkte. Dann gilt für jeden Punkt der Hyperbel

$$F_1 P - F_2 P = 2\,a \,,$$

$$\sqrt{(x + e)^2 + y^2} - \sqrt{(x - e)^2 + y^2} = 2\,a \,.$$

Durch ähnliche Umformungen wie bei der Ellipse erhält man schließlich die Gleichung

$$(e^2 - a^2)\, x^2 - a^2 y^2 = a^2 (e^2 - a^2) \,.$$

Schreibt man für die Größe $(e^2 - a^2)$, die nach der Definition der Hyperbel immer positiv ist, b^2, so erhält man die **Achsengleichung** der **Hyperbel**

$$b^2 x^2 - a^2 y^2 = a^2 b^2$$

oder

$$\frac{x^2}{a^2} - \frac{y^2}{b^2} = 1 \,.$$

Nach y gelöst, gibt es

$$y = \frac{b}{a} \sqrt{x^2 - a^2} \,.$$

$$b = \sqrt{e^2 - a^2} \,,$$

die **halbe Nebenachse** der Hyperbel, kann als Kathete konstruiert werden, indem man in einem Endpunkt von a eine Normale zieht und

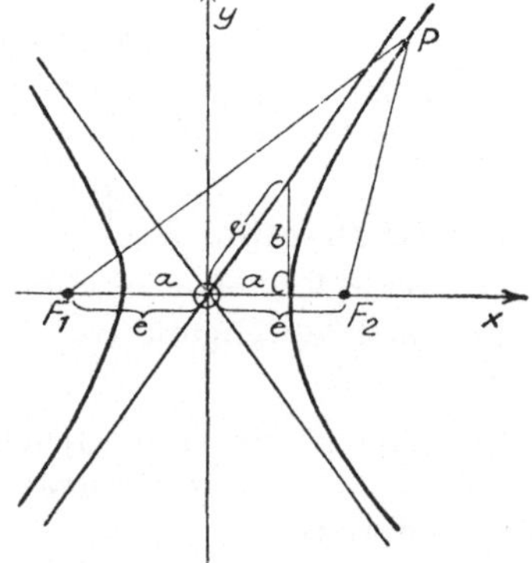

Abb. 128. Hyperbel.

mit ihr das von 0, dem andern Endpunkt des a, aus gezogene e zu einem rechtwinkligen Dreieck vereint. Mit diesem b konstruiert man die durch den Ursprung gehende Gerade

$$Y = \frac{b}{a}\, x \,.$$

Der Unterschied ihrer Ordinaten Y gegenüber den Hyperbelordinaten y

$$Y - y = \frac{b}{a}\left(x - \sqrt{x^2 - a^2}\right) = \frac{b}{a}\,\frac{x^2 - (x^2 - a^2)}{x + \sqrt{x^2 - a^2}} = \frac{a\,b}{x + \sqrt{x^2 - a^2}}$$

wird mit zunehmendem x immer kleiner, verschwindet aber erst für $x \to \infty$. Die Gerade nähert sich der Kurve immer mehr und mehr, ohne sie je zu erreichen. Dasselbe gilt für die Gerade

$$Y = -\frac{b}{a}\,x$$

und den unteren Ast der Hyperbel.

Diese Geraden nennt man die **Asymptoten** der Hyperbel, weil sie im Endlichen mit der Kurve nicht zusammenfallen.

Eine Hyperbel, für die

$$b = a\,,$$

nennt man eine gleichseitige Hyperbel. Ihre Gleichung lautet

$$x^2 - y^2 = a^2\,.\quad \text{Wegen der Assymtotengleichung S. 288.}$$

Die Steigung ihrer Asymptoten ist ± 1, ihr Winkel mit der x-Achse $\pm\dfrac{\pi}{4}$. Die Asymptoten stehen daher aufeinander normal.

Transformationen des Koordinatensystems

1. Parallelverschiebung des Koordinatensystems.

Wir verschieben den Ursprung des Koordinatensystems so, daß er die Koordinaten p, q bekommt. Die Achsen behalten dabei ihre alte Richtung, erhalten aber eine neue Bezeichnung ξ, η (Abb. 123).

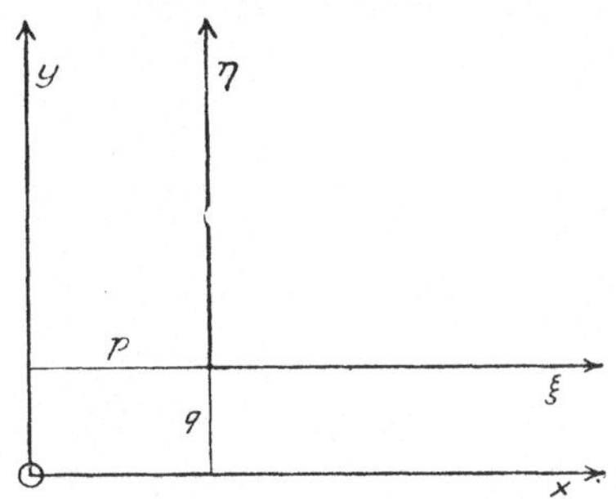

Abb. 129. Parallelverschiebung des Koordinatensystems.

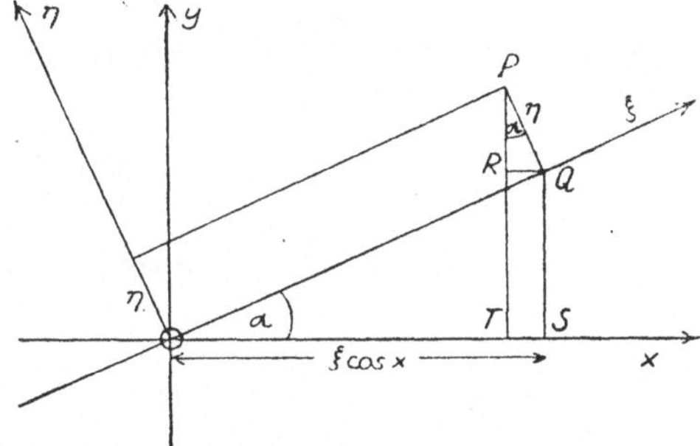

Abb. 130. Drehung des Koordinatensystems um den Ursprung.

Die **Transformationsgleichungen**, die die Koordinaten eines Punktes im neuen System ξ, η mit denen im alten x, y verbinden, lauten:

$$x = \xi + p\,,$$
$$y = \eta + q\,,$$
$$\xi = x - p\,,$$
$$\eta = y - q\,.$$

Beispiel. Wenn wir die Gleichung eines Kreises vom Radius r und den Koordinaten des Mittelpunktes p, q im System x, y angeben wollen, so benutzen wir die schon bekannte Mittelpunktsgleichung in einem neuen System ξ, η, dessen Ursprung im Mittelpunkt des Kreises und dessen Achsen parallel denen des Systems x, y sind.

Im neuen System ξ, η lautet die Kreisgleichung

$$\xi^2 + \eta^2 = r^2 .$$

Durch Einführung der alten Koordinaten erhalten wir

$$(x - p)^2 + (y - q)^2 = r^2 ,$$

die allgemeine Kreisgleichung.

2. Drehung des Koordinatensystems um den Ursprung.

Wir drehen das Koordinatensystem Abb. 129 um den Ursprung in dem als positiv festgesetzten Gegenuhrzeigersinn um den Winkel α und drücken die alten Koordinaten x, y des Punktes P durch die neuen im verdrehten Koordinatensystem ξ, η aus. Von Q, der Projektion von P auf die ξ-Achse, ziehen wir eine Normale QR auf die Ordinate y von P und beachten, daß $\triangle PRQ$ rechtwinklig und daher $ST = QR = \eta \sin \alpha$ und $PR = \eta \cos \alpha$ ist. Aus der Figur liest man ab, daß

$$x = \xi \cos \alpha - \eta \sin \alpha ,$$
$$y = \xi \sin \alpha + \eta \cos \alpha .$$

Diese Transformationsgleichungen gelten auch für eine Drehung im Uhrzeigersinn, also für einen negativen Winkel.

Beispiel. Für die gleichseitige Hyperbel mit der Achsengleichung (S. 287)

$$x^2 - y^2 = a^2$$

oder

$$(x + y)(x - y) = a^2 ,$$

soll die Gleichung mit den Asymptoten als Achsen angegeben werden. Um die Hyperbel in den ersten und dritten Quadranten zu bekommen, müssen wir das Koordinatensystem um $-\dfrac{\pi}{4}$ drehen. Da

$$\sin\left(-\frac{\pi}{4}\right) = -\frac{\sqrt{2}}{2} ,$$

$$\cos\left(-\frac{\pi}{4}\right) = +\frac{\sqrt{2}}{2} ,$$

ist

$$x = \frac{\sqrt{2}}{2}(\xi + \eta)$$

und

$$y = \frac{\sqrt{2}}{2}(\eta - \xi) .$$

Es wird somit

$$x^2 - y^2 = (x + y)(x - y) = \left(\frac{\sqrt{2}}{2}\right)^2 (2\eta)(2\xi) = 2\xi\eta = a^2 .$$

Es ist daher

$$\xi\eta = \frac{a^2}{2} = \text{const}$$

die Asymptotengleichung der gleichseitigen Hyperbel. Sie drückt zeichnerisch die Konstanz eines Produktes zweier Veränderlichen, die umgekehrte Proportionalität, aus.

3. Transformation von Polarkoordinaten in kartesische.

Die Polarkoordinaten definieren die Lage eines Punktes P in der Ebene durch die Länge des Fahrstrahles (radius vector) r, der ausgehend vom Pol 0 zum Punkte P gezogen wird, und durch den Winkel φ, den der Fahrstrahl mit einer durch 0 gehenden festen Geraden, der Polarachse, bildet.

Legen wir den Ursprung des rechtwinkligen Koordinatensystems in 0, die x-Achse in die Polarachse, so gelten die Transformationsgleichungen

$$x = r \cos \varphi ,$$
$$y = r \sin \varphi .$$

Weiter gilt
(1)
$$y = x \operatorname{tg} \varphi .$$

Wir transformieren $dx\,dy$, das Flächenelement in kartesischen Koordinaten x, y, in die Polarkoordinaten r, φ.

Drücken wir zunächst dy bei ungeändertem x durch x und φ aus! Wegen (1) ist

$$dy = x\,\frac{d\varphi}{\cos^2 \varphi} .$$

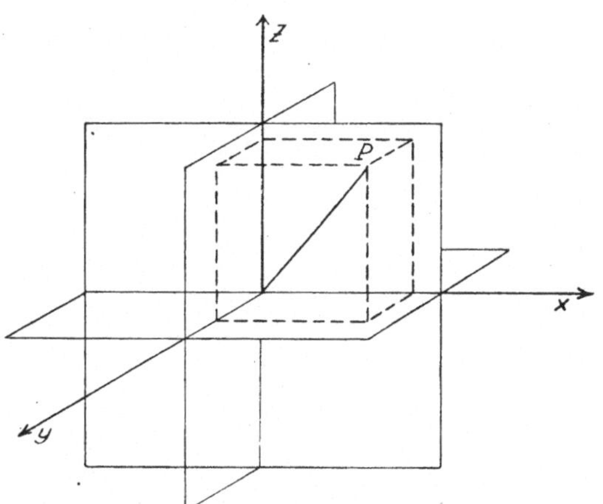

Abb. 131. Transformation von Polarkoordinaten in kartesische.

Dann drücken wir x und dx durch r und φ bei konstantem φ als

$$dx = \cos \varphi \, dr$$

aus und erhalten für $dx\,dy$, das Flächenelement in kartesischen Koordinaten, das Flächenelement in Polarkoordinaten

$$dx\,dy = dx\,\dot{x}\,\frac{d\varphi}{\cos^2 \varphi} = \cos \varphi \, dr\, r \cos \varphi \, \frac{d\varphi}{\cos^2 \varphi} = r\,dr\,d\varphi .$$

Sein Wert läßt sich auch unmittelbar aus der Figur als Flächeninhalt des differentialen Vierecks, das von den Kurven $r =$ const und $\varphi =$ const begrenzt wird, entnehmen.

Räumliche Koordinaten

Man kann die Lage eines Punktes im Raume durch die drei mit x, y und z bezeichneten, aufeinander normal stehenden Achsen des rechtwinkligen räumlichen Koordinatensystems festlegen. Durch die Achsen sind die drei Koordinatenebenen $x\,y$, $y\,z$, $x\,z$ definiert, die den Raum in acht Oktanten teilen.

Legt man durch einen Punkt Ebenen parallel zu den Koordinatenebenen, so schneiden sie auf den Achsen die Koordinaten des Punktes x, y, z ab.

Betrag und Vorzeichen der drei Koordinaten definieren die Lage des Punktes im Raume.

Bei einer Fläche kann man eine Koordinate, z. B. z, als Funktion der beiden andern auffassen. So ist für eine um den Ursprung geschlagene Kugeloberfläche mit dem Radius r

$$z = \sqrt{r^2 - x^2 - y^2} .$$

Abb. 132.
Räumliches kartesisches Koordinatensystem.

Bei der VAN DER WAALSschen Gleichung läßt sich der Druck als Funktion von Volum und Temperatur durch eine Zustandsfläche darstellen.

Es gibt zwei verschiedene räumliche Koordinatensysteme, das Rechts- und das Linkssystem, die nicht miteinander zur Deckung gebracht werden können und sich wie Bild und Spiegelbild verhalten. Beim Rechtssystem sind die x, y, z-Achsen wie die zueinander normal gestellten Daumen, Zeigefinger und Mittelfinger der rechten Hand, beim Linsksystem wie die der linken Hand orientiert.

Abb. 132 gibt ein Beispiel für ein Linkssystem.

In der mathematischen Physik, z. B. bei der Formulierung der MAXWELLschen Gleichungen, wird meist das Rechtssystem verwendet, S. 217.

Formelsammlung F.S.

Differentialquotienten	Differentiale	Integrale
Definition:	Definition:	Definition:
$1\quad y'=f'(x)=\dfrac{df(x)}{dx}=\dfrac{dy}{dx}$ S. 23 $=\lim\limits_{\Delta x\to 0}\dfrac{\Delta y}{\Delta x}=\lim\limits_{\Delta x\to 0}\dfrac{f(x+\Delta x)-f(x)}{\Delta x}$ $=\lim\limits_{h\to 0}\dfrac{f(x+h)-f(x)}{h}$	$1'\quad df(x)=dy=f'(x)\,dx$ S. 68	Wenn S. 85 $[\,F'(x)=f(x)$ so ist $\int f(x)\,dx=F(x)+C.$
$2\quad$ Wenn $y=f(u)$ und $u=\varphi(x)$, S. 41 so ist $\dfrac{dy}{dx}=\dfrac{df(u)}{dx}=\dfrac{df(u)}{du}\dfrac{du}{dx}$ Kettenregel. indirektes Differenzieren	$2'\quad$ Wenn $y=f(u)$ S. 68 und $u=\varphi(x)$ so ist $dy=\dfrac{df(u)}{du}\dfrac{du}{dx}\,dx$ $=f'(u)\,du$	II Mit $x=\varphi(z)$ S. 95 wird $\int f(x)\,dx$ $=\int f[\varphi(z)]\,\varphi'(z)\,dz$ Substitutionsmethode
$3\quad \dfrac{d}{dx}[f_1(x)\,f_2(x)]$ S. 48 $=f_1'(x)\,f_2(x)+f_1(x)\,f_2'(x)$	$3'\quad d(uv)=u\,dv+v\,du$ S. 68	III $\int u\,dv=uv-\int v\,du$ Teilweise Integration S. 102
$4\quad \dfrac{d}{dx}\left(\dfrac{\varphi(x)}{\psi(x)}\right)=\dfrac{\varphi'(x)\,\psi(x)-\varphi(x)\,\psi'(x)}{\psi(x)^2}$ S. 51	$4'\quad d\left(\dfrac{u}{v}\right)=\dfrac{v\,du-u\,dv}{v^2}$ S. 68	IV Partialbruchzerlegung S. 103
$5\quad \dfrac{dx^n}{dx}=n\,x^{n-1}$ S. 44	$5'\quad dx^n=nx^{n-1}\,dx$ S. 69	V $\int x^n\,dx=\dfrac{x^{n+1}}{n+1}+C.$ $n\neq 1$ S. 88
$6\quad \dfrac{d\ln x}{dx}=\dfrac{1}{x}$ S. 53	$6'\quad d\ln x=\dfrac{dx}{x}$ S. 69	VI $\int\dfrac{dx}{x}=\ln x+C$ S. 88
$7\quad \dfrac{de^x}{dx}=e^x$ S. 57	$7'\quad de^x=e^x\,dx$ S. 69	VII $\int e^x\,dx=e^x+C$ S. 88
$8\quad \dfrac{d\sin x}{dx}=\cos x$ S. 61	$8'\quad d\sin x=\cos x\,dx$ S. 69	VIII $\int\cos x\,dx=\sin x+C$ S. 88
$9\quad \dfrac{d\cos x}{dx}=-\sin x$ S. 62	$9'\quad d\cos x=-\sin x\,dx$ S. 69	IX $\int\sin x\,dx=-\cos x+C$ S. 88
$10\quad \dfrac{d\,\mathrm{tg}\,x}{dx}=\dfrac{1}{\cos^2 x}$ S. 62	$10'\quad d\,\mathrm{tg}\,x=\dfrac{dx}{\cos^2 x}$ S. 69	X $\int\dfrac{dx}{\cos^2 x}=\mathrm{tg}\,x+C$ S. 88
$11\quad \dfrac{d\,\mathrm{ctg}\,x}{dx}=-\dfrac{1}{\sin^2 x}$ S. 62	$11'\quad d\,\mathrm{ctg}\,x=-\dfrac{dx}{\sin^2 x}$ S. 69	XI $\int\dfrac{dx}{\sin^2 x}=-\mathrm{ctg}\,x+C$ S. 88
$12\quad \dfrac{d\arcsin x}{dx}=\dfrac{1}{\sqrt{1-x^2}}$ S. 83	$12'\quad d\arcsin x=\dfrac{dx}{\sqrt{1-x^2}}$ S. 83	XII $\int\dfrac{dx}{\sqrt{1-x^2}}$ S. 88 $=\arcsin x+C$
$13\quad \dfrac{d\arccos x}{dx}=-\dfrac{1}{\sqrt{1-x^2}}$ S. 83	$13'\quad d\arccos x=-\dfrac{dx}{\sqrt{1-x^2}}$ S. 83	XIII $\int\dfrac{dx}{\sqrt{1-x^2}}$ S. 88 $=-\arccos x+C$
$14\quad \dfrac{d\arctan x}{dx}=\dfrac{1}{1+x^2}$ S. 84	$14'\quad d\,\mathrm{arc\,tg}\,x=\dfrac{dx}{1+x^2}$ S. 84	XIV $\int\dfrac{dx}{1+x^2}=\mathrm{arc\,tg}\,x+C$ S. 88
$15\quad \dfrac{d\,\mathrm{arc\,ctg}\,x}{dx}=-\dfrac{1}{1+x^2}$ S. 84	$15'\quad d\,\mathrm{arc\,ctg}\,x=-\dfrac{dx}{1+x^2}$ S. 84	XV $\int\dfrac{dx}{1+x^2}$ S. 88 $=-\mathrm{arc\,ctg}\,x+C$

Namen- und Sachverzeichnis

(Die Verfassernamen sind durch Kursivschrift hervorgehoben.)

Dimension
der Viskosität 257.
— einer Arbeit 256.
— einer Beschleunigung 257.
— einer Geschwindigkeit 256.
— einer Kraft 256.
— einer Reaktionskonstante 259.
— von R 258.
Dimensionen 254.
dimensionsgleich 257.
dimensionslos 256.
dimensionsmäßig 256.
Dimensionsvergleichung 257.
Dipol
—, Definition 135.
—, elektrisches Moment, Mittelwert 134.
Dipolachsen 135, 147.
—, Einstellung in die Feldrichtung 136.
—, Einstellung in eine bestimmte Richtung 238.
—, Gesetz der Regelung der Lage im elektrischen Feld 239.
Dipolmolekel 135.
—, Näherungswert für $\bar{\mu}$, das mittlere elektrische Moment 155.
Dipolmoment 135.
—, mittleres in der Feldrichtung VIII, 136f.
Dipoltheorie der Dielektrizitätskonstante V, 96, 103.
Directrix = Leitlinie 284.
Direktionskraft, eine Konstante 213.
diskrete = unzusammenhängende, sich sprunghaft ändernde
— Mannigfaltigkeiten 238.
— Werte 219.
— Werte der Energie 220.
Dissoziation des Wassers 39.
Doppelintegral VIII, 144, 149.
drahtlose Telegraphie 214.
Drehmoment 212.
Drehspulengalvanometer 135, 212.
Drehung des Koordinatensystems 276.
dreidimensionaler Raum 219.
Dreieck
—, ähnliches 272.
—, Flächeninhalt 273.
—, kongruentes 273.
—, rechtwinkliges, Flächeninhalt 273.
—, Umfang 273.
Druck-Volum-Schaubild 124, 125, 126.
Drude 218.
durchschnittlicher Fehler 243.
Dyn 256.
Dynamik, Grundgesetz 92, 101, 116, 213, 216.

e s. Zeichen
Ebene der komplexen Zahlen 227.
Effekt = Leistung 133.
effektiver Mittelwert der Stromstärke J_{eff} 133.
effektives Mittel der Stromstärke 133.
Eigenfrequenzen der Saite 219.
Eigenfunktion 218, 219.
Eigenschaften
—, extensive 196.
—, intensive 196.
—, partielle molare 195.
Eigenwerte 218, 219, 220.
— der Differentialgleichung 220.
eindeutige Funktion 170, 281.
— Lösung 219, 220.
Eindeutigkeit der Funktion 170, 281.
Einfallswinkel 42.
Einheit, imaginäre 226.
Einheiten der Geschwindigkeit 255.
Einheitskreis 65, 275, 276.
Einheitskugel 135, 263.
Einheitsladung 71, 91, 193.
Einheitsvolum 273.
einsinnige Reaktion = irreversible R. = vollständig verlaufende R. 94.
Einstellung, kriechende 212.
Einstellzeit 212.
elastische
— gedämpfte Schwingungen 211.
— Kraft 79, 209f.
— Schwingungen 65, 79.
elektrische
— Feldstärke 97, 193, 217.
— gedämpfte Schwingung 214.
— Ladung = Elektrizitätsmenge 116.
— Schwingungen 65, 213.
— Spannung 6.
— ungedämpfte Schwingungen 214.
elektrisches
— Feld 134, 193, 217, 220.
— mittleres Moment von Dipolen 134.
— Moment von Dipolen 134.
— Potential 71, 91, 116, 193.
Elektrizitätsleitung durch Elektrolyten 101.
Elektrizitätsmenge 70, 116, 213.
Elektroden 103.
Elektrolyse 101.
Elektrolyt 101.
elektromagnetische
— Dämpfung 212.
— Strahlung = Wellenstrahlung 59.
elektromotorische Kraft 101, 193.
Elektronen 220.
elektrostatisches Feld 193, 194.

Element
— = Differential 25, 69.
—, radioaktives 59.
elementare Funktion 52.
elementarer Vorgang 69.
elementares Wirkungsquantum 220.
Elementargesetz = Differentialgesetz 72, 90.
—, Definition 69.
—, *Newton*sches für die Abkühlung 201.
—, *Newton*sches für die innere Reibung 204.
eliminieren = entfernen 9.
Ellipse 272.
—, Achsengleichung 177, 273, **274**.
—, Definition 273.
—, Flächeninhalt 121.
Ellipsenachse, große, kleine 273.
Ellipsenquadrant 121.
Elongation = Ausschlag des Pendels 64.
empfindliche Funktionen 4.
empirische Formel 251.
endliche
— Änderung 90.
— Lösung 219, 220.
Energetik der Oberflächenspannung 77.
Energie
— des Oszillators 220.
—, diskrete Werte 220.
—, innere 185, 187, 188.
—, kinetische 92, 165, 167, 220.
—, potentielle 193, 220.
—, Quantelung 220.
—, Satz der Erhaltung 185.
Energieeinheiten 258.
Energieformen 185.
Energiewerte 220.
entemanieren 99.
entgegengesetzt gleich 221.
entlogarithmieren 139, 235.
Entropie 186, 187, 188.
Entropiegesetz = II. Hauptsatz der Thermodynamik 188.
Entweder — Oder, Wahrscheinlichkeit 238.
e-Potenz 17.
Epstein s. *Bredig*
Erbbiologie 247.
Erdbeschleunigung 75.
Erg 185, 256, 257.
erhaben s. konvex
erzwungene Schwingungen 209.
Ester 105.
Euler 157, 198. 224.
*Euler*sche Symbole 224.

exakte Differenzialgleichung 1. Ordnung 199, 200.
exaktes Differential VII, 181, 185, 188.
—, Kriterium 180, 192.
Exner 247.
explizite = entwickelte Funktion 177.
Exponent 223.
—, gebrochener 224.
—, imaginärer 157.
—, irrationaler 45, 55.
—, negativer 224.
Exponentialfunktion 52, 57, 211, 212, 214.
—, Differentialquotient 57.
—, mit beliebiger Basis 57.
—, mit imaginären Exponenten 157.
Exponentialgesetz 74.
Exponentialkurve 211.
exponentielle Abhängigkeit 73.
$\exp (x) = e^x$ 58.
extensive Eigenschaften 196.
Extinktionsmodul 60, 71, 90.
Extrapolation 251, 254.
Extremwert
— flacher 36.
— steiler 36.
—, Theorie VI, 36, 79, 81, 169.
Exzentrizität, lineare 273.

Fadenkreuz 162.
Fahrstrahl = radius vector 289.
Faktor, integrierender 184 f., 188, 202 f.
Faktoren, konjugiert komplexe 227.
Faktorielle s. Fakultät.
Fakultät $n!$ 138.
—, *Stirlings* Näherungsformel 138.
Fall
—, freier 12.
— im widerstehenden Mittel 101.
—, irreduzibler 229.
Fallmaschine, *Atwood*sche 67.
Feder
—, Dehnen 47, 70, 91, 116, 124, 209.
—, Steife 47, 70, 91, 116, 124, 209.
Fehler
—, durchschnittlicher 243.
—, größtmöglicher 176.
—, instrumenteller 248.
—, mittlerer 244.
—, partieller 176.
—, relativer 75, 179, 194.
—, systematischer (regelmäßiger) 241.
—, wahrscheinlicher 245.
—, zufälliger 241.
Fehlerfortpflanzungsgesetz 247.
Fehlerverteilungsgesetz 241.

Winkel
—, voller 271.
—, Wechsel- 271.
—, zusammengesetzter 279.
Winkelbeschleunigung 212.
Winkelfunktionen VII, 275f.
—, Differentialquotient 61.
—, erstes Additionstheorem 97, 208, 279f.
—, Formeln 279.
—, Werte 280.
—, zahlenmäßige Berechnungen 157.
—, zweites Additionstheorem 280.
Winkelgeschwindigkeit **215**.
Winkelmessung im Bogenmaß VII, 275.
Wirkungen, Prinzip der Superposition kleiner 174, 195.
Wirkungsquantum, elementares 220.
Wurf nach aufwärts 40, 78.
Würfel
—, Volum = Rauminhalt 273.
—, Oberfläche 273.
Wurzel 225.
—, komplexe 208.
—, reelle 208.
Wurzelexponent 225.
Wurzelziehen 225.

x-Achse 7.
$XE = X$-Einheit 225, 257.

y-Achse 7.

z-Achse 289.
Zähigkeit = innere Reibung = Viskosität 204, 253, 257.
Zahl
—, dekadische 234.
—, ganze 226.
—, gebrochene 226.
—, imaginäre 226.
—, irrationale 226.
—, *Loschmidt*sche 235.
—, *Ludolph*sche 226, 261.
—, negative 226.
—, positive 226.
Zahlen
—, komplexe 227.
—, konjugiert komplexe 227.
Zahlenebene 227.
Zahlenrechnen = numerisches Rechnen 234.
Zeichen = Symbol.
    Å 225, 254.
    arc cos 281.
    arc ctg 281.

Zeichen = Symbol.
  arc sin 281.
  arc tg 281.
  const 94.
  cos 275.
  cos hyp 283.
  ctg 245.
  ctg hyp 283.
  $\dfrac{\partial}{\partial}$ 171.
  d 67.
  Δ 11; 194
  e 26.
  exp. $(x) = e^x$ 58.
  $\varepsilon_1, \varepsilon_2$ 228.
  γ 225, 255.
  $h = \Delta x$ 23.
  i 226.
  lim 19.
  ln 53.
  $\log_{10} = \lg$ 234.
  $\log_e$ s. ln
  log nat. s. ln.
  $L(x)$ 137, 283.
  μ 224, 254.
  $m\mu$ 224, 254.
  $n!$ 138.
  $\binom{n}{3}$ 224.
  num 233.
  π 226, 261.
  R 26, 56, 258.
  sin 275.
  tg 275.
  XE 225, 254.
  $\sqrt{\ }$ 225.
  $=$ 221.
  $\equiv$ 221.
  $\neq$ 221.
  $\gtrless$ 221.
  $\leq$ 221.
  $\cdot \ll$ 222.
  $\|$ 271.
  $\cong$ 272.
  $\sim$ 272.
  $\approx$ 221.
  $\|\,\|$ 114, 222.
  [ ] 255.
  ∞ 222.
  $\rightarrow$ 20.
  $'$ 23.
  $''$ 77.
  $\cdot$ 23.
  $\cdot\cdot$ 77.
  $\int$ 113.